国家自然科学基金委员会资助项目(51179072)、
水利部公益性行业科研专项(200901015 及 200801024)资助出版

小浪底水库拦沙期
水库泥沙研究

王　婷　李昆鹏　李书霞
丁　易　朱子建　杨　宁 　等 编著

U0253319

黄 河 水 利 出 版 社

· 郑 州 ·

内 容 提 要

本书集成了在小浪底水库施工期及水库投入运用以来所进行的滚动研究成果,共分14章。第1~2章综合介绍了小浪底水库的概况及取得的研究成果;第3~5章介绍了多沙河流水库泥沙实体模型及数学模型,包括多沙河流水库泥沙模型相似律研究现状、异重流运动方程及相似条件推导、多沙河流水库泥沙模型相似律;第6~8章介绍了水库拦沙初期泥沙研究成果,包括实体模型的设计与验证、水库拦沙初期模型试验研究以及水库运用初期数值模拟研究;第9~10章介绍了水库拦沙后期运用方式试验研究;第11~13章介绍了小浪底水库实况分析及其对研究成果的验证,水库异重流的研究及应用,包括库区排沙特性,库区淤积形态及库容变化,异重流基本规律研究、塑造与利用,并对水库干支流倒灌问题进行了专题研究;第14章提出了一些认识及建议。

本书是一部涉及水力学、河流动力学、河流模拟技术等学科的专著,可供广大治黄工作者、河流泥沙研究人员及大专院校相关专业师生参考使用。

图书在版编目(CIP)数据

小浪底水库拦沙期水库泥沙研究/王婷等编著. —郑州:
黄河水利出版社,2012.11
国家自然科学基金委员会资助项目(51179072)、水利部
公益性行业科研专项(200901015及200801024)资助出版
ISBN 978 – 7 – 5509 – 0371 – 5

Ⅰ.①小⋯   Ⅱ.①王⋯   Ⅲ.①水库泥沙 – 研究 – 洛阳
市   Ⅳ.①TV145②TV632.613

中国版本图书馆 CIP 数据核字(2012)第 253433 号

组稿编辑:岳德军   电话:0371 – 66022217   E-mail:dejunyue@163.com

出 版 社:黄河水利出版社
        地址:河南省郑州市顺河路黄委会综合楼14层   邮政编码:450003
发行单位:黄河水利出版社
        发行部电话:0371 – 66026940、66020550、66028024、66022620(传真)
        E-mail:hhslcbs@126.com
承印单位:黄河水利委员会印刷厂
开本:787 mm×1 092 mm   1/16
印张:26.75
字数:620 千字   印数:1—1 000
版次:2012 年 11 月第 1 版   印次:2012 年 11 月第 1 次印刷

定价:85.00 元

小浪底水库拦沙期水库泥沙研究
编写人员一览表

章节	章节名称	编写人员
第 1 章	小浪底水库概况	李昆鹏
第 2 章	项目研究概况	王 婷
第 3 章	多沙河流水库泥沙模型相似律研究现状	朱子建
第 4 章	异重流运动方程及相似条件推导	杨 宁
第 5 章	多沙河流水库泥沙模型相似律	朱子建
第 6 章	水库拦沙初期模型设计及验证	李昆鹏 查天宇
第 7 章	水库拦沙初期模型试验研究	李书霞 万 强
第 8 章	水库运用初期数值模拟研究	查天宇
第 9 章	水库拦沙后期模型设计及验证	王宏巍
第 10 章	水库拦沙后期运用方式研究	王 婷 洪 建 杨 宁 王冬东 荆新爱 朱子建 马迎平 刘新鲜
第 11 章	水库实况分析及其对研究成果的验证	万 强 李书霞
第 12 章	水库异重流的研究及应用	丁 易 芦晓东
第 13 章	水库干支流倒灌问题研究	芦晓东 丁 易
第 14 章	认识及建议	杨 宁

前　言

　　黄河小浪底水利枢纽是一座以防洪(包括防凌)、减淤为主,兼顾供水、灌溉、发电,除害兴利,综合利用的枢纽工程,在黄河治理开发的总体布局中具有重要的战略地位,是黄河治理开发整体规划中的关键工程。

　　由于小浪底水库是修建于多沙河流上的大型水利枢纽,工程所面临的问题极为复杂。小浪底水库工程规划自1954年,至1994年工程开工,历时40余年。期间经历了从最初拟定的以发电为主的径流电站,至一级和二级开发方案的比较论证;进行了水库一次抬高水位蓄水拦沙运用和逐步抬高水位拦粗排细运用方案比较;完成了工程设计任务书的研究和初步设计至招标设计阶段的工程规划。

　　小浪底水库于1994年9月开工建设,1997年10月截流,1999年10月开始蓄水,截至2011年10月已运用了12年。在工程施工期,围绕工程建成后如何进行实际操作和运用进行了大量的研究工作。期间,项目组修建了小浪底库区整体河工动床模型,研究了在设计的水沙条件及拟定的水库调度方案下,库区泥沙运动规律、排沙特性、河床纵横剖面形态变化及库容变化过程;建立了库区准二维泥沙数学模型,并基于非恒定异重流运动方程等理论成果及小浪底水库物理模型反映出的物理图形进一步完善了数学模型;数学模型计算与物理模型试验研究相结合,互相补充,互为印证,为选择水库最优运用方式提供了重要的科学依据。水库投入运用以来,针对异重流输移规律进行了大量应用基础研究,提出可定量描述异重流排沙的临界指标及其阻力、传播时间、干支流倒灌、不同水沙组合条件下异重流运行速度与排沙效果的表达式;基于异重流研究成果,编制历年调水调沙人工塑造异重流预案,并应用于调水调沙实施过程,为成功塑造异重流奠定了基础。小浪底水库运用以来的不断跟踪研究,不仅检验了以往研究成果的正确性、合理性,而且进一步深化了水库泥沙输移规律的认识。

　　本书是项目组在小浪底水库施工期及水库投入运用以来所进行的滚动研究成果的集成。基础性研究成果如多沙河流水库模型相似律,使多沙河流水库模型相似律的理论更趋于合理化和规范化,并在三门峡、小浪底、东庄等多沙河流水库模型中得到了应用与检验。应用性研究成果直接服务于小浪底水库的优化调度,为水库充分发挥其综合利用效益作出了贡献,具有很大的社会效益与经济效益。

　　本书的出版得到了"国家自然科学基金委员会资助项目(51179072)、水利部公益性行业科研专项(200901015及200801024)"的资助,在此谨表谢意。

　　参加该项目研究的人员除本书作者外,张俊华、曹永涛、赵连军、张林忠、马怀宝、陈书奎、王岩、李涛、蒋思奇、李萍、张清、杨树寅、王合文、朱太海、马小留、衡运磊、朱太江、朱峰、王长河、姚文涛、张海发、马平安、王长运、高发安、李永杰、孟金城、张有才、王献林、王大龙、张董志、常西岭、王海龙、雷栋栋、高洁、马小群等也参加了相关的研究工作。

　　此书引用了许多相关文献,在此谨向这些文献的作者表示感谢。

鉴于多沙河流水沙输移与模拟技术的复杂性,书中有些内容有待在今后的工作中进一步完善或补充。同时,由于作者学识水平和文笔能力有限,错漏之处在所难免,敬请读者批评指正。

作　者

2012 年 6 月

目　录

第1篇 概 况

第1章 小浪底水库概况

1.1 工程概况

小浪底水库大坝位于河南省洛阳市以北 40 km 的黄河干流上,上距三门峡水库 130 km,下距京广铁桥 115 km,处在承上启下控制黄河水沙的关键部位。其控制流域面积 69.4 万 km²,占黄河流域面积的 92.3%,控制黄河流域近 100% 的泥沙。库区原始库容 128.8 亿 m³,其中防洪库容约 40.5 亿 m³,拦沙库容约 75 亿 m³,可以长期保持有效库容 51 亿 m³,是黄河干流三门峡水库以下唯一能够取得较大库容的控制性工程。小浪底与三门峡、陆浑、故县等干支流水库联合运用,可以在一定时期很大程度上缓解黄河下游洪水威胁、泥沙淤积、供水矛盾等主要问题。它可大幅度提高黄河下游防洪标准并可减轻三门峡水库的防洪负担,使黄河下游河床在相当长的时期内不淤积抬升。

水库主要建筑物包括拦河坝、泄洪排沙系统和发电引水系统。水库泄洪、排沙、引水建筑物均集中布置在北岸,3 条排沙洞和 3 条孔板泄洪洞进口高程为 175 m,3 条明流泄洪洞进口高程分别为 195 m、209 m 和 225 m,溢洪道高程为 258 m,1#~4#发电洞进口高程为 195 m,5#~6#发电洞进口高程为 190 m,泄水建筑物形成了一个低位排沙、高位排漂、中间引水发电的布局。

库区为峡谷型水库,平面形态上窄下宽。根据河道平面形态的不同,可将库区划分为两段。上段自三门峡水文站至板涧河口,长约 62.4 km,河谷底宽 200~400 m。下段自板涧河口至小浪底拦河坝,长约 61 km,河谷底宽 800~1 400 m,其中距坝 25~29 km 的八里胡同库段,河谷宽仅 200~300 m。库区较大的支流有畛水、大峪河、石井河、东洋河、西阳河、亳清河等 15 条,集中分布在距坝 60 余千米的库段内,见图 1-1。库区原始河床为砂卵石和岩石覆盖河床,平均比降约 11‰,沿程有许多险滩,河床纵剖面起伏不平,局部形成跌水。

小浪底水库正常蓄水位 275 m,原始总库容约 127.5 亿 m³(1999 年汛后),长期有效库容 51 亿 m³。库容分布特点是:干流库容约占总库容的 64.3%;高程 230 m 以上库容约占总库容的 67.5%;距坝约 30 km 库段的库容约占总库容的 60.3%;八里胡同以下 4 条大支流(畛水、大峪河、石井河、东洋河)库容占支流总库容的 72%;距坝 67 km 以上(库段长占总库长的 52%）库容约占总库容的 6.8%。小浪底水库蓄水至 275 m 时，形成东西长 130 km，南北宽 300～3 000 m 的狭长水域。

小浪底水库入库站为三门峡水文站，出库站为小浪底水文站，距坝 63.82 km 及 1.51 km 处布设河堤水沙因子站和桐树岭水沙因子站；另外，分别在距坝 111.01 km、93.2 km、77.28 km、44.1 km 及 22.43 km 处布设了尖坪、白浪、五福涧、麻峪及陈家岭水位站；各水文站、水位站及观测断面在库区的位置见表 1-1。

图 1-1　小浪底库区平面图
表 1-1　小浪底库区观测断面及各支流位置

测站或断面号	距坝里程（km）	测站或断面号	距坝里程（km）	测站或断面号	距坝里程（km）	测站或断面号	距坝里程（km）
HH1	1.32	HH15	24.43	HH30	50.19	HH44	80.23
桐树岭*	1.51	HH16	26.01	HH31	51.78	HH45	82.95
HH2	2.37	HH17	27.19	HH32	53.44	HH46	85.76
HH3	3.34	HH18	29.35	HH33	55.02	HH47	88.54
HH4	4.55	HH19	31.85	HH34	57.00	HH48	91.51
HH5	6.54	HH20	33.48	HH35	58.51	白浪△	93.20
HH6	7.74	HH21	34.80	HH36	60.13	HH49	93.96
HH7	8.96	HH22	36.33	HH37	62.49	HH50	98.43
HH8	10.32	HH23	37.55	河堤*	63.82	HH51	101.61
HH9	11.42	HH24	39.49	HH38	64.83	HH52	105.85
HH10	13.99	HH25	41.10	HH39	67.99	HH53	110.27
HH11	16.39	HH26	42.96	HH40	69.39	尖坪△	111.02
HH12	18.75	麻峪△	44.10	HH41	72.06	HH54	115.13
HH13	20.39	HH27	44.53	HH42	74.38	HH55	118.84
HH14	22.10	HH28	46.20	HH43	77.28	HH56	123.41
陈家岭△	22.43	HH29	48.00	五福涧△	77.28	三门峡**	123.41

注：** 为水文站，* 为水沙因子站，△ 为水位站，其余为大断面。

· 2 ·

1.2 工程规划主要研究成果综述

1.2.1 工程规划主要阶段

1954～1960年拟定小浪底水利枢纽为以发电为主的径流电站;1969～1974年进行了三门峡—小浪底的一级和二级开发方案的比较论证;1975～1981年,首次明确提出从黄河下游减淤出发,小浪底工程修建高坝,开发任务为防洪、防凌、减淤、灌溉、发电等综合利用,进行了水库一次抬高水位蓄水拦沙运用和逐步抬高水位拦粗排细运用方案比较;1982～1984年进行了小浪底水利枢纽工程可行性研究,开发任务明确为以防洪(包括防凌)、减淤为主,兼顾供水、灌溉和发电,并进行了各项指标的论证;1985～1988年进行了小浪底水利枢纽工程设计任务书的研究和初步设计阶段的工程规划;1989～1996年进行了小浪底水利枢纽工程招标设计及世界银行贷款评估阶段的工程规划。此外,在国家"八五"科技攻关期间,围绕水库减淤问题进行了大量的研究,为工程顺利开工建设奠定了基础。

1.2.2 初步设计及招标设计阶段主要研究成果

1.2.2.1 设计水沙系列

小浪底水库初步设计选择2000年设计水平,1950～1975年25年系列翻番组合50年代表系列,龙门、华县、河津、洑头四站年平均水、沙量分别为335.5亿 m³及14.75亿 t,经过四站至潼关及三门峡水库的调整,进入小浪底库区年平均水、沙量分别为315.0亿 m³及13.35亿 t。

招标设计阶段采用2000年水平1919～1975年56年系列,并从水库运用初期遭遇丰、平、枯水沙条件的角度考虑,从56年系列中组合6个不同的50年系列进行水库淤积及黄河下游减淤效益的敏感性分析。56年系列龙门、华县、河津、洑头四站年平均水量、沙量分别为302.2亿 m³及13.90亿 t。小浪底入库年水、沙量6个50年系列平均分别为289.2亿 m³及12.74亿 t。

1.2.2.2 水库运用方式

黄河水少沙多、水沙异源,来水来沙的自然组合与黄河下游的河道输沙能力极不协调,是黄河下游河道淤积的根本原因。小浪底水库主汛期(7月11日至9月30日)采用以调水为主的调水调沙运用方式。水库拦沙期,通过调水调沙提高拦沙减淤效益;正常运用期,通过调水调沙持续发挥调节减淤效益。

小浪底水库以调水为主的调水调沙运用目标是:发挥大水大沙的淤滩刷槽作用,控制河道塌滩及上冲下淤,满足下游供水灌溉,提高发电效益,改善下游河道水质和生态环境等。

调水调沙方式可概括为:增大来流小于400 m³/s的枯水,保证发电,改善水质及水环境;泄放400～800 m³/s的小水,满足下游用水;调蓄800～2 000 m³/s的平水,避免河道上冲下淤;泄放2 000～8 000 m³/s的大水,有利于河槽冲刷或淤滩刷槽;调节400 kg/m³以上的高含沙水流;滞蓄8 000 m³/s以上的洪水。显然,水库调度下泄流量的基本原则是两极分化,水库主汛期调节方式见表1-2。

表1-2 小浪底水库主汛期调节方式

入库流量(m³/s)	出库流量(m³/s)	调节目的
<400	400	①保证最小发电流量; ②维持下游河道基流,改善水质及水环境
400~800	400~800	①满足下游用水要求; ②下游淤积量较小
800~2 000	800	①消除平水流量,避免下游河道上冲下淤; ②控制蓄水量不大于3亿 m³,若大于3亿 m³,按5 000 m³/s 或8 000 m³/s 造峰至蓄水量1亿 m³
2 000~8 000	2 000~8 000	较大流量敞泄,使全下游河道冲刷
>8 000	8 000	大洪水滞洪运用

10月至次年7月上旬为水库调节期。其中,10月1~15日预留25亿 m³ 库容防御后期洪水,1~2月防凌运用,其他时间主要按灌溉要求调节径流,并保证沿程河道及河口有一定的基流,6月底预留不大于10亿 m³ 的蓄水供7月上旬补水灌溉。

1.2.2.3 水库运用阶段

为最大限度地发挥水库拦沙减淤效益并满足水库发电的需要,水库采取逐步抬高主汛期水位运用方式。

(1)蓄水拦沙阶段。起调水位为205 m,进行蓄水拦沙调水调沙运用。

(2)逐步抬高阶段。当坝前淤积面高程达205 m 以后,水库转为逐步抬高主汛期水位拦沙调水调沙运用。坝前淤积面高程由205 m 逐步抬升至245 m,主汛期运用水位亦随淤积面的抬高而逐渐升高。

(3)淤滩刷槽阶段。随着库区壅水淤积及敞泄冲刷,滩地逐步淤高而河槽逐步下切,最终形成坝前滩面高程为254 m,河底高程为226.3 m 的高滩深槽形态。

(4)正常运用期。水库正常运用期采用调水调沙多年调沙运用。在主汛期一般水沙条件下,利用滩面以下10亿 m³ 库容进行调水调沙运用,遇大洪水进行防洪调度运用。水库各运用阶段坝前淤积面高程及淤积量见表1-3。

表1-3 水库各运用阶段坝前淤积面高程及淤积量(各设计系列年平均)

阶段	坝前淤积面高程(m)		年序 (年)	累计淤积量 (亿 m³)
	槽	滩		
蓄水拦沙	≤205	≤205	1~3	17
逐步抬高水位拦沙	205~245	205~245	4~15	76
形成滩槽	226.3~245	245~254	16~28	76~81
正常运用	226.3~248	254	29~50	76~81

1.2.2.4 水库减淤效益

采用 2000 年设计水平 6 个 50 年代表系列进行水库淤积效益分析的结果表明,水库运用 50 年,各系列水库淤积 99.9 亿~104.3 亿 t,黄河下游的总减淤量为 72.1 亿~84.6 亿 t,全下游相当于不淤年数 18.3~22.3 年。

以设计的 6 个系列平均计算,水库拦沙 101.7 亿 t,下游减淤 78.7 亿 t,拦沙减淤比为 1.3,全下游相当 20 年不淤积。其中,前 20 年水库拦沙 100 亿 t,下游利津以上减淤约 69 亿 t,进入河口段沙量减少 31 亿 t;后 30 年小浪底库区为动态平衡,调水调沙,可使下游减淤 9.2 亿 t。

1.2.3 "八五"攻关期间主要研究成果

在国家"八五"重点攻关项目的研究过程中,平行研究了小浪底水库"控蓄速冲"、"高蓄速冲"、"分段抬高"、"逐步抬高"运用方式。

"控蓄速冲"运用方式的主导思想是增大调节库容,增强对水沙的调节能力,把泥沙调到大流量洪水期输送,并强调调水作用,视水库汛期限制水位下调节库容大小决定造峰流量。水库逐步抬高水位运用,按汛限水位控制蓄水,避免下泄流量 800~2 500 m³/s。当库区淤积面抬高到一定高程后,相机降低水位冲刷库区淤沙,提高水库的调水调沙能力。为了研究调节库容大小对下游河道的减淤作用,还进行了最低冲刷水位 180 m 和 190 m 方案及两种泄流能力的比较。

"高蓄速冲"运用方式是水库按最大兴利效益调水,洪水期集中泄空冲刷,产生高含沙水流。水库按高水位蓄水拦沙运用,汛期蓄水位不超过 254 m,按发电及供水要求泄水。当库区淤积量大于 60 亿 m³,来水流量大于 2 300 m³/s 且继续上涨时泄空冲刷,形成高含沙水流冲刷排沙。

"分段抬高"运用方式是将水库淤积高程的抬升过程分三个阶段,在每一阶段均经历由逐渐淤积抬升至降水冲刷过程,最终达到设计的淤积形态。水库调节方式在其淤积及冲刷过程中略有不同。

"分段抬高"运用方式同时研究了三门峡、小浪底水库联合调度方案及碛口、三门峡及小浪底水库联合调度方案。

"逐步抬高"运用方式与初步设计研究阶段基本相同。

第2章　项目研究概况

2.1　项目背景及意义

小浪底水库于1994年9月开工建设,1999年10月开始蓄水,至2010年10月已运用了11年。

由于黄河流域水沙条件、河床边界条件等是处在不断变化的过程中的,小浪底水库的调度指标应随之调整。因此,小浪底水库施工期,在工程规划设计阶段长期的宏观研究基础之上,围绕工程建成后针对水库投入运用以后短期的具体调度方案进行了深入研究。期间,利用小浪底库区动床模型,研究了水库不同运用方式库区泥沙运动规律、排沙特性、河床纵横剖面形态变化及库容变化过程,并与数学模型研究相结合,互相补充,互为印证,为选择水库最优运用方式提供了重要的科学依据。

水库投入运用以来,进行了连续的跟踪研究。异重流是水库的主要排沙方式。针对异重流输移规律进行了大量应用基础研究,提出了可定量描述异重流排沙的临界指标及其阻力、传播时间、干支流倒灌、不同水沙组合条件下异重流运行速度与排沙效果的表达式,并以此为基础,编制历次调水调沙塑造异重流调度预案,为黄河调水调沙塑造异重流奠定了基础。

对于水沙变幅显著、水库调度频繁、地形条件复杂、三维性更强的小浪底水库而言,河工模型试验是开展库区水动力学研究,检验水库运用方式的合理性与可行性的重要手段。因此,在小浪底水库拦沙初期与拦沙后期运用方式研究中,实体模型试验可作为重要研究途径之一。通过小浪底水库实体模型试验,重点检验水库在不同运用方式下,库区水沙输移规律、出库水沙过程、干支流淤积形态、库容变化等,对拟定的不同运用方式进行全面分析评估,为进一步优选并优化水库运用方式,进而为水库更好地发挥拦沙减淤效益提供重要的技术支持。

黄河调水调沙及小浪底水库生产运行,不仅将长期的研究成果付诸实施,而且进一步深化了对库区水沙运行规律的认识,同时也是对以往研究成果的检验。

至2010年汛后,库区淤积泥沙28.225亿 m^3 ,从淤积总量上看,已达到《小浪底水利枢纽拦沙初期运用调度规程》中拦沙初期与拦沙后期的界定值(21亿~22亿 m^3)。这意味着小浪底水库拦沙初期即将结束,其步入拦沙后期或两者之间的过渡期。水库运用方式将由拦沙初期的"蓄水拦沙调水调沙"转为"多年调节泥沙,相机降水冲刷"为主导思想的运用方式。"相机降水冲刷"是指水库运用过程中,遭遇较大洪水过程时,适当降低水库运用水位,冲刷库区淤积物,恢复部分库容,以达到延长水库拦沙寿命的目的。同时,考虑为下游创造好的输沙条件,获得较大的减淤效益。该项成果正是对项目组在小浪底水库施工期及水库投入运用以来所进行的滚动研究成果的集成与凝练,对提升科学研究水平,以及对小浪底水库下阶段的研究均具有重要意义。

2.2　取得的主要研究成果

2.2.1　多沙河流水库泥沙模型相似律

系统地分析和总结了水库泥沙动床模型的相似理论和设计方法,广泛吸收了国内外有关的先进原理和经验,以及泥沙运动力学和河床演变学的最新成果,针对黄河含沙量变幅大,河床冲淤变化迅速,以及水库排沙的多样性(如明流、异重流排沙等)等特点,提出了比较完善的多沙河流水库泥沙模型的设计方法,在理论上满足水流泥沙运动的相似、异重流潜入和挟沙连续相似、河床冲淤变形相似、水库明流排沙和异重流排沙相似。

2.2.2　水库模型设计及验证

在研究多沙河流水库模型相似律的基础上,对模型时间比尺及模型沙特性进行进一步研究。通过三门峡水库和小浪底水库的实测资料进行了系统、科学的验证试验,可以基本满足在不同含沙量条件下河床冲刷相似和淤积相似,同时满足水库明流排沙和异重流排沙相似,可以保证试验成果的可靠性。

2.2.3　水库拦沙初期运用方式研究

小浪底库区模型对小浪底水库初期运用和 2000 年水库不同运用方式的试验研究提出了水库不同运用方式下库区泥沙运动规律、排沙特征、河床纵横剖面形态及库容变化的影响,为制定小浪底水库运用初期运行方式提供了科学依据。

2.2.4　水库拦沙初期数学模型研究

基于非恒定异重流运动方程等理论成果,以及模型试验观测成果,建立了小浪底水库准二维数学模型,进行小浪底水库运用初期 1～5 年两种调节方案计算,在库区淤积形态及过程、水库排沙特性等方面,取得了与小浪底水库物理模型试验相近的结果,两者起到了相互印证、相互补充的作用。

2.2.5　水库拦沙后期运用方式研究

利用小浪底水库模型,对拟定的小浪底水库运用后期不同运用方式进行模型试验。研究了小浪底水库拦沙后期各运用方式下的水库调控效果,包括库区干支流淤积量及淤积形态历年变化过程、干支流库容变化过程、库区河势调整过程、水库拦沙期运用年限及其库区相应特征值、库区泥沙运动规律、排沙特征,为制定小浪底水库拦沙后期运用方式提供了科学依据。

2.2.6　水库实况分析及其对研究成果的验证

对小浪底水库运用 11 年以来的水沙过程、水库运用、库区冲淤特性及形态、异重流排沙、库容变化等进行了研究,并对预测研究成果进行了合理性分析。

2.2.7 水库异重流研究及应用

根据小浪底水库异重流实测资料整理、二次加工及分析,水槽试验及物理模型相关试验成果,结合对前人提出的计算公式的验证等,提出了可定量描述小浪底水库天然来水来沙条件及现状边界条件下,异重流持续运行、干支流倒灌、不同水沙组合条件下异重流运行速度及排沙效果的表达式。

利用上述异重流研究成果,并依据当时的水沙条件及边界条件,制订2004~2011年的调水调沙异重流塑造及排沙方案,并在调水调沙实施过程中得到应用与检验。黄河汛前调水调沙,通过万家寨、三门峡与小浪底水库联合调度,成功地塑造出异重流并排沙出库,实现了水库排沙及调整库尾段淤积形态的目的。

第2篇　多沙河流水库泥沙模型研究

河工模型的主要优点在于可重现历史状况、弥补和扩充测验资料、多方案比选、局部问题细化、未来问题预测等,是研究边界条件复杂、三维性较强的问题的重要手段。然而,河工模型的相似律又建立在对泥沙运动基本规律认识的基础之上,模型所得到的成果的可靠性取决于它所依据的水沙运动基本理论的可靠程度。

目前所采用的异重流运动相似条件建立在二维恒定异重流运动方程之上,而该方程本身又是通过一些假定及简化处理得到的。此外,二维恒定异重流运动方程不适用于描述工程中真实出现的非恒定异重流运动规律。因此,基于该方程推导出的异重流运动相似条件也由于先天不足而显示出明显的缺陷。

本篇在分析相关研究成果的基础上,从研究异重流运动图形入手,通过分析异重流的压力分布,根据受力状况,运用动力学原理,推导非恒定异重流运动方程,进而导出异重流潜入相似条件;基于非恒定二维非均匀条件下的扩散方程导出异重流挟沙相似及连续相似条件;将异重流潜入相似条件、异重流挟沙相似条件及连续相似条件与河道模型相似条件相结合,构成完整的多沙河流水库模型相似律。

第3章　多沙河流水库泥沙模型相似律研究现状

3.1　水库泥沙模型一般相似条件研究回顾

利用库区动床模型进行水库水沙运动及排沙规律的研究由来已久。20世纪50年代初,在苏联列宁格勒开展了黄河三门峡水库淤积及排沙模型试验,这可以说是第一座黄河水库泥沙模型试验,尽管它给出的结果已被实践证明是错误的,但毕竟为我国河流水库实体模型试验方法积累了经验。

Einstein及钱宁提出的模型相似律是最早有系统理论基础的模型相似律。1956年北京水利科学研究院河渠所按该相似律,开展了三门峡水库淤积模型的设计与试验,获得的研究结果与后来的工程运行状况相差较多,但为当时三门峡枢纽的排沙设置提供了参考依据。屈孟浩对从西方引入或改进的河工模型相似条件,特别是对郑兆珍的动床模型相似律进行了试验验证,认为还不能适应于黄河。不过,屈孟浩在20世纪70年代的模型相似条件研究中引入了郑兆珍提出的公式(3-1),并成为早期黄河模型相似律最突出的特点之一,即

$$\lambda_\omega = \lambda_{u_*} = \lambda_v \sqrt{\frac{\lambda_h}{\lambda_L}} \tag{3-1}$$

式中：λ_ω 为沉速比尺；λ_{u_*} 为摩阻流速比尺；λ_v 为流速比尺；λ_h 为垂直比尺；λ_L 为水平比尺。

1958 年冬至 1960 年底，黄河水利委员会（简称黄委）在陕西省武功主持了三门峡水库淤积及渭河回水发展野外大模型试验工作，由黄河水利科学研究院（简称黄科院）、西北水利科学研究所、北京水利科学研究院河渠所等具体负责，分别开展了整体大、小模型及渭河局部变态模型试验。由于当时河工模型相似律尚不完善，采用了浑水变态动床大比尺整体模型和系列延伸整体模型以及清水填土法渭河局部大比尺模型相结合的研究方法。整体大模型由钱宁设计，模型沙选自渭惠渠沉沙，粒径极细，黄河模型沙中值粒径为 0.005 3 mm，渭河模型为 0.004 7 mm，显然泥沙起动相似难以满足。系列延伸整体模型，是按照沙玉清方法设计的。至于采用填土法开展渭河模型，是按照苏联专家 A.哈尔杜林和 K.И.罗辛斯基的建议进行的。亦即在渭河局部模型中放清水测流速，根据原型实测资料建立的挟沙关系判断，若在来沙条件下可能出现淤积，即在模型中填土，再测流速，反复进行，最后求得淤积平衡时的地形和回水变化。采用填土法可从表面上回避当时动床模型选沙设计难以正确的困难，但也必须指出，自然河流的塑造过程、影响因素及其相互影响都极其复杂，且当时渭河下游的挟沙关系不易确切表示，因此依照填土法开展试验，很难给出正确的定量结果。

三门峡水库淤积与渭河回水发展野外模型试验是我国在国内最早开展的巨型水库泥沙模型试验。尽管在所给水沙条件下获得的试验结果在定性上还存在较大的争议，但对于在试验技术和方法等方面的探索，还是积累了宝贵的经验，在我国河工模型发展史上有着特定的位置。

清华大学的王桂仙、惠遇甲等在开展长江葛洲坝枢纽回水变动区泥沙问题试验研究的过程中，采用的主要相似条件包括：

（1）输沙量连续相似，有

$$\lambda_{t_2} = \frac{\lambda_{\gamma 0}}{\lambda_s} \frac{\lambda_L}{\lambda_v} = \frac{\lambda_{\gamma 0}}{\lambda_s} \lambda_{t_1} \tag{3-2}$$

（2）泥沙沉降相似，有

$$\lambda_\omega = \lambda_v \frac{\lambda_h}{\lambda_L} \tag{3-3}$$

（3）泥沙悬浮相似，有

$$\lambda_\omega = \lambda_k \lambda_v \left(\frac{\lambda_h}{\lambda_L}\right)^{1/2} \tag{3-4}$$

（4）异重流发生相似，有

$$\lambda_s = \lambda_{\gamma_s} / \lambda_{\gamma_s - \gamma} \tag{3-5}$$

式中：λ_s 为水流含沙量比尺；λ_{t_1} 为水流运动相似时间比尺；λ_{t_2} 为河床变形时间比尺；$\lambda_{\gamma 0}$ 为淤积物干密度比尺；λ_{γ_s} 为泥沙容重比尺；$\lambda_{\gamma_s - \gamma}$ 为泥沙与水的容重差比尺；λ_k 为系数比尺，其值一般为1。

目前,清华大学正在进行的三峡库区泥沙模型试验,也采取了类似的设计方法。此外,对于采用轻质沙引起的时间变态问题的研究也颇具开创性。

长江科学院为检验三峡工程库尾变动回水区泥沙模型试验成果的可靠性,利用丹江口水库油房沟河段模型,间接开展了验证试验。该院在开展葛洲坝工程坝区泥沙模型试验时,取 $\lambda_L = \lambda_h = 150$,选株洲精煤为模型沙,经过验证试验,确定的含沙量比尺 $\lambda_s = 1$。目前,长江科学院的三峡泥沙模型也采用了与上述葛洲坝枢纽坝区模型相同的设计方法和模型沙,取 $\lambda_s = 1$,也取得了大量的试验结果。

1978 年,屈孟浩提出的动床模型相似条件中,其主要内容除含有式(3-1)外,还包括如下两个相似条件:

(1)推移质运动相似条件,即

$$\lambda_D = \frac{\lambda_J \lambda_h}{\lambda_{\gamma_s - \gamma}} \tag{3-6}$$

(2)异重流运动相似条件,即

$$\lambda_{v_e} = (\lambda_{\gamma_s - \gamma} \lambda_s \lambda_h)^{0.5} \tag{3-7}$$

式中:λ_D 为推移质粒径比尺;λ_{v_e} 为异重流流速比尺;λ_J 为比降比尺。

屈孟浩的模型律在理论上的缺陷较大,不过他的设计方法曾在一些黄河动床模型试验中使用。长期实践中积累的丰富经验,为多沙河流模型的设计与试验操作提供了参考依据。

近期,屈孟浩、窦国仁在开展小浪底水利枢纽的泥沙模型试验时,分别对高含沙水流模型相似律进行了探讨,前者通过预备试验确定出含沙量比尺 λ_s,然后列出如下形式的河床冲淤变化量与来沙量(输沙)变化的关系式,即

$$\gamma_0 B \mathrm{d}z \mathrm{d}x = \mathrm{d}G_s \mathrm{d}t - \mathrm{d}G_s' \mathrm{d}t \tag{3-8}$$

式中:γ_0 为淤积物干密度;B 为河宽;G_s'、G_s 为输沙率。

式(3-8)左边项为河床冲淤变化值,右边第一项为河段进出口输沙量的差值,右边第二项为 $\mathrm{d}t$ 时段该河段水体内沙量的增减量。原作者采用如下假定,即

$$\mathrm{d}G_s' \propto \mathrm{d}G_s$$

引入比例系数 k,该式又表示为

$$\mathrm{d}G_s' = k \mathrm{d}G_s \tag{3-9}$$

将式(3-9)代入式(3-8),得

$$\gamma_0 B \mathrm{d}z \mathrm{d}x = (1 - k) \mathrm{d}G_s \mathrm{d}t \tag{3-10}$$

从而导出河床冲淤时间比尺为

$$\lambda_{t_2} = \frac{1}{\lambda_{(1-k)}} \frac{\lambda_{\gamma_0}}{\lambda_s} \lambda_{t_1} \tag{3-11}$$

该试验取 $1/\lambda_{(1-k)} = 4$。

上述探索具有独到之处,但关键性的处理显得较为粗糙,如果将式(3-8)两端同时除以 $\mathrm{d}t$,得

$$\gamma_0 B \mathrm{d}x \frac{\mathrm{d}z}{\mathrm{d}t} = \mathrm{d}G_s - \mathrm{d}G_s' \tag{3-12}$$

运用相似转化原理,以脚标"m"表示有关物理量的模型值,则式(3-12)可表示为

$$\lambda_{\gamma_0}\lambda_L^2\frac{\lambda_h}{\lambda_{t_2}}\left(\gamma_0 B\mathrm{d}x\frac{\mathrm{d}z}{\mathrm{d}t}\right)_m = \lambda_{G_s}(\mathrm{d}G_s)_m - \lambda_{G_s'}(\mathrm{d}G_s')_m \qquad (3\text{-}13)$$

将式(3-13)等号右侧第一项抽出的系数 λ_{G_s} 分别和另两项的系数相等,即得

$$\lambda_{\gamma_0}\lambda_L^2\frac{\lambda_h}{\lambda_{t_2}} = \lambda_{G_s} \qquad (3\text{-}14)$$

$$\lambda_{G_s'} = \lambda_{G_s} \qquad (3\text{-}15)$$

根据 $\mathrm{d}G_s$ 的定义,$\lambda_{G_s} = \lambda_Q\lambda_s = \lambda_v\lambda_L\lambda_h\lambda_s$,其中,$\lambda_Q$ 为流量比尺;λ_v 为运动黏滞系数比尺。代入式(3-14),又有 $\lambda_{t_1} = \lambda_L/\lambda_v$,经整理,不难得到

$$\lambda_{t_2} = \frac{\lambda_{\gamma_0}}{\lambda_s}\lambda_{t_1} \qquad (3\text{-}16)$$

显然,式(3-16)即为常见的悬移质泥沙模型河床冲淤变形相似条件,同时可以看出,式(3-11)中的 $1/\lambda_{(1-k)}$ 应该等于1。

至于窦国仁的试验,着重考虑宾汉切应力存在的影响,指出对于高含沙水流模型而言,关键是要取得宾汉切应力比尺一致。试验选电木粉为模型沙(容重 $\gamma_{sm} = 14.50$ kN/m^3,干容重 $\gamma_0 = 0.4$ t/m^3),$\lambda_{\gamma_0} = 3.25$,$\lambda_L = 80$,$\lambda_v = 8.94$,$\lambda_{t_1} = \lambda_L/\lambda_v = 8.94$,$\lambda_s = 0.52 \sim 2.96$,由式(3-2)可得河床冲淤变形时间比尺 $\lambda_{t_2} = 9.82 \sim 55.88$,为便于试验操作,通过验证试验后取 $\lambda_{t_2} = 60$。原作者在1993年进行报告汇编时,又对原来的模型设计进行了专门的修正,主要反映在确定模型的冲淤时间比尺时,给出如下形式的非恒定流河床冲淤方程式

$$\alpha\frac{\partial(BHS)}{\partial t} + \frac{\partial(vBHS)}{\partial x} + \frac{\partial(\gamma_0 Bz)}{\partial t} = 0 \qquad (3\text{-}17)$$

式中:系数 α 为原作者专门引入的,认为对于原型 $\alpha = 1$,对于模型 $\alpha_m = 0$,然后将式(3-17)改写为

$$\frac{\partial(vBHS)}{\partial x} + \frac{\partial}{\partial t}(\gamma_0 Bz + \alpha SBH) = 0 \qquad (3\text{-}18)$$

由此可得出下述比尺关系

$$\lambda_{t_2} = \frac{\lambda_{\gamma_0}\lambda_L}{\lambda_v\lambda_s}\lambda_\beta \qquad (3\text{-}19)$$

其中

$$\lambda_\beta = 1 + \frac{S_p H_p}{\gamma_{op}z_p} \qquad (3\text{-}20)$$

式中:S_p 为原型含沙量;H_p 为原型水深;γ_{op} 为原型泥沙干容重;z_p 为一个未知特征值,认为是水深、含沙量和泥沙干容重的函数,经假定处理和资料分析后,将式(3-20)又可表示为

$$\lambda_\beta = 1 + 20\left(\frac{S_p}{\gamma_{op}}\right)^{0.7} \qquad (3\text{-}21)$$

利用式(3-21),原作者由式(3-19)求出相应原型各级含沙量 S_p 的时间比尺值 λ_{t_2},其

结果为:当 $S_p = 1 \sim 500 \ \text{kg/m}^3$ 时(此时 λ_s 相应等于 0.56 ~ 3.95),$\lambda_\beta = 1.13 \sim 11.25$,冲淤时间比尺 $\lambda_{t_2} = 58.7 \sim 82.8$。这种做法是以 λ_β 的取值有很大变化来抵消 λ_s 值有很大变化的影响,尽量使河床冲淤时间比尺 λ_{t_2} 的取值有相对稳定的范围,显然便于模型试验操作。

上述处理较式(3-8) ~ 式(3-11)做法更严谨一些,但两者有相近之处,后者的 λ_β 与前者的 $1/\lambda_{(1-k)}$ 类似。无论如何简化,在原型为非恒定流条件下,模型中实际出现的不可能是恒定流,因此在式(3-17)中取原型 $\alpha = 1$、模型 $\alpha_m = 0$ 的假定以及引入 λ_β 的做法,仍是值得进一步商榷的。

上述 λ_β 或 $1/\lambda_{(1-k)}$ 是在试验中遇到种种困难且无原型高含沙洪水资料对模型比尺进行验证率定的条件下引入的。我们对原型资料初步分析后认为,就该河段的情况而言(原型河段系沙卵石河床),这类系数的比尺值有少量的变化范围是可能的,不过这种状况主要是由原型有大量推移质参加造床而模型设计时未加考虑所致。由于泥沙连续方程并没考虑推移质沿程改变的影响,尚难以描述原型实际状况,而试验时,则往往通过模型进口加沙数量的调整,在一定程度上反映部分沙质推移质对河床冲淤变形的贡献。因此,遇到沙卵石河床的模型,最好还是在模型设计时考虑推移质泥沙的造床作用。

3.2　异重流运动相似条件的研究现状

在多沙河流上修建的水库,其库内泥沙输移状态在一定条件下会发生性质上的变化,亦即处于异重流输移状态。为此,开展水库泥沙模拟必须正确把握异重流运动规律。

为模拟水库异重流的运动,以往文献多采用如下形式的二维恒定异重流运动方程式推导比尺关系式,即

$$J_0 - \frac{\partial h}{\partial x} - \frac{f_e}{8} \frac{v^2}{\frac{\gamma_m - \gamma}{\gamma_m} gh} = \frac{1}{\frac{\gamma_m - \gamma}{\gamma_m} g} v \frac{\partial v}{\partial x} \tag{3-22}$$

$$\gamma_m = \gamma + \frac{\gamma_s - \gamma}{\gamma_s} S \tag{3-23}$$

式中:J_0 为河底比降;h 为浑水水深;f_e 为综合阻力系数;γ_m 为浑水容重;γ 为清水容重;v 为浑水流速;γ_s 为泥沙容重。

引入各项比尺,并取 $\lambda_{v_e} = \lambda_v = \sqrt{\lambda_h}$,$\lambda_{h_e} = \lambda_h$(其中,$\lambda_{v_e}$ 为异重流流速比尺;λ_{h_e} 为异重流水深比尺),由式(3-22)可导出如下两个比尺关系式,即

$$\frac{\lambda_{\gamma_m - \gamma}}{\lambda_{\gamma_m}} = 1 \tag{3-24}$$

$$\lambda_{f_e} = \frac{\lambda_{\gamma_m - \gamma}}{\lambda_{\gamma_m}} \frac{\lambda_h}{\lambda_L} \tag{3-25}$$

根据式(3-23),可将式(3-24)(原型脚标省略)表示为

$$\frac{(\gamma_s - \gamma)S}{\gamma_s \gamma + (\gamma_s - \gamma)S} = \frac{(\gamma_{s_m} - \gamma)\frac{S}{\lambda_s}}{\gamma_{s_m}\gamma + (\gamma_{s_m} - \gamma)\frac{S}{\lambda_s}} \qquad (3\text{-}26)$$

进一步整理后,可得

$$\lambda_s = \frac{\lambda_{\gamma_s}}{\lambda_{\frac{\gamma_s - \gamma}{\gamma}}} \qquad (3\text{-}27)$$

这就是常见的异重流发生(或称潜入)相似条件。

以上式中:γ_{s_m} 为模型沙容重;λ_v、λ_h、λ_{h_e} 分别为流速、水深及异重流水深比尺;λ_{f_e} 为异重流综合阻力系数比尺;λ_{γ_m}、λ_{γ_s}、λ_{γ} 分别为泥沙、水及含沙水流容重比尺;λ_s 为含沙量比尺。

众所周知,泥沙模型存在两个时间比尺:

(1)由水流连续相似导出的时间比尺

$$\lambda_{t_1} = \frac{\lambda_L}{\lambda_v} \qquad (3\text{-}28)$$

(2)由河床变形相似导出的时间比尺

$$\lambda_{t_2} = \frac{\lambda_L}{\lambda_v}\frac{\lambda_{\gamma_0}}{\lambda_s} = \frac{\lambda_{\gamma_0}}{\lambda_s}\lambda_{t_1} \qquad (3\text{-}29)$$

当模型几何比尺确定后,水流运动时间比尺 λ_{t_1} 即为定值,而河床冲淤变形时间比尺 λ_{t_2} 还与泥沙的干容重比尺 λ_{γ_0} 及含沙量比尺 λ_s 有关。模型沙往往采用轻质沙,显而易见,$\lambda_{\gamma_0} > 1$,而采用式(3-27)计算 $\lambda_s < 1$,则 $\lambda_{t_2} > \lambda_{t_1}$。也就是说,按照水流连续相似要求,模型放水历时应较长,而按照河床变形要求,模型放水历时应较短。由于泥沙模型主要是研究河床变形问题,故总是按照 λ_{t_2} 来控制模型试验时间,这样就出现了时间变态问题。当水流为不恒定流时,会产生一些比较严重的问题。因为时间变态不仅影响水力要素的相似,而且影响河床冲淤变形的相似。由上述可以看出,异重流方程未考虑非恒定性,目前在水库模型异重流模拟方法上存在时间变态及异重流运动失真等严重问题,因而亟待在此领域开展系统深入的研究。

第4章 异重流运动方程及相似条件推导

目前提出的异重流运动相似条件是建立在二维恒定异重流运动方程式之上的,而该方程本身是通过一些与实际相悖的假定及简化处理给出的,基于该方程推导出的异重流运动相似条件也由于先天不足而显现出明显的缺陷。因此,本章将重新建立非恒定异重流运动方程式,由此导出异重流潜入相似条件。

异重流运动相似条件除包括异重流潜入相似外,还应包括异重流挟沙相似及连续相似。本章基于非恒定二维非均匀条件下的扩散方程导出异重流挟沙相似及连续相似条件。

将异重流潜入相似条件、异重流挟沙相似及连续相似条件与河道模型相似条件相结合,构成完整的多沙河流水库模型相似律。

4.1 非恒定异重流的运动方程

由第3章中分析可知,目前给出的异重流潜入相似条件式(3-27),存在着明显的缺陷,其原因是所依据的基本方程未考虑水流的非恒定性及泥沙沿垂线的非均匀性。为此,首先分析异重流的压力分布,根据受力分析重新推求非恒定异重流运动方程,再运用相似转化原理导出异重流潜入相似条件。

4.1.1 异重流的压力

令 γ'_m 为某一点浑水容重,只考虑沿水深而变,不考虑横向变化;γ_m 为平均浑水容重。由异重流压强分布(见图4-1),可将异重流某点压强表示为

$$p = \gamma h_1 + \int_z^{h_e} \gamma'_m \mathrm{d}z \tag{4-1}$$

式中:γ 为清水容重;h_1 为清水深度;z 为河底高程;h_e 为清浑水交界面高程。

异重流全部水深的总压力为

$$P = \int_0^{h_e} p\mathrm{d}z = \gamma h_1 h_e + \int_0^{h_e} \left(\int_z^{h_e} \gamma'_m \mathrm{d}z\right) \mathrm{d}z \tag{4-2}$$

其中,γ'_m 与某点含沙量 S 之间的关系为

$$\gamma'_m = \gamma + \frac{\gamma_s - \gamma}{\gamma_s} S \tag{4-3}$$

以往的文献中都是假定异重流容重不沿水深而变(即 $\gamma'_m = \gamma_m$),而把任一点压强写为

$$p = \gamma h_1 + \gamma'_m (h_e - z) = \gamma h_1 + \gamma_m (h_e - z) \tag{4-4}$$

则总压力为

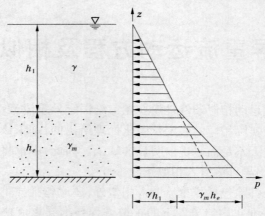

图 4-1 异重流压强分布

$$P = \int_0^{h_e} p\,\mathrm{d}z = \gamma h_1 h_e + \gamma_m h_e^2/2 \tag{4-5}$$

对照式(4-2)、式(4-5),显然只有假定 γ'_m 取为平均值 γ_m 时,两者才相等。如果 γ'_m 随 z 而变,P 的形式就复杂多了。为考虑浑水容重沿水深分布的不均匀性,需要在式(4-5)中 γ_m 之前加修正系数 k_e,其定义式为

$$k_e = \frac{\int_0^{h_e} \left(\int_z^{h_e} \gamma'_m\,\mathrm{d}z \right) \mathrm{d}z}{\gamma_m \dfrac{h_e^2}{2}} \tag{4-6}$$

由于任一点浑水容重 γ'_m 与含沙量 S 的关系如式(4-3)所示,而异重流在垂线上的含沙量分布异常复杂,迄今难以用确切的数学形式表达出来。取决于含沙量 S 沿水深变化趋势的 k_e,目前可利用常见的含沙量沿水深分布公式近似计算。

4.1.2 非恒定异重流的运动方程

引入浑水容重沿水深分布的不均匀性修正系数后,以此推导非恒定异重流运动方程。异重流受力情况如图 4-2 所示。为分析简便起见,假定清水水面是水平的,水流方向与异重流交界面方向平行,取坐标轴 x 的方向与水流方向一致,以宽度为 b、长度为 Δx 的异重流流体作为研究对象,并在推导过程中忽略包含 Δx^2 的二阶微小项,则此异重流流体在水流方向所受的作用力如下。

4.1.2.1 压力

$$P_1 = \left(\gamma h_1 h_e + k_e \gamma_m \frac{h_e^2}{2} \right) b \tag{4-7}$$

$$P_2 = b \left[\gamma \left(h_1 + \frac{\partial h_1}{\partial x}\Delta x \right) \left(h_e + \frac{\partial h_e}{\partial x}\Delta x \right) + k_e \frac{\gamma_m}{2} \left(h_e + \frac{\partial h_e}{\partial x}\Delta x \right)^2 \right]$$

$$\approx \left[\gamma h_1 h_e + k_e \gamma_m \frac{h_e^2}{2} + \left(\gamma h_1 + k_e \gamma_m h_e \right) \frac{\partial h_e}{\partial x}\Delta x + \gamma h_e \frac{\partial h_1}{\partial x}\Delta x \right] b \tag{4-8}$$

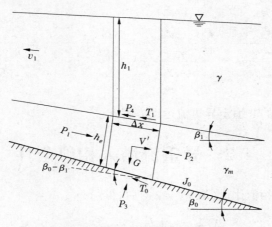

图 4-2　非恒定异重流受力分析

$$P_3\sin(\beta_0 - \beta_1) = \left[\gamma\left(h_1 + \frac{\partial h_1}{\partial x}\frac{\Delta x}{2}\right) + k_e\gamma_m\left(h_e + \frac{\partial h_e}{\partial x}\frac{\Delta x}{2}\right)\right]\frac{\Delta x b}{\cos(\beta_0 - \beta_1)}\sin(\beta_0 - \beta_1)$$

$$\approx (\gamma h_1 + k_e\gamma_m h_e)\frac{\partial h_e}{\partial x}\Delta x b \tag{4-9}$$

4.1.2.2　重力

$$G\sin\beta_1 = k_e\gamma_m\left(h_e + \frac{\partial h_e}{\partial x}\frac{\Delta x}{2}\right)\Delta x\sin\beta_1 b = k_e\gamma_m h_e\frac{\partial h_1}{\partial x}\Delta x b \tag{4-10}$$

4.1.2.3　阻力(包括床面、交界面和侧面部分)

$$T = T_0\cos(\beta_0 - \beta_1) + T_1 + T_c = \frac{f_e}{8}\frac{k_e\gamma_m}{g}v_e^2\Delta x b + 2h_e k_e\frac{f_c}{8}\frac{\gamma_m}{g}v_e^2\Delta x \tag{4-11}$$

$$f_e = k_e f_0' + k_e f_1' \tag{4-12}$$

式中：f_c 为侧面阻力系数；f_e 为异重流综合阻力系数；f_0' 为床面阻力系数；f_1' 为异重流交界面阻力系数。

4.1.2.4　惯性力

$$I = k_e\frac{\gamma_m}{g}\left(h_e + \frac{\partial h_e}{\partial x}\frac{\Delta x}{2}\right)\Delta x\frac{\mathrm{d}v_e}{\mathrm{d}t}b \approx k_e\frac{\gamma_m}{g}h_e\Delta x b\left(\frac{\partial v_e}{\partial t} + v_e\frac{\partial v_e}{\partial x}\right) \tag{4-13}$$

另外，还有一项因表层清水以 v_1 的速度往上游流动而对异重流产生的附加力 T'。于是，力的平衡方程式应为

$$P_1 - P_2 + P_3\sin(\beta_0 - \beta_1) + G\sin\beta_1 - T - T' = I \tag{4-14}$$

将有关各力的表达式代入式(4-14)，化简得

$$(k_e\gamma_m - \gamma)h_e\frac{\partial h_1}{\partial x} - \frac{f_e}{8}\frac{k_e\gamma_m}{g}v_e^2 - \frac{h_e}{b}k_e\frac{f_c\gamma_m}{4g}v_e^2 - \frac{T'}{b\Delta x} = \frac{k_e\gamma_m}{g}h_e\left(\frac{\partial v_e}{\partial t} + v_e\frac{\partial v_e}{\partial x}\right) \tag{4-15}$$

$$T' = \tau'\Delta x b \tag{4-16}$$

$$\frac{\partial h_1}{\partial x} = -\frac{\partial(Z_0 + h_e)}{\partial x} = J_0 - \frac{\partial h_e}{\partial x} \tag{4-17}$$

式中：τ' 为附加阻力；Z_0 为河底高程。

于是式(4-15)即为

$$J_0 - \frac{\partial h_e}{\partial x} - \frac{f_e}{8} \frac{v_e^2}{\dfrac{k_e\gamma_m - \gamma}{k_e\gamma_m}gh_e} - \frac{f_c}{4b}\frac{v_e^2}{\dfrac{k_e\gamma_m-\gamma}{k_e\gamma_m}g} - \frac{\tau'}{h_e(k_e\gamma_m-\gamma)} = \frac{1}{\dfrac{k_e\gamma_m-\gamma}{k_e\gamma_m}g}\left(\frac{\partial v_e}{\partial t} + v_e\frac{\partial v_e}{\partial x}\right)$$

$$(4\text{-}18)$$

式(4-18)即为新建立的非恒定异重流运动方程式。

4.2 异重流潜入相似条件

将式(4-18)引入相似比尺(取 $\lambda_{h_e}=\lambda_h$)后,得

$$\frac{\lambda_h}{\lambda_L}\left(J_0 - \frac{\partial h_e}{\partial x}\right) - \frac{\lambda_{f_e}\lambda_{v_e}^2}{\lambda_h\lambda_{(k_e\gamma_m-\gamma)/k_e\gamma_m}}\left[\frac{f_e}{8}\frac{v_e^2}{\left(\dfrac{k_e\gamma_m - \gamma}{k_e\gamma_m}\right)gh_e}\right] - \frac{\lambda_{f_e}}{\lambda_L}\frac{\lambda_{v_e}^2}{\lambda_{(k_e\gamma_m-\gamma)/k_e\gamma_m}} \times$$

$$\left[\frac{f_c}{4b} - \frac{v_e^2}{\left(\dfrac{k_e\gamma_m - \gamma}{k_e\gamma_m}\right)g}\right] - \frac{\lambda_{\tau'}}{\lambda_h\lambda_{(k_e\gamma_m-\gamma)}}\left[\frac{\tau'}{h_e(k_e\gamma_m - \dot\gamma)}\right]$$

$$= \frac{\lambda_{v_e}}{\lambda_{t_e}\lambda_{\frac{(k_e\gamma_m-\gamma)}{k_e\gamma_m}}}\left[\frac{1}{\dfrac{k_e\gamma_m - \gamma}{k_e\gamma_m}g}\frac{\partial v_e}{\partial t}\right] + \frac{\lambda_{v_e}^2}{\lambda_L\lambda_{\frac{(k_e\gamma_m-\gamma)}{k_e\gamma_m}}}\left[\frac{1}{\dfrac{k_e\gamma_m - \gamma}{k_e\gamma_m}g}v_e\frac{\partial v_e}{\partial x}\right]$$

$$(4\text{-}19)$$

式(4-19)的左右两边同除以 $\dfrac{\lambda_h}{\lambda_L}$,可得出如下比尺关系式,即

$$\frac{\lambda_{f_e}\lambda_{v_e}^2\lambda_L}{\lambda_h^2\lambda_{\frac{(k_e\gamma_m-\gamma)}{k_e\gamma_m}}} = 1 \qquad (4\text{-}20)$$

$$\frac{\lambda_{f_e}\lambda_{v_e}^2}{\lambda_h\lambda_{\frac{(k_e\gamma_m-\gamma)}{k_e\gamma_m}}} = 1 \qquad (4\text{-}21)$$

$$\frac{\lambda_{\tau'}\lambda_L}{\lambda_h^2\lambda_{(k_e\gamma_m-\gamma)}} = 1 \qquad (4\text{-}22)$$

$$\frac{\lambda_{v_e}\lambda_L}{\lambda_{t_e}\lambda_h\lambda_{\frac{(k_e\gamma_m-\gamma)}{k_e\gamma_m}}} = 1 \qquad (4\text{-}23)$$

$$\frac{\lambda_{v_e}^2}{\lambda_h\lambda_{\frac{(k_e\gamma_m-\gamma)}{k_e\gamma_m}}} = 1 \qquad (4\text{-}24)$$

由式(4-23),得

$$\lambda_{v_e} = \frac{\lambda_h\lambda_{(k_e\gamma_m-\gamma)}}{\lambda_v\lambda_{k_e}\lambda_{\gamma_m}} = \lambda_v\frac{\lambda_{(k_e\gamma_m-\gamma)}}{\lambda_{k_e}\lambda_{\gamma_m}} \qquad (4\text{-}25)$$

再由式(4-24),得

$$\lambda_{v_e} = \sqrt{\lambda_h}\sqrt{\frac{\lambda_{(k_e\gamma_m-\gamma)}}{\lambda_{k_e}\lambda_{\gamma_m}}} = \lambda_v\sqrt{\frac{\lambda_{(k_e\gamma_m-\gamma)}}{\lambda_{k_e}\lambda_{\gamma_m}}} \qquad (4\text{-}26)$$

式(4-25)与式(4-26)联解,得

$$\frac{\lambda_{(k_e\gamma_m-\gamma)}}{\lambda_{k_e}\lambda_{\gamma_m}} = \lambda^{\frac{(k_e\gamma_m-\gamma)}{k_e\gamma_m}} = 1 \tag{4-27}$$

$$\lambda_{v_e} = \lambda_v \tag{4-28}$$

式(4-27)表明,异重流速度比尺应与流速比尺相等,这一相似条件下不像以往那样采用假定,而是直接由比尺关系导出。对于式(4-28),也可改成如下形式,即

$$\left[\frac{\gamma}{k_e\left(\gamma + \frac{\gamma_s - \gamma}{\gamma_s}S_e\right)}\right]_p = \left[\frac{\gamma}{k_e\left(\gamma + \frac{\gamma_s - \gamma}{\gamma_s}S_e\right)}\right]_m \tag{4-29}$$

式中:脚标"p"、"m"分别表示原型物理量及模型物理量。

引入上面对应比尺并整理得

$$\lambda_{S_e} = \left[\frac{\gamma(\lambda_{k_e} - 1)}{\frac{\gamma_{s_m} - \gamma}{\gamma_{s_m}}S_{e_p}} + \lambda_{k_e}\frac{\lambda_{\gamma_s-\gamma}}{\lambda_{\gamma_s}}\right]^{-1} \tag{4-30}$$

若取 $\lambda_{k_e} = 1$,则 $\lambda_{S_e} = \frac{\lambda_{\gamma_s}}{\lambda_{(\gamma_s-\gamma)}}$,为目前常见的异重流发生相似条件,显然这只是式(4-30)在 $\lambda_{k_e} = 1$ 时的特殊形式。由式(4-30)可知,含沙量比尺 λ_s 在模型沙种类确定以后,取决于含沙量 S_e 及 λ_{k_e} 的大小。对于 λ_{k_e},可由下式得到,即

$$\lambda_{k_e} = \left[\frac{\int_0^{h_e}(\int_z^{h_e}\gamma'_m \,\mathrm{d}z)\,\mathrm{d}z}{\gamma_m\frac{h_e^2}{2}}\right]_p \bigg/ \left[\frac{\int_0^{h_e}(\int_0^{h_e}\gamma'_m \,\mathrm{d}z)\,\mathrm{d}z}{\gamma_m\frac{h_e}{2}}\right]_m \tag{4-31}$$

在运用式(4-31)时,尚需引入异重流含沙量分布公式。由于紊动扩散作用及重力作用仍是决定异重流挟沙运动的一对主要矛盾,其浓度沿水深的分布及挟沙规律与一般挟沙水流应当类似,因此在求 λ_{k_e} 的过程中,可引用张红武含沙量分布公式计算异重流含沙量沿垂线分布,即

$$S = S_a\exp\left[\frac{2\omega}{c_n u_*}\left(\arctan\sqrt{\frac{h}{z} - 1} - \arctan\sqrt{\frac{h}{a} - 1}\right)\right] \tag{4-32}$$

式中:S_a 为 $y = a$ 时的时均含沙量;ω 为泥沙沉速;c_n 为涡团参数;u_* 为摩阻流速;a 为积分常数。

式(4-32)能适用于近壁处含沙量的分布情况,只是在计算时将有关的水流泥沙因子采用异重流的相应值代入。把由此得出的 λ_{k_e} 的表达式与式(4-30)联解,通过试算即可得到异重流的含沙量比尺 λ_{S_e}。

4.3 异重流挟沙相似及连续相似条件

异重流流速分布形态虽然与明流不同,但仍属于紊流结构。异重流输沙规律与明流在本质上是一致的。异重流本身就是一种挟沙水流,因而在遵循如下非恒定二维非均匀

条件下的扩散方程(脚标"e"代表与异重流有关的物理量),即

$$\frac{\partial S_e}{\partial t} + \frac{\partial (u_x S_e)}{\partial x} + \frac{\partial (u_z S_e)}{\partial z} = \frac{\partial}{\partial z}(\varepsilon_s \frac{\partial S_e}{\partial z}) - \frac{\partial (\omega S_e)}{\partial z} \tag{4-33}$$

式中:u_x、u_z 分别为纵向流速及垂向流速;ε_s 为垂向悬移质扩散系数。

将式(4-33)各项乘以 $\mathrm{d}z$ 后,由 $z=0$ 到 $z=h(x)$ 积分,并考虑到边界条件,则得

$$\frac{\partial (S_e h_e)}{\partial t} + \frac{\partial (v_e S_e h_e)}{\partial x} = \varepsilon_s \frac{\partial S_e}{\partial z}\bigg|_b - \omega S_{be} \tag{4-34}$$

式中:S_{be} 为河底异重流含沙量;S_e、v_e 分别为垂线平均含沙量及流速。

若视河底向上紊动扩散的泥沙数量,等于河底泥沙的极限异重流挟沙能力所对应的底部下沉泥沙的数量 ωS_{*be},则将式(4-34)表示为

$$\frac{\partial (S_e h_e)}{\partial t} + \frac{\partial (v_e S_e h_e)}{\partial x} = \omega S_{*be} - \omega S_{be} \tag{4-35}$$

再令 $a_1 = S_{be}/S_e$,$a_* = S_{*be}/S_{*e}$,$f_1 = a_1/a_*$,则又可表示为

$$\frac{\partial (S_e h_e)}{\partial t} + \frac{\partial (v_e S_e h_e)}{\partial x} = a_* \omega (S_{*e} - f_1 S_e) \tag{4-36}$$

运用相似转化原理并以脚标"m"表示有关物理量为模型值,则将式(4-36)表示为

$$\lambda_{h_e}\frac{\lambda_{S_e}}{\lambda_{t_e}}\left[\frac{\partial (S_e h_e)}{\partial t}\right]_m + \lambda_{v_e}\frac{\lambda_{h_e}\lambda_{S_e}}{\lambda_L}\left[\frac{\partial (v_e S_e h_e)}{\partial x}\right]_m \tag{4-37}$$

$$= \lambda_{a_*}\lambda_\omega \lambda_{S_{*e}}(a_*\omega S_{*e})_m - \lambda_{a_*}\lambda_{f_1}\lambda_\omega \lambda_{S_e}(a_* f_1 \omega S_e)_m$$

考虑到重力作用是决定悬移质泥沙沉降的主要矛盾方面,从式(4-37)等号右端第二项抽出的比尺关系 $\lambda_{a_*}\lambda_{f_1}\lambda_\omega \lambda_{S_e}$ 除以左端各项和右端第一项抽出的比尺关系,欲使所得方程式与用于模型的异重流扩散方程式(4-36)完全相同,要求

$$\frac{\lambda_{h_e}}{\lambda_{a_*}\lambda_{f_1}\lambda_\omega \lambda_{t_e}} = 1 \tag{4-38}$$

$$\frac{\lambda_{v_e}\lambda_{h_e}}{\lambda_{a_*}\lambda_{f_1}\lambda_\omega \lambda_L} = 1 \tag{4-39}$$

$$\frac{\lambda_{S_{*e}}}{\lambda_{f_1}\lambda_{S_e}} = 1 \tag{4-40}$$

首先,相似模型的挟沙水流非饱和状态应与原型保持相同,故

$$\lambda_{f_1} = 1(或 \lambda_{a_*} = \lambda_{a_1}) \tag{4-41}$$

将式(4-41)代入式(4-40)及式(4-39),分别得出

$$\lambda_{S_e} = \lambda_{S_{*e}} \tag{4-42}$$

及

$$\lambda_\omega = \lambda_{v_e}\frac{\lambda_{h_e}}{\lambda_L \lambda_{a_*}} \tag{4-43}$$

将式(4-41)、式(4-43)代入式(4-38),得

$$\lambda_{t_e} = \frac{\lambda_L}{\lambda_{v_e}} \tag{4-44}$$

式中:λ_{v_e}为异重流运动流速比尺;λ_{t_e}为异重流运动时间比尺。

对于$\lambda_{S_{*e}}$,本章下文中将给出异重流挟沙力公式,可由式(4-42)计算得到。

式(4-42)为异重流挟沙相似条件,式(4-43)为异重流泥沙悬移相似条件,式(4-44)为异重流连续相似条件。为计算式(4-43)中的λ_{a_*},可引用张红武平衡含沙量分布系数公式计算,即

$$a_* = \frac{S_{b_*}}{S_*} = \frac{1}{N_0}\exp(8.21\frac{\omega}{\kappa u_*}) \tag{4-45}$$

其中

$$N_0 = \int_0^1 f\left(\frac{\sqrt{g}}{c_n C},\eta\right)\exp\left(5.33\frac{\omega}{\kappa u_*}\arctan\sqrt{\frac{1}{\eta}-1}\right)\mathrm{d}\eta \tag{4-46}$$

$$f\left(\frac{\sqrt{g}}{c_n C},\eta\right) = 1 - \frac{3\pi}{8c_n}\frac{\sqrt{g}}{C} + \frac{\sqrt{g}}{c_n C}(\sqrt{\eta-\eta^2} + \arcsin\sqrt{\eta}) \tag{4-47}$$

式(4-45)~式(4-47)中:η为相对水深;c_n为涡团参数,可由下式计算,即

$$c_n = 0.15 - 0.63\sqrt{S_V}(0.365 - S_V) \tag{4-48}$$

式中:S_V为距河床为z的流层中以体积百分数表示的时均含沙量。

第 5 章　多沙河流水库泥沙模型相似律

5.1　模型基本相似条件

张红武、江恩惠等在深入研究前人泥沙模型相似理论的基础上,提出了一套适用于黄河河道的泥沙动床模型相似律,并且在黄河干支流动床模型试验中得到广泛的应用。该相似律包括:

(1)水流重力相似

$$\lambda_v = \lambda_h^{0.5} \qquad (5\text{-}1)$$

(2)水流阻力相似

$$\lambda_n = \lambda_h^{2/3}\lambda_L^{1/2} \qquad (5\text{-}2)$$

(3)泥沙悬移相似条件

$$\lambda_\omega = \lambda_v \frac{\lambda_h}{\lambda_{a_*}\lambda_L} \qquad (5\text{-}3)$$

(4)水流挟沙相似条件

$$\lambda_S = \lambda_{S_*} \qquad (5\text{-}4)$$

(5)河床冲淤变形相似条件

$$\lambda_{t_2} = \frac{\lambda_{\gamma_0}\lambda_L}{\lambda_S\lambda_v} \qquad (5\text{-}5)$$

(6)泥沙起动及扬动相似条件

$$\lambda_{v_c} = \lambda_v = \lambda_{v_f} \qquad (5\text{-}6)$$

水库泥沙运动与河道中有相同之处,因此河道模型必须遵循的水流泥沙运动相似条件,在水库泥沙模型中也应该满足。

通过上述研究,为满足异重流运动相似条件,水库模型还必须满足:

(1)异重流发生相似条件

$$\lambda_{S_e} = \left[\frac{\gamma(\lambda_{k_e} - 1)}{\dfrac{\gamma_{s_m} - \gamma}{\gamma_{s_m}}S_{e_p}} + \lambda_{k_e}\frac{\lambda_{\gamma_s - \gamma}}{\lambda_{\gamma_s}} \right]^{-1} \qquad (5\text{-}7)$$

(2)异重流挟沙相似条件

$$\lambda_{S_e} = \lambda_{S_{*e}} \qquad (5\text{-}8)$$

(3)异重流连续相似条件

$$\lambda_{t_e} = \frac{\lambda_L}{\lambda_{v_e}} \qquad (5\text{-}9)$$

于是式(5-1)～式(5-9)共同构成了多沙河流水库泥沙模型相似律。

5.2 异重流挟沙力公式

水库形成异重流后,一方面,由于浑水集中,底部过水断面减小,平均流速增加,使挟沙能力加大,这是在同样条件下异重流排沙较明流排沙效果更好的根本原因。另一方面,若含沙量不是特别高,异重流一般为超饱和输沙,沿程总是发生淤积,加之异重流在沿程流动过程中流量的散失,因此异重流排沙比一般不会达到100%。为开展异重流输沙计算,需要找出计算异重流挟沙力的计算公式。

异重流与明流挟沙力关系实际上表现在明流与异重流的主要差别上,亦即异重流在清水中流动,一方面受到清浑水交界面阻力的作用,这一差别在异重流流速中可反映出来;另外,在异重流的含沙量本身就是异重流挟沙力的主要影响因子这一方面表现得更为突出。因为对于异重流而言,有

$$v_e = \sqrt{\frac{8}{f_e}} \sqrt{g \frac{\gamma_m - \gamma}{\gamma_m} h_e J_0} \tag{5-10}$$

则可将挟沙力综合因子表示为

$$\frac{v_e^3}{gh_e\omega} = \frac{1}{gh_e\omega}\left(\frac{8}{f_e} \frac{\gamma_m - \gamma}{\gamma_m} gRJ_0\right)^{3/2} \tag{5-11}$$

式中:γ_m 为浑水容重,$\gamma_m = \gamma + \dfrac{\gamma_s - \gamma}{\gamma_s}S$,随含沙量的增加而增加。

因此,水库异重流的挟沙规律与明流并无本质的差别,可以在计算异重流挟沙力时将水力因子置换为浑水相应的因子。为使异重流挟沙力的计算更符合实际,并体现出特殊性,本书运用能耗原理,建立了异重流挟沙力公式。

首先,对呈二维恒定均匀流的异重流单位浑水水体而言,紊动从平均水流运动中取得的能量就是当地所消耗的能量。令 E_1 为单位浑水水体在单位时间内就地消耗的能量,可表示为

$$E_1 = \tau_b \frac{\mathrm{d}u}{\mathrm{d}z} \tag{5-12}$$

式中:$\mathrm{d}u/\mathrm{d}z$ 为异重流水深 z 处单位浑水水体中的流速梯度;τ_b 为异重流单位浑水水体的切应力。

根据 E_1 的含义,显然它应包括异重流中该点处的单位水体内通过各种途径所消耗的能量。而异重流悬浮泥沙所消耗的能量只是本地耗能的途径之一。于是,可列出二维异重流单位浑水水体的能量平衡方程为

$$\tau_b \frac{\mathrm{d}u}{\mathrm{d}z} = E_2 + E_3 \tag{5-13}$$

式中:E_2 为该点处悬浮泥沙所消耗的能量;E_3 为由于黏性作用及其他途径转化为热量的相应能量消耗。

按照物理学常用的方法,将式(5-13)改写为

$$\eta_e \tau_b \frac{\mathrm{d}u}{\mathrm{d}z} = E_d \tag{5-14}$$

式中:E_d 为单位体积浑水在单位时间内就地消耗能量中悬浮泥沙耗能;η_e 为比例系数,其物理含义为异重流单位体积浑水在单位时间内就地消耗的能量中悬浮泥沙耗能所占百分数。

在不冲不淤的相对平衡情况下,悬浮泥沙消耗的能量 E_2 实际上就是异重流因悬浮泥沙所做的功 E_4,即

$$E_2 = E_4 = (\gamma_s - \gamma_m) S_V \omega_s \tag{5-15}$$

式中:ω_s 为泥沙沉速;S_V 为距河床为 z 的流层中以体积百分数表示的时均含沙量。

对于二维异重流,剪切力为零处以下的 τ_b 可近似表达为

$$\tau_b = \gamma_m (h_e - z) J \tag{5-16}$$

式中:J 为水力能坡。

Bata G. L. 和 Michon X. 等在底部光滑的水槽内测试浑水异重流流速分布规律,认为最大流速以下流速分布符合对数关系。因此,由 Karman – Prandtl 对数流速分布公式求导得

$$\frac{\mathrm{d}u}{\mathrm{d}z} = \frac{\dot{u}_*}{\kappa} \frac{1}{z} \tag{5-17}$$

式中:κ 为卡门常数,对于挟沙水流,可按下式计算,即

$$\kappa = \kappa_0 \left[1 - 4.2 \sqrt{S_V} (0.365 - S_V) \right] \tag{5-18}$$

将式(5-15)～式(5-17)代入式(5-14),整理后得

$$S_V = \eta_e \frac{h_e - z}{z} \frac{J u_*}{\kappa \omega_s \dfrac{\gamma_s - \gamma_m}{\gamma_m}} \tag{5-19}$$

对式(5-19)等号两边沿垂线积分,取积分区间为 $[\delta, h_e]$(δ 为理论上的床面高程),并视 κ、γ_m、ω 仅为异重流平均含沙量 S 的函数,即

$$\int_{\delta}^{h_e} S_V \mathrm{d}z = \frac{J u_*}{\kappa \omega_s \dfrac{\gamma_s - \gamma_m}{\gamma_m}} \int_{\delta}^{h_e} \eta_e \frac{h_e - z}{z} \mathrm{d}z \tag{5-20}$$

对于式(5-20)右端,在区间 $[\delta, h_e]$ 上,$\dfrac{h_e - z}{z}$ 不变号且可积,η_e 为 z 的连续函数,则根据积分的第一中值定理,至少存在一个小于 h_e 而大于 δ 的数 c,有

$$\int_{\delta}^{h_e} \eta_e \frac{h_e - z}{z} \mathrm{d}z = \eta_e \int_{\delta}^{h_e} \frac{h_e - z}{z} \mathrm{d}z = \eta_e \left(h_e \ln \frac{h_e}{\delta} - h_e + \delta \right) \tag{5-21}$$

式中,$\eta_e = \eta_e(c)$,由于 $h_e \gg \delta$,因此有

$$\int_{\delta}^{h_e} \eta_e \frac{h_e - z}{z} \mathrm{d}z = \eta_e h_e \ln \frac{h_e}{\mathrm{e}\delta} \tag{5-22}$$

其中,$\mathrm{e} = 2.7183$,参考前人研究,δ 与床沙中值粒径 D_{50} 有关,因此我们取 $\delta = D_{50}$。由于异重流挟沙力 S_{*e} 具有与含沙量相同的单位,S_V 为体积百分数表示的浓度,故有

$$S_V = \frac{S_{*e}}{\gamma_s} = \frac{1}{h_e} \int_{\delta}^{h_e} S_V \mathrm{d}z \tag{5-23}$$

将式(5-20)~式(5-22)代入式(5-23)，又可推演出

$$S_{*_e} = \gamma_s \eta_s \frac{J u_{*_e}}{\kappa \omega_s \dfrac{\gamma_s - \gamma_m}{\gamma_m}} \ln\left(\frac{h_e}{\mathrm{e} D_{50}}\right) \tag{5-24}$$

将 $J_e = f_e v_e^2 / (8 R_e g')$ 及 $u_{*_e} = \sqrt{(f_e/8)}\, v_e$ 代入式(5-24)，得

$$S_{*_e} = \gamma_s \frac{f_e^{3/2} \eta_e}{8^{3/2} \kappa \dfrac{\gamma_s - \gamma_m}{\gamma_m}} \frac{v_e^3}{g' R_e \omega_s} \ln\left(\frac{h_e}{\mathrm{e} D_{50}}\right) \tag{5-25}$$

式中：f_e 为异重流阻力系数。

对于式(5-25)中的 f_e 和 η_s，由推导过程看，主要反映异重流阻力系数和挟沙效率系数的影响。此外，上述式(5-16)及式(5-17)仅仅是在异重流主要区域近似适用，因此尚必须通过实测资料进行率定。我们借助于黄河三门峡水库测验资料给出的点据，得出

$$f_e^{3/2} \eta_s = 0.021 S_V^{0.02} \left[\frac{v_e^3}{\kappa g' h_e \omega_s \dfrac{\gamma_s - \gamma_m}{\gamma_m}} \ln\left(\frac{h_e}{\mathrm{e} D_{50}}\right) \right]^{-0.38} \tag{5-26}$$

将式(5-26)代入式(5-25)，整理即得异重流挟沙力公式（取 $R_e \approx h_e$），即

$$S_{*_e} = 2.5 \times \left[\frac{S_{V_e} v_e^3}{\kappa \dfrac{\gamma_s - \gamma_m}{\gamma_m} g' h_e \omega_s} \ln\left(\frac{h_e}{\mathrm{e} D_{50}}\right) \right]^{0.62} \tag{5-27}$$

式(5-27)中各单位采用 kg、m、s 制，其中沉速可由下式计算

$$\omega_s = \omega_0 \left[\left(1 - \frac{S_V}{2.25\sqrt{d_{50}}}\right)^{3.5} (1 - 1.25 S_V) \right] \tag{5-28}$$

由式(5-28)可以看出，式(5-27)能反映异重流多来多排的输沙规律。

5.3 水库模型时间比尺的讨论

与河道泥沙动床模型一样，水库泥沙模型也存在着由水流运动相似条件导出的时间比尺 $\lambda_{t_1} = \lambda_L / \lambda_v$ 以及由河床冲淤变形相似条件导出的时间比尺 $\lambda_{t_2} = (\lambda_{\gamma_0}/\lambda_s)(\lambda_L/\lambda_v)$。若两者相差较大，则出现所谓的时间变态。若仅满足其一，必然引起另一方面难以与原型相似。显而易见，若从满足河床变形与原型相似的角度考虑，以 λ_{t_2} 控制模型运行时间，则必然会使 λ_{t_1} 偏离较多，从而引起库水位及相应的库容与实际相差甚多，由此可引起水流流态与原型之间产生较大的偏离，进而使库区排沙规律、冲淤形态等产生较大的偏离甚至面目全非。值得一提的是，在以往的研究中为尽量降低时间变态所引起的种种偏离，曾采取了两条补救措施，一是在进口提前施放下一级流量，涨水阶段适当加大流量，落水阶段则适当减小流量，以便在短时间内以人为的流量变化率来完成槽蓄过程；二是按设计要求随时调整模型出口水位，即在短时间内以人为的水位变化率来完成回水上延过程。通过我们的研究，认为李保如指出的"模型进口或尾门的调节作用是有限的，对于长度较大的河道模型，如果两个时间比尺相差过多，不仅现行的校正措施难以奏效，而且这些校正措

施本身还会引起新的偏差"的结论是正确的。因此，水流运动相似条件是进行库区泥沙模型试验的必要条件。

对比 λ_{t_1} 及 λ_{t_2} 的关系式可以看出，若模型几何比尺及模型沙确定以后，只能通过对 λ_s 的调整而达到 $\lambda_{t_2} \approx \lambda_{t_1}$。初步试验观测结果表明，在原型含沙量不大并且处于蓄水淤积或相对平衡条件下，可通过对 λ_s 的适当调整而达到泥沙淤积近似相似的目的。亦即试验中若采用偏大的 λ_{t_2}（模型放水历时偏小），通过相应减小 λ_s（加大模型进口沙量），也可使库区淤积量与原型值接近。但是，若床面冲淤交替或出现异重流排沙，上述调整将导致模型与原型偏离过多，给试验结果带来不可挽回的影响。因此，对于含沙量比尺，亦应采取正确的方法加以确定。

5.4 模型沙特性研究

动床河工模型试验中，模型沙特性对于正确模拟原型泥沙运动规律具有重要作用。特别是对于需要模拟冲淤调整幅度较大的本次试验的原型情况来说，既要保证淤积相似，又要保证冲刷相似，因此对模型沙的物理、化学等基本特性有更高的要求。长期以来，李保如、屈孟浩、张隆荣、王国栋、姚文艺等曾在大量生产试验中对包括煤灰、塑料沙、电木粉等材料在内的模型沙的特性进行了总结，最近还进行了天然沙、煤屑及电厂煤灰等各种模型沙的土力学特性、重力特性等基本特性的试验，试验成果见表5-1。由于异重流总是处于超饱和输沙状态，输沙量是沿程衰减的过程。其泥沙特性直接影响到异重流沿程淤积分布，因此模型沙的特性研究也是对异重流运动模拟的主要问题。经验表明，有些种类的模型沙在潮湿的环境中固结严重，将使模型河床冲淤相似性产生明显偏差（特别是影响冲刷过程的相似性）。清华大学水利水电工程系曾于1990年开展了 $D_{50} \leqslant 0.038$ mm 的电木粉起动流速试验，结果当水深 $h = 10$ cm 时，初始条件下起动流速 $v_c = 10.8$ cm/s；水下沉积48 h后 v_c 增加到12 cm/s；在水下沉积两个月后 v_c 达21 cm/s；脱水固结两星期后，即使流速增至28 cm/s 也不能起动。由我们开展的郑州热电厂粉煤灰（$\gamma_s = 20.58$ kN/m³，$D_{50} = 0.035$ mm）及山西煤屑（$\gamma_s = 14$ kN/m³，$D_{50} = 0.05$ mm）两种模型沙的起动流速试验结果（见图5-1）可以看出，在相近水深条件下，山西煤屑的起动流速随着沉积时间增加有大幅度的增加。例如，在水深同为 4 cm 条件下，水下固结96 h后，起动流速从初始的 5.95 cm/s 达到 8.4 cm/s，脱水固结96 h后可达 13.1 cm/s。而郑州热电厂粉煤灰的起动流速虽然随固结时间增加有所增大，但增大的幅度明显较小。

表5-1 模型沙土力学特性及水下休止角试验成果

材料	容重 γ_s（kN/m³）	干容重 γ_0（kN/m³）	凝聚力 c（kg/m²）	内摩擦角（°）	水下休止角（°）	D_{50}（mm）
郑州火电厂煤灰	21.56	1.16	0.187	30.35	31~32	0.019
郑州火电厂煤灰	21.56	1.13	0.082	33.39	30~31	0.035
郑州火电厂煤灰	21.56	1.00	0.090	30.75	30~31	0.035

材料	容重 γ_s (kN/m³)	干容重 γ_0 (kN/m³)	凝聚力 c (kg/m²)	内摩擦角 (°)	水下休止角 (°)	D_{50} (mm)
郑州火电厂煤灰	21.56	1.15	0.105	31.49	30 ~ 31	0.035
煤屑	14.70	0.70	0.080	34.99	30 ~ 31	0.03 ~ 0.05
焦炭	15.09	0.88	0.260	27.50	30 ~ 31	0.03 ~ 0.05
黄河中粉质壤土	26.74	1.45	0.035	20.57	31 ~ 32	0.025
黄河中粉质壤土	26.56	1.45	0.104	22.15	31 ~ 32	0.020
黄河重粉质壤土	26.66	1.45	0.136	19.32	31 ~ 32	0.015
郑州热电厂煤灰	20.58	0.90	0.060	31.20	29.5 ~ 30.5	0.037

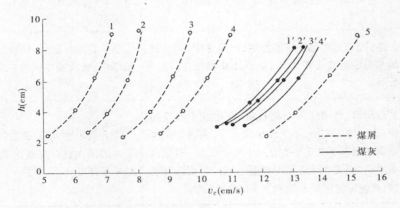

1、1′—初始状态;2、2′—水下固结 48 h;3、3′—水下固结 96 h;
4—煤屑脱水固结 48 h;5—煤屑脱水固结 96 h;4′—煤灰脱水固结 120 h

图 5-1　模型沙起动流速试验结果

大量研究表明,郑州热电厂粉煤灰的物理化学性能较为稳定,同时还具备造价低、易选配加工等优点。综合各个方面,将几种可能作为黄河动床模型的模型沙的优缺点归纳于此(见表 5-2)。此外,张红武、江恩惠等曾分析了不同电厂粉煤灰的化学组成,发现由于煤种和燃烧设备等多方面的原因,其化学组成及物理特性相差较大(见表 5-3)。

粉煤灰中的酸性氧化物 SiO_2、Al_2O_3 等是使粉煤灰具有活性的主要物质,其含量越多,粉煤灰的活性越高。即使是同一种粉煤灰,由于颗粒粗细的不同,质量上也会有很大差异,沉积过程中干容重也将有较大的差别,且细度越大,活性越高。采用活性高的物质作为模型沙材料时,由于处于潮湿的环境中极易发生化学变化,产生黏性,因而固结或板结严重。由表 5-3 可以看出,郑州热电厂粉煤灰中活性物质含量较少。因此,选用郑州热电厂粉煤灰作为本动床模型的模型沙,是较为理想的材料。该模型沙土力学特性试验成果见表 5-1。该模型沙的水下容重比尺 $\lambda_{\gamma_s-\gamma} = 1.5$。

表 5-2　不同模型沙优缺点对比

种类	优点	缺点
天然沙	物理化学性质稳定,造价低,固结、板结不严重,作为高含沙洪水模型的模型沙时,流态一般不失真	容重大,起动流速大,模型设计困难,凝聚力偏大
塑料沙	起动流速小,可动性很大	造价甚高,水下休止角很小,比重太小,稳定性太差,不能作为多沙河流模型的模型沙,且试验人员易受有毒物质伤害
煤屑	造价不太高,新铺煤屑起动流速小,易满足阻力、河型、悬移等相似条件,水下休止角适中	固结后起动流速很大,制模困难,悬沙沉降时易絮凝,试验环境污染较严重,当用做黄河高沙洪水试验时,流态易失真
郑州火电厂煤灰	造价低,物理化学性能稳定,比重适中,高含沙洪水试验时流态不失真,水下休止角适中,选沙便易	活性物质含量高,试验时床面固结、板结严重,模型小河难以复演游荡特性
郑州热电厂煤灰	造价低,物理化学性能稳定,容重及干容重适中,选配加工方便,水下休止角适中,高含沙洪水试验时流态不失真,模型沙一般不板结,固结也不严重,能够满足游荡性模型小河的各项设计要求,并能保证模型长系列放水试验的需要	综合稳定性偏小,细颗粒含量少,选悬沙时比火电厂煤灰困难,且试验环境易受污染

表 5-3　电厂粉煤灰化学组成测定结果　　　　　　　　　　　　（%）

项　　目	烧失量	SiO_2	Fe_2O_3	Al_2O_3	CaO	MgO
郑州热电厂	8.12	55.8	5.50	21.3	3.01	1.22
郑州火电厂	1.46	59.8	5.80	22.6	4.85	2.06
洛阳热电厂	3.34	51.58	7.39	21.24	1.72	0.71
新乡火电厂	14.91	40.76	5.54	23.37	3.67	0.69
平顶山电厂	6.24	60.67	2.52	24.6	0.47	1.22

　　附带指出,由我们初步点绘的郑州热电厂粉煤灰在水深为 5 cm 时,起动流速 v_c 与中值粒径 D_{50} 的点群关系来看(见图 5-2),在 $D_{50} = 0.018 \sim 0.035$ mm 的范围内,即使 D_{50} 变化了近 2 倍,v_c 的变化并没有超出目前水槽起动试验的观测误差。由此说明模型沙粗度即使与理论值有一些偏差,也不至于对泥沙起动相似产生大的影响。

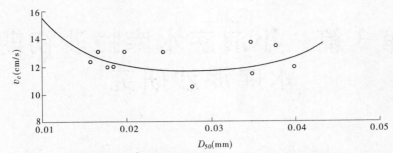

图 5-2　郑州热电厂粉煤灰起动流速 v_c 与中值粒径 D_{50} 关系（$h=5$ cm）

5.5　小　结

　　本篇系统地分析和总结了水库泥沙动床模型的相似理论和设计方法,广泛吸收了国内外有关的先进原理和经验,以及泥沙运动力学和河床演变学的最新成果,针对黄河含沙量变幅大,河床冲淤变化迅速,以及水库排沙的多样性(如明流、异重流排沙等)等特点,提出了比较完善的多沙河流水库泥沙模型的设计方法,在理论上满足水流泥沙运动的相似、异重流潜入和挟沙连续相似、河床冲淤变形相似、水库明流排沙和异重流排沙相似。

　　模型沙的选择是泥沙动床模型试验中一个重要问题,它既要满足泥沙运动的相似,又要经济和便于操作,我们对许多模型沙进行了化学成分和物理特性的分析,对一些模型沙还进行了流变特性和起动流速等试验,最终认为郑州热电厂的粉煤灰的物理化学性能比较稳定,且经济、便于操作,符合模型沙的要求。

第 3 篇　小浪底水库拦沙初期
水库泥沙研究

第 6 章　水库拦沙初期模型设计及验证

运用第 2 篇提出的多沙河流水库模型相似条件,开展小浪底水库模型设计。小浪底水库施工期,库区处于河道状态而不具备验证试验条件,暂且修建位于小浪底水库上游,且水沙条件与河床边界条件与之相近的三门峡水库模型进行验证试验。小浪底水库投入运用之后,利用小浪底水库实测资料对模型进一步验证。本章包括模型设计、三门峡水库验证试验、小浪底水库验证试验等内容。

6.1　模型设计

6.1.1　几何比尺确定

从满足试验精度要求出发,根据原型河床条件、模型水深 $h_m > 1.5$ cm 的要求及对模型几何变率问题的前期研究结果,确定水平比尺为 $\lambda_L = 300$,垂直比尺为 $\lambda_h = 45$,几何变率为 $D_t = \lambda_L / \lambda_h = 6.67$。我们对变率的合理性进行了以下论证。

张红武根据原型河宽及水深的关系及模型变率等因素,提出了变态模型相对保证率的概念,即

$$P_* = \frac{B - 4.7HD_t}{B - 4.7H} \tag{6-1}$$

式中:B、H 分别为原型河宽及水深。

将小浪底水库初步设计阶段设计出的 $B = 510$ m,$H = 3.2$ m 代入式(6-1)得 $P_* = 0.83$。将三门峡水库下段实测平均河宽及水深资料代入式(6-1)得 $P_* = 0.85 \sim 0.90$。由此说明,采用几何变率为 6.67,可保证过水断面上有 83% ~ 90% 以上区域的流速场与原型相似。

窦国仁从控制变态模型边壁阻力与河底阻力的比值以保证模型水流与原型相似的概念出发,提出了限制模型变率的关系式,即

$$D_t \leqslant 1 + \frac{B}{20H} \tag{6-2}$$

分别将小浪底及三门峡库区 B、H 的数值(三门峡水库一般洪水条件下,潼关断面河

宽约950 m,平均水深约2 m,平均河宽为350~1 000 m,平均水深为2~5 m)代入式(6-2),求得 $D_t \leqslant 8.97$ 及 $D_t \leqslant 10$。显然,本模型所取几何变率满足限制条件式(6-2)。

张瑞瑾等认为过水断面水力半径 R 对模型变态十分敏感,建议采用如下形式的方程式表达河道水流二度性的模型变态指标 D_R,即

$$D_R = R_x / R_1 \qquad (6-3)$$

式中:R_1 为正态模型的水力半径;R_x 为竖向长度比尺与正态模型长度比尺相等、变率为 D_t 的模型中的水力半径。

由式(6-3)可导出如下变率限制式,即

$$D_R = \frac{2 + \dfrac{B}{H}}{2D_t + \dfrac{B}{H}} \qquad (6-4)$$

由式(6-4)及三门峡、小浪底库区有关因子可计算出模型变率指标 D_R 为0.934~0.95,其值基本上位于模型与原型相似的理想区段(原作者视 $D_R = 0.95 \sim 1$ 为理想区)。

以上计算检验的结果,说明了本模型采用的 $D_t = 6.67$ 在各公式所限制的变率范围之内,几何变态的影响有限,可以满足工程实际需要。

6.1.2 流速及糙率比尺

由水流重力相似条件得流速比尺 $\lambda_v = \sqrt{\lambda_h} = \sqrt{45} = 6.71$,由此得流量比尺 $\lambda_Q = \lambda_v \lambda_h \lambda_L = 90\ 585$;取水力半径比尺约等于水深比尺,即 $\lambda_R \approx \lambda_h$,由阻力相似条件求得糙率比尺 $\lambda_n = 0.73$。对于黄河水库库区的模型,在回水变动区河床糙率模拟的正确与否会直接影响到回水长度及淤积分布,根据三门峡库区北村断面实测资料,其糙率值一般为0.013~0.02,由此求得模型糙率应为 $n_m = 0.017\ 8 \sim 0.027\ 4$。为判断模型糙率是否满足该设计值,利用下式及预备试验结果对模型糙率进行分析,即

$$n = \frac{\kappa h^{\frac{1}{6}}}{2.3\sqrt{g}\lg\left(\dfrac{12.27h\chi}{0.7h_s - 0.05h}\right)} \qquad (6-5)$$

$$\kappa = 1 + 2\left(\frac{S_V}{S_{Vm}}\right)^{0.3}\left(1 - \frac{S_V}{S_{Vm}}\right)^4$$

式中:κ 为卡门常数;χ 为修正系数;h 为水深;h_s 为沙波高度。

若取原型水深为5 m,则 $h_m = 5/45 = 0.111(m)$,预备试验相应的沙波高度 $h_s = 0.02 \sim 0.028$ m。由式(6-5)求得模型糙率值 $n_m = 0.017 \sim 0.019$,与设计值接近,初步说明所选模型沙在模型上段可以满足河床阻力相似条件。至于库区近坝段,其水面线主要受水库运用的影响,而河床糙率的影响相对不大。

6.1.3 悬沙沉速及粒径比尺

泥沙悬移相似条件式(4-45)中的 α_* 值,是随泥沙的悬浮指标 $\dfrac{\omega}{\kappa u_*}$ 的改变而变化的。

由三门峡库区的北村站、茅津站（分别距大坝 42.3 km 及 15 km）水文泥沙实测资料，可求得悬浮指标 $\dfrac{\omega}{\kappa u_*} \leqslant 0.15$，其悬移相似条件可表示为

$$\lambda_\omega = \lambda_v \left(\frac{\lambda_h}{\lambda_L}\right)^{0.97} \exp\left[4.4\left(\frac{\omega}{\kappa u_*}\right)_p \left(\frac{\lambda_v}{\lambda_\omega}\sqrt{\frac{\lambda_h}{\lambda_L}}-1\right)\right] \tag{6-6}$$

将三门峡库区测验资料及有关比尺代入式（6-6），得出 λ_ω 的变化幅度为 1.20 ~ 1.44，平均约为 1.34。

由于原型及模型沙都很细，可根据 Stokes 沉速公式导出如下悬沙粒径比尺关系式，即

$$\lambda_d = \left(\frac{\lambda_v \lambda_\omega}{\lambda_{\gamma_s-\gamma}}\right)^{1/2} \tag{6-7}$$

式（6-7）中的 λ_v 为水流运动黏滞系数比尺，与原型及模型水流温度及含沙量大小等因素有关，若原型及模型两者水温的差异较大，可使 λ_v 有很大的变化幅度，进而使 λ_d 有较大的取值范围。显然，在模型设计时给 λ_d 一定值是不合适的，合理的方法是在试验过程中根据原型与模型温差等条件确定 λ_d。

6.1.4 模型床沙粒径比尺

张红武在开展黄河河道模型设计时，根据罗国芳等收集的资料，点绘与三门峡库区河床组成相近的泥沙不冲流速与床沙质含沙量的关系曲线，并视该曲线含沙量等于零的流速为起动流速，由此曲线得出 $h = 1 \sim 2$ m 时，$v_c \approx 0.90$ m/s。

在水库淤积或冲刷过程中，床沙粒径变幅较大。据实测资料统计，床沙中值粒径变化幅度一般为 0.018 ~ 0.08 mm。由土力学知识，泥沙中值粒径为 0.06 ~ 0.08 mm，可划归为中壤土或轻壤土；中值粒径为 0.025 ~ 0.08 mm，可划归为重壤土。由文献查得当水深为 1 m 时，两者起动流速 v_c 分别约为 0.7 m/s 及 0.9 m/s。在水深为 2.2 cm 时的起动流速为 0.10 ~ 0.13 m/s。通过模型沙起动流速试验，发现中值粒径 $D_{50} = 0.018 \sim 0.035$ mm 的郑州热电厂粉煤灰作为模型沙，相应的起动流速比尺与流速比尺相等。

当水深增加时，原型沙起动流速将有所增加，不冲流速可由式（6-8）计算，即

$$v_B = v_{c_1} R^{\frac{1}{4}} \tag{6-8}$$

根据我们及张红武、江恩惠等给出的郑州热电厂粉煤灰起动试验资料，可得知在原型水深为 1 ~ 20 m 的范围内，上述初选的模型沙可以满足起动相似条件。例如，当原型水深为 12 m 时，由此求得起动流速为 1.30 m/s。由模型沙的起动流速试验得出 $v_{cm} = 17.5$ cm/s。则起动流速比尺 $\lambda_{v_c} = 7.43$，与上述流速比尺接近。

根据窦国仁及张红武水槽试验结果，与原型情况接近的天然沙的扬动流速一般为起动流速的 1.54 ~ 1.75 倍。若取原型扬动流速 $v_f = 1.65 v_c$，可求得原型水深为 3 ~ 6 m 的床沙扬动流速 $v_{f_p} = 1.65 \times (0.92 \sim 1.10) = 1.52 \sim 1.82$（m/s）。模型相应的床沙扬动流速 v_{f_m} 为 0.23 ~ 0.27 m/s，则相应求出 $\lambda_{v_f} = 6.61 \sim 6.74$，与 λ_v 接近，表明模型所选床沙可以近似满足扬动相似条件。

6.1.5 含沙量比尺及时间比尺

含沙量比尺可通过计算水流挟沙力比尺确定。采用张红武提出的同时适用于原型沙

及轻质沙的水流挟沙力公式,将北村、茅津、小浪底水文站测验资料及相应的比尺值代入,可分别得到原型、模型水流挟沙力 S_{*p} 及 S_{*m}。大量数据表明,两者之比 S_{*p}/S_{*m} 变化幅度在 $1.52 \sim 1.94$,一般为 $1.60 \sim 1.80$,取其平均值 λ_s 约为 1.70。

另外,为在模型中较好地复演异重流的运动,含沙量比尺应兼顾式(4-30),将三门峡水库异重流观测资料代入式(4-42),并把由此得到的 λ_{S_e} 表达式(同时引入式(4-44)计算异重流含沙量分布)与式(4-30)联解,即可求出异重流含沙量比尺 $\lambda_{S_e} = 1.45 \sim 1.92$。

为保证异重流沿程淤积分布及异重流排沙特性与原型相似,还应满足异重流挟沙相似条件式(4-42)。与上述挟沙机理同理,可将异重流观测资料代入式(5-27),计算原型及模型的异重流挟沙力,进而确定 $\lambda_{S_{*e}} = 1.6 \sim 1.9$,与式(4-30)得出的结果基本一致,并且与上述水流挟沙相似条件确定的 λ_s 也较为接近,因此选用 $\lambda_s = \lambda_{S_*} = 1.7$ 可同时满足明流及异重流挟沙相似条件,又能满足异重流发生相似条件。

模型水流运动时间比尺 $\lambda_{t_1} = \dfrac{\lambda_L}{\lambda_v} = 44.7$,而河床冲淤变形时间比尺 $\lambda_{t_2} = \dfrac{\lambda_{\gamma_0}}{\lambda_S} \lambda_{t_1}$,还与泥沙干容重比尺 λ_{γ_0} 及含沙量比尺 λ_s 有关。根据郑州热电厂粉煤灰进行的沉积过程试验,测得模型沙初期干容重为 $0.66 \ t/m^3$($D_{50} = 0.016 \sim 0.017 \ mm$)。至于原型淤积物干容重,通过三门峡库区实测资料分析认为,水库下段初始淤积物干容重一般为 $1.0 \sim 1.22$ t/m^3,设计时可取 $1.15 \ t/m^3$。由原型沙及模型沙干容重求得 $\lambda_{\gamma_0} = 1.74$,进而可以根据河床冲淤变形相似条件计算出 $\lambda_{t_2} = 45.8$。可见,与水流运动时间比尺接近,对于所要开展的非恒定流库区动床模型试验,可以避免常遇到的两个时间比尺相差甚远所带来的时间变态问题,也不至于对水库蓄水、排沙及异重流运动的模拟带来不利的影响。

6.1.6 模型高含沙洪水适应性预估及比尺汇总

在小浪底水库的调水调沙运用中,将会出现高含沙洪水输沙状况。因此,在设计水库模型时,应考虑对高含沙洪水模拟的适应性。上述模型设计在确定含沙量比尺的过程中,已经考虑了高含沙洪水泥沙及水力因子的变化。为进一步预估模型中有关比尺在高含沙洪水期是否适应,下面以 $\lambda_s = 1.70$ 为条件开展初步分析。

对于黄河高含沙洪水,尽管随含沙量的增大黏性有所增加,同样水流强度下浑水有效雷诺数 Re_* 有所减小,但根据实测资料分别由费祥俊公式及张红武公式计算动水状态的宾汉剪切力和刚度系数,求得的有效雷诺数 Re_* 远大于 8 000。张红武对于高含沙洪水流态临界条件的研究表明,水流属于充分紊动状态。据实测资料,三门峡水库回水变动区出现高含沙洪水时浊浪翻滚,显然水流处于充分紊动状态。在小浪底枢纽坝区泥沙模型试验中也可发现,高含沙水流雷诺数 Re_{*m} 一般大于 8 000。因此,在模型设计中可不考虑宾汉剪切力的影响。

为进一步预估本模型在高含沙洪水时泥沙沉降相似状况,采用的式(5-28)及如下模型沙沉速公式,即

$$\omega_s = \omega_0 \left[\left(1 + \frac{\gamma_s - \gamma}{\gamma} S_V \right) \left(1 - \kappa_m \frac{S_V}{S_{Vm}} \right)^{2.5} \right]^n (1 - 2.25 S_V) \tag{6-9}$$

分别计算含沙量为 $250 \sim 400 \ kg/m^3$ 时原型和模型的泥沙沉速,进而得出 $\lambda_\omega = 1.27 \sim$

1.37，与前文按泥沙悬移相似条件设计出的 $\lambda_\omega = 1.34$ 比较接近。表明在高含沙洪水条件下，亦能满足泥沙悬移相似条件。

根据上述设计，主要比尺汇总于表 6-1。

表 6-1　模型主要比尺汇总

比尺名称	比尺数值	依据	说明
水平比尺 λ_L	300	根据试验要求及场地条件	
垂直比尺 λ_h	45	满足变率限制条件	
流速比尺 λ_v	6.71	水流重力相似条件	
流量比尺 λ_Q	90 585	$\lambda_Q = \lambda_v \lambda_h \lambda_L$	
糙率比尺 λ_n	0.73	水流阻力相似条件	
沉速比尺 λ_ω	1.34	泥沙悬移相似条件	
容重差比尺 $\lambda_{\gamma_s - \gamma}$	1.5	郑州热电厂粉煤灰	
起动流速比尺 λ_{v_c}	≈6.17	泥沙起动相似条件	$\gamma_s = 20.58 \text{ kN/m}^3$
含沙量比尺 λ_s	1.70	挟沙相似及异重流运动相似条件	尚待验证试验确定
干容重比尺 λ_{γ_0}	1.74	$\lambda_{\gamma_0} = \dfrac{\gamma_{0_p}}{\gamma_{0_m}}$	
水流运动时间比尺 λ_{t_1}	44.7	$\lambda_{t_1} = \dfrac{\lambda_L}{\lambda_v}$	与 λ_{t_e} 相等
河床变形时间比尺 λ_{t_2}	45.8	河床冲淤变形相似条件	尚待验证试验确定

6.2　模型验证

6.2.1　三门峡水库模型验证

三门峡水库模型始建于 1998 年，当时小浪底水库处于建设期，不具备验证试验的条件。为此专门修建了位于小浪底上游、水沙条件和河床边界条件均与其相似的三门峡水库模型进行验证试验。

三门峡水利枢纽位于黄河中游的下段，是根据黄河流域规划兴建的第一座以防洪为主要目标的综合利用工程。自 1960 年 9 月投入运用至 1964 年 10 月为蓄水运用及滞洪排沙运用阶段，水库出现了严重的淤积，库容迅速减小，库区淤积末端上延，淹没、浸没范围扩大等问题。因此，水库被迫改变运用方式，降低水位滞洪排沙，并对工程进行改建。而后，根据黄河水沙特点，采用"蓄清排浑"运用方式，水库淤积基本得到控制。三门峡水库枢纽从建设以来，始终处于认识、实践，再认识、再实践的过程，经历了我国水利建设史上从未遇到过的曲折。同时，水库的实践为我们提供了丰富的资料及宝贵的经验。前人曾专门开展过三门峡水库泥沙模型试验，但限于当时的研究水平，所取得的成果对工程未起到指导作用。

6.2.1.1 边界条件及水沙条件

选择水库 1962 年 9 ~ 10 月及 1964 年 10 月至 1965 年 4 月作为验证时段。前者由于水库滞洪排沙，库区壅水淤积，个别时段出现异重流排沙，而后者水库敞泄排沙，库区出现沿程及溯源冲刷。在上述选择的验证时段内，水库具有多种排沙方式，包括壅水排沙、敞泄排沙及异重流排沙。河床变形更为复杂，包括沿程淤积、沿程冲刷及溯源冲刷等。这些排沙方式及河床变形在坝前近 30 km 的库段内（HY18 断面至大坝）得到充分地反映，因此选择 HY18 断面至大坝之间为验证的库段。模型平面布置见图 6-1。

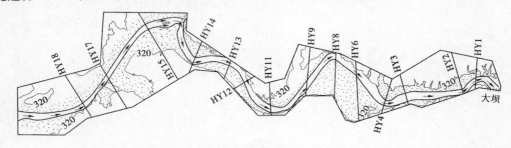

图 6-1　模型平面布置

在验证时段内，虽然在模型进口断面的上下游分别有北村站及茅津站的实测资料，但由于随着水库运用方式的不同，库区水流含沙量沿程调整极大，故两站的流量、含沙量过程均不能作为进口水沙条件，需进行设计。进口断面水沙条件设计是采用实测资料分析与泥沙数学模型计算相结合的方法。其途径是首先根据三门峡水文站的实测沙量资料，结合北村以下库区淤积量，对北村断面沙量资料进行修正，再通过黄河水利科学研究院曲少军研制的三门峡库区泥沙数学模型计算确定。

通过计算及合理性分析，得到模型进口断面水量、沙量及各级流量、含沙量出现天数，统计结果分别见表 6-2 ~ 表 6-4，逐日流量、含沙量过程线见图 6-2、图 6-3。

表 6-2　模型进口断面水量、沙量统计结果

时段 （年-月-日）	水量 （亿 m³）	沙量（亿 t）及不同粒径组泥沙占全沙的百分数					
		全沙	$d > 0.05$ mm		$d = 0.025 \sim 0.05$ mm		$d < 0.025$ mm
1962-09-17 ~ 1962-10-20	54.28	1.074	0.077	7%	0.235	22%	0.762	71%
1964-10-13 ~ 1965-03-18	198.62	5.510	1.850	33%	1.920	35%	1.740	32%
1965-03-19 ~ 1965-04-16	28.81	0.700	0.250	36%	0.290	41%	0.160	23%
1964-10-13 ~ 1965-04-16	227.43	6.210	2.100	34%	2.210	36%	1.900	30%.

表 6-3　模型进口断面各级流量出现天数统计

时段 （年-月-日）	不同流量级（m³/s）出现天数（d）						$\overline{Q}_{max}$ （m³/s）	$\overline{Q}_{min}$ （m³/s）
	< 1 000	< 2 000	< 3 000	< 4 000	< 5 000	> 5 000		
1962-09-17 ~ 1962-10-20	0	18	34	34	34	0	2 554	1 059
1964-10-13 ~ 1965-04-16	110	153	165	176	186	0	4 618	579

表 6-4　模型进口断面各级含沙量出现天数统计

时段 （年-月-日）	不同含沙量（kg/m³）出现天数（d）					$\bar{S}_{max}$ （kg/m³）	$\bar{S}_{min}$ （kg/m³）
	<15	<30	<50	<100	>100		
1962-09-17 ~ 1962-10-20	7	30	34	34	0	34.1	10.0
1964-10-13 ~ 1965-04-16	6	123	185	186	0	50.4	7.4

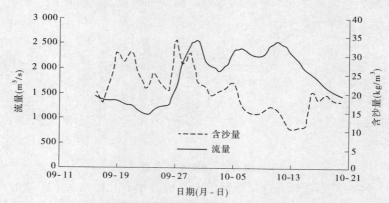

图 6-2　模型进口断面流量及含沙量过程（1962 年）

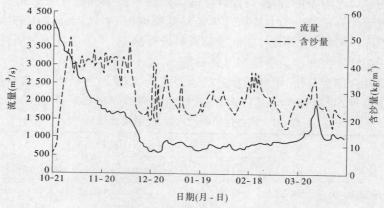

图 6-3　模型进口断面流量及含沙量过程（1964～1965 年）

6.2.1.2　验证试验结果

验证试验根据时段初实测的地形资料制作初始地形,试验运行时严格控制进口流量、含沙量、悬移质泥沙级配及坝前水位与原型一致。重点观测出库含沙量、沿程水位、流速分布等,最终以时段末实测地形来判断库区冲淤量及沿纵向、横向分布是否与原型相似。

1. 淤积时段

1962 年 9 月中旬至 10 月中旬,基本上包括了一场小洪水过程。9 月 16 日北村站流量接近 1 500 m³/s,至 23 日逐渐减小至验证时段内日平均最小值 1 070 m³/s。此后,流量逐渐增大,至 9 月底,达到验证时段内日平均最大值为 2 680 m³/s;至 10 月 13 日,流量基本上维持在 2 000～2 500 m³/s。HY18 断面含沙量除与入库（潼关）含沙量的大小有关外,亦与坝前水位有关。9月16~26日,由于坝前水位较低,壅水范围小,水库上段产生少量的沿程冲刷,HY18 断面含沙量较潼关站含沙量略有增加。之后,随入库流量增加,水库自然滞洪,坝前水位逐渐抬高,近坝库段形成壅水,北村以下库区沿程淤积,HY18 断面含沙量较北村断面有所减小。验证时段内,泄水建筑物 12 个深孔全部处于开启状态。从实测坝前水位过程线看,9 月 16 日水位接近 309 m,随流量减小,水位逐渐降低至 307.27 m。之后,随入库流量增加至大于当时水位时的泄流能力时,水位开始上升,日平均最高水位为 312.22 m,与日平均最大流量出现的时间相对应。

出库含沙量过程与来水来沙条件、水库运用水位、悬沙组成及排沙方式等因素有关。9 月 16~22 日,HY18 断面流量减小,含沙量相对较大,水库为低壅水排沙,出库含沙量相对较大;9 月 27~30 日,来水流量较大,含沙量较高,在坝区出现了不十分明显的异重流排沙,出口含沙量较大;10 月份以后,来水含沙量较小,加之水库坝前水位较高,水库为壅水排沙,出库含沙量较小。

三门峡水库 1962 年 9 月中旬,在 HY18 以下库段共测量了 11 个断面,基本上控制了地形变化情况。此外,沿库区各部位对淤积物进行了取样分析。因模拟时段为单向淤积过程,床沙基本不与悬沙交换,因此可仅考虑表层床沙级配与原型相似。实测断面资料及床沙级配资料为制作初始地形的重要依据。

模型悬移质泥沙级配取决于原型悬沙级配及粒径比尺。粒径比尺 $\lambda_d = (\lambda_\omega \lambda_\nu / \lambda_{\gamma_s - \gamma})^{1/2}$,其中 λ_ω 及 $\lambda_{\gamma_s - \gamma}$ 分别为泥沙沉速比尺及水下容重差比尺,如前所述两者取值分别为 1.34 及 1.5;λ_ν 为水流运动黏滞系数比尺,该值与水流含沙量大小,特别是与原型和模型的水温差有关。由于在验证时段内,含沙量本身为一变值,加之原型沙与模型沙种类不同,以及含沙量比尺等因素,在确定 λ_ν 时,严格考虑含沙量对 λ_ν 的影响是十分困难的。再者,对一般挟沙水流,含沙量的影响相对较小,因而在试验过程中确定 λ_ν 时,仅考虑模型与原型水温差。由实测资料可知,1962 年 9 月下旬及 10 月上、中旬,黄河北村、茅津及史家滩站水温基本相同,一般为 14~16 ℃,可取平均值 15 ℃。验证试验期间,模型水温亦接近 15 ℃。因此,λ_ν 可近似取 1,则粒径比尺 $\lambda_d = 0.95$。

HY18 断面原型悬沙中值粒径 d_{50} 一般为 0.016~0.019 mm,按粒径比尺 λ_d 可得到模型进口悬沙中值粒径 d_{50} 应为 0.017~0.02 mm,通过选配后的模型悬沙级配曲线与原型资料的比较结果见图 6-4。由此可以看出,模型沙级配基本与原型平均情况接近。只是

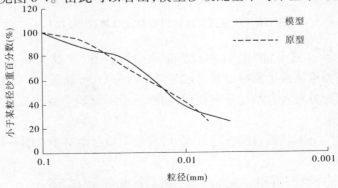

图 6-4　HY18 断面悬移质泥沙级配曲线

在 9 月 27～30 日期间,由于悬沙粒径较时段平均为细,因此模型悬移质泥沙粒径较原型略粗。

　　原型资料中,茅津站(HY12 断面)及史家滩站(HY1 断面)均有较完整的水位观测资料。将原型资料及模型观测资料进行对比,绘制图 6-5 及图 6-6。从图 6-5、图 6-6 中可以看出,模型水位与原型水位过程符合较好,说明模型满足阻力相似。图 6-7 给出了某时段沿程水面线,可以看出随坝前水位升高库区水面线的变化过程。验证试验出库含沙量过程与原型对比结果见图 6-8。从图 6-8 中可以看出,除个别时段略有差别外(9 月底模型出口含沙量小于原型,似由模型悬沙较原型为粗所致),出库含沙量变化趋势与原型基本一致。

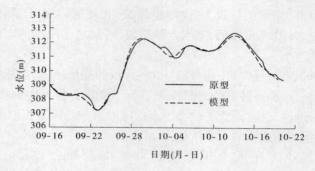

图 6-5　茅津站水位过程验证结果(1962 年)

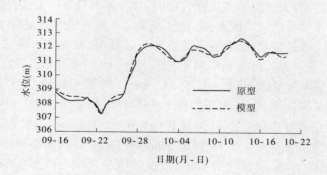

图 6-6　史家滩站水位过程验证结果(1962 年)

　　原型资料显示,9 月下旬坝区段形成异重流排沙。图 6-9 及图 6-10 点绘了某些断面和时段原型及模型流速沿垂线分布及含沙量沿垂线分布,可以看出,二者符合较好。表明本模型可做到流速分布及含沙量分布相似,同时也说明试验对异重流运动进行的模拟也是成功的。

　　取代表时段的出库悬移质泥沙进行颗分,其结果与原型对比见图 6-11。可以看出,二者符合较好。

　　在验证时段内,原型进口沙量为 1.08 亿 t,库区淤积 0.527 亿 m³。模型淤积量为 0.569 亿 m³,与原型相近。由断面测验资料看出,各库段淤积量与原型符合得较好,如

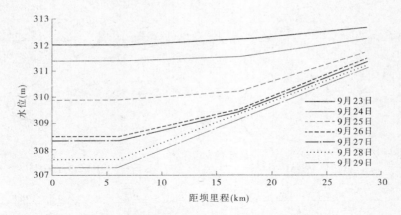

图 6-7　验证时段沿程水面线（1962 年）

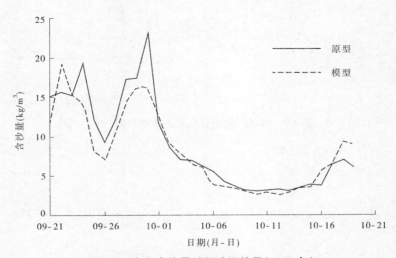

图 6-8　出库含沙量过程验证结果（1962 年）

表 6-5 所示，表明沿程淤积分布也颇为相似。

表 6-5　各库段冲淤量验证结果（1962 年 9～10 月）　　　（单位:亿 m³）

库段	HY1—HY2	HY2—HY4	HY4—HY8	HY8—HY12	HY12—HY15	HY15—HYl7	HY1—HYl7
原型	0.000 2	0.024	0.058	0.105	0.226	0.114	0.527
模型	0.000 8	0.043	0.057	0.106	0.237	0.125	0.569

　　实测资料表明,在验证时段内,库区基本上为平行抬升,断面平均淤积厚度为 0.15～
3.6 m,在坝区淤积极少。从时段末原型与模型断面资料对比(见图 6-12)可以看出,HY4
断面—HY17 断面,无论是淤积分布还是淤积量,二者均符合较好,只是坝前段模型比原
型淤积量略多。

　　由上述 1962 年 9 月 17 日至 10 月 20 日的验证试验可看出,沿程水位及过程与原型
符合较好,说明模型可以满足阻力相似;模型出口含沙量及其过程、悬沙级配与原型符合

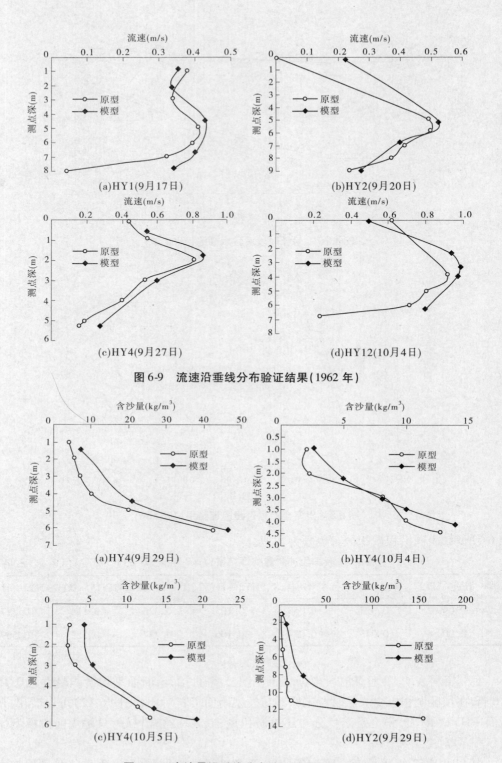

图 6-9　流速沿垂线分布验证结果(1962年)

图 6-10　含沙量沿垂线分布验证结果(1962年)

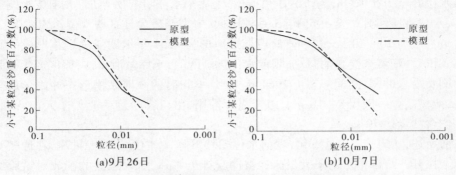

(a)9月26日　　　　　　　　　　　(b)10月7日

图6-11　出库悬移质泥沙级配验证结果(1962年)

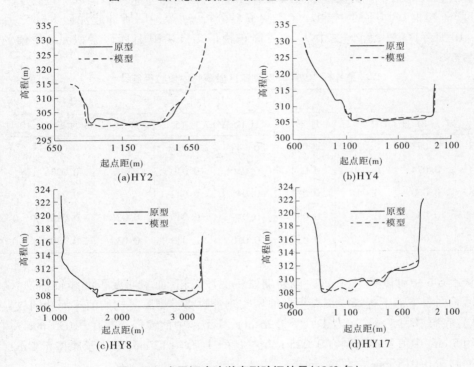

(a)HY2　　　　　　　　　　　(b)HY4

(c)HY8　　　　　　　　　　　(d)HY17

图6-12　库区河床冲淤变形验证结果(1962年)

较好;库区淤积量及分布与原型基本一致,这说明,该模型试验对异重流运行进行了较好的模拟。

2.冲刷时段

1964年为大水大沙年,汛期库区滞洪淤积。10月下旬至次年4月中旬,来水总趋势为逐渐减小。潼关流量由10月21日的3 930 m³/s减小至11月16日的2 050 m³/s,至12月10日为1 020 m³/s,之后流量基本上维持在600~900 m³/s,只是在3月份桃汛期流量有所增加,最大日平均流量为1 209 m³/s。本时段,泄水建筑物12个深孔全部打开,库水位与来水流量的大小成正比。在来流量逐渐减小的情况下,库水位逐渐下降。1964年10月21日,史家滩日平均水位为322.39 m,至11月底降为310 m左右,至12月18日,史家滩水位降至 305.10 m,为该时段最低值,之后来水流量有所增加,大于该水位下的泄流能力,水位有所回升。至 1965 年 3 月桃汛期,史家滩最大日平均水位达 308.14 m。来水含沙量一般为 20 ~ 40 kg/m³。本时段前期地形为 1964 年汛期滞洪淤积形成的高滩高槽形态。汛后,随着来流量的减小,坝前水位逐渐降低,水库敞泄排沙,库区产生了强烈的溯源冲刷及沿程冲刷,断面形态由 1964 年 10 月下旬时的高滩高槽形态冲刷形成高滩深槽形态,滩槽高差一般为 8 ~ 10 m。由于水库冲刷,出口含沙量一般大于入口含沙量,最大日平均含沙量达 70 kg/m³。

如前所述,1964 年 10 月下旬,坝前水位骤然下降,库内发生溯源冲刷,在原较为平坦的河床上拉开一道深槽。由于大量床沙被冲起排至库外,所以床沙的铺放对试验结果的准确性有较大的影响。为保证试验成果的可靠性,在初始河床床沙铺放上进行了级配和密实度(干容重)两方面的控制。经实测资料分析,溯源冲刷所冲起泥沙大部分为 1964 年 1 ~ 10 月库区淤积泥沙,其中 7 ~ 9 月淤积物最多,1 ~ 10 月库区淤积泥沙中值粒径变化见表 6-6。

表 6-6　1964 年实测库区淤积物中值粒径统计　　　　　　　　　　(单位:mm)

取样位置	取样时间							
	1 月 21 日	3 月 27 日	4 月 29 日	6 月 12 日	7 月 15 日	7 月 25 日	8 月 23 日	10 月 13 日
HY2	0.071	0.070	0.045	0.049	0.034	—	0.020	—
HY4	0.074	0.030	0.034	0.050	0.040	—	0.023	—
HY8	0.060	0.041	0.032	0.045	0.042	—	0.025	—
HY12	0.056	0.050	0.035	0.049	0.040	0.026	0.020	0.028
HY17	0.041	0.040	0.033	0.050	0.033	0.030	0.020	0.025

从表 6-6 中可以看出,在该时段初期淤积泥沙较粗,而末期淤积泥沙较细,亦说明淤积物沿垂向自下而上逐渐变细。根据原型实测资料将模型库区初始河床泥沙铺放大致分为三层:底层厚约 5 cm(相当于原型 2.25 m),模型沙中值粒径控制在 0.035 mm 左右;中层厚约 5 cm,中值粒径控制在 0.025 mm 左右;上层厚约 12 cm(相当于原型 5.4 m),中值粒径控制在 0.015 mm 左右。

采用粉煤灰作床沙时,淤积物干容重一般与床沙粒径有关。多次的试验观测表明,制作动床地形时,在严格控制床沙粒径与原型相似的前提下,保证床沙充分密实,地形浸水后不会发生沉降变形,其干容重基本满足要求。

在 1964 年 10 月至 1965 年 4 月时段内,原型水温变化幅度为 0.3 ~ 15 ℃,按水温变化可概化为 3 个时段,即 1964 年 10 月下旬至 11 月及 1965 年 3 月、1964 年 12 月至 1965 年 2 月、1965 年 4 月。3 个时段水温分别按 8 ℃、1 ℃及 15 ℃考虑,相应的水流运动黏滞系数分别为 1.38×10^{-6} m²/s、1.7×10^{-6} m²/s 及 1.15×10^{-6} m²/s。验证试验期间模型水温约为 25 ℃,水流运动黏滞系数为 0.92×10^{-6} m²/s,则(λ, 分别为 1.5、1.85 及 1.25,相应 λ_d 分别为 1.12、1.29 及 1.06。在验证试验过程中,进口悬沙级配则根据原型资料采用不同的 λ_d 进行配制。从实际测验结果看,模型进口悬沙级配与原型符合较好,如图 6-13

所示。

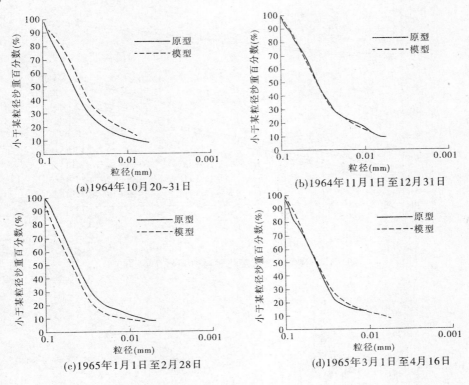

(a)1964年10月20~31日

(b)1964年11月1日至12月31日

(c)1965年1月1日至2月28日

(d)1965年3月1日至4月16日

图6-13 进口悬移质泥沙级配曲线(1964~1965年)

图6-14及图6-15分别为HY12断面及HY1断面水位过程线验证结果,可以看出模型与原型符合较好。图6-16为观测到的某时段沿程水面线,可反映出随坝前水位下降时水面线变化过程。

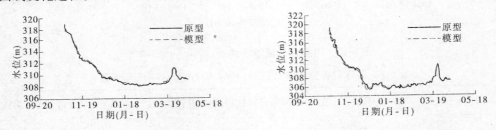

图6-14 茅津站水位过程验证结果(1964~1965年) 图6-15 史家滩水位过程验证结果(1964~1965年)

图6-17为出库含沙量验证结果,可以看出,原型与模型两者变化趋势一致,且定量上也基本接近,在精度上能满足验证要求。

验证时段内,原型进口沙量为6.21亿t,冲刷0.74亿m^3,模型冲刷0.64亿m^3,二者相差不大。模型及原型各库段冲淤量也很接近,见表6-7。

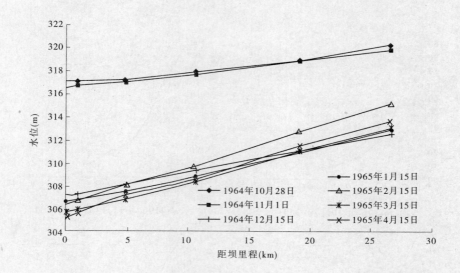

图 6-16   模型水面线变化过程(1964～1965 年)

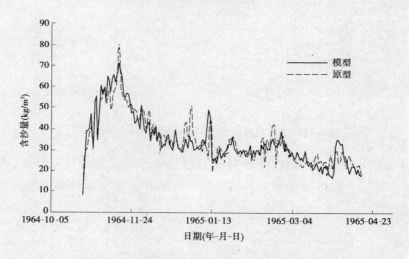

图 6-17   出库含沙量验证结果(1964～1965 年)

表 6-7   各库段冲淤量验证结果(1964 年 10 月～1965 年 4 月)   （单位:亿 m³）

库段	HY1—HY4	HY4—HY8	HY8—HY11	HY11—HY14	HY14—HY15	HY15—HY17	HY1—HY17
原型	-0.071	-0.144	-0.112	-0.098	-0.161	-0.154	-0.740
模型	-0.075	-0.118	-0.129	-0.082	-0.131	-0.105	-0.640

图 6-18 为原型与模型时段末横断面套绘图。可以看出,两者不仅冲淤量相差不大,而且断面形态也基本一致,表明模型可满足冲刷相似。

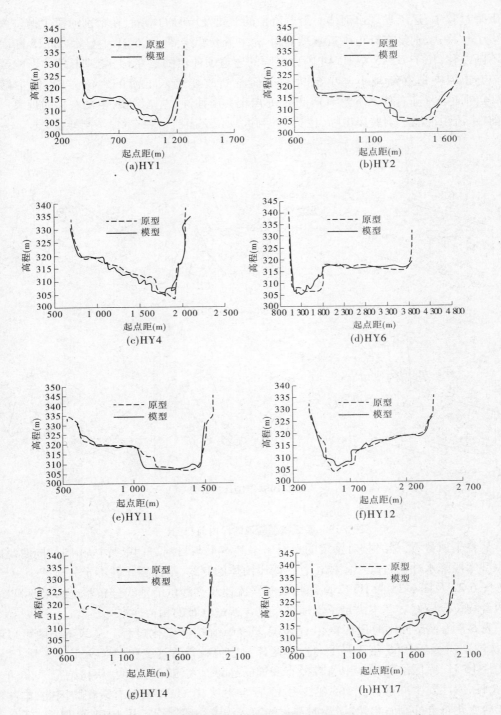

图6-18 库区河床原型与模型时段末横断面套绘图(1964~1965年)

图6-19~图6-20为验证时段内河势图。验证时段初期,水库蓄水位较高,HY17断面以下基本处于回水范围。汛期滞洪淤积后,个别断面几乎无滩槽之分,或为浅碟状。在水

位下降过程中,逐渐显现出河槽。随着流量的变化及历时的增加,在个别河段主槽位置也发生了位移,特别是在弯道附近。图 6-21 为主流线套绘图,图 6-21 中显示,HY15 断面主槽不断左移,位于 HY15 与 HY14 断面之间的弯道顶冲点随之左移,受地形条件影响致使入流与出流夹角逐渐减小至小于 90°,进而不断改变进入下游的水流方向,使主槽在 HY14 断面处逐渐右移。下游 HY4 断面亦出现右岸冲蚀、左岸淤积,主槽右移的现象。在坝前,水流顶冲泄水洞对岸山嘴,遂折 90°与大坝正交出流,在右岸保留高滩。

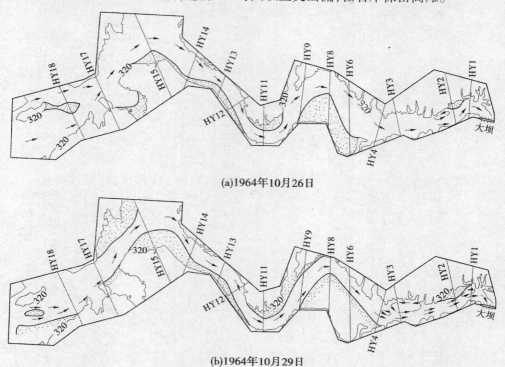

(a)1964年10月26日

(b)1964年10月29日

图 6-19　库区模型验证时段内河势图(一)

从整个河势看,最终相对稳定的平面形态基本上与目前三门峡库区相同。同时反映出原型库段降水冲刷过程中主槽位置受两岸山体的制约,平面变化并不十分显著。

图 6-22 及图 6-23 为 HY12 断面代表时段流速及含沙量沿垂线分布验证结果,可以看出两者均符合较好。基本满足了流速分布及含沙量分布的相似性。

表 6-8 为模型冲刷时段库区沿程表层床沙中值粒径变化过程。从表 6-8 中可以看出,从冲刷初始至 1965 年 3 月 15 日,库区床沙中值粒径逐渐变粗,从 1965 年 3 月 15 日至 4 月 16 日,库区沿程床沙中值粒径有变细的趋势。实测资料表明,从初始至 1965 年 3 月 15 日,库区发生冲刷,从 1965 年 3 月 15 日至 4 月 16 日,库区略有淤积。因此,本次试验床沙变化符合冲刷时粗化、淤积时细化的河床演变一般规律。从 1964 年 12 月 23 日及 1965 年 1 月 20 日观测结果来看,从 HY18 断面至坝前淤积物沿程渐粗,反映出床沙粒径受溯源冲刷的影响。从时段末床沙中值粒径与实测资料对比来看,床沙粒径与原型也颇为接近。

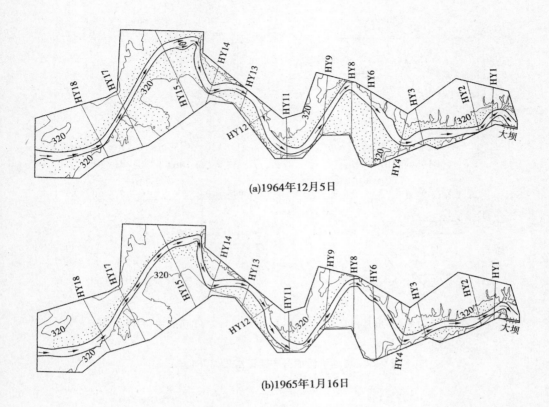

(a)1964年12月5日

(b)1965年1月16日

图 6-20　库区模型验证时段内河势图(二)

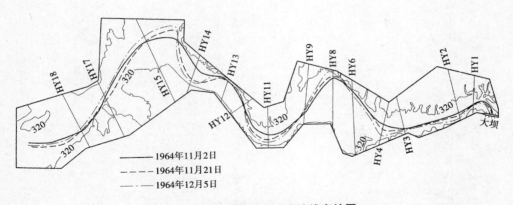

————　1964年11月2日
- - - - -　1964年11月21日
—·—·—　1964年12月5日

图 6-21　库区验证试验主流线套绘图

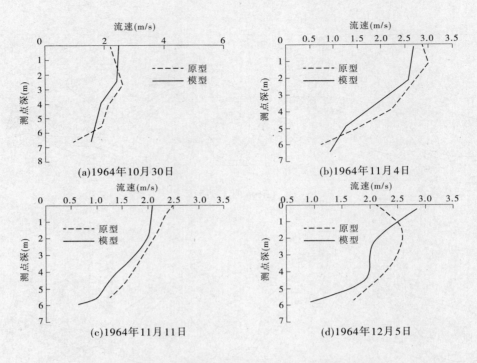

图 6-22　流速沿垂线分布验证结果（1964年）

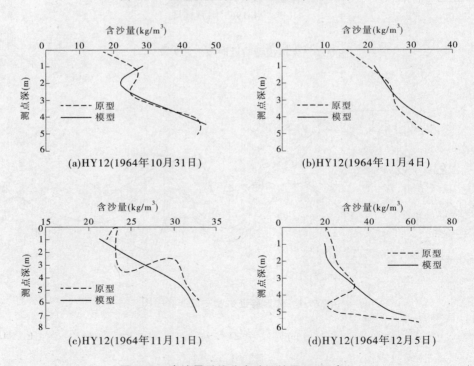

图 6-23　含沙量垂线分布验证结果（1964年）

表 6-8 冲刷时段库区沿程表层床沙中值粒径变化   （单位:mm）

断面位置	模型				原型
	初始	1964 年 12 月 23 日	1965 年 1 月 20 日	1965 年 3 月 15 日	1965 年 4 月 16 日	1965 年 4 月 16 日
HY18		0.045	0.048	0.075	0.073	0.079
HY15	0.025	0.042	0.055	0.072	0.065	0.079
HY12		0.060	0.070	0.082	0.080	0.073
HY8	0.020	0.062	0.065	0.070	0.068	0.080
HY4		0.060	0.063	0.080	0.078	0.066
HY2	0.020	0.060	0.073	0.079	0.079	0.078

上述验证结果表明,模型水位、出库含沙量过程、河势变化、流速及含沙量沿垂线分布、床沙级配及变化过程、库区冲刷量及形态均与原型相似。

高含沙水流概化试验结果表明,模型中高含沙水流流态、各种排沙条件下的输沙特性等方面与原型观测结果基本一致。

6.2.2　小浪底水库模型验证

小浪底水库于 2000 年投入运用,2001 年 8 月发生了较为显著的异重流排沙过程,在小浪底水库模型上复演原型发生的异重流排沙过程,可达到对模型进行实测资料验证的目的。

6.2.2.1　异重流概况

1.水沙条件

2001 年 8 月 15 ~ 18 日,黄河中游晋陕区间、北洛河、泾河有一次明显的降雨过程,受降雨影响,黄河中游干支流产生了一次中小洪水过程,小浪底水库入库站——黄河三门峡站 8 月 22 日 8 时洪峰流量为 2 890 m^3/s。位于小浪底水库中部的河堤站自 8 月 20 日 14时至 25 日 8 时,含沙量维持在 100 kg/m^3 以上,其中在 300 kg/m^3 以上维持了 38 h,最大含沙量为 534 kg/m^3,8 月 29 日 2 时以后落至 30 kg/m^3 以下。

小浪底水库自 8 月 21 日 15 时开始下泄浑水,出库含沙量自 8 月 22 日 2 时至 23 日 20时均在 100 kg/m^3 以上,最大为 8 月 23 日 8 时的 196 kg/m^3。下泄流量除 8 月 29 日 18 ~ 24时外均小于 300 m^3/s。

异重流测验时段为 8 月 21 日至 9 月 7 日,时段内进库站总水量为 14.14 亿 m^3,出库水量为 2.97 亿 m^3,蓄水量 11.17 亿 m^3;进库沙量为 2.0 亿 t,出库沙量 0.13 亿 t,拦沙量1.87 亿 t。

2.异重流潜入点

小浪底水库异重流期间以蓄水为主,2001 年 8 月 20 日 14 时坝前水位约为 203 m,之后库水位迅速上升,至 9 月 8 日 8 时升高至 217.97 m。8 月 20 日晚入库浑水在 HH31 断面附近潜入形成异重流,8 月 21 日 8 时后在坝前观测到有异重流运行。水库蓄水作用使回水末端不断上移,加之入库流量减小,使异重流潜入点随之上移。8 月 24 日以后,随着库区水位升高,潜入点上移至 HH36 断面附近。

3. 异重流运动特征

实测异重流运行长度 60.7 km,垂线平均含沙量一般在 50~100 kg/m³,垂线平均流速为 0.037~1.66 m/s,实测异重流厚度最小为 0.6 m,最大为 20.3 m。d_{90} 最大为 0.058 mm,最小为 0.024 mm,特别是 8 月 27 日后,d_{90} 在 0.024~0.031 mm。

4. 流速沿程变化

异重流流速在行进过程中逐渐减小。流速的沿程变化受距坝里程和库区地形的影响比较显著。在异重流的开始阶段,进入收缩地形,其流速陡增,进入扩散段又大幅削减。在异重流的稳定阶段,流速变化总的趋势是自上而下沿程削减。

5. 含沙量沿程变化

在异重流的开始阶段,含沙量沿程变化幅度较流速小。在异重流形成初期,异重流自上而下流动,含沙量也显示出沿程由大到小。当异重流稳定后,含沙量的沿程变化也相对稳定。由于异重流的消退减弱也首先是从上游开始,因此 8 月 29 日含沙量的沿程变化出现上小下大的趋势。

6. 泥沙粒径的变化

异重流泥沙颗分成果表明,绝大多数沙样 d_{90} 小于 0.058 mm。8 月 21 日,异重流形成之初,泥沙粒径相对较粗,d_{50} 在 0.01~0.014 mm;异重流稳定后泥沙粒径变细,d_{50} 一般小于 0.01 mm。在异重流发展和稳定阶段,它挟带泥沙粒径沿程有上粗下细的规律,说明粗颗粒泥沙沿程拣选落淤。8 月 29 日,异重流处在消退阶段,实测泥沙粒径沿程稳定变化很小。

7. 浑水水库

当异重流到达坝前,由于闸门开启高度小,通过排沙洞排出的浑水小于到达坝前的异重流流量,在坝前段形成浑水水库。浑水在清水下面聚集,二者之间出现明显的交界面。浑水面高程达到 192~195 m,远高于排沙洞底坎高程 175 m,到达坝前的浑水泥沙粒径很细,泥沙沉降极其缓慢,坝前流速很小,扰动掺混作用又很弱,因此浑水水库维持时间很长。

8. 异重流排沙过程

小浪底出库含沙量过程与排沙洞分流比密切相关,排沙洞分流比大,则含沙量亦大,反之亦然。异重流期间,水库排沙比为 5.5%。

9. 库区冲淤变化

小浪底库区采用断面法在 5 月(平均时间 5 月 18 日)及 9 月(平均时间为 9 月 4 日)进行了淤积测量。在此期间,全库区淤积 1.75 亿 m³,其中干流淤积 1.58 亿 m³,支流淤积 0.17 亿 m³。HH34 断面以上普遍发生冲刷,冲刷总量为 0.745 亿 m³;HH34 断面以下普遍发生淤积,淤积总量为 2.333 亿 m³。

6.2.2.2 验证试验条件

1. 水沙过程

小浪底水库入库水沙过程控制站为三门峡水文站,距模型进口 60 余千米。位于小浪底大坝上游 63.82 km 处有水沙因子站河堤站,距模型进口 1.8 km。一般情况下,以该站的水沙过程作为模型进口水沙条件是无可置疑的。然而,在异重流过程中,随着坝前水位的抬升,该站受回水的影响,流量过程代表性较差,因此需对河堤站水沙过程进行修正。其方法是基于三门峡流量过程及河堤以上实际蓄水过程,设计模型进口流量过程。由设计的流量过程及河堤站相应时段含沙量可得到模型进口沙量过程,见图6-24。

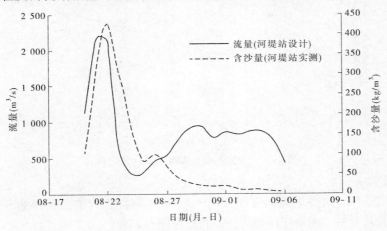

图6-24 河堤站流量过程线

2. 悬沙级配

河堤站没有悬移质级配资料,故借用三门峡水文站相应资料(见表6-9及图6-25)。天然情况8月下旬至9月上旬水温约为25 ℃。验证试验期间模型水温约为10 ℃,则λ_v可取0.69,由此可得到$\lambda_d = 0.79$。

表6-9 三门峡水文站悬移质泥沙级配资料

粒径(mm)	0.004	0.008	0.016	0.031	0.062	0.125	0.25	0.5
百分数(%)	12	19	31.1	50.4	76.6	95.5	99.8	100

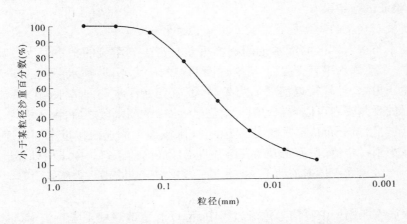

图6-25 三门峡水文站及模型进口悬移质泥沙级配曲线

3. 下边界控制条件

异重流期间,发电洞、排沙洞均参与泄流。验证试验过程中,按泄水洞实际调度情况启闭模型泄水闸门。此外,以坝前水位作为控制条件,满足水库蓄水过程与原型相似。小浪底水库实测坝前水位过程见图6-26。从图6-26中可以看出,在异重流发生期间,库水位基本上处于持续抬升的过程。

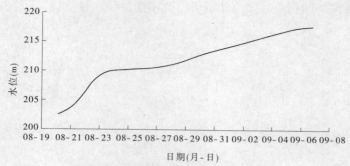

图 6-26　小浪底水库实测坝前水位过程

4. 初始地形

小浪底库区 2001 年 5 月进行了全库区地形观测,以此作为铺设初始地形的依据。从观测资料来看,库区纵剖面淤积形态为三角洲,见图 6-27。

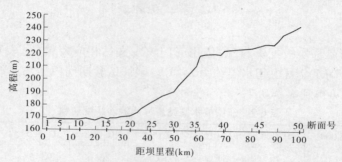

图 6-27　小浪底库区淤积纵剖面图

6.2.2.3　验证试验结果

1. 异重流形成条件

库区清水与进入库区的浑水之间的容重差是产生异重流的根本原因。其物理实质是:若虚拟一个清浑水垂直交界面,则交界面两侧的压力不同,浑水一侧的压力大于清水一侧而产生压力差,且越接近河底压力差越大,就促使浑水侧向清水侧以下潜的形式流动。从实际的观测资料可以看出,挟沙水流进入水库的壅水段之后,由于沿程水深的不断增加,流速及含沙量分布从正常状态逐渐变化,水流最大流速由接近水面向库底转移,当水流流速减小到一定值时,浑水开始下潜并且沿库底向前运行。由于横轴环流的存在,在潜入点以下库区表面水体逆流而上,带动水面漂浮物聚集在潜入点附近,成为异重流潜入的标志。

在小浪底库区模型上复演异重流过程中,可以清楚地观察到异重流潜入点的变化过程。异重流潜入点随水力条件的变化而移动,变化过程见图 6-28。

从明渠流过渡到异重流,其交界面是不连续的。从异重流潜入交界面曲线可以发现交界面处有一拐点 K,拐点的位置则在潜入点的下游。在异重流突变处,交界面的 $\frac{dh}{dS}$ 变大,可以认为在 $\frac{dh}{dS} \to \infty$ 处,相当于明流中缓流转入急流的临界状态,该点处水深和流速为

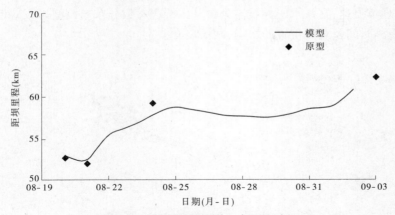

图 6-28 模型异重流潜入点位移过程

h_K 和 v_K，该断面的修正弗劳德数为 $\dfrac{v_K^2}{\dfrac{\Delta\gamma}{\gamma_m}gh_K}=1$，而潜入点的水深 $h_0 > h_K$，因此 $\dfrac{v_0^2}{\dfrac{\Delta\gamma}{\gamma_m}gh_0}<1$（见

图 6-29）。范家骅等在水槽内进行潜入条件的试验，得到异重流潜入条件关系为

$$Fr = \frac{v_0^2}{\dfrac{\Delta\gamma}{\gamma_m}gh_0} = 0.6 \quad 或 \quad \frac{v_0}{\sqrt{\dfrac{\Delta\gamma}{\gamma_m}gh_0}} = 0.78 \qquad (6\text{-}10)$$

式中：h_0 为异重流潜入点处水深；v_0 为潜入点处平均流速；$\Delta\gamma$ 为清浑水容重差，$\Delta\gamma = \gamma_m - \gamma$；$\gamma_m$ 为浑水容重，$\mathrm{kg/m^3}$，$\gamma_m = 1\ 000 + 0.622S$。

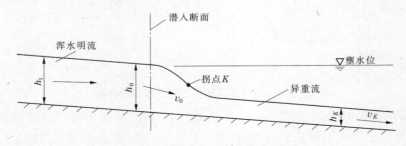

图 6-29 异重流潜入处交界面示意图

小浪底水库异重流潜入点水流泥沙条件基本符合式（6-10），如图 6-30 所示。图中除给出本次验证试验资料外，还有我们近期进行的水槽试验资料及该模型近几年进行的小浪底水库运用方式研究过程中试验资料。

2. 异重流运动规律

1）异重流流速及含沙量垂线分布

流速分布是水流阻力状况，或者说是水流能量消耗的反映。流速与含沙量分布是研究水流挟沙能力的基础。对模型验证试验而言，模型与原型是否符合，是检验模型综合阻力、水流泥沙运动与原型是否相似的标志。

图 6-31 为验证时段内，日平均流量最大时，沿程各断面主流线流速垂线分布。可以看出，在异重流潜入点以下，流速沿垂线分布均呈异重流分布状态，在清水层由于横轴环

· 53 ·

流的存在出现负流速,在浑水层异重流分布基本符合对数分布。模型与原型相比,分布形式相似,受观测时间及观测位置的影响,两值略有差别。

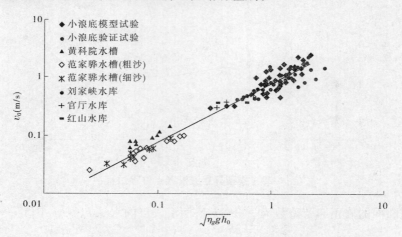

图 6-30　异重流潜入点水力条件

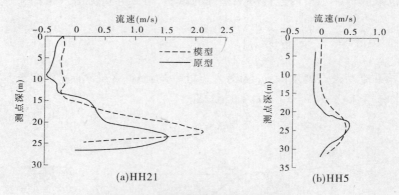

(a)HH21　　　　　　　　　(b)HH5

图 6-31　沿程各断面主流线流速垂线分布

图 6-32 为验证时段内,典型断面含沙量垂线分布图,从图中可以清楚地看到在水库上部,含沙量几乎为 0,在异重流范围内,含沙量突然增大,呈现上清下浑的分层流。这些变化情况与原型一致。

异重流在运行过程中会产生能量损失,包括沿程损失及局部损失,沿程损失即床面及清浑水交界面的阻力损失。而局部损失在小浪底库区较为显著,包括支流倒灌、局部地形的扩大或收缩、弯道等因素。

由图 1-1 可以看出,小浪底库区平面形态十分复杂,库区有几处弯道,如 HH24 断面、HH23 断面、HH10 断面及 HH8 断面等。异重流流经弯道时,不仅产生横向比降,同时还发生环流。在凹岸厚度增加,而凸岸厚度减小。图 6-33 为验证试验过程中观测到的 HH23 断面左右岸垂线流速及含沙量分布图,可以看出,在 HH23 断面的右岸(凹岸)垂线流速明显大于左岸,且清浑水交界面高于左岸。如左右岸垂线最大流速分别约为 1 m/s 和 1.7 m/s,交界面测点深分别约为 18 m 和 14 m。库区 HH31 断面以上及 HH15 断面以下较宽,HH16 断面至 HH19 断面之间最窄,在宽窄交界处,流线曲率较大或不连续,则产

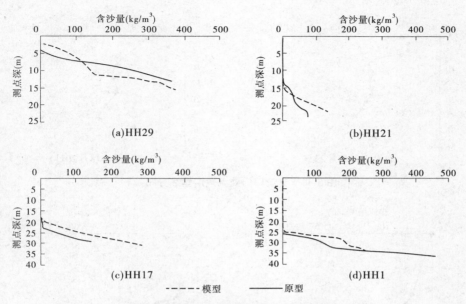

图 6-32　沿程各断面主流线含沙量垂线分布

生局部损失。断面扩大后,异重流流速降低,厚度有所减小,因而挟沙力也会减小。当异重流通过收缩断面时,将引起交界面的壅高等。

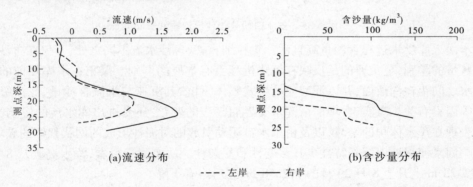

图 6-33　HH23 断面左右岸垂线流速、含沙量分布

图 6-34 及图 6-35 为个别支流口门处流速及含沙量垂线分布图。库区各支流与干流夹角或小于 90°,或与之正交。异重流经过支流沟口,仍然以异重流的形式倒灌支流,流速较为缓慢。支流清浑水交界面与沟口处干流相当。异重流挟带的泥沙全部沉积在支流内,使支流不断淤积。

此外,异重流在运行过程中,泥沙沿程淤积,交界面的掺混及清水的析出等,均可使异重流的流量逐渐减小,其动能相应减小。

2)清浑水交界面

含沙水流入库后,以异重流的形式运行至坝前,由于控制泄流,下泄流量很小,仅小部分浑水被排泄出库,其余部分被拦蓄在库内形成浑水水库。

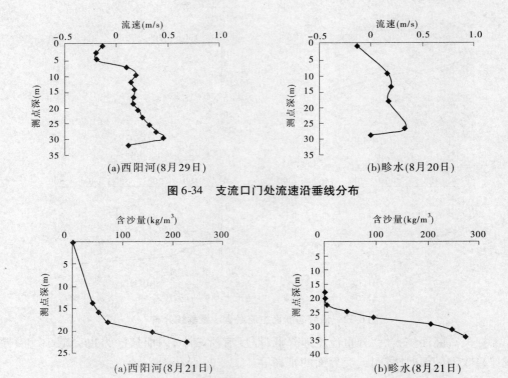

图 6-34　支流口门处流速沿垂线分布

图 6-35　支流口门处含沙量沿垂线分布

　　本次入库洪水过程含沙量高且泥沙颗粒细,与低含沙水流不同之处,不仅在含沙量上存在数量的差别,更重要的是反映在沉降机理上有本质的区别。聚集在水库坝前的浑水与清水之间存在浑液面,并以浑液面的形式整体下沉,其沉速与水流含沙量、泥沙级配及水温等因素有关。事实上,坝前清浑水交界面高程的变化,还受进出库水流的影响,这种影响表现在浑水体积的增减,以及由于水流运动引起的对泥沙形成的网状絮体的破坏,这些影响因素使浑液面沉降特性更具多变性和复杂性。从实测资料看,浑水高程从 8 月 21 日 172.23 m 上升至 8 月 29 日的 192.58 m,之后略有下降。

　　图 6-36 为坝前浑液面验证结果,可以看出,模型清浑水交界面的初始高程较为接近,之后下降速度明显高于原型。分析其原因有二:其一是因泥沙粒径比尺为 0.79,即模型沙为原型沙的 1.27 倍,使得模型沙较原型沙偏粗,因水流中细颗粒泥沙含量越少,其网状絮体结构形成的速度越慢;其二是由于模型含沙量比尺 $\lambda_s = 1.7$,即模型沙含沙量仅不足原型的 0.6 倍,相对而言,泥沙絮体颗粒不易互相接触,颗粒间分子力作用微弱,絮体网状结构不能很快出现。这些因素都促使泥沙沉降速度偏大。此外,原型沙与模型沙物理化学特性的差异亦会对浑液面的沉降产生一定的影响。

　　图 6-37 给出了利用模型沙在量筒中进行的静水沉降试验的结果。浑水含沙量分别为 200 kg/m^3、100 kg/m^3 及 50 kg/m^3。显然,随着含沙量的减少,浑液面的沉速大幅度地增加。

　　图 6-38 给出了不同时间库区沿程交界面的验证结果,总体来看,模型清浑水交界面

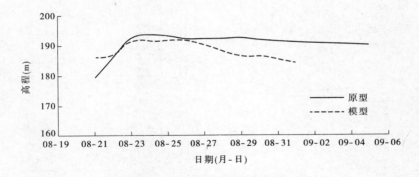

图 6-36   坝前浑液面验证结果

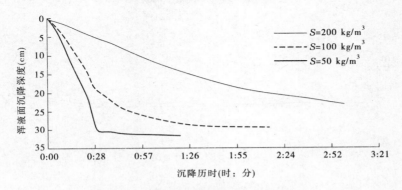

图 6-37   模型沙静水沉降试验结果

均较原型为低,但数值相差不大。

3)出库含沙量

小浪底水库的出库水沙控制站为小浪底水文站。事实上,小浪底坝前并非均质流,在清浑水交界面上、下分别为清水及含沙水流。在异重流排沙过程中,清浑水交界面最高不足 193 m,而发电洞最低高程为 195 m,当开启发电洞时下泄水流基本上为上层清水,而开启排沙洞时则下泄浑水。在验证试验中,若同时开启发电洞及排沙洞,则可看到清浑水并存的现象。由于在水库泄流过程中,除开启排沙洞泄流外,发电洞也部分开启参与泄流。因此,小浪底水文站观测到的水流含沙量,并非异重流所挟带的含沙量,其大小除取决于异重流到达坝前的水流含沙量外,还与排沙洞分流比有关。此外,还受小浪底大坝至水文站之间河道调整作用的影响(小浪底水文站位于大坝下游 3 km)。

根据实测的排沙洞的分流比,计算异重流主要排沙时段出流含沙量过程(不考虑坝下至水文站之间河道的调整作用)与模型观测的排沙洞出流含沙量过程同时点绘于图 6-39,可以看出,二者变化趋势基本一致。至于造成量值的差别的影响因素较多,包括排沙洞分流比计算、大坝至水文站之间河床的调整、坝前浑水含沙量梯度、测验精度等。

3. 异重流的淤积

不同的库段床面变化过程不同。在异重流初始潜入点 HH31 断面以下基本上为异重流淤积过程,其以上至异重流结束时潜入位置 HH36 断面之间床面变化较为复杂。

挟沙水流在回水末端以上为明流,在水流的作用下,河床不断地冲刷下切,个别部位

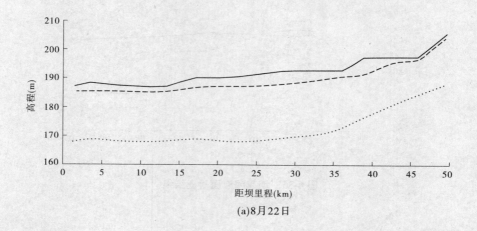

(a)8月22日

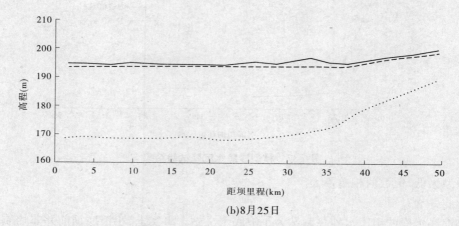

(b)8月25日

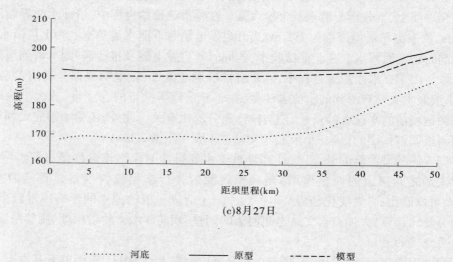

.... 河底 —— 原型 ------ 模型

图6-38 库区沿程交界面的验证结果

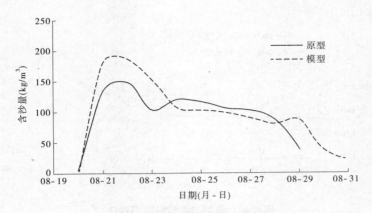

图 6-39　排沙洞出流含沙量过程

还出现少量的塌滩现象。

浑水进入水库回水末端,在适当的条件下会潜入清水下面形成异重流。在异重流潜入点库段,流速降低,水流挟沙力减小,较粗泥沙首先分选落淤。泥沙的淤积及坝前水位的不断抬升,均使异重流潜入点处水力条件发生变化,而起主导作用的是属于后者,进而使异重流潜入点从总的趋势上看不断上移。在异重流排沙过程中,潜入点的变化范围区间,自下而上逐渐由明流输沙转变为异重流输沙。显然,该库段经历了由自上而下冲刷过渡到逐步自下而上淤积的过程,而淤积的主体为潜入点处首先分选出的较粗颗粒的泥沙。

异重流在向下游运行的过程中总是处于超饱和状态,因而发生沿程淤积使床面不断淤积抬升。在它向支流倒灌的同时,大量泥沙进入支流并淤积,使支流淤积面随干流同步抬升。

异重流到达坝前后,受泄量的限制不能全部排泄出库,聚集在坝前形成浑水水库,之后将缓慢沉降。除少量由排沙洞排出外,最终会全部沉积在坝前段。

图 6-40 给出了异重流过后库区原型与模型纵剖面对比图。可以看出,二者在距坝 25 ~ 40 km 范围内原型明显高于模型。分析其原因主要是模型采用 5 月实测地形作为异重流初始地形,与实际有所不同。小浪底水库在 6 月 1 日至 8 月 19 日期间,河堤站水沙因子站沙量为 0.515 亿 t,而此期间小浪底水库没有排沙,显然这部分泥沙全部淤积在河堤站以下水库回水影响的区域,使该库段河床高程抬升。

模型与原型在横断面上变化规律是一致的。在异重流淤积段大多表现为水平抬升,见图 6-41。

支流河床抬升基本与干流同步进行,异重流的倒灌淤积,使得支流沟口库段较为平整,无明显的倒坡。图 6-42 给出了部分支流纵剖面形态,可以看出模型与原型基本一致。

采用断面法分别统计模型与原型库区 HH36 断面以下冲淤量,见表 6-10。其中,模型干流淤积量为 1.869 亿 m³,与原型相差 0.366 亿 m³,二者的差别与 5 ~ 8 月期间河堤站来沙量接近。这说明上述有关初始地形的分析是正确的,同样也说明在异重流期间模型淤积量与原型相似。

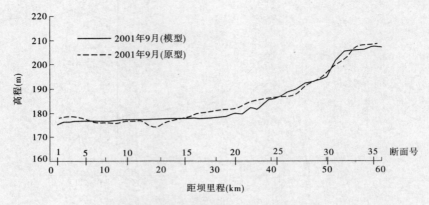

图6-40 模型与原型纵剖面对比

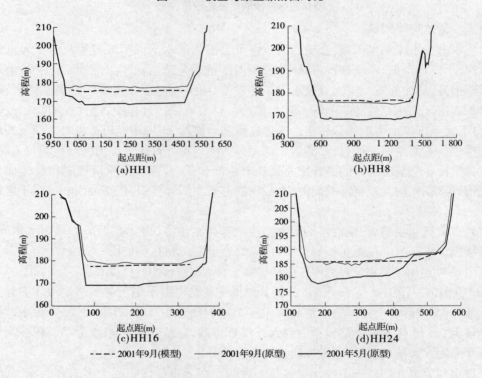

图6-41 模型与原型横断面对比

表6-10 库区冲淤量验证结果 （单位：亿 m³）

库段	HH1—HH15	HH15—HH23	HH23—HH34	HH34—HH36	HH1—HH36
模型	1.205	0.286	0.412	-0.034	1.869
原型	1.397	0.424	0.471	-0.057	2.235

注：模型测验时段为8月20日至9月4日，原型为5~9月。

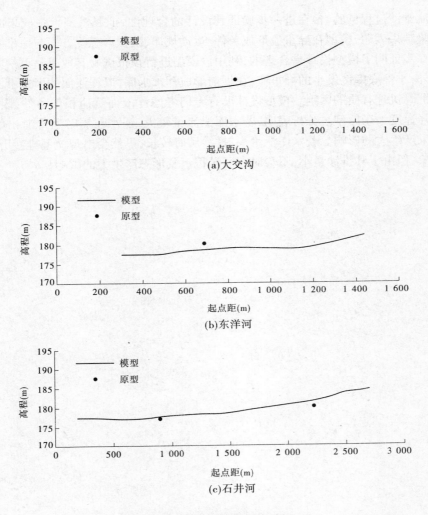

图 6-42　支流纵剖面形态验证

6.3　小　结

在小浪底水库施工期不具备验证试验的前提下,利用位于小浪底上游、水沙条件和河床边界条件均与其相似的三门峡水库模型进行验证试验。验证试验结果表明,取含沙量比尺 $\lambda_s = 1.7$、河床冲淤变形时间比尺 $\lambda_{t_2} = 45.8$,可满足沿程水位、出库含沙量、泥沙级配、河床冲淤量及分布、河势变化等方面与原型相似;异重流的潜入、运行及流速、含沙量沿垂线分布等现象与原型一致;高含沙水流流态及输沙特性等与原型观测结果基本一致。由此可以说明模型设计是合理的,选用郑州热电厂粉煤灰作为模型沙,并将所有比尺用于小浪底库区模型试验,可保证试验结果的可靠性。

小浪底水库投入运用之后,2001 年库区发生了异重流排沙,大量的观测资料为模型验证试验及深入研究异重流运动奠定了基础。为此,在小浪底库区模型上复演原型 2001

年异重流排沙过程试验,旨在进一步验证其设计的合理性,把握模型预报成果的可信度。验证试验结果表明,模型在异重流形成条件、运动规律、淤积形态等方面与原型基本相似,从而进一步证明了模型设计是合理的,利用该模型进行预报试验其成果是可信的。

此外,小浪底库区发生的异重流,在坝前形成浑水水库,以浑液面的形式下沉,这与散粒体的沉降机理有质的区别。模型设计没有专门考虑浑液面沉速相似条件,因而模型浑液面沉降速度大于原型。分析表明,若水库泄流量较大,浑水在短时期排泄出库,不会对排沙效果产生大的影响。若水库泄量小,排沙历时较长,虽然会出现模型排沙历时短于原型的现象,但由于其排沙量小,不会对库区淤积量及形态产生大的影响。

第7章 水库拦沙初期模型试验研究

本章利用小浪底水库物理模型,预测小浪底水库拦沙初期,在设计的水沙条件、河床边界条件、拟定的水库运用方案等条件下,库区水沙运动规律、河床纵横剖面形态变化以及库容变化过程,为选择小浪底水库最优运用方式提供了科学依据。本章包括了小浪底水库投入运用后第1年及拦沙初期的1~5年系列方案试验结果。

7.1 2000年水库运用方式试验研究

7.1.1 试验条件

7.1.1.1 水沙条件

试验采用1995年典型水沙过程。经多方案比选推荐方案为:水库起始运用水位205 m,调控库容8亿m^3,调控上限流量2 600 m^3/s。基于上述水沙条件及运用方案,通过小浪底库区数学模型计算得到模型进口断面水沙过程。小浪底水库来沙主要集中在主汛期(7~9月),水库的调节运用方式也主要是针对主汛期而言,不同的运用方式所引起的排沙过程及河床变形的不同也主要发生在主汛期,因此试验时段仅选择主汛期。试验水沙过程如图7-1所示。

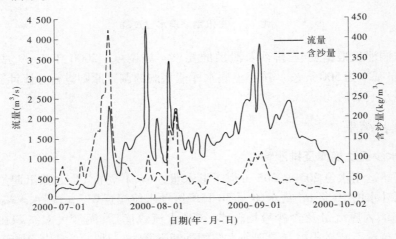

图7-1 试验水沙过程

据统计,模型进口断面7~9月总水量为112亿m^3,总沙量为8.22亿t,其中细颗粒泥沙($d < 0.025$ mm)、中颗粒泥沙($d = 0.025 \sim 0.05$ mm)及粗颗粒泥沙($d > 0.05$ mm)分别为5.17亿t、1.83亿t及1.22亿t。该时段最大日平均含沙量为420 kg/m^3,相应流量为 2 308 m³/s,最大日平均流量为 4 324 m³/s,相应含沙量为 110 kg/m³。

7~9 月,原型水温一般为 20~27 ℃,可取 25 ℃,试验时模型水温一般为 6~8 ℃,λ_ν 可取 0.64,由此可得到 $\lambda_d = 0.76$。由 λ_d 值及原型悬沙级配可确定模型进口悬沙级配。

7.1.1.2　边界条件

本试验初始地形为 2000 年 6 月 30 日地形。该地形是在小浪底库区原始地形的基础上,估算出 2000 年 6 月 30 日以前库区的总淤积量,再按一定的设计形态进行铺沙而成。

坝前水位为模型出口边界的控制条件,由数学模型调节计算得到,主汛期坝前水位过程如图 7-2 所示。小浪底水库起始运用水位为 205 m,加之非汛期为 7 月上旬提前预蓄 10 亿 m³,2000 年汛前库水位约为 217 m。库水位随水库的蓄放而呈上升及下降的变化过程。7 月中旬,水位下降至接近起始运用水位 205 m,8 月水位基本上变化于 205~215 m,9 月中旬以后水位呈单一上升趋势,汛末为 7~9 月,期间最高水位超过 225 m。

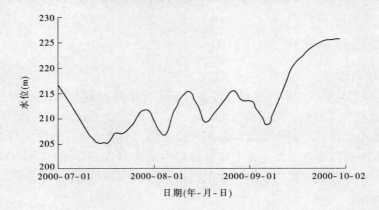

图 7-2　主汛期坝前水位过程

各泄水洞泄量根据发电、排沙及泄洪的要求实施调度。2000 年 7~9 月电站装机 2 台,发电流量基本为 500 m³/s。按小浪底水库泄水洞的调度原则进行分流计算,以此指导模型中各泄水洞的启闭。

7.1.2　试验结果

7.1.2.1　水沙运动规律及排沙特性

水库起始运用水位 205 m,205 m 以下蓄水量约 16.1 亿 m³,加之非汛期预留的用于 7 月上旬灌溉补水的 10 亿 m³ 蓄水,6 月 30 日库区蓄水位接近 217 m,回水末端超过模型进口。7 月上旬,入库流量及含沙量均较小,挟沙水流入库后,泥沙大多淤积在模型进口。随着模型进口段不断淤积抬升及坝前水位的逐渐下降,进口段自上至下逐渐呈明流状态。在板涧河口上游,浑水潜入清水下面沿库底向下游运行,形成异重流。之后,库区基本上为异重流排沙。

异重流潜入位置取决于该处水流泥沙条件。图 7-3 点绘了异重流潜入点随时间的变化过程。从总的变化趋势看,潜入点随库区淤积量的增加而下移。从变化过程看,潜入点位移与库水位的升降关系较为密切。例如,7 月 29 日至 8 月 4 日,水位由 211.78 m 下降至 206.65 m,异重流潜入位置由距坝约 60 km 处下移至距坝约 50 km 处;之后,至 8 月 12 日,又随水位上升至 215.51 m 而上移至距坝约 55 km 处。根据观测到的异重流潜入点处的水力条件,点绘出的 $v_0 \sim \sqrt{\eta_g g h_0}$ 关系(v_0、h_0 分别为异重流潜入处流速及水深)仍符合实测资料以及试验结果给出的一般规律,即 $\dfrac{v_0}{\sqrt{\eta_g g h_0}} = 0.78$,见图 6-30。

图 7-3　异重流潜入点位置

　　设计给出的 2000 年水沙过程大部分时段入库流量较小,在异重流潜入点附近水流相对平静,只是由于横轴环流的存在,异重流潜入点下游库区水面倒流,使下游漂浮物向上游漂移而聚集在潜入点处(见图 7-4)。浑水潜入后向下游运行的过程中,由于形成异重流运动的能量主要来源是异重流的含沙量和流量,而异重流的泥沙输移总是处于超饱和状态,因此在异重流泥沙淤

图 7-4　异重流潜入点处水流平面形态

积的同时含沙量随之降低,且随着沿程清水的析出及向支流的倒灌而使异重流的流量逐渐减小,其运动能量亦相应减小。所以,当入库流量较小时,异重流潜入后往往随着能量的减小而消失在库区。根据淤积地形资料分析,虽然部分异重流浑水倒灌支流以及存在沿程损失,但大多情况下,异重流或多或少可运行至坝前。水库运用初期由于坝前初始库底高程不足 150 m,而排沙洞底坎高程为 175 m,二者高差大于 20 m,即使挟沙水流到达坝前,排沙比也非常小,特别是 7 月几乎没有泥沙出库。至 7 月底,坝前淤积面高程约为 165 m,异重流到坝前后,仍不能有效地排出库外。例如,7 月 30 日进口流量达 4 324 m^3/s,进口含沙量为 110 kg/m^3,距坝 1.45 km 的 HH1 断面,异重流含沙量约 50 kg/m^3,而出库含沙量不足 5 kg/m^3。

　　8 月底至 9 月初的一场洪水过程,模型入口最大日平均流量为 3 868 m^3/s,水库相应泄水,库水位逐渐下降,随之出现一次较大的排沙过程,出库最大日平均含沙量约 30 kg/m^3,且出库沙量几乎全部由位于泄水建筑物底部的排沙洞及孔板洞下泄,发电洞出流几乎为清水(见图 7-5)。

　　图 7-6 ~ 图 7-17 分别为 7 月底及 9 月初两次较大流量库区沿程代表断面流速及含沙

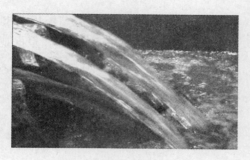

图 7-5　异重流排泄出库

量沿垂线分布图,由此可以反映库区水沙运动的规律。7月30日,异重流潜入点位于距坝约58 km处,在潜入点以下各断面流速分布均呈现上小下大的异重流分布规律,含沙量沿垂线分布图也表明库区为上清下浑的分层流。9月2～7日的一场洪水过程中,在库区淤积发展及坝前水位单一下降的双重作用下,异重流潜入点不断下移。9月2日异重流潜入点位于距坝约48 km处,位于潜入点上游的HH29断面(距坝49.63 km)流速及含沙量沿垂线呈明流分布规律,以下各断面为异重流分布。至9月7日,异重流潜入点下移至距坝44 km处,潜入点上游的HH27断面(距坝46.05 km)流速及含沙量分布呈明流分布规律,其以下各断面为异重流分布。

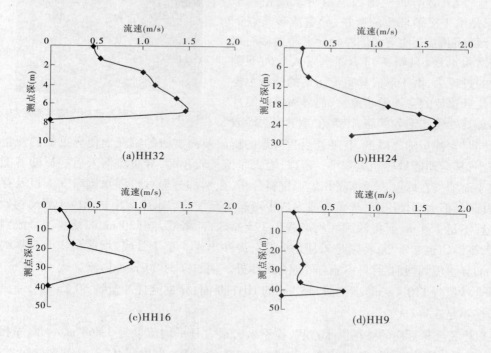

图 7-6　小浪底库区模型试验流速沿垂线分布(2000 年 7 月 30 日)

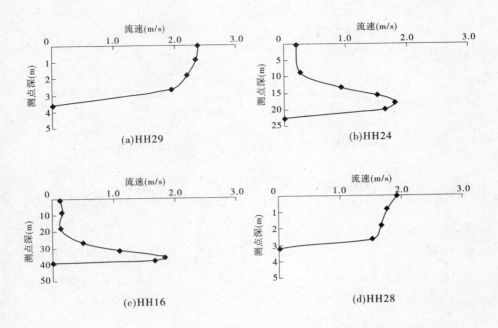

图7-7　小浪底库区模型试验流速沿垂线分布(2000年9月2日)

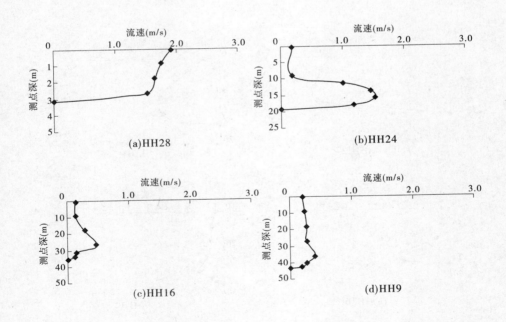

图7-8　小浪底库区模型试验流速沿垂线分布(2000年9月3日)

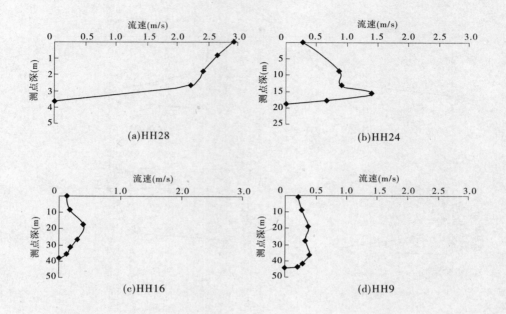

图 7-9　小浪底库区模型试验流速沿垂线分布 (2000 年 9 月 4 日)

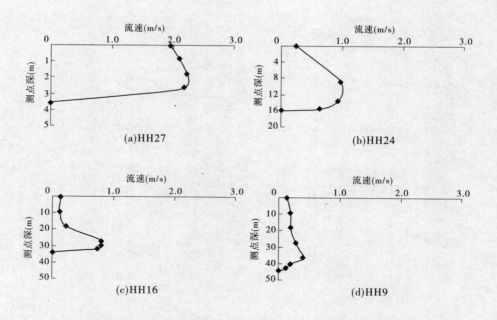

图 7-10　小浪底库区模型试验流速沿垂线分布 (2000 年 9 月 5 日)

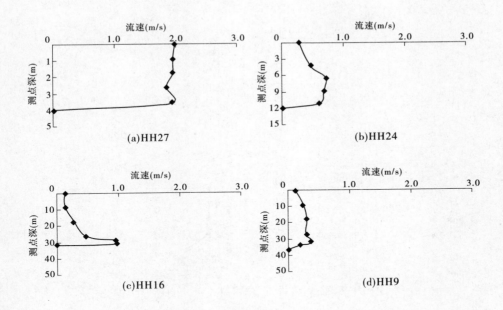

图 7-11　小浪底库区模型试验流速沿垂线分布（2000 年 9 月 7 日）

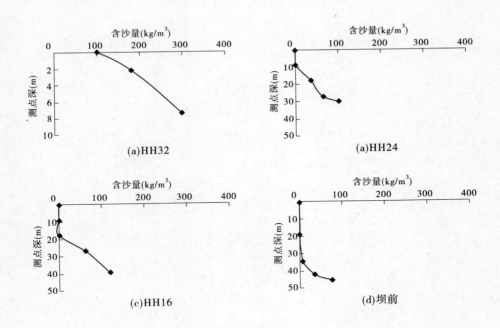

图 7-12　小浪底库区模型试验含沙量沿垂线分布（2000 年 7 月 30 日）

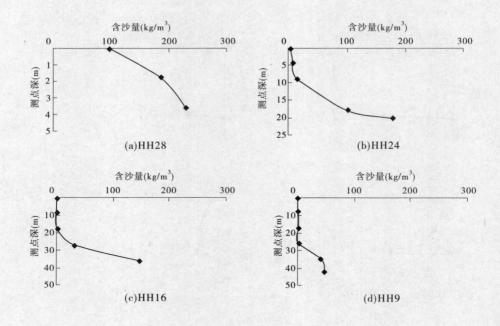

图 7-13　小浪底库区模型试验含沙量沿垂线分布(2000 年 9 月 2 日)

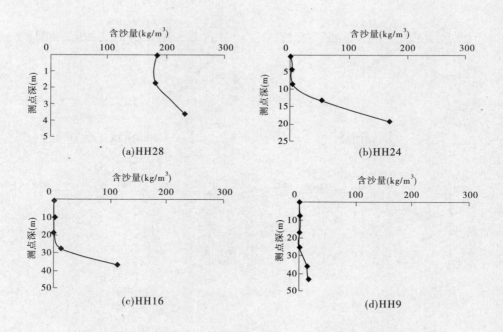

图 7-14　小浪底库区模型试验含沙量沿垂线分布(2000 年 9 月 3 日)

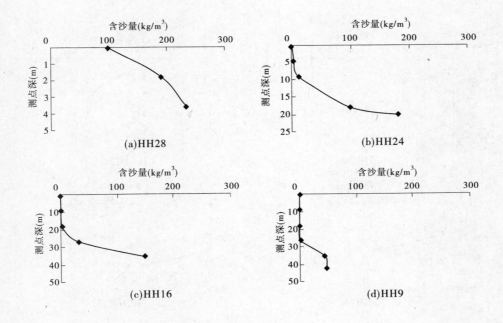

图 7-15　小浪底库区模型试验含沙量沿垂线分布(2000 年 9 月 4 日)

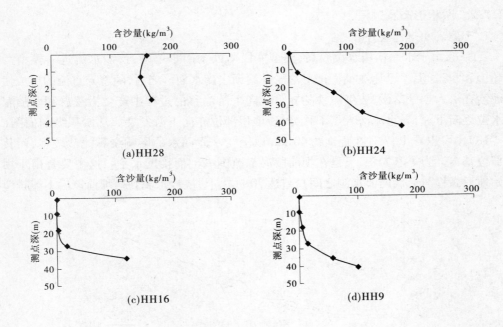

图 7-16　小浪底库区模型试验含沙量沿垂线分布(2000 年 9 月 5 日)

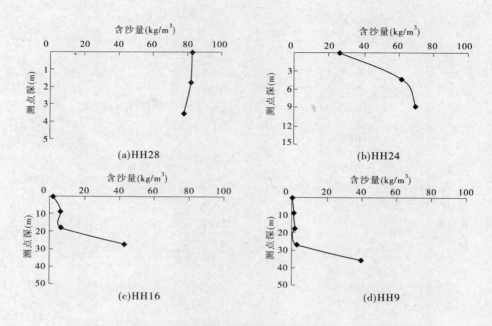

图 7-17　小浪底库区模型试验含沙量沿垂线分布(2000 年 9 月 7 日)

7.1.2.2　淤积形态及过程

1. 干流淤积形态及过程

7 月初,由于水库运用水位较高,模型库段均处于回水范围,挟沙水流进入模型后处于超饱和状态,泥沙迅速在模型进口落淤并逐渐出露水面。之后,随着异重流的形成使较粗泥沙在潜入点处落淤,较细泥沙随异重流向下游输移的过程中产生沿程淤积。随着坝前水位逐渐下降,异重流潜入点下移,泥沙堆积部位亦向下游发展。从淤积纵剖面图(见图 7-18)中可以看出,7 月在距坝约 40 km 以上受水库回水的影响淤积泥沙较多,而其以下部位基本上为等厚淤积,只是在坝前段局部范围纵剖面接近水平。这主要是由于坝前初始地形高程与最低的泄水洞之间高差达 20 m 以上,挟沙水流到达坝前以后不能排泄出

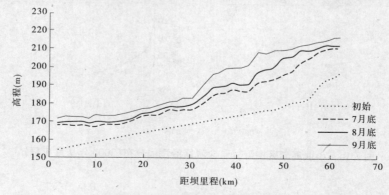

图 7-18　小浪底库区干流淤积纵剖面

库,浑水在坝前聚集而后泥沙沉积所致。8月,运用水位一般在210~215 m,在HH32断面(距坝55.22 km)以上,多数时段呈明流状态,并形成明显的滩槽,水流在河槽内运行,模型进口淤积不多。泥沙大部分淤积在距坝40~55 km,坝前段淤积高程仅略有抬升。9月上旬,水库运用水位不高且入库流量较大,浑水在距坝45~50 km处潜入形成异重流,部分泥沙在潜入点落淤,而后在异重流的运行过程中泥沙沿程淤积,使大坝上游30 km库段基本上均匀抬升。此后,随库水位的上升及入库流量的减小,泥沙大多淤积在距坝30 km以上库段。至9月底,库区淤积形态接近三角洲,距坝约40 km以上的三角洲顶坡段淤积厚度一般接近30 m;距坝10~30 km的异重流淤积段,淤积纵剖面大致与库底平行,一般淤积厚度约10 m;距坝10 km以内的坝前淤积段纵剖面接近水平,坝前HH1断面淤积高程约170 m,淤积厚度达15 m。

图7-19为干流横断面图。距坝约50 km以上库段在脱离回水影响的时段可塑造出滩槽高差不甚显著的河槽,水流在河槽中运行。在距坝55~57 km的库段因河势变化,河槽沿横断面出现了较大的位移,存在明显的滩槽高差。河槽亦会随入流量的大小而扩大或缩小。9月,蓄水位逐渐抬升,泥沙大多淤积在河槽中,至9月底大部分库段已无明显的滩槽之分,个别库段仅显示出浅碟状的河槽。在模型下段为异重流淤积,河床基本上为水平抬升。

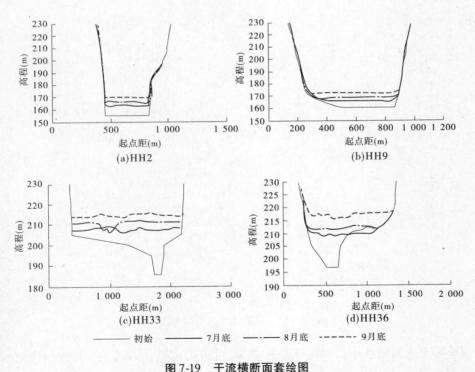

图7-19　干流横断面套绘图

2. 支流淤积形态及过程

对于位于距坝约64 km处的板涧河河底高程而言,干流水位低,几乎无浑水灌入,仅在沟口略有淤积。位于距坝约55 km处的沇西河,大多时段为异重流倒灌淤积,只是当库水位较低,且干流出现较大流量时,浑水以明流的形式倒灌支流(见图7-20)。位于其下游的各支流均为异重流倒灌淤积,即干流异重流在向下游运行的过程中,在支流沟口,部分浑水仍以异重流的形式倒灌支流并向支流上游运行,这时往往可看到支流表层水缓慢向沟口流动,因而水面漂浮物聚集在沟口附近(见图7-21)。

图 7-20　干流明流倒灌支流　　　　　　　图 7-21　干流异重流倒灌支流

从支流泥沙淤积纵剖面图(见图7-22)中可以看出,沟口淤积高程与干流衔接,沟口的淤积厚度取决于干支流交汇处干流的淤积高程。位于三角洲洲面的沇西河河口向内略有倒坡(见图7-23),高差约3 m,而其他支流纵剖面并无明显的倒坡(见图7-24)。

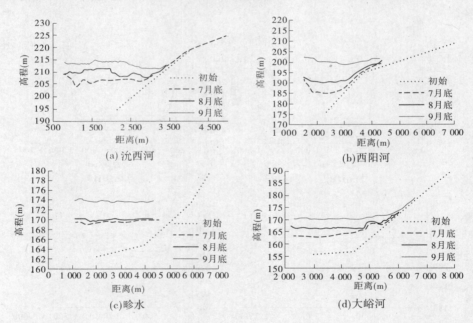

图 7-22　支流泥沙淤积纵剖面

基于断面法及输沙率法的统计分析结果,可得出汛期排沙比为10%左右,绝大部分泥沙淤积在库区,其中干流淤积约5.7亿 m³,支流淤积约0.7亿 m³。

3. 淤积物组成

库区淤积物组成取决于入库悬沙级配及水库运用方式。9月底,库区表层淤积物级配资料显示沿程泥沙中值粒径 D_{50} 存在较大的差别(见图7-25)。HH34 断面(距坝58.91

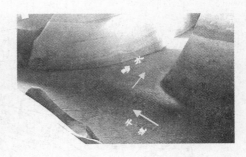

图 7-23　9 月底支流沈西河河口处泥沙淤积地形　　图 7-24　9 月底支流畛水河口处泥沙淤积地形

km）以上，D_{50}一般为 0.03 mm 左右；HH34 断面至 HH24 断面（距坝 40.87 km），自上至下 D_{50} 有减小的趋势，一般为 0.026 ~ 0.021 mm；八里胡同库段 D_{50} 一般为 0.018 mm；距坝 30 km 以下库段沿程分选现象不明显，D_{50} 均在 0.015 mm 以下，坝前段略偏细，D_{50} 约为 0.012 mm。支流淤积物组成一般与交汇处的干流相当。支流畛水 D_{50} 为 0.011 ~ 0.014 mm，支流大峪河 D_{50} 为 0.01 ~ 0.012 mm。干流异重流淤积段，D_{50} 沿垂向变化不大；淤积三角洲库段，D_{50} 沿垂向变化较大，但不存在趋势性的变化。

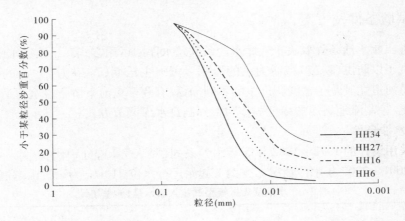

图 7-25　库区淤积物级配曲线

4. 河势变化

由于大部分时间入库流量不大，主流一般沿板涧河下游的山体较为顺直地穿过 HH36 断面至 HH34 断面。HH34 断面至 HH31 断面，主槽位移较为频繁，如河势套绘图（见图 7-26）所示。8 月上、中旬，主流贴 HH34 断面至 HH33 左岸山体穿过沈西河河口，经 HH32 断面左岸流向下游。随着该流路被逐渐淤积抬升，部分水体分流至右岸下泄，至 8 月下旬出现左右两股水流状况。随后，右股水流逐步居主导地位，9 月初的洪水加剧了右股汊道的发展，最终形成了位于右岸的单一河槽。

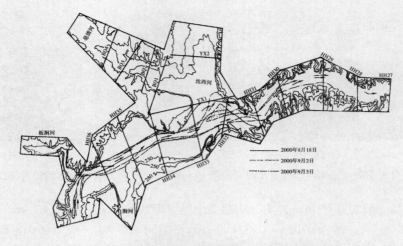

图 7-26 小浪底库区模型进口段河势套绘图

7.2 水库运用方式试验研究

7.2.1 试验条件及方案

模型进出库水沙条件取决于入库水沙条件及水库的运用方式。小浪底水库的运用方式全面体现了以防洪(防凌)减淤为主的原则。黄河主汛期(7～9月)水库的调水调沙,把扭转下游河道尤其是主槽淤积严重的不利局面、有利于黄河下游下段窄河道的减淤、控制河势变化、控制滩地坍塌的幅度等作为目标制订水库调节方式。

7.2.1.1 水沙条件

试验采用设计的 1978～1982 年 5 年水沙系列(见表 7-1),分别代表小浪底水库投入运用后的 2001～2005 年水沙情况。方案 1 起始运行水位 210 m,为满足山东河道冲刷效

表 7-1 小浪底库区模型试验入口水量、沙量统计

方案	年序	$W_入$(亿 m³)			$W_{s入}$(亿 t)		
		汛期	非汛期	全年	汛期	非汛期	全年
1	1	173.53	47.16	220.69	11.27	0.69	11.96
	2	153.17	53.58	206.75	8.00	0.65	8.65
	3	86.87	41.05	127.92	4.18	0.71	4.89
	4	199.29	57.45	256.74	9.40	1.16	10.56
	5	111.03	72.25	183.28	4.17	1.31	5.48
	1～5	723.89	271.49	995.38	37.02	4.52	41.54

方案	年序	$W_入$（亿 m³）			$W_{s入}$（亿 t）		
		汛期	非汛期	全年	汛期	非汛期	全年
2	1	174.17	47.71	221.88	10.67	0.72	11.39
	2	153.38	52.94	206.32	8.01	0.63	8.64
	3	86.95	40.78	127.73	4.19	0.67	4.86
	4	199.29	59.08	258.37	9.43	1.19	10.62
	5(1)	112.81	—	112.81	16.39		16.39
	5(2)	118.69	—	118.69	3.86		3.86
	1~5(2)	845.29	200.51	1 045.80	52.55	3.21	55.76

注：非汛期仅包括 10 月和 6 月；5(1)为第 5 年 7 月 1 日至 8 月 27 日，5(2)为第 5 年 8 月 28 日至 9 月 30 日，下同。

果较好选定调控流量上限为 3 700 m³/s，与此相应所需调控库容为 13 亿 m³。方案 2 起始运行水位 220 m，从满足山东河道在清水冲刷期处于临界冲淤状态的角度考虑，水库运用第 1~2 年调控流量上限为 2 600 m³/s，第 3~5 年为 2 900 m³/s，相应的调控库容为 5 亿 m³。两方案在运用初期的 1~5 年内，水库基本上处于拦沙期，只是方案 2 的第 5 年 8 月底在前期淤积的基础上实施了降水冲刷。模型进口的水沙条件是在已知入库水沙条件及水库调节方式的前提下，通过数学模型调节计算得到的。两方案模型进口水沙量及调整值统计分别见图 7-27、图 7-28 及表 7-2、表 7-3。

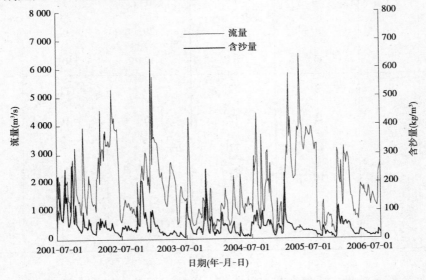

图 7-27　历年汛期进口流量及含沙量过程（方案 1）

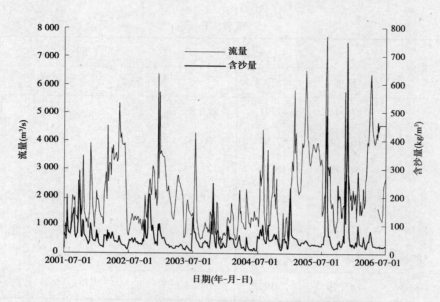

图 7-28　历年汛期进口流量及含沙量过程（方案 2）

表 7-2　模型进口汛期各级流量出现天数统计　　　　　（单位:d）

方案	年序	各级流量（m³/s）出现天数				
		<600	600~2 600	2 600~3 700	3 700~5 000	>5 000
1	1	2	58	19	12	1
	2	2	72	16	0	2
	3	14	77	0	1	0
	4	10	35	29	14	4
	5	17	63	12	0	0
2	1	2	57	20	12	1
	2	2	72	16	0	2
	3	14	77	0	1	0
	4	10	35	29	14	4
	5(1)	0	45	7	2	4
	5(2)	0	5	2	24	3

　　小浪底水库来沙量主要集中在主汛期（7~9 月），因此水库调水调沙、排沙及河床变形也主要发生在主汛期。10 月至次年 6 月的来沙量主要集中在 10 月，以及三门峡水库

表 7-3　模型进口汛期各级含沙量出现天数统计　　　　　（单位:d）

方案	年序	各级含沙量(kg/m³)出现天数						
		<20	20~50	50~100	100~200	200~300	300~400	>400
1	1	4	40	31	11	6	0	0
	2	19	49	18	3	3	0	0
	3	23	46	19	3	1	0	0
	4	6	54	31	0	1	0	0
	5	44	33	13	2	0	0	0
2	1	4	39	36	11	2	0	0
	2	19	49	18	3	3	0	0
	3	23	44	21	3	1	0	0
	4	6	54	31	0	0	0	0
	5(1)	7	33	8	3	3	2	2
	5(2)	2	28	4	0	0	0	0

汛前泄水期的 6 月,二者之间的 11 月至次年 5 月由于三门峡水库的拦沙作用几乎没有泥沙进入小浪底水库。由于小浪底水库 10 月提前蓄水,非汛期的来沙几乎全部淤积在小浪底库区。鉴于此,在试验中,仅对每年 7~9 月进行逐日试验,10 月至次年 6 月在满足含沙量要求的前提下进行概化试验。

小浪底水库模型进口悬沙级配由原型悬沙级配与粒径比尺确定。由于试验的主体为 7~9 月,该时段原型水温一般为 20~27 ℃,可取 25 ℃,6 月的水温与之相近,10 月略低。方案 1 的试验时间为 1998 年 12 月,模型水温一般为 10 ℃ 左右,则 λ_ν 可取 0.69,由此可得到 $\lambda_d = 0.79$。方案 2 的试验时间为 1999 年 4 月,模型水温一般为 15 ℃ 左右,λ_ν 为 0.784,则 $\lambda_d = 0.84$。

小浪底库区支流平时入汇流量很小甚至断流,只是在汛期会发生几场洪水且历时短暂,洪水期有少量砂卵石推移质顺流而下。支流的来水及来沙对干流水量、沙量而言可忽略不计,不会对水库排沙产生影响。因此,模型试验中仅对畛水一条支流在入汇流量大于 50 m³/s 时施放清水。

7.2.1.2　初始地形

试验初始地形为 2001 年 6 月 30 日地形。该地形是在小浪底库区原始地形基础上,估算出施工期的淤积量,再按一定的设计形态进行铺沙。设计的淤积形态接近三角洲,坝前淤积面高程为 166.25 m,HH8 断面淤积面高程为 168.38 m,二者为三角洲的坝前段,淤积面比降为 1.87‰;HH23 断面淤积高程为 201.77 m,HH8 断面—HH23 断面为三角洲的前坡段,淤积面比降为 12.1‰;HH34 断面淤积高程为 206.77 m,HH23 断面—HH34 断面为三角洲的顶坡段,淤积面比降为 2.5‰。HH35 断面及 HH36 断面淤积面高程分别为

211.36 m 及 212.92 m。考虑泥沙的沿程分选,淤积物组成为上段粗下段细,可概化为 HH24 断面以上及以下两段。淤积物级配见表 7-4。

表 7-4　小浪底库区淤积物级配(2001 年 6 月 30 日前)

库段	小于某粒径(mm)沙重百分数(%)						
	0.005	0.01	0.025	0.05	0.1	0.25	0.5
HH24 以下	19.00	26.50	48.90	78.66	96.25	99.87	100
HH24 以上	2.06	5.00	21.58	51.58	86.90	99.86	100

7.2.1.3　坝前水位及泄水洞调度原则

坝前水位为模型出口的边界控制条件,由数学模型调节计算得到。两方案历年主汛期坝前水位过程见图 7-29。由图 7-29 中可以看出,虽然方案 1 较方案 2 起调水位低 10 m,但方案 1 调控库容为 13 亿 m³,较方案 2 的 8 亿 m³ 大,因此在蓄水过程中,二者水位相差不大。只是在水库补水期,方案 1 降落幅度较方案 2 大得多。

各泄水洞泄量根据发电、排沙及泄洪的要求实施调度。此外,发电流量还应根据机组投产进度和检修计划安排的开启台数确定。根据小浪底水库泄水洞的调度原则进行分流计算,以此指导模型中各泄水洞的启闭。

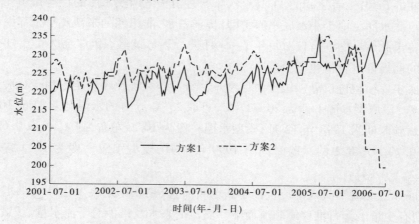

图 7-29　历年汛期坝前水位过程

7.2.2　试验结果

7.2.2.1　泥沙运动规律及排沙特性

小浪底水库运用初期为蓄水拦沙运用。库区排沙形式基本上为异重流排沙。

在水库运行过程中,库区蓄水较清,挟沙水流入库后潜入清水下面沿库底向前运行,形成异重流。异重流的潜入点一般位于淤积三角洲顶点下游的前坡段,随着三角洲顶点向坝前推进,潜入位置不断下移,且随库水位的升降及入库水沙量的大小有所变化。从

表7-5列出的部分时段异重流潜入位置可以看出潜入点的变化过程。当入库流量较小时,浑水潜入表现较为"平静";当入库流量较大时,清浑水掺混十分剧烈,潜入点下游浑水泥团不断上升到水面,即所谓"翻花"现象。在异重流潜入点附近,因横轴环流的存在,库区水面倒流而使下游漂浮物聚集在潜入点处。

图7-30及图7-31为异重流潜入点附近水流运行状况。浑水潜入后向下游运行的过程中,由于形成异重流运动的能量来源是异重流的含沙量,而异重流的泥沙输移总是处于超饱和状态,因此此在异重流泥沙淤积的同时含沙量随之降低,且随着沿程清水的析出向支流的倒灌,使异重流的流量逐渐减小,其运动能量也相应减小。所以,异重流潜入后,若有足够的能量,则可运行至坝前并排泄出库(见图7-32),反之则会随着能量的减小而消失在库区。

表7-5　小浪底库区模型试验异重流潜入位置变化过程

年序	时间(月-日)	断面号	距坝里程(km)	年序	时间(月-日)	断面号	距坝里程(km)
1	07-15	HH36	62.11	3	08-29	HH11	17.33
	08-17	HH26	44.43		09-03	HH11	17.33
	08-22	HH25	42.51	4	08-28	HH7	9.83
	08-24	HH24	40.87		09-04	HH6	8.36
	08-30	HH23	38.90	5	07-01	HH4	4.90
2	08-29	HH15	25.66		08-16	HH2	2.54
	09-05	HH14	23.22				
	09-19	HH13	21.41				

图7-30　异重流潜入点位于 HH32 断面　　图7-31　异重流潜入点位于八里胡同库段

图7-33～图7-43为方案1及方案2历年某时段库区沿程主流区流速沿垂线分布图。可以看出,在同一时间,库区自上而下由明流转为异重流。随着水库运用时间的推移,水库上部的明流段逐渐向下游伸展。例如,小浪底水库运用后第1年7月23日观测到的主流区流速沿垂线分布资料显示(见图7-38),在HH34断面以上为明流,HH24断面及以下为异重流流态。至第2年7月24日(见图7-39),明流段自上而下扩展至HH24断面以下。至第5年7月9日(见图7-42),仅在近坝段个别断面的流速分布呈异重流的分布规

图 7-32　异重流排泄出库

律。图 7-44～图 7-53 为与流速沿垂线分布图时间及位置相应的含沙量沿垂线分布图。

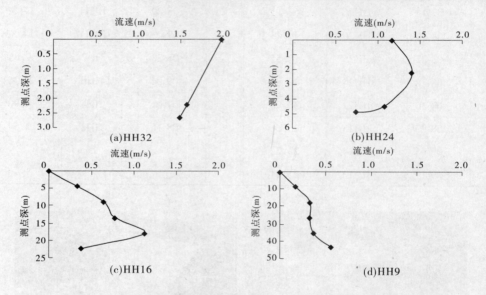

图 7-33　流速沿垂线分布(方案 1　2001 年 9 月 5 日)

　　试验过程中,还观测了潜入点断面平均流速、水深及含沙量等资料,基于这些观测资料,分析了异重流潜入点的水力条件,点绘了 $v_0 \sim \sqrt{\eta_g g h_0}$ 关系图(见图 6-30),可以看出,模型试验中异重流潜入条件符合实测资料及水槽试验得出的异重流潜入的一般规律。

　　出库含沙量过程观测资料显示,其大小与入库流量、入库含沙量及异重流潜入点的位置等因素有关。若入库流量大且持续时间长、水流含沙量大且颗粒较细,并且异重流运行距离较短,则出库含沙量高,反之亦然。在水库运用初期,异重流潜入部位靠上,即使有较大的入库流量及含沙量,出库含沙量也不大。此后,在相同的水沙条件下,出库含沙量有逐年增大的趋势。因异重流的流速与含沙量成正比,则异重流的挟沙力亦随含沙量的增加而增加,具有多来多排的输沙规律。图 7-54(a)为小浪底水库运用后第 2 年 7 月 29 日

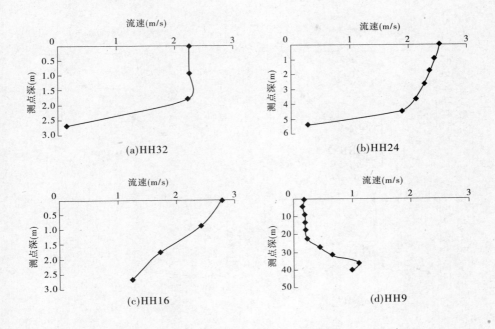

图 7-34　流速沿垂线分布（方案 1　2002 年 8 月 4 日）

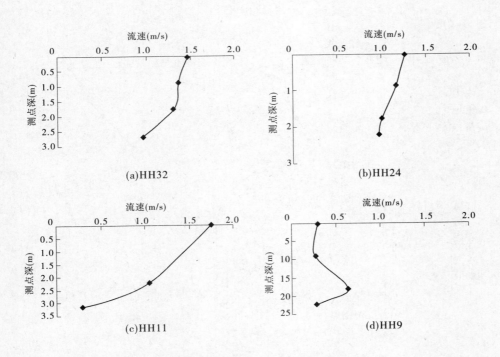

图 7-35　流速沿垂线分布（方案 1　2003 年 8 月 29 日）

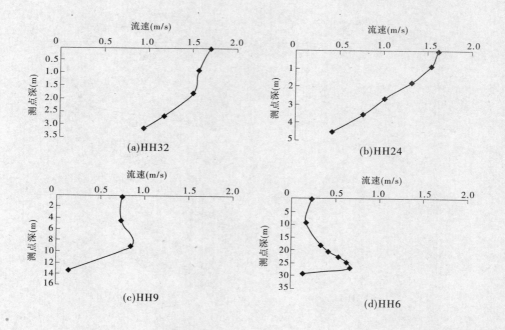

图 7-36　流速沿垂线分布(方案 1　2004 年 8 月 22 日)

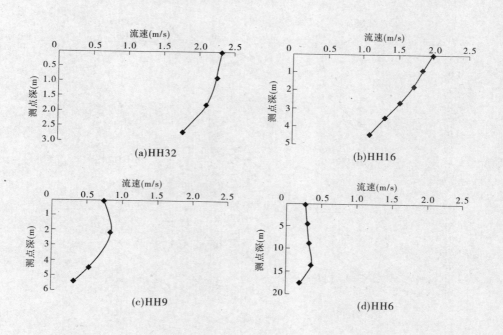

图 7-37　流速沿垂线分布(方案 1　2005 年 8 月 9 日)

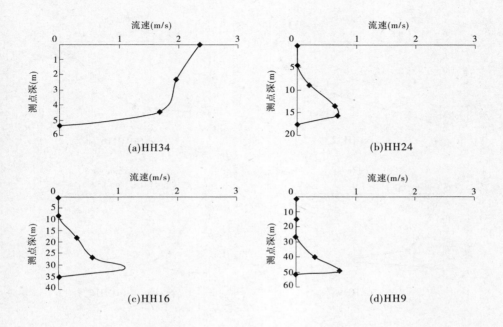

图 7-38 流速沿垂线分布（方案 2 2001 年 7 月 23 日）

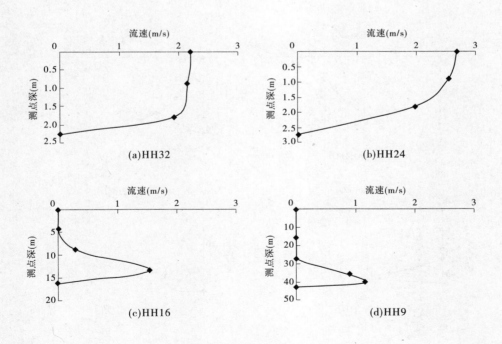

图 7-39 流速沿垂线分布（方案 2 2002 年 7 月 24 日）

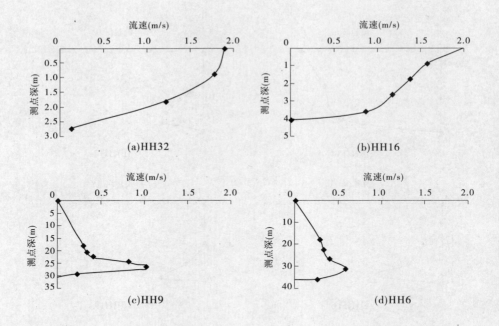

图 7-40　流速沿垂线分布(方案 2　2003 年 7 月 30 日)

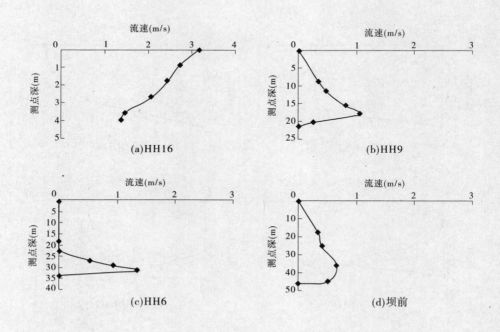

图 7-41　流速沿垂线分布(方案 2　2004 年 7 月 4 日)

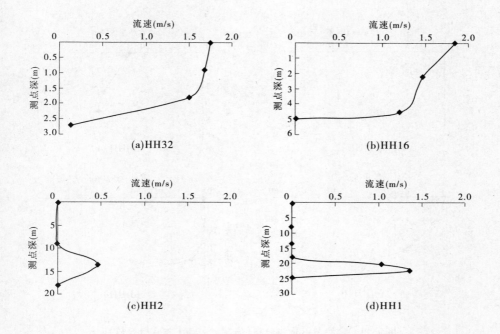

图 7-42　流速沿垂线分布（方案 2　2005 年 7 月 9 日）

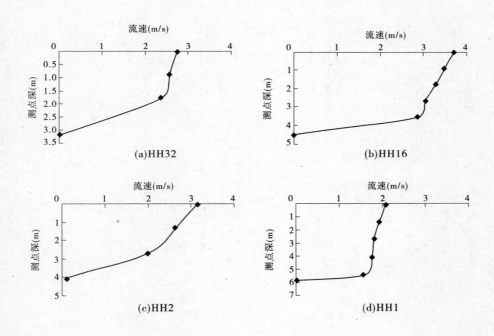

图 7-43　流速沿垂线分布（方案 2　2005 年 9 月 4 日）

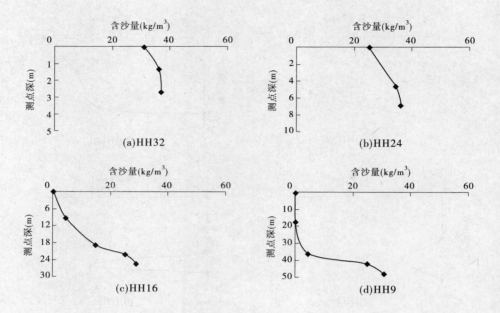

图 7-44 含沙量沿垂线分布(方案 1 2001 年 9 月 5 日)

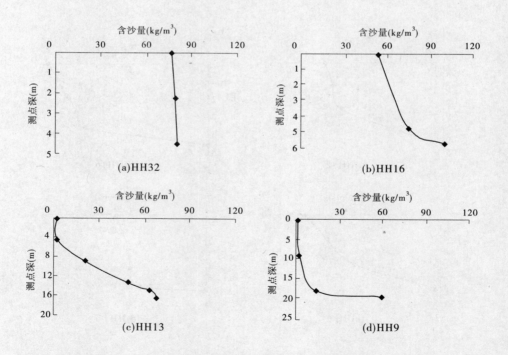

图 7-45 含沙量沿垂线分布(方案 1 2002 年 8 月 15 日)

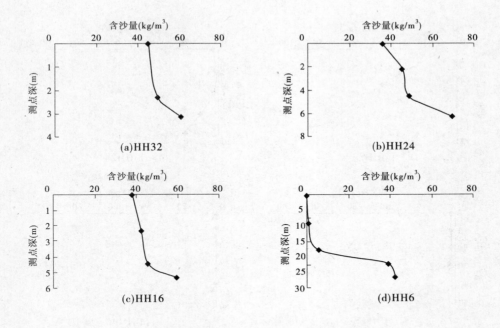

图7-46　含沙量沿垂线分布（方案1　2004年8月22日）

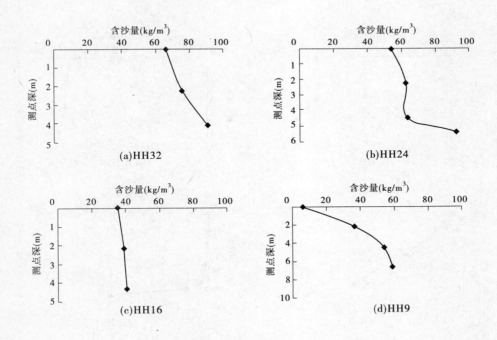

图7-47　含沙量沿垂线分布（方案1　2005年8月9日）

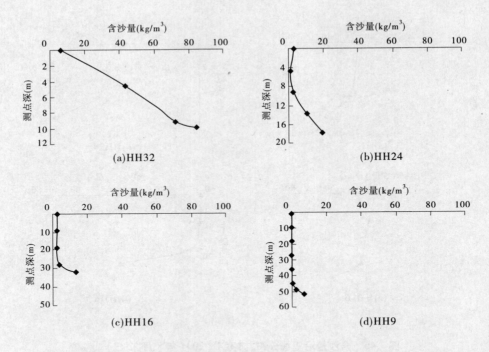

图 7-48　含沙量沿垂线分布（方案 2　2001 年 7 月 23 日）

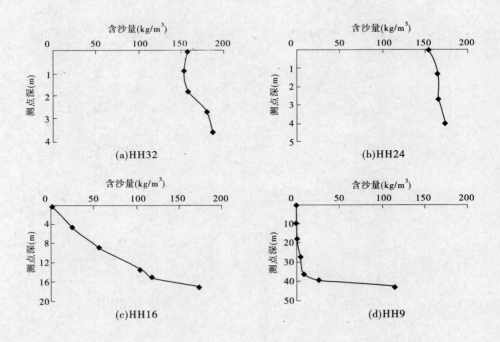

图 7-49　含沙量沿垂线分布（方案 2　2002 年 7 月 24 日）

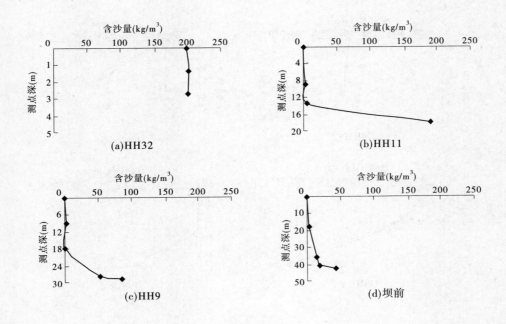

图 7-50   含沙量沿垂线分布(方案 2   2003 年 7 月 30 日)

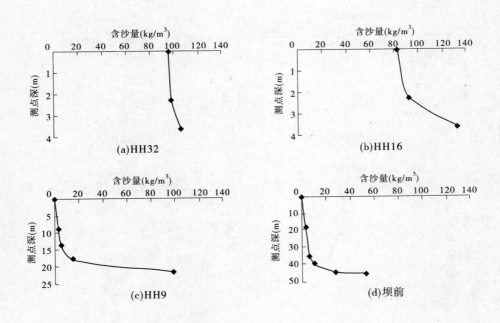

图 7-51   含沙量沿垂线分布(方案 2   2004 年 7 月 4 日)

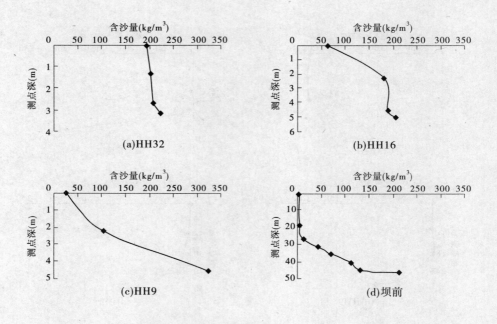

图 7-52　含沙量沿垂线分布(方案 2　2005 年 7 月 9 日)

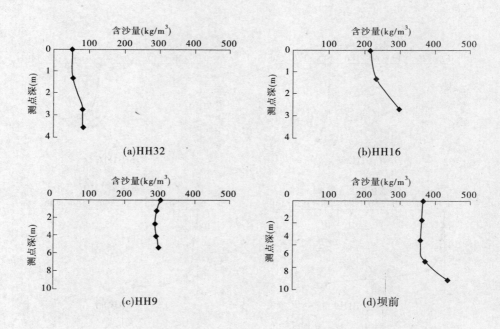

图 7-53　含沙量沿垂线分布(方案 2　2005 年 9 月 4 日)

至 8 月 8 日一场洪水过程水库排沙情况。7 月 29 日至 8 月 2 日,入库为一场较高含沙量洪水过程,最大日平均含沙量为 208 kg/m³,与此对应,出库也出现了一小沙峰,最大日平均含沙量为 90.4 kg/m³。8 月 4~7 日接踵而来的一场小洪水,虽然流量较前者为大,但由于水流含沙量不高,排沙效果较前者低,由此可反映多来多排的输沙规律。

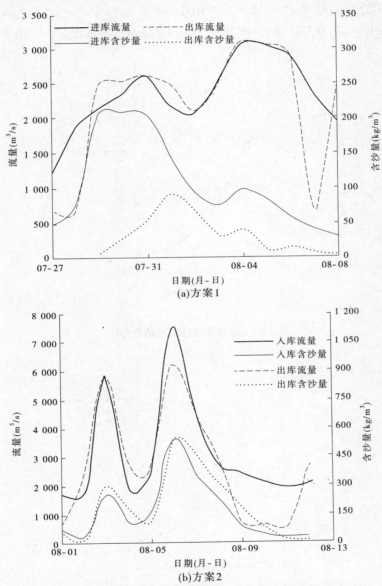

图 7-54 小浪底库区模型试验流量、含沙量过程线

方案 2 第 5 年来水来沙均较大,7 月 1 日至 8 月 27 日期间来水量为 112.8 亿 m³,来沙量达 16.39 亿 t,虽然排沙比较大,但仍有大量泥沙在库区淤积,使三角洲迅速推进至坝前。7 月上旬,洪水过后,三角洲顶点接近坝前,坝区形成浑水水库。在泄水建筑物前可观察到浑水上翻的现象,进而改异重流排沙为低壅水排沙。至 8 月上旬,坝前水位为 228

m 左右时,壅水范围仅至距坝 2.5 km 的 HH2 断面,几乎全库区均为明流排沙,沿程淤滩刷槽,出库含沙量与进口相当(见图 7-54(b))。

测验资料表明,悬沙粒径由于沿程分选而逐渐变细。图 7-55 显示出方案 1 某时段沿程悬沙级配变化过程。从图 7-55 中可以看出,在距坝 55.22 km 的 HH32 断面,悬沙中值粒径 d_{50} 为 0.022 mm;距坝 27.25 km 处的 HH16 断面,悬沙中值粒径 d_{50} 为 0.020 mm;出库泥沙中值粒径 d_{50} 为 0.012 mm。泥沙的分选亦反映悬沙沿垂线存在上细下粗的分布规律(见图 7-56)。

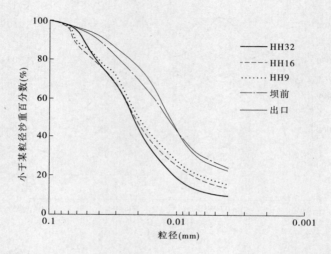

图 7-55　悬移质泥沙级配沿程变化

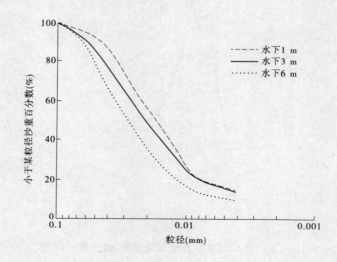

图 7-56　HH24 断面悬移质泥沙级配沿垂线变化

7.2.2.2　库区淤积形态及过程

小浪底水库运用初期方案 1 及方案 2 的起调水位分别为 210 m 及 220 m,模型试验段均处于回水范围之内。挟沙水流进入模型后处于超饱和状态,较粗泥沙很快淤积在模型进口,形成三角洲淤积体。随着三角洲淤积体的增大,淤积体的滩地部分逐渐出露水面,而主流区形成河槽。当入库流量较大时,挟沙水流会漫滩产生淤积。在河谷较宽处,往往滩唇高于两岸滩地,滩面出现横比降,在近岸滩地出现"死水区"。当干流涨水时,水流漫滩,浑水倒灌入"死水区"。当河槽水位下降时,"死水区"清水回归至河槽。这样反复进行的清、浑水交换,可将滩面趋于淤平,使滩槽呈同步抬升的趋势。本试验段除八里胡同库段外,均可形成滩地。

　　三角洲洲面抬升的另一个主要原因是水库的调节期(10月至次年6月)的淤积。这一时期由于蓄水位较高,特别是10月提前蓄水,而来沙量相对较多,泥沙基本上淤积在模型上段。图7-57为方案2第2年汛前模型进口段河势图,可以看出,经过第1年非汛期的淤积,已无明显的滩槽,河势散乱不定。

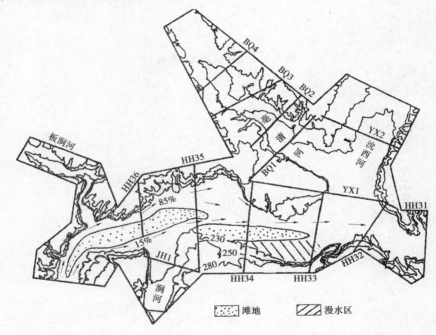

图 7-57　方案 2 第 2 年汛前模型进口段河势图

　　位于三角洲顶点以下的前坡段,水深陡增,流速骤减,水流挟沙力急剧下降,处于超饱和状态,大量泥沙在此落淤,使三角洲不断向下游推进。图7-58~图7-61分别为方案1及方案2库区历年汛末平均滩面及河槽高程纵剖面图,可以看出三角洲的淤积过程。

　　三角洲顶坡段河床比降同时取决于汛期与非汛期的坝前水位及来水来沙过程。方案1第5年汛后及方案2第5年8月27日河槽及滩地纵剖面比降一般为1.7~2。随着三角洲向坝前的推进,受泄水建筑物进口高程的影响,三角洲前坡段比降有逐渐增大的趋势。

　　河槽淤积物取样分析结果表明,由于泥沙的分选作用,床沙组成存在着上粗下细的分布规律(见图7-62)。

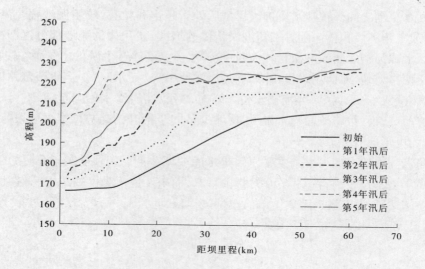

图 7-58　主槽纵剖面(方案 1)

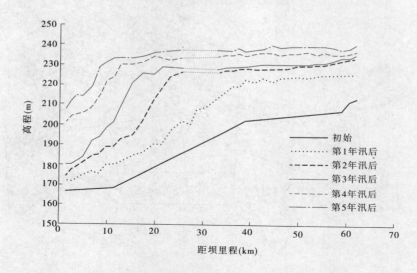

图 7-59　滩地纵剖面(方案 1)

在淤积三角洲的顶坡段,形成位置较为稳定的河槽,河槽随流量大小有所展宽或缩窄。图 7-63 为 2005 年 8 月上旬洪水前后横断面变化图,可以看出洪水对河床的作用。8 月上旬入库流量包括 2 个洪峰过程,其中 8 月 3 日日平均流量为 5 751 m³/s,相应含沙量为 255.5 kg/m³;8 月 6 日日平均流量为 7 492 m³/s,相应含沙量为 548 kg/m³。涨水时水流漫滩,之后水流逐渐归槽,并可维持在河槽中运行,说明河槽过水面积逐步冲刷扩大。对比洪水前(8 月 2 日)及洪水后(8 月 10 日)河道横断面形态可以看出,洪水过后,河槽冲刷下切,滩地淤积抬升,滩槽高差加大。若连续出现较小流量,河槽在河底淤高的同时产生贴边淤积而使过水面积减小。在三角洲前坡段及坝前淤积段,河床基本上为平淤。

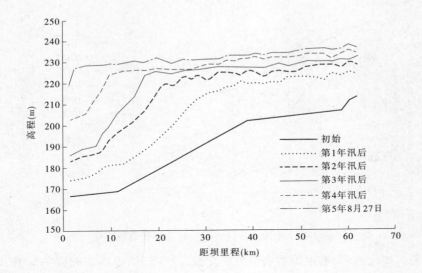

图 7-60 主槽纵剖面(方案 2)

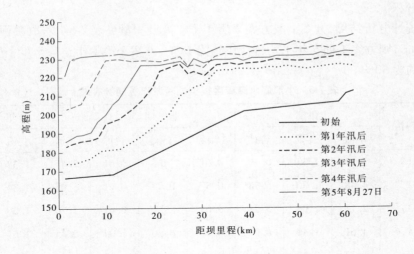

图 7-61 滩地纵剖面(方案 2)

图 7-64、图 7-65 为方案 1 及方案 2 历年汛后河床横断面套绘图,可以看出河槽的变化过程。

　　支流主要为异重流淤积。若支流位于干流异重流潜入点下游,则干流异重流会沿河底倒灌支流,在支流表面可看到水流表层水向沟口缓慢移动。图 7-66 显示出在西阳河口处,干流出现异重流并倒灌支流的状况。若支流位于三角洲顶坡段,则可看到暴露于水面以上的拦门沙坎。支流的拦门沙坎顶部与干流淤积面衔接,向内形成倒坡。拦门沙坎高程随干流淤积面的抬高而逐步抬升,见图 7-67、图 7-68。当干流水位下降时,支流蓄水在干、支流存在水位差作用下回归干流,可在支流口拦门沙坎上拉出小槽,其大小与支流内

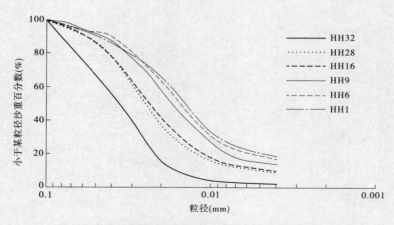

图 7-62　小浪底库区河槽淤积物级配沿程变化

蓄水量有关。如沇西河、畛水等蓄水量大的支流,可在口门处形成较宽的河槽,而在某些蓄水量小的支流,其沟口则形成众多细小的小沟。当干流水位抬升时,浑水会沿支流沟口的河槽倒灌支流,并潜入形成异重流(见图 7-69、图 7-70)。沟口的河槽又会因干流浑水的倒灌而淤积。

　　根据统计分析结果,方案 1 及方案 2 历年干支流淤积量见表 7-6。若取淤积物干容重为 1.15 t/m³,则方案 1 前 5 年平均排沙比约为 18%,方案 2 第 1 年至第 5 年 8 月 27 日平均排沙比约为 30%。

表 7-6　小浪底水库库区模型试验淤积量测验成果　　　　　　　　（单位:亿 m³）

方案	年序	汛期			非汛期			全年		
		干流	支流	合计	干流	支流	合计	干流	支流	合计
1	1	7.16	1.33	8.49	0.61	0	0.61	7.77	1.33	9.10
	2	4.48	1.30	5.78	0.57	0.04	0.61	5.05	1.34	6.39
	3	2.15	1.06	3.21	0.61	0	0.61	2.76	1.06	3.82
	4	4.61	1.41	6.02	0.84	0.20	1.04	5.45	1.61	7.06
	5	1.72	0.22	1.94	0.94	0.19	1.13	2.66	0.41	3.07
	1~5	20.12	5.32	25.44	3.57	0.43	4.00	23.69	5.75	29.44
2	1	7.30	1.43	8.73	0.47	0.14	0.61	7.77	1.57	9.34
	2	4.70	1.57	6.27	0.45	0.07	0.52	5.15	1.64	6.79
	3	2.65	0.86	3.51	0.45	0.16	0.61	3.10	1.02	4.12
	4	3.95	1.44	5.39	0.93	0.11	1.04	4.88	1.55	6.43
	5(1)	4.16	1.47	5.63	—	—	—	4.16	1.47	5.63
	5(2)	-13.98	-1.58	-15.56	—	—	—	—	—	—
	1~5(1)	22.76	6.77	29.53	2.30	0.48	2.78	25.06	7.25	32.31

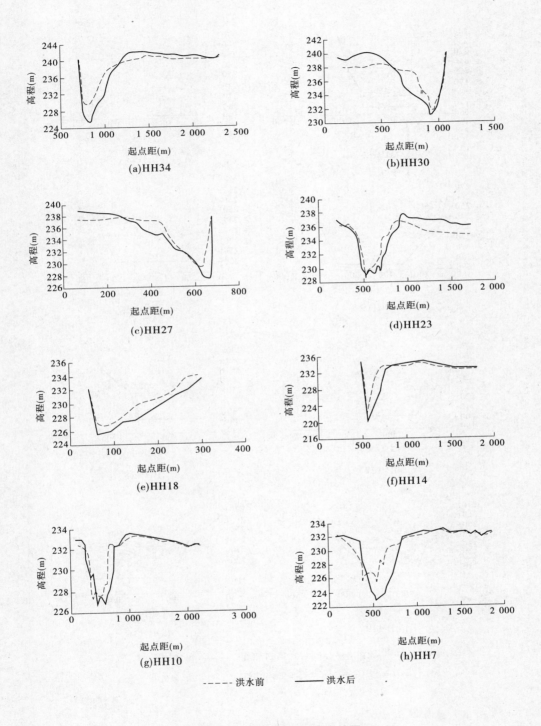

图 7-63　洪水前后横断面套绘图

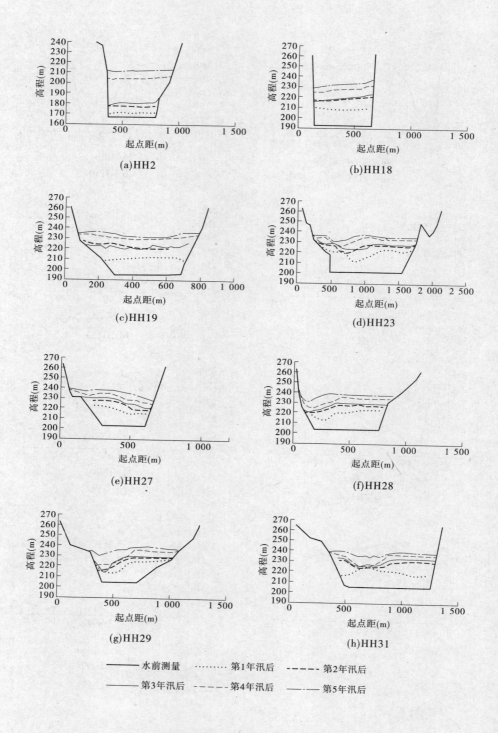

图 7-64　干流历年汛后横断面套绘图(方案 1)

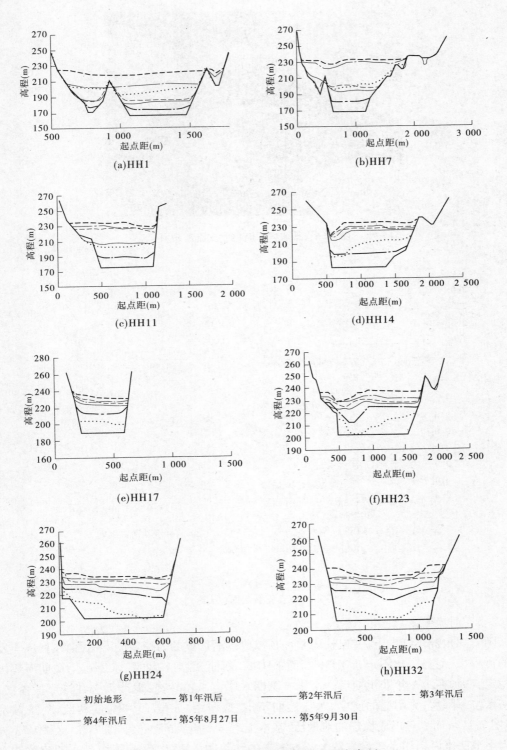

图 7-65　干流历年汛后横断面套绘图(方案 2)

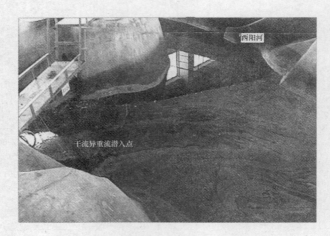

图 7-66　干流异重流倒灌支流西阳河

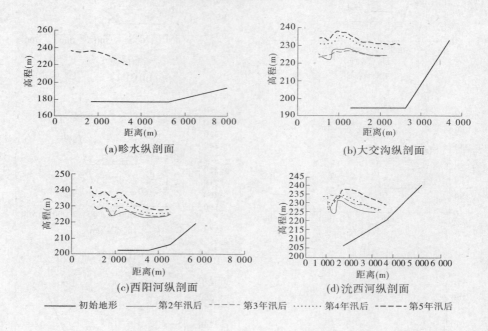

(a)畛水纵剖面

(b)大交沟纵剖面

(c)西阳河纵剖面

(d)沇西河纵剖面

——— 初始地形 　——— 第2年汛后 　----- 第3年汛后 　……… 第4年汛后 　----- 第5年汛后

图 7-67　支流纵剖面(方案 1)

7.2.2.3　河势变化

随着三角洲不断向下游推进,三角洲顶坡段逐渐形成较为稳定的滩槽,但在形成与发展的过程中,河势变化不定。HH36 断面—HH32 断面,因河谷较宽,水库运用初期河势极不稳定,特别在第 1 年非汛期后。由于非汛期水库蓄水位较高,泥沙大多在该库段落淤,汛初水位下降后,无明显的滩槽,水流流向不定,或居中,或位于左岸,或两股河,或散乱(见图 7-71),而一旦形成稳定的滩槽后,基本上不再发生大的变化。图 7-72 及图 7-73 分别为小浪底水库运用 5 年后方案 1 及方案 2 的河势图。事实上,两图中显示的流路均在第 2 年汛期已经形成,以后基本上维持该流路。对比二者,HH36 断面—HH31 断面的河

· 102 ·

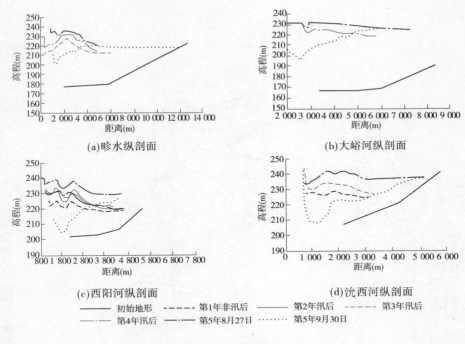

(a)畛水纵剖面

(b)大峪河纵剖面

(c)西阳河纵剖面

(d)沇西河纵剖面

| —— 初始地形 | - - - 第1年非汛后 | —— 第2年汛后 | — - — 第3年汛后 |
| — 第4年汛后 | —·— 第5年8月27日 | ······· 第5年9月30日 | |

图 7-68　支流纵剖面(方案 2)

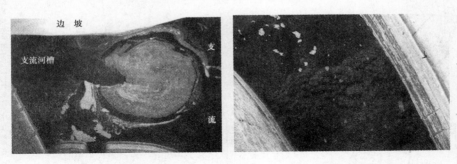

图 7-69　干流倒灌支流畛水　　　　图 7-70　支流异重流运行状况

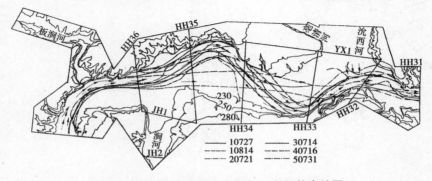

图 7-71　小浪底库区模型试验进口段河势套绘图

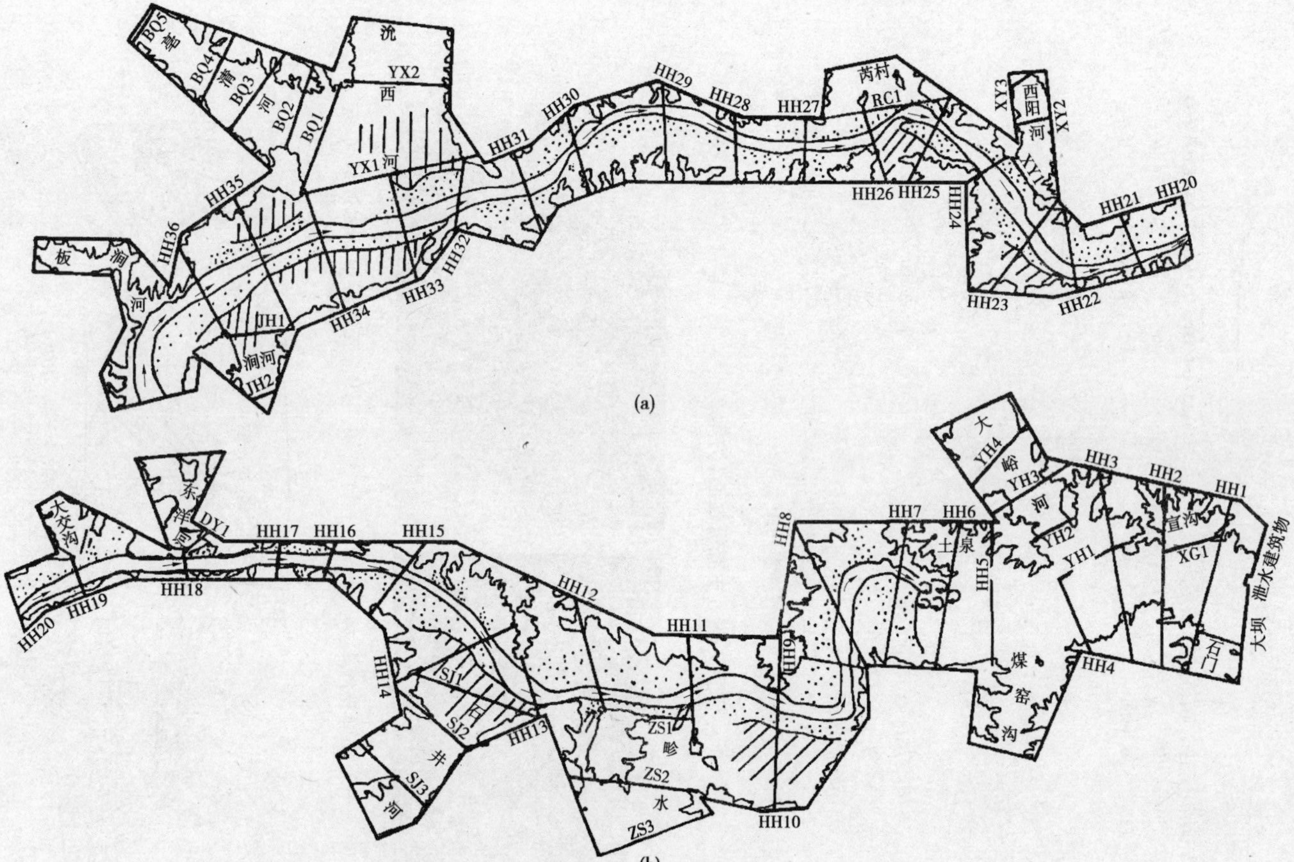

(a)

(b)

滩地　漫水区

图 7-72　小浪底水库库区模型试验河势图(方案 1　2005 年 9 月 15 日)

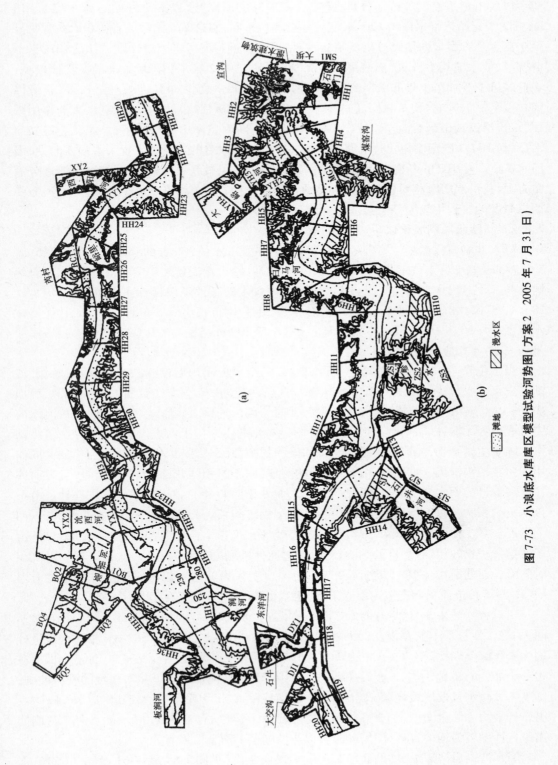

图 7-73 小浪底水库库区模型试验河势图(方案 2 2005 年 7 月 31 日)

势可以看出相差较大。初步分析,造成二者差异的原因是,方案 1 起始运行水位为 210 m,方案 2 起始运行水位为 220 m,二者运行水位不同,使第 1 年汛后前者淤积面高程明显低于后者。方案 1 即使经过第 1 年非汛期的淤积,板涧河河口下游山嘴的挑流作用仍十分明显,使水流几乎折 90°后较平顺地流向下游。方案 2 第 1 年汛后该河段淤积面较高,在此基础上叠加第 1 年非汛期的淤积物之后,河势十分散乱,虽然在模型进口段(板涧河河口以上)河势与方案 1 相同,但较高的淤积面,使板涧河口以下的山嘴对水流的作用减弱,水流滑过该山嘴后沿左岸流向下游,在 HH34 断面左岸山体作用下,水流从左岸斜向右岸,而 HH33 断面右岸山体又将水流挑向左岸。在以后的年份里出现大水漫滩时期,漫滩水流试图在 HH36 断面以下切割凸岸滩地而趋直,但最终因主槽过流量较大,滩地分流量有限,且洪水历时相对较短而未能造成河势的改变。两方案在 HH32 断面以下,河势受两岸岸壁的制约均较为稳定且基本一致。

7.2.2.4 降水冲刷概化试验

降水冲刷概化试验从第 5 年 8 月 28 日起,在坝前水位 230 m 的基础上日降水位 5 m,5 日后即 9 月 1 日水位下降 25 m,至 205 m。之后,除入库流量大于该水位泄量,水库自然滞洪外,至 9 月 20 日水位均保持在 205 m。进口水沙条件采用设计水平年 1977 年 8 月 28～31 日和 1981 年 9 月 1～20 日过程。9 月 21 日水位再下降 5 m,至 200 m,并保持该水位至 9 月 30 日,该时段入库流量为小浪底水库 200 m 高程的泄量(4 550 m³/s),入库沙量为 1981 年相应时段含沙量过程。

当水位降至 220 m,坝前至距坝约 10 km 的范围内出现河槽强烈冲刷、滩面滑塌、流动的现象。水位进一步下降至 205 m,除坝前段冲刷进一步发展外,且向上游发展。距坝 10 km 以上至 45 km 的范围内,沿横断面不同的部位冲刷表现形式各不相同。在河槽内主要表现为溯源冲刷,局部形成跌水(见图 7-74),并不断向上游发展,甚至可存在多级跌水。随着主槽下切,两岸处于饱和状态的淤积物失去稳定,在重力及渗透水压力的共同作用下向主槽内滑塌。特别是靠边壁部分的滩地,由于淤积物较细、沉积时间短,且表面往往存在少量的积水,更加剧了泥流的形成。而处于滩唇处的淤积物则具有抗冲性。由于该河段淤积物较以上河段为细,较以下河段沉积时间长,因此具有一定的抗冲性,自下而上发展较慢。冲刷发展至 45 km 以上,其表现形式仍为主槽溯源冲刷,滩地滑塌,只是由于河槽淤积物较粗、有黏性的细颗粒含量少,而使冲刷发展相对较快,滩地淤积物因沉积时间略长而使滑塌现象不十分强烈。支流沟口淤积物随着干流淤积面的降低出现滑塌(见图 7-75),进而引起支流内蓄水下泄,水沙俱下,加速了支流淤积物下排。

出口含沙量由 8 月 27 日的 110 kg/m³ 增加至 8 月 30 日的 349 kg/m³,至 9 月 10 日期间,平均含沙量基本上变化在 250～430 kg/m³,最大日平均含沙量及最小日平均含沙量分别为 478 kg/m³ 及 238.8 kg/m³;9 月 12 日减小至 86 kg/m³,之后至 9 月 20 日基本保持在 40～60 kg/m³ 的范围内;9 月 21 日水位再下降 5 m 后,河槽出现了并不强烈的溯源冲刷,基本上无跌水且发展缓慢,滩地不再出现滑塌现象,在个别库段出现较陡的边坡。该时段出库日平均含沙量增加至 100 kg/m³ 左右,最大日平均含沙量为 119 kg/m³。降水冲刷期出库含沙量较为均匀且持续时间较长,似与冲刷至下而上发展有关。

降水冲刷后河床纵、横剖面形态发生了很大变化(见图 7-60、图 7-61 及图 7-65)。支

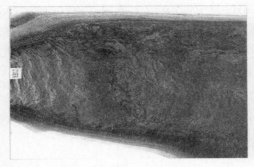

图 7-74   八里胡同库段产生跌水   图 7-75   西阳河河口支流拦门沙坎滑塌

流淤积物冲刷后,拦门沙坎已不存在,河口段纵剖面改淤积时段倒坡为顺坡(见图 7-67 及图 7-68)。

值得一提的是,方案 1 试验完成之后,在淤积地形的基础上,也曾进行了冲刷概化试验。入库流量为 1 500 ~ 2 000 m³/s 的清水,坝前水位基本稳定在 210 m 左右。在距坝约 10 km 的库段,冲刷现象与方案 2 冲刷试验类似,只是表现不那么强烈。而在距坝 10 km 以上河段,主要表现是在河槽内发生并不强烈的溯源冲刷,冲刷强度自下而上减弱。因冲刷发展相对方案 2 较为缓慢,河槽以下切为主,在 HH10 断面—HH15 断面形成高滩深槽,河槽宽 400 ~ 500 m,河槽深达 20 m 左右。两次冲刷概化试验的结果表明,水库冲刷的强弱,主要取决于入库流量、水面比降、淤积物组成(干容重及级配)等。水沙条件及河床边界条件不同,冲刷现象也相差较大。

7.3   小   结

(1)小浪底水库试验结果表明,水库运用初期基本上为异重流排沙,潜入点一般位于三角洲顶点下游的前坡段,且随入库流量的大小或库水位的升降有所变动。异重流潜入条件符合实测资料及水槽试验得出的异重流潜入的一般规律。若异重流潜入后有足够的能量,则可运行至坝前并排泄出库。

(2)小浪底水库干流淤积形态为三角洲,随着水库运用时间的延长,三角洲不断向下游推进。在三角洲洲面形成位置相对稳定的河槽,河槽宽一般为 400 ~ 500 m。板涧河口以下库段除八里胡同外均可形成滩地。库区支流主要为干流倒灌淤积,在支流沟口形成拦门沙坎。拦门沙坎顶部高程与干流滩面衔接,向内形成倒坡。随着干流水位下降或抬升,支流沟口拦门沙坎可被冲出小槽或因干流浑水倒灌而淤积。

(3)水库运用初期,在 HH36 断面—HH32 断面,由于河谷较宽,加之非汛期淤积的影响,河势不稳定。一旦形成稳定的滩槽后,基本上不发生大的变化。HH32 断面以下,受两岸山体的制约,河势较为稳定。发生较大流量的洪水后,断面形态变化表现为淤滩刷槽。

(4)库区冲刷概化试验的结果表明,对于初期淤积物而言,当入库流量较大且持续时间长时,加之坝前水位骤降,在河槽内会出现较为强烈的冲刷下切,滩地随之滑塌的现象,这与野外观测现象一致。这表明,在水库运用过程中,若有较大流量入库且持续时间较长,大幅度下降水库运用水位,可达到恢复部分库容的目的。但需要说明的是:由于原型沙与模型沙的物理化学特性的完全模拟是极其困难的,加之二者沉积时间不同,定量结果尚需进一步研究。

第8章 水库运用初期数值模拟研究

利用数学模型预测水库在拟定的调度方式下库区泥沙运动规律、排沙特性、河床纵横剖面形态变化及库容变化过程,是优化水库调度方式的重要途径。同时,可与物理模型结果相互印证、相互补充。鉴于此,本章建立了库区准二维泥沙数学模型,并针对小浪底水库拦沙初期运用方式问题,与物理模型平行开展分析研究。

8.1 基本方程

8.1.1 水流运动方程

8.1.1.1 水流连续方程
水流连续方程为

$$\frac{\partial A}{\partial t} + \frac{\partial Q}{\partial x} - q_l = 0 \tag{8-1}$$

式中:Q 为断面流量;A 为过水断面的面积;q_l 为侧向流量,$q_l > 0$ 为入流,$q_l < 0$ 为分流;t 为时间。

8.1.1.2 水流运动方程
水流运动方程为

$$\frac{\partial}{\partial x}\left(\frac{Q^2}{A}\right) + gA\left(\frac{\partial Z}{\partial x} + J\right) - u_l q_l = 0 \tag{8-2}$$

式中:Z 为水位;u_l 为侧向流动的流速在主流方向的分量;J 为能坡。

8.1.2 悬移质不平衡输移方程

悬移质不平衡输移方程为

$$\frac{\mathrm{d}(QS_k)}{\mathrm{d}x} + \alpha_k \omega_{sk} B(f_{sk}S_k - S_{*k}) = q_{sl(k)} \tag{8-3}$$

式中:Q 为断面流量,m^3/s;B 为水面宽度,m;α_k 为动量修正系数;$q_{sl(k)}$ 为单位流程的第 k 粒径组悬移质泥沙的侧向输沙率,以输入为正,$\mathrm{kg}/(\mathrm{m} \cdot \mathrm{s})$;$S_k$、$S_{*k}$ 分别为断面悬移质分组含沙量和分组水流挟沙力,kg/m^3;ω_{sk} 为第 k 粒径组泥沙的浑水沉速,m/s;α_k、f_{sk} 分别为第 k 粒径组泥沙的恢复饱和系数与泥沙非饱和系数。

8.1.3 河床变形方程

河床变形方程为

$$\frac{\partial A_d}{\partial t} = \frac{K_1 \alpha_* \omega_k B}{\gamma_0}(f_1 S_k - S_{*k}) \tag{8-4}$$

式中:K_1 为附加系数;ω_k 为沉降速度;f_1 为非饱和系数;γ_0 为淤积物干容重;A_d 为冲淤面积;α_* 为平衡含沙量分布系数;其他符号含义同前。

8.1.4 河床变形方程中主要参数的确定

8.1.4.1 附加系数 K_1 的确定

在上述河床变形方程及泥沙连续方程中出现的附加系数 K_1,目前还只能当做一个综合修正系数来处理,由于引入该系数的主要目的是反映紊流脉动在水平方向产生的扩散作用及泥沙存在产生的附加影响,因此它应与泥沙粗度(以泥沙沉速 ω 表示)、水流流速 v 及水力摩阻特性(以摩阻流速 u_* 表示)有关。进一步讲,K_1 应是由 ω、v、u_* 组成的无量纲综合变量的函数,由黄河动床模型相似律的研究结果,引入附加系数并没有增加新的相似指示数,且附加系数比尺 $\lambda_{K_1} = 1$,因此这个无量纲综合数的比尺等于1,由此给出的比尺关系也应与悬移质泥沙悬移相似条件相一致。于是,首先令无量纲综合数的形式为 $u_*^{n'}/(\omega v^{n''})$,当其比尺等于 1 时,可列出式子为

$$\lambda_{u_*}^{n'} = \lambda_\omega \lambda_v^{n''} \tag{8-5}$$

式中:λ_{u_*} 为摩阻流速比尺;λ_ω 为沉速比尺;λ_v 为流速比尺;n'、n'' 为指数。

一般情况下,悬移相似条件为

$$\lambda_\omega = \lambda_v \left(\frac{\lambda_h}{\lambda_L} \right)^{3/4} \tag{8-6}$$

式中:λ_h 为垂直比尺;λ_L 为水平比尺。

将式(8-6)及 $\lambda_{u_*} = \lambda_v \sqrt{\lambda_h / \lambda_L}$ 代入式(8-5),整理得

$$\lambda_v^{n'} \left(\frac{\lambda_h}{\lambda_L} \right)^{\frac{n'}{2}} = \lambda_v^{1+n''} \left(\frac{\lambda_h}{\lambda_L} \right)^{3/4} \tag{8-7}$$

式(8-7)左右端若要相等,相应比尺的指数必须相同,故可列出方程为

$$\left. \begin{array}{l} n' = 1 + n'' \\ \dfrac{n'}{2} = \dfrac{3}{4} \end{array} \right\} \tag{8-8}$$

解得,$n' = 1.5$,$n'' = 0.5$,所以有

$$K_1 = f\left(\frac{u_*^{1.5}}{v^{0.5} \omega} \right) \tag{8-9}$$

再由物理模型试验结果及初步的数值计算看,这个无因次综合数 $u_*^{1.5}/(v^{0.5} \omega)$ 对 K_1 的影响很敏感,故先将 K_1 的形式表示为

$$K_1 = K''' \kappa^{n_2} \left(\frac{u_*^{1.5}}{v^{0.5} \omega} \right)^{n_3} \tag{8-10}$$

式中:K'''、n_2、n_3 分别为待定常系数和常指数;κ 为深水卡门常数。

为确定这些系数和指数,先将式(8-4)表示为

$$K_1 = \frac{\gamma_0}{\alpha_* \omega} \frac{\Delta Z_b}{\Delta t} \frac{1}{f_1 S - S_*} \tag{8-11}$$

式中:ΔZ_b 为河床高程变化;S 为含沙量;S_* 为平沙力。

当河床冲淤变幅较小时，$f_1 \approx 1$，根据物理模型中河床冲淤变幅较小的资料，由式(8-10)求出 K_1，并分析它与无因次综合数 $u_*^{1.5}/(v^{0.5}\omega)$ 的关系，求得式(8-10)中的 $K''' = 1/2.65$，$n_2 = 4.65$，$n_3 = 1.14$，亦即

$$K_1 = \frac{1}{2.65}\kappa^{4.5}\left(\frac{u_*^{1.65}}{v^{0.5}\omega}\right)^{1.14} \tag{8-12}$$

图 8-1 为采用另外一些模型资料对式(8-12)的验证结果，表明在目前情况下，所确定的 K_1 与实际资料较为接近。

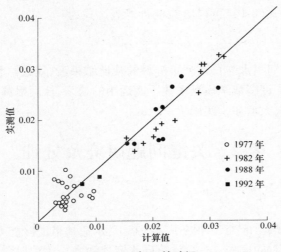

图 8-1　对 K_1 的验证

8.1.4.2　平衡含沙量分布系数 α_* 的计算

α_* 为河底处于冲淤平衡状态下，底部含沙量与垂线平均含沙量的比值，可采用张红武平衡状态下含沙量沿垂线分布公式计算。该式突出的优点之一就是克服了河底附近含沙量值计算不合理的现象。在进行河底含沙量计算时，取临底的相对比深 $\eta_b = 0.001$（相当于水深为 $1 \sim 4$ m 时，临底水深取 $1 \sim 4$ mm），得出 α_* 的如下计算公式

$$\alpha_* = \frac{1}{N_0}\exp\left(8.21\frac{\omega}{\kappa u_*}\right) \tag{8-13}$$

式中：N_0 采用文献相关公式计算。

8.1.4.3　非饱和系数 f_1 的计算

f_1 代表了非平衡条件下，含沙量沿垂线分布梯度与平衡条件下含沙量沿垂线分布梯度的比值。当河道含沙量 S 等于水流挟沙力 S_* 时，f_1 等于 1；当河道处于淤积状态，即 $S > S_*$ 时，因河道的冲淤是通过临底区域泥沙交换实现的。当河床淤积时，临底区域下落到床面的泥沙量大于从床面冲起的泥沙量，此时的临底含沙量也应大于相同垂线平均含沙量平衡状态下的临底含沙量，因此 f_1 应大于 1；反之，当河床冲刷时，f_1 应小于 1。

f_1 变化的实际物理图形非常复杂，且影响因素很多，从河流泥沙动力学目前的研究水平很难得出 f_1 的具体表达式，因此我们从实际应用角度出发，结合 f_1 数值变化理论分析，找出如下 f_1 的表达式，即

$$f_1 = \left(\frac{S}{S_*}\right)^{n_4} \tag{8-14}$$

式中：n_4 为大于 0 的指数。

进一步研究发现，指数 n_4 并非常数，也随 S/S_* 的变化而变化。采用物理模型试验资料初步率定得出 n_4 的表达式，即

$$n_4 = \frac{0.1}{\arctan\left(\dfrac{S}{S_*}\right)} \tag{8-15}$$

将式(8-15)代入式(8-14)可得出 f_1 的计算表达式为

$$f_1 = \left(\frac{S}{S_*}\right)^{\frac{0.1}{\arctan\left(\frac{S}{S_*}\right)}} \tag{8-16}$$

根据后来采用黄河洪水与长系列年资料的验证结果看，通过这种方式建立的 f_1 表达式具有通用性，克服了许多数学模型系数不能运用的缺陷，从而提高了泥沙数学模型的理论水平和可预测性，大大增加了实用价值。

8.2　关键问题研究及处理

8.2.1　水流挟沙力

水流挟沙力是反映河床处于冲淤平衡状态下，水流挟带泥沙能力的综合性指标，是设想中的河床冲淤平衡时的含沙量。含沙量同水流挟沙力是两种概念，前者是客观条件，后者是虚拟指标。由于黄河水流含沙量高，来水来沙变幅大，实际水流的挟沙力变幅也很大，不同公式计算的结果可能相差较大。模型中采用张红武全沙挟沙力公式，即

$$S_* = 2.5 \times \left[\frac{(0.0022 + S_V)U^3}{\kappa \dfrac{\gamma_s - \gamma_m}{\gamma_m}gh\omega_s}\ln\left(\frac{h}{6D_{50}}\right)\right]^{0.62} \tag{8-17}$$

式中：D_{50} 为床沙中值粒径，m；κ 为浑水卡门常数，$\kappa = 0.4 \times [1 - 4.2\sqrt{S_V}(0.365 - S_V)]$；$\omega_s$ 为浑水沉速，$\omega_s = \omega_0\left(1 - \dfrac{S_V}{2.25\sqrt{d_{50}}}\right)^{3.5}(1 - 1.25S_V)$。

8.2.2　挟沙力公式的检验与分析

8.2.2.1　挟沙力公式的检验

图 8-2 为采用黄河、长江、渭河、辽河及等国内外河流资料对式(8-17)进行的验证结果。可以看出，该公式不仅适用于一般挟沙水流，而且适用于高含沙紊流。再者，式(8-17)计算的为全悬移质挟沙力，不需人为地对床沙质及冲泄质加以区划，在工程上有更重要的实际意义。

另外，舒安平及江恩惠的验证结果表明，依式(8-17)的计算值与实测值的符合程度明显优于现有其他各家公式，其相关系数都大于 0.90。图 8-3 为舒安平对各家公式验证及比较的结果。由此可以看出，除张红武及张清公式与实际情况非常接近外，其余 7 家公式

都存在着共同的缺点,即两端偏离较远,而且除杨志达公式外,剩下的6家公式变化趋势也相近,低含沙水流挟沙力计算值偏大,而高含沙水流时正好相反。究其原因,舒安平指出,主要是这些公式未能反映高含沙水流的特点,或者是公式推导过程中假定 S_V 为较小量所致。

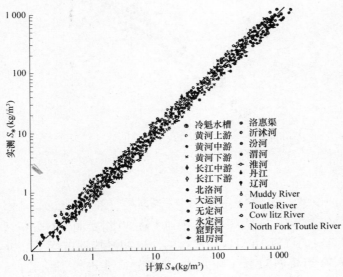

图 8-2　水流挟沙力公式的验证

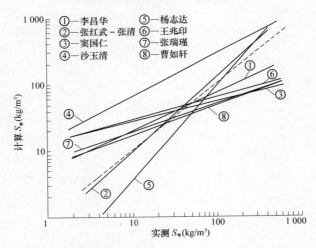

图 8-3　水流挟沙力的验证与比较

江恩惠采用与图 8-3 相同的原型资料对式(8-17)的验证结果见图 8-4。由此可直观地看出,式(8-17)明显优于其他各家公式。

8.2.2.2　分析与讨论

赵业安在开展"八五"国家重点科技攻关项目"黄河下游河道演变基本规律"研究中,选用了 30 组天然实测资料对陈立－周宜林公式、刘兴年公式及式(8-17)进行了检验,现

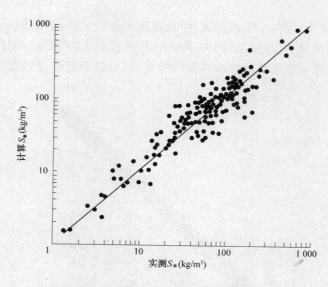

图 8-4　式(8-17)与实测资料的比较

将这 30 组资料列于表 8-1。朱太顺、王艳平对上述 30 组实测资料分析认为,这 30 组资料并不都是冲淤平衡时的资料,并对这些资料的河道冲淤特性进行了分析。此外,朱太顺、王艳平还采用这 30 组资料对曹如轩公式、刘峰公式等进行了检验,结果绘于图 8-5 ~ 图 8-9。

表 8-1　30 组挟沙水流资料

序号	流量 (m³/s)	河宽 (m)	水深 (m)	含沙量 (kg/m³)	床沙中值 粒径(mm)	悬沙中值 粒径(mm)	冲淤状况
1	3 130	923	1.6	129	0.049	0.018 8	冲
2	241	58	3.17	776	0.048 7	0.033 2	冲
3	95.5	52	1.39	766	0.059 1	0.046 2	冲
4	1 173	573	1.45	11.2	0.054	0.012 9	接近平衡
5	3 570	1 440	1.04	56.6	0.051 2	0.004 1	接近平衡
6	3 880	794	1.74	82.2	0.058 4	0.015 0	接近平衡
7	5 070	505	4.22	77.9	0.052 2	0.019 1	接近平衡
8	5 100	305	6.1	117	0.025 7	0.007 5	接近平衡
9	1 120	271	1.73	299	0.089 2	0.022 7	微冲
10	2 040	281	2.33	114	0.109 2	0.019 1	接近平衡
11	742	270	1.28	536	0.111 7	0.038 1	微冲
12	1 420	271	1.99	119	0.091 8	0.024 4	接近平衡
13	571	259	2.09	9.25	0.092 8	0.026 0	接近平衡
14	420	265	0.97	438	0.083 7	0.022 9	微冲

序号	流量 （m³/s）	河宽 （m）	水深 （m）	含沙量 （kg/m³）	床沙中值 粒径(mm)	悬沙中值 粒径(mm)	冲淤状况
15	89	333	0.59	0.68	0.061 8	0.023 1	接近平衡
16	252	431	1.03	6.63	0.057 8	0.003 6	淤
17	2 290	271	2.46	213	0.116 7	0.019 8	接近平衡
18	1 910	431	1.9	61.3	0.073 9	0.017 4	接近平衡
19	3 980	807	1.82	50.3	0.059 1	0.009 2	接近平衡
20	2 760	270	3.0	370	0.088 6	0.034 3	微冲
21	218	212	2.33	0.71	0.047	0.025 7	接近平衡
22	3.34	18	0.74	0.404	0.054 7	0.006 6	接近平衡
23	30	73	1.06	0.73	0.064 5	0.007 4	接近平衡
24	1 180	545	1.45	10.28	0.058 9	0.022 6	接近平衡
25	1 090	271	1.85	9.27	0.101 5	0.039 0	接近平衡
26	480	298	1.75	5.88	0.052 4	0.024 2	淤
27	432	292	1.74	3.96	0.005 31	0.019 6	接近平衡
28	723	273	1.47	4.98	0.091 1	0.032 9	接近平衡
29	17.5	45	0.86	0.874	0.055 6	0.046 5	接近平衡
30	247	264	1.5	1.21	0.091	0.048 7	接近平衡

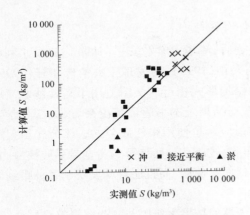

图 8-5　陈立 - 周宜林公式验证　　　　图 8-6　刘兴年公式验证

由图 8-5 ~ 图 8-9 对比分析发现,曹如轩公式计算值较实测值有些偏大;陈立 - 周宜林公式在计算低含沙水流时计算值偏小很多,计算高含沙水流时的点群分布不合理;刘兴年公式对于一般挟沙力水流符合很好,只是在高含沙水流时计算值明显偏小;刘峰公式计算的点群较为分散,而且高含沙水流时计算值偏小;张红武公式(式(8-17))验证结果较为理想,特别是对于高含沙洪水显著冲刷的点据,都位于 45°线以上,因而是合理的。

此外,从上面介绍的几家公式来看,其基本结构形式大致相同,尤以张红武 - 张清公

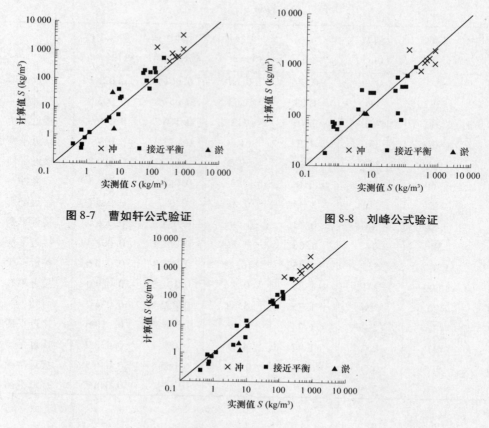

图 8-7 曹如轩公式验证   图 8-8 刘峰公式验证

图 8-9 式(8-17)验证

式最具代表性。自式(8-17)于 1992 年正式发表后,清华大学舒安平(1994)、武汉水利电力大学陈立和周宜林(1995)、四川联合大学刘兴年(1995)、西安理工大学曹如轩(1995)等采用类似研究路线和处理手法,相继给出了结构形式相近的试图适用于高含沙水流的挟沙力公式。从已有的对各家挟沙力公式的验证结果及本书验证情况来看,大部分学者的公式都有很大的局限性,开展黄河泥沙研究似应尽量使用张红武公式。该公式不仅适用于一般挟沙水流,而且适用于高含沙紊流,再者,式(8-17)所计算的为全悬移质挟沙力,不需人为地对床沙质及冲泻质加以区分,这不仅便于使用,而且还自动反映了各种粗细泥沙对水流挟沙力的影响。

进一步对式(8-17)的结构分析后发现,它计算的结果之所以与实测资料符合较好,主要是因为该公式通过考虑含沙量的存在对于水流摩阻特性、挟沙效率系数以及泥沙沉降特性等因素的影响,进而把握了水流挟沙力(此时不仅是清水水流挟沙,还可能是浑水水流挟沙)的大小。

8.2.3 动床阻力及床沙级配冲淤调整模式

$$n = \frac{c_n \delta_*}{\sqrt{g} h^{5/6}} \left\{ 0.49 \times \left(\frac{\delta_*}{h} \right)^{0.77} + \frac{3\pi}{8} \times \left(1 - \frac{\delta_*}{h} \right) \left[\sin \left(\frac{\delta_*}{h} \right)^{0.2} \right]^5 \right\}^{-1} \tag{8-18}$$

其中

$$\delta_* = D_{50} 10^{[1-\sqrt{\sin(\pi Fr)}]} \tag{8-19}$$

$$p_{bi} = [\Delta Z_i + (E_m - \Delta Z_i)p_{obi}]/E_m \tag{8-20}$$

式中:p_{obi}、p_{bi}分别为时段初、末的床沙级配;ΔZ_i为冲淤厚度;E_m为床沙可动层厚度,其大小与河床冲淤状态、强度及历时有关,当单向淤积时,$E_m = \Delta Z_i$,当单向冲刷时,E_m的限制条件是保证床面有足够的泥沙补偿。

8.2.4 悬沙级配计算方法

库区沿程各断面悬移质泥沙级配采用如下理论公式计算,即

$$p_i = 0.798 \int_0^{T_i} e^{-t^2/2} dt \tag{8-21}$$

式中:p_i为悬移质级配中较第i组为细的颗粒的沙重百分比;T_i可采用下式计算,即

$$T_i = 2.53 \sqrt{\frac{\gamma_s - \gamma}{\gamma} g d_i} \frac{1}{u_*} \tag{8-22}$$

式中:d_i为第i组颗粒粒径。

8.2.5 异重流模拟方法

异重流在底坡较陡的库底运行时,其潜入条件可用下式判别,即

$$\frac{\gamma_m}{\gamma_m - \gamma} \cdot \frac{v_0^2}{g h_0} = 0.6 \tag{8-23}$$

式中:v_0、h_0分别为异重流潜入断面的平均流速和水深。

当库底底坡很缓时,根据韩其为等的研究,异重流潜入条件为$h \geq \max[h_0, h_n]$,h_n为异重流均匀运动时的水深。异重流的阻力系数取平均值$f_e = 0.025$。异重流运动的数值模拟采用张俊华研究成果,由此可求出异重流均匀运动水深计算公式,即

$$h_n = \left[\frac{f_1}{8g J_0} \cdot \frac{k_e \gamma_m}{k_e \gamma_m - \gamma} \cdot \left(\frac{Q_e}{B_e} \right)^2 \right]^{1/3} \tag{8-24}$$

式中:J_0为河底底坡;Q_e为异重流流量;B_e为异重流宽度;k_e为考虑浑水容重沿水深分布不均匀而引入的修正系数

$$k_e = \frac{\int_0^{h_e} (\int_0^{h_e} \gamma_m dz) dz}{\gamma_m \frac{h_e^2}{2}} \tag{8-25}$$

8.2.6 支流倒灌计算

基于动床泥沙模型试验显示出的物理图形,概化出干支流分流比计算方法如下(式中脚标1、2分别代表干流及支流)。

(1)支流位于三角洲顶坡段,干、支流均为明流,有

$$Q_1 = b_1 h_1 \frac{1}{n_1} h_1^{2/3} J_1^{1/2} \tag{8-26}$$

$$Q_2 = b_2 h_2 \frac{1}{n_2} h_2^{2/3} J_2^{1/2} \tag{8-27}$$

式中：b_1、b_2 分别为干、支流河宽；h_1、h_2 分别为干、支流水深。

设干、支流糙率 n 值相等，则支流分流比 α 为

$$\alpha = K \frac{b_2 h_2^{5/3} J_2^{1/2}}{b_1 h_1^{5/3} J_1^{1/2}} \tag{8-28}$$

（2）支流位于干流异重流潜入点下游，干、支流均为异重流，则有

$$Q_{e1} = b_{e1} h_{e1} \sqrt{\frac{8}{\lambda_{t1}} g h_{e1} J_1 \frac{\Delta \gamma_1}{\gamma_{m1}}} \tag{8-29}$$

$$Q_{e2} = b_{e2} h_{e2} \sqrt{\frac{8}{\lambda_{t2}} g h_{e2} J_2 \frac{\Delta \gamma_2}{\gamma_{m2}}} \tag{8-30}$$

式中：Q_e 为异重流流量；b_e 为异重流宽度；h_e 为异重流水深；λ_t 为清浑水交汇处阻力系数；J 为水力能坡；$\Delta \gamma$ 为清浑水容重差；γ_m 为浑水容重。

设干、支流交汇处阻力系数 λ_t 及水流含沙量相等，即 $\lambda_{t1} = \lambda_{t2}$、$\Delta \gamma_1 = \Delta \gamma_2$、$\gamma_{m1} = \gamma_{m2}$，则支流分流比 α 为

$$\alpha = K \frac{b_{e2} h_{e2}^{3/2} J_2^{1/2}}{b_{e1} h_{e1}^{3/2} J_1^{1/2}} \tag{8-31}$$

式（8-28）及式（8-31）中，K 为考虑干支流的夹角 θ 及干流主流方位而引入的修正系数。

由此可计算出支流分流量，假定支流水流含沙量与干流相同，则可计算出进入支流的沙量。通过支流输沙量计算可得到沿程淤积量及淤积形态。

8.3 数值方法

8.3.1 水流连续方程离散

$$Q_{i+1} = Q_i + \Delta x_i q_{L(i)} \tag{8-32}$$

式中：Q_i 为第 i 断面的流量；Δx_i 为第 $i \sim i+1$ 断面的距离；$q_{L(i)}$ 为第 $i \sim i+1$ 断面的单位河长的侧向流量，以入流为正，出流为负，$\mathrm{m^3/(s \cdot m)}$。

8.3.2 水流运动方程离散

$$\frac{\left(\alpha_f \dfrac{Q^2}{A}\right)_{i+1} - \left(\alpha_f \dfrac{Q^2}{A}\right)_i}{\Delta x_i} + g\bar{A} \frac{Z_{i+1} - Z_i}{\Delta x_i} + g\bar{A}(\bar{J}_f + J_l) = 0 \tag{8-33a}$$

整理式（8-33a）可得

$$Z_i = Z_{i+1} + \frac{\left(\alpha_f \dfrac{Q^2}{A}\right)_{i+1} - \left(\alpha_f \dfrac{Q^2}{A}\right)_i}{g\bar{A}} + \Delta x_i (\bar{J}_f + J_l) \tag{8-33b}$$

式中:Δx 为步长;$\overline{J_f}$ 为水力能坡;J_l 为坡降;$\overline{A} = A_i(1-\theta) + A_{i+1}\theta$;$\overline{J_f} = J_{f(i)}(1-\theta) + J_{f(i+1)}\theta$,$J_{f(i)} = Q_i^2/K_i^2$,$J_{f(i+1)} = Q_{i+1}^2/K_{i+1}^2$,$\theta$ 为数值离散权重因子,$0 < \theta < 1$。

假设各子断面能坡相同,均为 $J_{f(i)}$,则有 $K_i = \sum\limits_{j=1}^{j\max} K_{i,j}$,$K_{i,j} = h_{i,j}^{2/3} A_{i,j}/n_{i,j}$;$\alpha_{f(i)} = \left[\sum\limits_{j}^{j\max} (K_{i,j}^3/A_{i,j}^2) \right]/(K_i^3/A_i^2)$。

8.3.3 悬移质不平衡输移方程离散

求解悬移质含沙量的沿程变化,采用下面的差分形式

$$S_{(i+1,k)} = \frac{Q_i S_{(i,k)} - \Delta x_i (1-\theta)\alpha_{(i,k)}\omega_{s(i,k)} B_i (f_{s(i,k)} S_{(i,k)} - S_{*(i,k)})}{\Delta x_i \theta \alpha_{(i+1,k)}\omega_{s(i+1,k)} B_{i+1} f_{s(i+1,k)} S_{(i+1,k)} + Q_{i+1}} +$$

$$\frac{\Delta x_i \theta \alpha_{(i+1,k)}\omega_{s(i+1,k)} B_{i+1} S_{*(i+1,k)} + \Delta x_i q_{SL(i,k)}}{\Delta x_i \theta \alpha_{(i+1,k)}\omega_{s(i+1,k)} B_{i+1} f_{s(i+1,k)} S_{(i+1,k)} + Q_{i+1}} \tag{8-34}$$

8.3.4 河床变形方程离散

$$\Delta Z_{b(i,k)} = \frac{\Delta t}{\rho'}\alpha_{(i,k)}\omega_{s(i,k)} (f_{s(i,k)} S_{(i,k)} - S_{*(i,k)}) \tag{8-35a}$$

$$\Delta Z_{b(i)} = \sum_{k=1}^{N} \Delta Z_{b(i,k)} \tag{8-35b}$$

式中:$\Delta Z_{b(i,k)}$ 为第 i 断面第 k 粒径组泥沙的冲淤厚度;$\Delta Z_{b(i)}$ 为第 i 断面总的冲淤厚度。

8.4 模型验证

8.4.1 三门峡水库运用方式验证

三门峡水库于 1960 年 9 月基本建成并投入运用,先后经历了 1960 年 9 月至 1962 年 3 月的蓄水拦沙运用期、1962 年 3 月至 1973 年 11 月的滞洪排沙运用期和 1973 年 11 月以后的蓄清排浑控制运用期。其中,1962 年 3 月至 1965 年 6 月虽然水库已改为滞洪运用,但由于泄流能力不足,来水较丰,所以库区拦沙较多。本次模型验证选取 1961 ~ 1964 年为验证时段,可以充分体现模型对复杂运用方式的适应性,并反映库区泥沙冲淤量分步的合理性等。模型进口条件为:潼关站流量、含沙量、级配过程,坝前水位的确定由运用调度方式、库容曲线等综合确定。表 8-2 给出了三门峡水库拦沙期库区冲淤量验证结果,从表中可以看出在水库拦沙期潼关以下库区淤积量计算值与实测值接近,且淤积量分布基本吻合。

表 8-2　三门峡水库数学模型验证结果　　　　　　（单位:亿 m³）

时段 (年-月)	潼关—史家滩		潼关—太安		太安—史家滩	
	实测	计算	实测	计算	实测	计算
1961-06 至 1965-10	28.08	27.81	7.91	8.44	20.18	19.36

8.4.2　白沙水库验证

白沙水库是修建于多沙河流颍河干流上游的一座大型水库,水库位于登封、禹州两县(市)交界处的白沙镇以北约 300 m 处。其控制流域面积 985 km^2,占颍河流域面积 7 230 km^2 的 13.6%,占山丘区流域面积 1 900 km^2 的 51.8%。其总库容 3.07 亿 m^3,是一座以防洪、灌溉为主的 Ⅱ 等 2 级大型水库。由于白沙水库以上流域内植被条件较差,洪水期可使入库含沙量较大。

白沙水库干流入库控制站告成站至大坝长约 13.9 km(沿主流线计)。水库中部被一山嘴插入,把库区分成上下两部分(或称上下库)。1953 年水库建成后开始设立水库水文站,观测库水位及出库流量,至今共有 40 余年连续观测资料。

入库告成站多年平均含沙量 3.56 kg/m^3,历年最大含沙量 67 kg/m^3,历年平均含沙量最大值为 1958 年的 7.69 kg/m^3,最小值为 1989 年的 0.17 kg/m^3,沙量主要集中在几场洪水中。验证所选水文系列年为 1979 ~ 1987 年连续 9 年,汛期为 6 月 1 日至 9 月 30 日,时段取日,非汛期时段取旬。进口水沙条件为告成站 1979 ~ 1987 年入库流量和含沙量过程,并考虑区间来水来沙量。下边界条件为 1979 ~ 1987 年坝前水位及出库流量过程。时段同进口条件。初始地形采用 1979 年实测大断面,共 22 个。验证地形采用 1987 年大断面资料。应用所研制的模型计算了 1979 ~ 1987 年的库区淤积量及其分布,计算结果与实测值比较情况见表 8-3。由表 8-3 可知,白沙水库淤积量沿程及分段验证结果较好,计算值与实测值接近,淤积总量也符合较好,相对误差仅为 11.8%。

表 8-3　白沙水库 1979 ~ 1987 年验证结果

河段	CS22—CS19	CS19—CS10	CS10—CS1	CS22—CS1
实测淤积量(万 m^3)	−52.41	87.38	182.20	217.17
计算淤积量(万 m^3)	−50.60	103.1	190.20	242.70
相对误差(%)	3.5	18.0	4.4	11.8

8.5　水库运用初期运用方式模拟

8.5.1　水库运用方案

水库运用初期 1 ~ 5 年,为充分发挥水库对下游河道的改善作用并最大限度地减少负面影响,主要靠调控下泄流量来实现。水库投入运用后,主汛期控制的最低运用水位,即起始运用水位,是在统筹考虑库区的淤积形态、水库的减淤效果及电站初始发电的条件下,选择 210 m;为提高水库对下游河道的减淤效益,在主汛期,对下泄流量的调节实现"两极分化",其上限流量满足艾山以下河道不淤或冲刷的要求,选取 3 700 m^3/s,下限流量满足下游供水并兼顾电站运行,其流量应不小于 600 m^3/s;为满足水库进行调控流量,需要一定的调节库容,即库区起始运行水位或淤积面以上最大的蓄水库容。据分析,满足调控流量 3 700 m^3/s 时,它所相应的调控库容为 13 亿 m^3。

8.5.2 边界条件

计算水沙条件采用设计的 1978~1982 年 5 年系列。水文年年均入库水量 342.2 亿 m³,年均入库沙量 9.0 亿 t。初始地形为小浪底水库库区 2001 年汛前设计形态。

8.5.3 计算结果

利用建立的准二维数学模型以及设计的水沙条件与河床、边界条件进行调节计算。结果显示小浪底水库运用初期库区为三角洲淤积,其淤积机理是挟沙水流运行至水库回水末端以下处于超饱和状态,较粗泥沙很快落淤而形成三角洲淤积体。水库调控流量时的蓄水作用及每年 10 月至次年 6 月的调节期使三角洲洲面不断淤积抬升。位于三角洲顶点以下的前坡段水深陡增、流速骤减、水流挟沙力急剧下降、大量泥沙落淤,使三角洲不断向下游推进。图 8-10 为历年汛后库区河槽纵剖面,可以看出上述变化过程。水库运用初期大多时段为异重流排沙,异重流潜入位置一般位于库区淤积三角洲前坡段。图 8-11显示了异重流潜入点随水库运用时间变化而变化的过程。可以看出,随着水库运用时间的延长,异重流潜入点的变化趋势是不断下移,同时亦会随坝前水位的升降及入库流量的大小而发生变化。在水库投入运用初期,异重流潜入位置一般位于距坝 60~70 km 处,第1 年 7 月中旬以后,异重流潜入位置下移至距坝 60 km 以下,至第 5 年下移至距坝 10~20 km 处。在每年的 6~10 月,出现异重流排沙的天数为 611 d,占该时段天数的 80%。其中,7 月 1 日至 9 月 30 日异重流排沙概率为 95%。

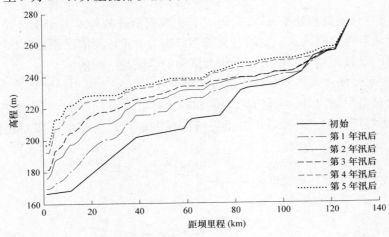

图 8-10 河槽纵剖面

表 8-4 为小浪底水库数学模型计算出的水库运用初期 1~5 年内库区不同粒径组泥沙及全沙淤积量,结果显示前 5 年库区总淤积量为 37.0 亿 t,平均排沙比约 15.72%,其中距坝 70 km 以上及以下分别淤积 4.54 亿 t 及 32.46 亿 t,即淤积泥沙绝大部分分布在库区下段。库区 $D<0.025$ mm、$D=0.025~0.05$ mm 及 $D>0.05$ mm 的泥沙淤积量占总淤积量的比值分别为 46.5%、27.3%、26.2%。总的看来,$D<0.025$ mm 的细颗粒泥沙的排沙比均大于较粗泥沙的排沙比。

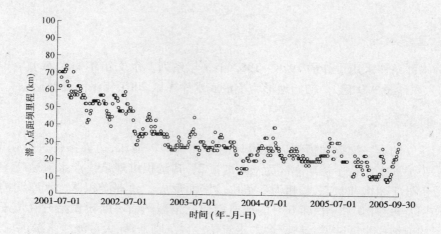

图 8-11 异重流潜入点变化过程

表 8-4 小浪底水库运用初期 1~5 年库区输沙计算结果

粒径级（mm）	入库沙量（亿 t）	出库沙量（亿 t）	淤积量（亿 t）	排沙比（%）
<0.025	22.20	5.00	17.20	22.52
0.025~0.05	11.50	1.40	10.10	12.17
>0.05	10.20	0.50	9.70	4.90
全沙	43.90	6.90	37.00	15.72

位于干流三角洲洲面处支流沟口，由于干流淤积抬升的速度大于支流而向支流内形成倒坡；在干流异重流潜入点下游的各支流沟口均为异重流倒灌淤积，沟口处淤积面较为平整，无明显的倒坡。这与小浪底库区模型试验的结果是一致的。

在相同的水沙条件及边界条件下进行的小浪底库区实体模型试验结果表明，距坝 63 km 以下库段总淤积量为 29.44 亿 m^3，若淤积物干容重 $\gamma_0 = 1.15$ t/m^3，则淤积量为 33.86 亿 t，二者较为接近，图 8-12 为第 5 年汛后河床纵剖面计算与试验结果对比图。可以看

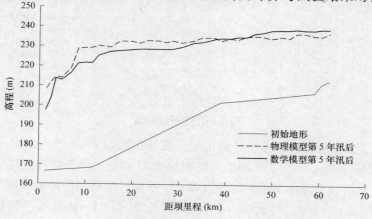

图 8-12 干流淤积纵剖面计算与试验结果对比

出,水库淤积形态也较为接近。

小浪底水库运用初期1~5年两种调节方案计算结果表明,水库运用初期库区为三角洲淤积,随水库运用时间的增长,三角洲不断向下游推进;库区主要为异重流排沙,潜入点一般位于三角洲前坡段;库区平均排沙比约为18%。

8.6 小　结

建立的准二维库区模型,采用了黄河水利科学研究院最新的泥沙连续方程及河床变形方程,该方程中的系数和指数随水流泥沙因子自动调整,不需人为地干涉,大大提高了模型的易用性;模型中采用了全沙挟沙力计算公式,能反映黄河含沙量高的特性,并具有较高的精度;动床阻力系数也可以随河床变形及水流泥沙条件自动调整;库区悬移质的级配采用半经验的理论计算公式,经验证较好地符合库区悬移质泥沙级配沿程变化规律;异重流模拟中考虑浑水容重沿水深分布不均匀而引入的修正系数使异重流模拟更趋合理;另外,基于库区动床模型试验,概化出了倒灌支流的水流泥沙计算模式,使支流模拟更符合实际,结果表明,该模式能反映干流倒灌支流的水流泥沙运动规律。

模型采用1961~1964年三门峡库区资料对潼关—大坝库段进行了验证。结果表明,三门峡水库拦沙期潼关以下库区淤积量计算值与实测值接近,淤积量分布基本吻合。此外,采用淮河白沙水库1979~1987系列年资料对模型进行验证,结果也令人满意。

本章进行了小浪底水库运用初期1~5年两种调节方案计算,库区淤积形态及过程、水库排沙特性等方面,取得了与实体模型相近的结果,两者起到了相互印证、相互补充的作用。

第4篇　小浪底水库拦沙后期水库泥沙研究

第9章　水库拦沙后期模型设计及验证

运用第2篇提出的多沙河流水库模型相似条件,开展小浪底水库模型设计,利用小浪底水库实测资料对模型进一步验证。本章包括模型设计、模型验证试验等内容。

9.1　模型设计

9.1.1　设计过程

9.1.1.1　相似条件

根据第2篇提出的多沙河流水库模型相似条件,小浪底水库模型设计所依据的相似条件除包括水流重力相似、水流阻力相似、泥沙悬移相似、水流挟沙相似、河床冲淤变形相似、泥沙起动及扬动相似外,还要着重考虑异重流运动相似条件。应满足异重流发生(或潜入)相似、异重流挟沙相似、异重流连续相似。

9.1.1.2　几何比尺

从满足试验精度要求出发,根据原型河床条件、模型水深满足 $h_m > 1.5$ cm 的要求,以及对模型几何变率问题的前期研究结果,确定水平比尺 $\lambda_L = 300$,垂直比尺 $\lambda_h = 60$,几何变率 $D_t = \lambda_L / \lambda_h = 5$。对变率的合理性分别采用张红武提出的变态模型相对保证率的概念、窦国仁提出的限制模型变率的关系式、张瑞瑾等学者提出的表达河道水流二度性的模型变态指标等进行检验,结果表明,小浪底库区模型采用 $D_t = 5$ 在各家公式所限制的变率范围内,几何形态的影响有限,可以满足试验要求,模型平面布置见图9-1。

9.1.1.3　模型沙选择

库区模型试验需要模拟原型泥沙冲淤调整幅度较大的情况,要求库区模型既要保证淤积相似,又要保证冲刷相似,因此对模型沙的基本特性有更高的要求。大量研究表明,郑州热电厂粉煤灰的物理化学性能较为稳定,同时还具备造价低、宜选配加工等优点。所以选用郑州热电厂粉煤灰作为模型沙。该模型沙容重 $\gamma_s = 2.1$ t/m³,干容重 $\gamma_0 = 0.66$ t/m³($D_{50} = 0.016 \sim 0.017$ mm)。

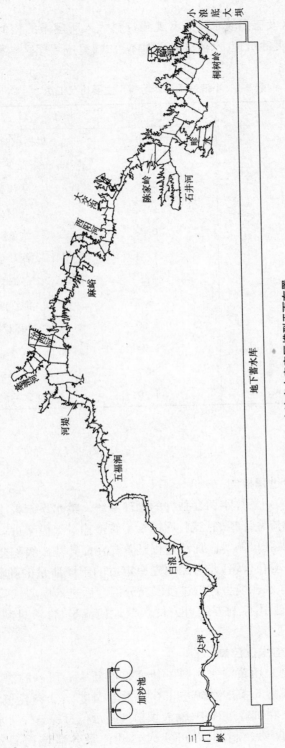

图 9-1　小浪底水库库区模型平面布置

9.1.1.4　模型比尺

将小浪底水库库区及三门峡水库原型观测资料代入所遵循的相似条件,并借助于较为完善的水流挟沙力、泥沙沉速、水流分布等基本公式,完成了库区模型设计,其主要比尺见表9-1。

表 9-1　小浪底水库库区模型主要比尺汇总

比尺名称	比尺数值	依据
水平比尺 λ_L	300	根据试验要求及场地条件
垂直比尺 λ_h	60	变率限制条件
流速比尺 λ_v	7.75	水流重力相似条件
流量比尺 λ_Q	139 427	$\lambda_Q = \lambda_L \lambda_h \lambda_v$
糙率比尺 λ_n	0.88	水流阻力相似条件
沉速比尺 λ_ω	1.34	泥沙悬移相似条件
容重差比尺 $\lambda_{\gamma_s - \gamma}$	1.5	郑州热电厂煤灰
起动流速比尺 λ_{V_C}	≈ 7.75	泥沙起动相似条件
含沙量比尺 λ_S	1.50	挟沙相似及异重流相似条件
干容重比尺 $\lambda_{\gamma 0}$	1.74	$\lambda_{\gamma 0} = \gamma_{0p} / \gamma_{0m}$
水流运动时间比尺 λ_{t_1}	38.7	$\lambda_{t_1} = \lambda_L / \lambda_v$
河床变形时间比尺 λ_{t_2}	44.9	河床冲淤变形相似条件

9.1.2　模型测控

9.1.2.1　模型进口水沙过程控制

模型进口供水加沙采用清浑水两套独立的循环系统。清水系统采用电脑自动控制系统完成,清水流量用电磁流量计精确控制,通过专用管道输送至模型进口的前池。浑水系统包括搅拌池、专用管道、孔口箱等。加沙过程是首先在搅拌池按级配要求配制成高浓度的浑水,再通过管道输送至孔口箱,开启经预先率定过的不同泄量的孔洞组合,来控制进入模型的浑水流量。清浑水在模型进口过渡段充分混合后进入模型试验段。多次流量及含沙量测验结果表明,用上述控制方式可方便快捷地使流量、含沙量满足试验精度的要求。

9.1.2.2　出库泄量与坝前水位控制

模型出口观测与控制采用黄河水利科学研究院高新中心研制的泄水建筑物控制系统。该系统可分别控制模型6条排沙洞进口、6条发电洞进口、3条孔板洞及3条明流洞进口闸门的启闭与开度。在试验过程中,输入坝前控制水位过程与各泄水孔洞的泄流量,一般情况下系统可实现自动控制,同时可实时自动记录各泄流孔洞实际流量及坝前水位。

9.1.2.3 沿程水位、流速、含沙量采集

小浪底库区模型按照原型相应的干支流地形观测断面及沿程水位观测位置布设模型观测位置及观测点。模型沿程水位测量采用大量程自动水位计,在试验过程中使用地形测量仪器配合测量、校核;流速采用长江科学院研制的旋桨式流速仪测量;含沙量的采集利用适合于库区模型特点的吸管分层取样,利用置换法计算;地形采用水准仪配合标杆进行准确测量。

9.2 模型验证

9.2.1 试验条件

9.2.1.1 进口水沙条件

根据试验要求,综合分析小浪底水库运用以来进出库水沙过程、水库运用情况,考虑验证试验水沙条件对后期运用方式研究应具有代表性,选定2004年6~8月的水沙系列作为验证试验的水沙条件。该时段包括了黄河第三次调水调沙试验及2004年8月22日起小浪底水库第二场较大洪水(简称"04·8"洪水)水沙过程。

小浪底水库入库干流水沙控制站为三门峡水文站,支流有3个水文站,分别是亳清河皋落站、西阳河桥头站和畛水石寺站。2004年,小浪底库区支流入汇水沙量较少,从现有观测资料看,只有畛水石寺站7月8日出现瞬时流量大于100 m³/s,因此小浪底水库支流入汇水沙量可忽略不计,以干流三门峡站水沙量作为小浪底入库值。

在6月19日至7月13日黄河第三次调水调沙试验期间,7月5日,调水调沙进入第二阶段,三门峡水库加大泄量,形成了2004年进入小浪底水库的第一场洪水。洪水期入库洪水特征值见表9-2,最大流量为5 130 m³/s(7月7日14时6分),最大含沙量为368 kg/m³(7月7日22时)。2004年8月,中游发生一场小洪水过程,接下来的"04·8"洪水入库最大流量为2 960 m³/s(8月22日3时),最大含沙量为542 kg/m³(8月22日6时)。

表9-2 三门峡水文站洪水期水沙特征值统计

时段 (月-日)	水量 (亿 m³)	沙量 (亿 t)	流量(m³/s)			含沙量(kg/m³)		
			洪峰	最大	时段平均	沙峰	最大	时段平均
07-05~07-09	3.39	0.358	5 130	2 860	1 479	368	233.47	105.60
08-21~08-31	10.27	1.711	2 960	2 060	1 188	542	406.31	166.60

验证试验选择小浪底水库调水调沙期间及"04·8"洪水期间两个时段。进口水沙过程按照三门峡水文站实测水沙过程,进口日均流量、含沙量过程分别见图9-2、图9-3。

9.2.1.2 水库运用情况及出口控制条件

1.水库运用情况

2004年,小浪底水库是按照满足黄河下游防洪、减淤、防凌、防断流以及供水(包括城市、工农业、生态用水等)、春灌蓄水、调水调沙为主要目标进行调度的。2004年汛前库水

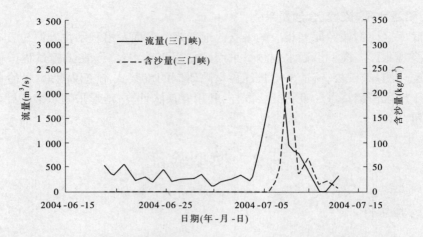

图9-2 调水调沙试验入库日均流量、含沙量过程

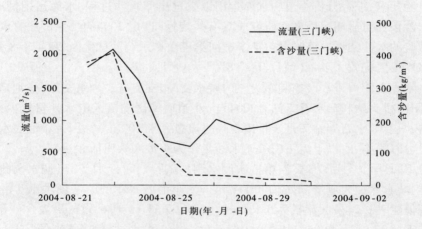

图9-3 "04·8"洪水入库日均流量、含沙量过程

位较高,结合汛期水库库水位要下降到汛限水位,进行了黄河第三次调水调沙试验,其间小浪底水库进行了人工塑造异重流的试验。

图9-4为调水调沙期间库水位及蓄水量变化过程。6月19日9时至6月29日0时,小浪底水库下泄清水,按控制花园口流量2 600 m^3/s运用。库水位由249.1 m下降到236.6 m,历时10 d。小浪底水库自29日0时起关闭泄流孔洞,出库流量由日均2 500 m^3/s降至500 m^3/s;小浪底水库出流自7月3日21时按控制花园口2 800 m^3/s运用,出库流量由2 550 m^3/s逐渐增至2 750 m^3/s,从7月8日14时开始排沙,7月13日8时库水位下降至汛限水位225 m,至此水库调水调沙试验结束。

"04·8"洪水期间小浪底水库库水位变化幅度较小,在218~225 m波动,库容变化也相应较小,见图9-5。

2.出口控制条件

小浪底出库水沙控制站为下游的小浪底水文站,调水调沙期间及"04·8"洪水出库流量及含沙量见图9-6及图9-7。在试验过程中按照泄水建筑物实际运用情况,控制模型

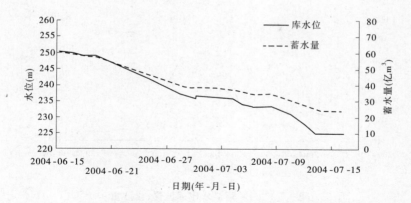

图9-4　调水调沙期间水库水位及蓄水量变化过程

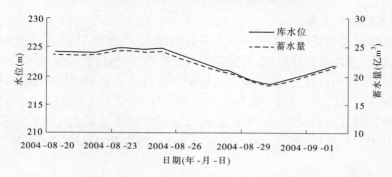

图9-5　"04·8"洪水库水位及蓄水量变化过程

与原型一致启闭各泄水洞,并通过控制坝前水位与原型相似而满足模型总泄量及各泄水洞与原型相似。

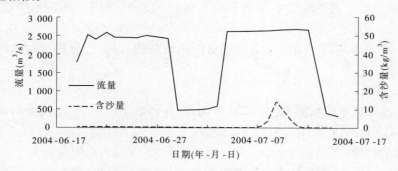

图9-6　调水调沙期间试验出库流量、含沙量

9.2.1.3　初始边界条件

初始地形:采用2004年5月17日实测淤积断面资料及1:1万地形图内插若干小断面制作。

淤积物级配:2004年调水调沙期间,库水位下降,库尾段发生冲刷,冲刷剖面基本与2003年5月剖面吻合,所以淤积物级配采用2003年5月至2004年5月实测资料。

泄水建筑物使用条件:按照泄水建筑物实际运用情况,控制模型与原型一致启闭各泄

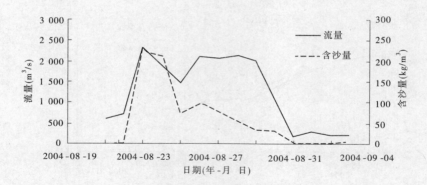

图9-7 "04·8"洪水出库流量、含沙量

水洞。

9.2.1.4 测验内容及手段

小浪底水库模型验证试验测验内容主要有沿程水位、断面形态、主要控制断面流速、含沙量垂线分布、悬沙及床沙级配、异重流潜入点位置、异重流淤积情况等。

进口流量、坝前水位、孔口泄量及出口流量实现自动控制,每分钟一组数据,水位、流量控制是渐变的过程,并设计有手动和人工控制系统,以确保系统的正常运行;进口含沙量利用孔口箱控制,沿程水位采用测针观测,流速测验使用旋桨式浑水流速仪,含沙量垂线分布取样利用真空泵抽取采集,取样后主要采用比重瓶及自动电子天平测量。

9.2.2 试验成果

9.2.2.1 水位变化

小浪底水库库区水位变化有两个特点:水库回水末端以上水位变化呈现河道特性,主要影响因素是流量与河道冲淤变化;水库回水末端以下主要受控于小浪底水库运用情况,即水库水位变化。

由于"04·8"洪水期间原型没有对库区水位进行观测,以下仅分析调水调沙试验期间水位变化对比。

1. 沿程水位变化

试验初期,小浪底水库坝前水位在250 m附近,并逐渐下降,7月13日8时库水位下降至汛限水位225 m,至此水库调水调沙试验结束。

调水调沙试验期间不同流量水位沿程变化见图9-8。试验初期流量为933 m³/s,模型进口附近尖坪、河堤断面模型水位较原型略偏低,其余各断面与原型基本一致,水位在234 m上下小幅变化;当流量为2 176 m³/s时,河堤断面模型水位较原型略偏低,陈家岭断面模型水位较原型略偏高,其余各断面与原型符合较好,模型水位与原型水位基本一致,麻峪以下各站水位在233 m上下小幅变化;当流量为2 930 m³/s时,河堤及麻峪断面模型水位与原型基本重合,其余断面模型水位略高于原型,总体趋势一致,差值较小;当洪峰流量为4 213 m³/s时,除麻峪断面模型水位较原型略偏高外,其余断面模型水位总体围绕着原型小幅波动,水位变化趋势一致,水位比较接近。

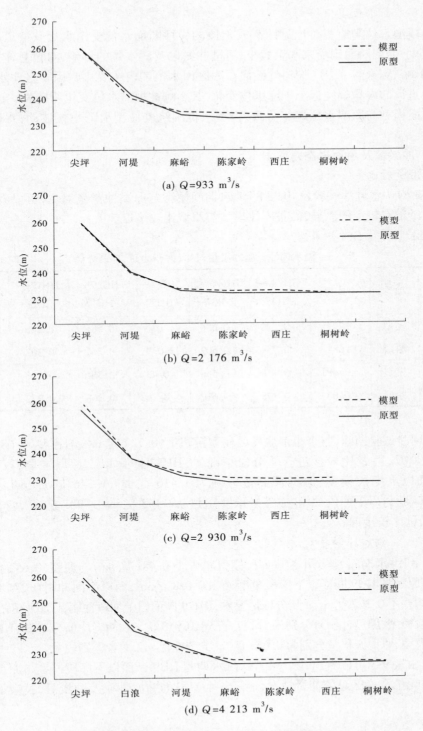

(a) $Q=933 \ \mathrm{m^3/s}$

(b) $Q=2 \ 176 \ \mathrm{m^3/s}$

(c) $Q=2 \ 930 \ \mathrm{m^3/s}$

(d) $Q=4 \ 213 \ \mathrm{m^3/s}$

图9-8　调水调沙期间不同流量水位沿程变化

2. 主要断面水位变化

各站模型水位与原型对比见图9-9,上段的尖坪断面水位受来水量及河道冲淤变化的影响较大;河堤断面则受来水量大小、河槽冲淤以及库水位的影响,水位总体呈现下降的趋势;麻峪、陈家岭、西庄、桐树岭断面在库区回水范围内主要影响因素是库水位,通常情况下异重流的淤积幅度远小于库水位变化,其影响被坝前水位变化所掩盖。

各断面模型与原型水位趋势一致,模型水位围绕着原型上下小幅波动,水位比较接近。

9.2.2.2 冲淤量及断面形态对比

1. 冲淤量对比

表9-3为调水调沙试验及"04·8"洪水期间模型与原型冲淤量对比,可以看出,不同的库段冲淤量有较大的差异,而各库段模型与原型比较接近。

1)调水调沙试验冲淤量对比

表9-3 调水调沙试验冲淤量对比(淤积为正,冲刷为负) （单位:亿 m³)

时段	项目	全库区	HH53— HH45	HH45— HH37	HH37— HH29	HH29— HH17	HH17— HH9	HH9— HH1
调水调沙	模型	0.727	-0.730	-0.686	1.036	0.586	0.275	0.246
	原型	0.681	-0.744	-0.502	1.079	0.361	0.302	0.185
"04·8" 洪水	模型	-0.481	-0.159	-0.556	-0.432	0.362	0.276	0.028
	原型	-0.652	-0.178	-0.617	-0.163	0.308	0.272	-0.274

调水调沙试验期间,整个小浪底库区模型淤积量(0.727亿 m³)与原型(0.681亿 m³)的比值为1.07,两者比较接近。从分段情况看,HH37断面以上库段冲刷,以下淤积;HH37断面以上库段模型、原型冲刷量分别为1.416亿 m³、1.246亿 m³,两者比值为1.14;HH37断面以下库段模型、原型淤积量分别为2.143亿 m³、1.927亿 m³,两者比值为1.11,冲淤量比较接近。

2)"04·8"洪水冲淤量对比

"04·8"洪水期间,整个小浪底库区模型冲刷量(0.481亿 m³)与原型(0.652亿 m³)差别较大,其原因是HH9断面以下库段模型淤积0.028亿 m³,而原型则冲刷0.274亿 m³,该库段两者相差了0.302亿 m³。从分段情况看,HH29断面以上库段冲刷,以下淤积;HH29断面以上库段模型、原型冲刷量分别为1.147亿 m³、0.958亿 m³,两者比值为1.20;HH29断面以下库段模型、原型淤积量分别为0.666亿 m³、0.306亿 m³,两者差别较大。

此外,由表9-3可以看出,除"04·8"洪水期间HH9断面以下库段模型与原型冲淤量差别大外,无论全库区总的冲淤情况,还是各个库段的冲淤性质及冲淤量,模型都能较好地模拟。

2. 断面形态调整

1)调水调沙试验前后断面形态调整

黄河第三次调水调沙试验期间,受三门峡水库下泄水沙过程的影响,HH40断面—

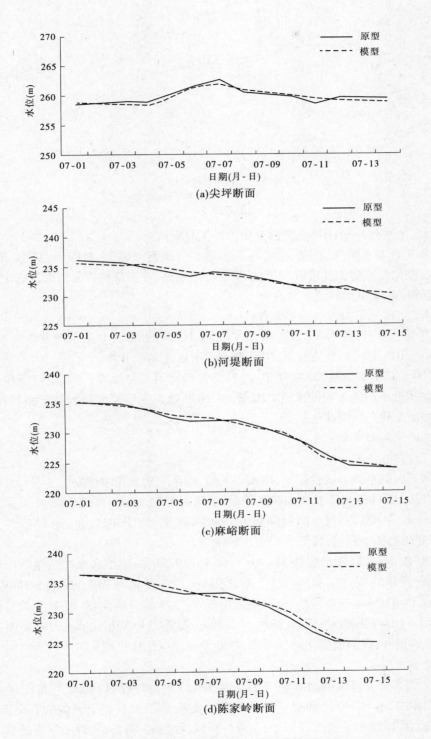

图9-9 调水调沙试验期间主要断面水位对比

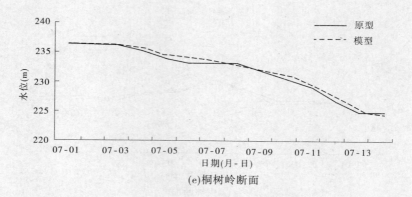

(e)桐树岭断面

续图 9-9

HH52 断面发生强烈冲刷,HH40 断面至坝前产生异重流淤积。

2004 年 7 月调水调沙结束后模型各断面形态与原型一致,主要断面对比见图 9-10,各断面冲淤变化与原型比较接近,表明模型在冲淤性质、冲淤部位以及断面形态上都与原型相似,能够较好地模拟原型。

2)"04·8"洪水前后断面形态调整

2004 年 8~10 月,特别是"04·8"洪水影响,HH29 断面以上又一次发生强烈冲刷,HH29 断面—HH9 断面异重流淤积,HH9 断面以下库底高程下降。

经过"04·8"洪水以后,2004 年 10 月模型各断面形态与原型一致,主要断面对比见图 9-10。除接近小浪底大坝的库段 HH1 断面、HH9 断面模型河底高程高于原型外,其余主要断面冲淤变化与原型比较接近。

3. 干支流纵剖面变化

1)干流纵剖面变化

黄河第三次调水调沙试验期间,库水位下降,库区三角洲顶坡段发生了明显冲刷。三角洲的顶点从 HH41 断面下移到 HH29 断面,下移距离 24.6 km,高程下降 23 m 多。在距坝 94~110 km 的河段内,河底高程降到了 1999 年水平,如图 9-11 所示。模型与原型相比,纵剖面变化趋势一致,各段面高程也比较接近。

"04·8"洪水期间,库水位从 224.16 m 降至 219.61 m,小浪底水库三角洲顶坡段再次发生冲刷,三角洲顶点下移到 HH27 断面附近,顶点高程为 217.71 m,在距坝 88.54(HH47 断面)~110 km 的库段内,河底高程略低于 1999 年河底高程,10 月三角洲顶坡段(HH27 断面—HH47 断面)平缓,比降约为 1.4‰。模型与原型相比,除 HH9 断面以下模型高程高于原型外,纵剖面变化趋势一致,各断面高程也比较接近。

2)支流纵剖面变化

图 9-12 为典型支流纵剖面。5~7 月干流 HH53 断面—HH40 断面三角洲顶坡段洲面发生强烈冲刷,在 HH40 断面以下发生淤积。支流淤积面高程随干流的升降而变化。八里胡同以上库段淤积量较大,其间的支流板涧河、沇西河、芮村河、西阳河等随着干流河床较大幅度的抬升而发生了大量的淤积;八里胡同及其以下库段淤积量较小,位于该区间的支流(如东洋河、石井河、畛水、大峪河等)只在沟口附近产生淤积。

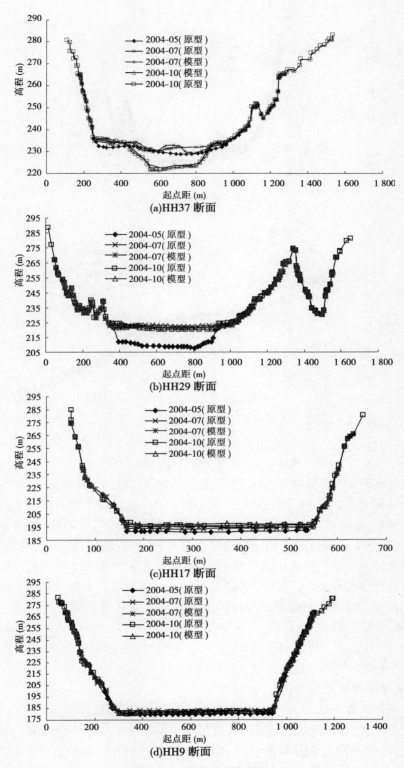

(a)HH37 断面

(b)HH29 断面

(c)HH17 断面

(d)HH9 断面

图 9-10　主要断面套绘图

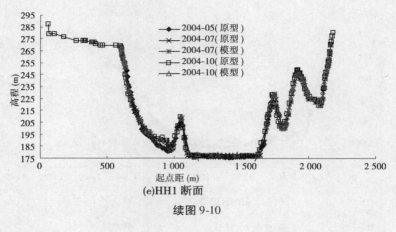

(e)HH1 断面

续图 9-10

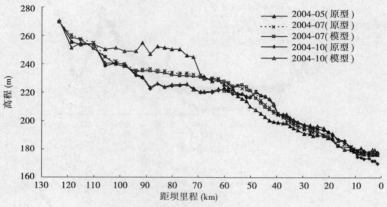

图 9-11　小浪底库区干流纵剖面变化

模型支流纵剖面与原型相比,淤积部位、淤积形状以及纵剖面形态、纵比降均基本一致。

调水调沙试验之后,"04·8"洪水使小浪底水库三角洲洲面及其以下库段床面进一步发生冲淤调整,在小浪底水库库区回水末端以下发生异重流。HH29 断面以上干流发生冲刷,该区间的支流沟口段也相应发生了少量冲刷,如板涧河;HH29 断面—HH9 断面的干流库段在异重流运行过程中产生淤积,其间的支流如西阳河、芮村河、东洋河等由于异重流倒灌亦产生大量淤积,沟内河底高程同沟口干流河底高程基本持平;原型 HH9 断面以下库段由于干流淤积面降低,其间的支流如大峪河淤积面亦随之下降,模型该库段微淤,因此大峪河纵剖面略高于原型。

2004 年 10 月模型支流纵剖面与原型相比,淤积部位、淤积形状以及纵剖面形态、纵比降均基本一致。

9.2.2.3　水库库容变化

1. 调水调沙库容变化

小浪底第三次调水调沙试验期间,受三门峡水库下泄水沙过程的影响,HH40 断面—HH52 断面发生强烈冲刷,HH40 断面至坝前产生异重流淤积。整个小浪底库区模型淤积量(0.727 亿 m³)与原型的(0.682 亿 m³)比较接近,模型与原型干、支流以及总库容都比

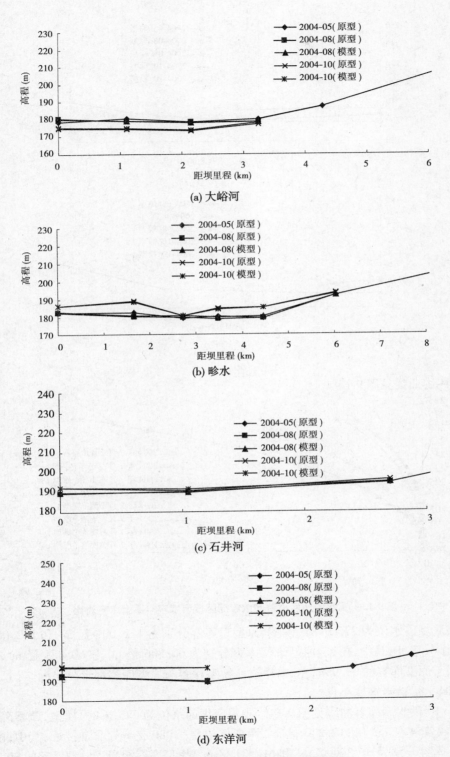

(a) 大峪河

(b) 畛水

(c) 石井河

(d) 东洋河

图 9-12　小浪底水库库区支流纵剖面变化

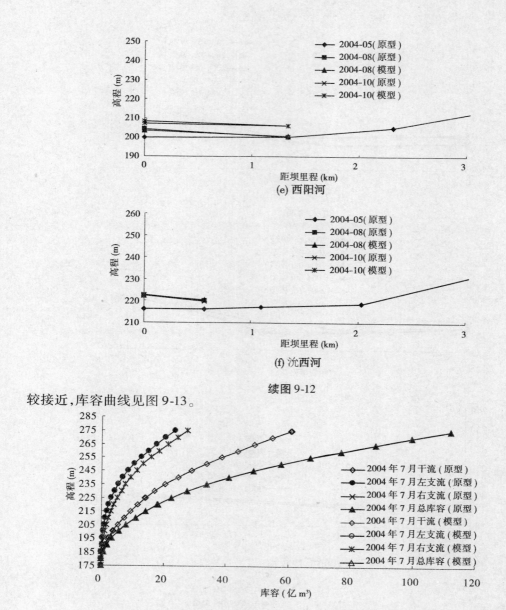

(e) 西阳河

续图 9-12

较接近,库容曲线见图 9-13。

图 9-13　调水调沙后小浪底水库库区模型库容与原型库容对比

　　小浪底坝前水位为 275 m 时,模型、原型总库容分别为 112.001 亿 m³ 和 112.061 亿 m³,两者十分接近;其中,模型、原型干流库容分别为 60.806 亿 m³ 和 60.851 亿 m³,模型库容相当于原型库容的 99.9%;左、右岸支流模型库容与原型库容都十分接近。

　　2.“04·8”洪水库容变化

　　“04·8”洪水后库容曲线见图 9-14。小浪底坝前水位为 275 m 时,模型、原型总库容分别为 112.154 亿 m³ 和 112.240 亿 m³,两者仅相差 0.086 亿 m³,非常接近;其中,模型、原型干流库容分别为 61.360 亿 m³ 和 61.531 亿 m³,模型库容相当于原型库容的 99.7%;左、右岸支流模型库容分别相当于原型的 100.2% 和 100.1%。

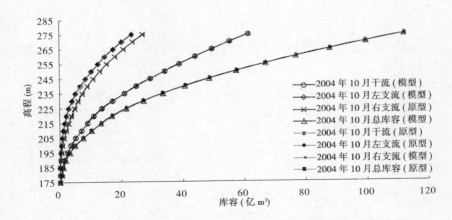

图 9-14 "04·8"洪水后小浪底水库库区模型库容与原型库容对比

9.2.2.4 异重流特性

1. 异重流形成条件及运动规律

按照异重流期间入库水沙条件可分为洪峰型异重流和冲刷型异重流两种。

洪峰型异重流是水库具有一定调蓄库容条件下,由于进库洪峰、沙峰挟带有一定数量细泥沙进入水库回水区以后,粗泥沙发生强烈的拣选沉降淤积,细泥沙($d < 0.025$ mm)潜入库底形成异重流。

冲刷型异重流是在入库未发生明显的洪峰和沙峰,在前期异重流淤积尚未全部固结的情况下,由于库水位大幅度下降,冲刷库区回水末端以上前期异重流淤积物的细颗粒泥沙形成沙峰,随水流挟带至壅水区潜入库底而形成的异重流,全库区排沙比可大于100%。为了区别异重流期间泥沙来源的不同,将降水冲刷时期的异重流定义为"冲刷型"异重流。

基于 2001 ~ 2003 年小浪底水库异重流资料,点绘小浪底水库入库流量及含沙量的关系,见图 9-15(图中点群边标注数据为细泥沙的沙重百分数),由该图分析异重流产生并持续运行至坝前的临界条件。从点群分布状况可大致划分为以下 3 个区域:

(1)A 区,满足异重流持续运动条件的区域。其临界条件(即左下侧外包线)在满足洪水历时且入库细泥沙的沙重百分数约 50% 的条件下,还应具备足够大的流量及含沙量,即满足下列条件之一:①入库流量大于 2 000 m³/s 且含沙量大于 40 kg/m³;②入库流量大于 500 m³/s 且含沙量大于 220 kg/m³;③流量为 500 ~ 2 000 m³/s 时,所相应的含沙量应满足 $S \geqslant 280 - 0.12Q$。

(2)B 区,涵盖了异重流可持续到坝前与不能到坝前两种情况。其中,异重流可运动到坝前的资料往往具备以下三种条件之一:一是处于洪水落峰期,此时异重流行进过程中需要克服的阻力要小于异重流前锋,因异重流前锋在运动时,必须排开前方的清水,异重流头部前进的力量要比维持继之而来的潜流的力量大;二是虽然入库含沙量较低,但在水库进口与水库回水末端之间的库段产生冲刷,使异重流潜入点断面含沙量增大;三是入库细泥沙的沙重百分数均在 75% 以上。

(3)C 区,基本为入库流量小于 500 m³/s 或含沙量小于 40 kg/m³ 的资料,异重流往

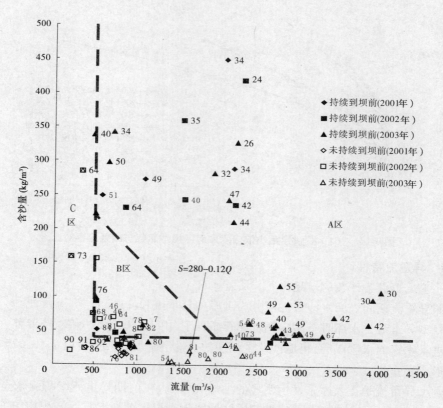

图 9-15　异重流持续运动水沙条件分析

往不能运行到坝前。

　　三门峡站 2004 年 7 月 5 日平均流量 933 m³/s,7 月 6 日 15 时平均流量 1 860 m³/s, 由河堤站观测资料看,水流含沙量衰减很快。由图 9-15 可知,人工异重流基本位于 A 区 与 B 区的临界线附近,但由于泥沙粒径太粗,悬移质泥沙粒径小于 0.025 mm 的泥沙不足 8%,异重流未能持续运行至坝前;7 月 7 日 15 时至 7 月 8 日 15 时,三门峡站流量 1 600 m³/s,含沙量约 197.7 kg/m³,细泥沙的含量约为 46%,位于 A 区,异重流顺利到达坝前; "04·8"洪水期间,8 月 22 日、23 日及 24 日三门峡日均流量分别为 1 830 m³/s、2 060 m³/s、1 600 m³/s,对应含沙量分别为 375.41 kg/m³、406.31 kg/m³、163.75 kg/m³,位于 A 区,异重流也能顺利到达坝前。

　　2. 潜入点变化

　　调水调沙期间小浪底水库以泄水为主,6 月 19～29 日,小浪底水库下泄清水,按控制 花园口流量 2 600 m³/s 运用,库水位由 249.1 m 下降到 236.6 m;自 29 日起关闭泄流孔 洞,出库流量由日均 2 500 m³/s 降至 500 m³/s;自 7 月 3 日 21 时按控制花园口 2 800 m³/s 运用,出库流量由 2 550 m³/s 逐渐增至 2 750 m³/s;从 7 月 8 日 14 时开始排沙,7 月 13 日 8 时库水位下降至汛限水位 225 m。

　　浑水从明流潜入水下附近河段,有明显的清浑水分界线,形成异重流的位置称为潜入 点,在异重流潜入过程中,浑水和清水发生剧烈的掺混,在潜入点附近水面,常见到翻花现 象,并聚集有大量漂浮物,这是由于异重流潜入库底时在水面形成倒流,使上下游漂浮物大都集中在潜入处附近,这些现象是判断异重流潜入点位置的鲜明标志。7月5日,异重流潜入点在HH36断面,距小浪底大坝62.51 km;6日潜入点在HH35断面,距小浪底大坝62.11 km;7日潜入点在HH33断面,距小浪底大坝56.85 km,以后逐渐向下游推进,最远到HH25断面附近,距小浪底大坝42.51 km;之后开始后退,至8日潜入点回退到HH33断面与HH34断面之间;直到7月11日异重流过程结束,潜入点一直稳定在HH33断面与HH34断面附近。

9.2.2.5 流速、含沙量分布

2004年调水调沙试验第二阶段及8月下旬,小浪底库区均发生了异重流排沙情况。在调水调沙试验期间,对异重流输移过程进行了较为系统的观测,而8月下旬发生的异重流仅对进出库流量及含沙量进行了观测。因此,下面仅对比分析调水调沙期间流速、含沙量变化情况。

1.流速分布

原型流速、含沙量观测位置为HH34断面—HH31断面、HH29断面、HH25断面(仅有一次)、HH17断面、HH13断面、HH9断面、HH5断面、HH1断面和坝前(仅有一次);模型流速、含沙量观测位置为HH37断面、HH32断面、HH29断面、HH17断面、HH9断面、HH1断面,另外流速增加了HH48断面和HH45断面。原型、模型重合的位置是HH32断面、HH29断面、HH17断面、HH9断面、HH1断面。

由于其他断面流速测次较少、资料不完整,仅套绘HH29断面、HH17断面异重流流速,见图9-16、图9-17,模型流速与实测流速分布趋势一致,呈现中间大、两头小,流速大小

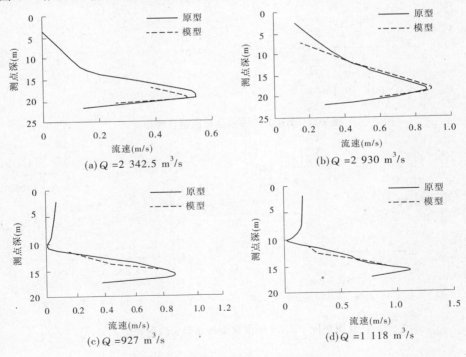

(a) $Q = 2\,342.5\ \text{m}^3/\text{s}$

(b) $Q = 2\,930\ \text{m}^3/\text{s}$

(c) $Q = 927\ \text{m}^3/\text{s}$

(d) $Q = 1\,118\ \text{m}^3/\text{s}$

图9-16　HH29断面模型与原型流速对比

也比较接近。HH29 断面最大流速接近 1.2 m/s,HH17 断面最大流速接近 2.0 m/s。

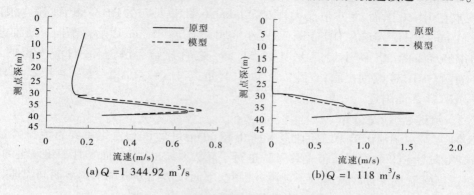

(a) $Q = 1\ 344.92\ \mathrm{m}^3/\mathrm{s}$ (b) $Q = 1\ 118\ \mathrm{m}^3/\mathrm{s}$

图 9-17 HH17 断面模型与原型流速对比

2. 含沙量分布

各级流量主要断面模型与原型含沙量对比见图 9-18 ~ 图 9-20,含沙量分布都是自上而下逐渐增大,无论是含沙量的变化趋势还是大小都基本一致,说明模型较好地模拟和复演了原型。

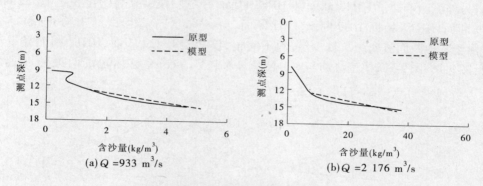

(a) $Q = 933\ \mathrm{m}^3/\mathrm{s}$ (b) $Q = 2\ 176\ \mathrm{m}^3/\mathrm{s}$

图 9-18 HH32 断面模型与原型含沙量对比

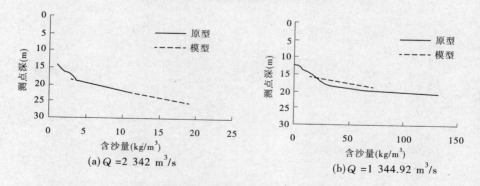

(a) $Q = 2\ 342\ \mathrm{m}^3/\mathrm{s}$ (b) $Q = 1\ 344.92\ \mathrm{m}^3/\mathrm{s}$

图 9-19 HH29 断面模型与原型含沙量对比

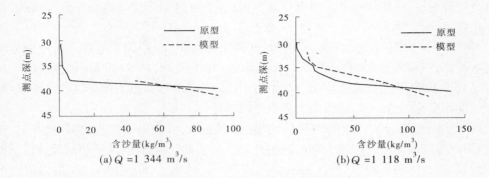

(a) $Q = 1\,344\ \mathrm{m}^3/\mathrm{s}$ (b) $Q = 1\,118\ \mathrm{m}^3/\mathrm{s}$

图 9-20　HH17 断面模型与原型含沙量对比

9.3　小　结

（1）模型设计遵循水流重力相似、阻力相似、挟沙相似、泥沙悬移相似、河床变形相似、泥沙起动与扬动相似，同时考虑异重流运动相似，即满足异重流发生（或潜入）相似、异重流挟沙相似及异重流连续相似等进行设计。

（2）调水调沙期间，模型各断面不同流量沿程水位除个别断面略有偏差外，其余各断面与原型符合较好，模型水位总体围绕着原型小幅波动，水位变化趋势一致，水位比较接近。无论是各级流量沿程还是各断面，模型水位与原型都比较相似，能够较好地模拟原型。

（3）调水调沙试验期间整个小浪底水库库区模型淤积量（0.727 亿 m^3）与原型（0.681 亿 m^3）比值为 1.07，两者比较接近。从分段情况看，HH37 断面以上库段冲刷，以下淤积，各库段冲淤量也比较接近。

"04·8"洪水期间整个小浪底库区模型冲刷量（0.481 亿 m^3）与原型（0.652 亿 m^3）差别较大，其原因是 HH9 断面以下库段模型淤积 0.028 亿 m^3，而原型则冲刷 0.274 亿 m^3，该库段两者相差了 0.302 亿 m^3，其余各库段两者差别不大。

综合调水调沙和"04·8"洪水情况，除"04·8"洪水期间 HH9 断面以下库段模型与原型冲淤量差别大外，无论全库区总的冲淤情况，还是各个库段的冲淤性质及冲淤量，模型都能做到较好地模拟。

（4）调水调沙试验期间，受三门峡水库下泄水沙过程的影响，HH40 断面—HH52 断面发生强烈冲刷，HH40 断面至坝前产生异重流淤积。调水调沙结束后模型各断面形态与原型一致，断面冲淤变化与原型比较接近。

"04·8"洪水期间，HH29 断面以上再次发生强烈冲刷，HH29 断面—HH9 断面异重流淤积，HH9 断面以下库底高程下降。"04·8"洪水以后模型各断面形态与原型一致，除接近小浪底大坝的库段 HH1 断面、HH9 断面模型河底高程高于原型外，其余主要断面冲淤变化与原型比较接近。

（5）调水调沙试验期间，库水位下降，库区三角洲顶坡段发生了明显冲刷。三角洲的顶点从 HH41 断面下移到 HH29 断面，高程下降 23 m 多。在距坝 94 ～ 110 km 的河段内，河底高程降到了 1999 年水平。模型与原型相比,干流纵剖面变化趋势一致,各段面高程也比较接近。

"04·8"洪水期间,库水位从 224.16 m 降至 219.61 m,小浪底水库三角洲顶坡段再次发生冲刷,三角洲顶点下移到 HH27 断面附近(在距坝 88.54～110 km 的库段内),河底高程略低于 1999 年河底高程。模型与原型相比,除 HH9 断面以下模型高程高于模型外,干流纵剖面变化趋势一致,各段面高程也比较接近。

(6)调水调沙期间,八里胡同以上库段淤积量较大,其间的支流板涧河、沇西河、芮村河、西阳河等随着干流河床较大幅度的抬升而发生了大量的淤积;八里胡同及其以下库段淤积量较小,位于该区间的支流(如东洋河、石井河、畛水、大峪河等)只在沟口附近产生淤积。模型支流纵剖面与原型相比,淤积部位、淤积形状以及纵剖面形态、纵比降均基本一致。

"04·8"洪水使 HH29 断面以上干流发生冲刷,该区间的支流板涧河沟口段也相应发生了少量冲刷;HH29 断面—HH9 断面的干流库段在异重流运行过程中产生淤积,其间的支流(如西阳河、芮村河、东洋河等)由于异重流倒灌亦产生大量淤积,沟内河底高程同沟口干流河底高程基本持平;HH9 断面以下河段由于干流淤积面降低,其间的支流如大峪河淤积面亦随之下降,模型该库段微淤,因此大峪河纵剖面略高于原型。模型支流纵剖面与原型相比,淤积部位、淤积形状以及纵剖面形态、纵比降均基本一致。

(7)小浪底坝前水位为 275 m 时,模型、原型总库容分别为 112.001 亿 m³ 和 112.061 亿 m³,两者十分接近;其中,模型、原型干流库容分别为 60.806 亿 m³ 和 60.851 亿 m³,模型库容相当于原型库容的 99.9%;左、右岸支流模型库容与原型库容都十分接近。

"04·8"洪水后,小浪底水库坝前水位为 275 m 时,模型、原型总库容分别为 112.154 亿 m³ 和 112.240 亿 m³,两者仅相差 0.086 亿 m³,非常接近;其中,模型、原型干流库容分别为 61.360 亿 m³ 和 61.531 亿 m³,模型库容相当于原型的 99.7%;左、右岸支流模型库容分别相当于原型的 100.2% 和 100.1%。

(8)调水调沙期间模型异重流流速与实测流速分布趋势一致,呈现中间大、两头小,流速大小也比较接近。HH29 断面最大流速接近 1.2 m/s,HH17 断面最大流速接近 2.0 m/s。

调水调沙期间,各级流量主要断面模型与原型含沙量分布都是自上而下逐渐增大,无论是含沙量的变化趋势还是大小都基本一致,说明模型较好地模拟和复演了原型。

(9)综上所述,模型在水位、冲淤量、断面形态、干支流纵剖面、水库库容变化,以及流速、含沙量分布等方面都能够较好地模拟和复演原型,与原型较为相似。模型精度满足试验要求,表明模型上延后整体相似性较好,同时模型各段的阻力及河床变形与原型相似。因此,本模型设计取水平比尺 $\lambda_L = 300$,垂直比尺 $\lambda_h = 60$,含沙量比尺 $\lambda_s = 1.5$,能够满足与原型相似的要求,可以进行预报试验。

第 10 章 水库拦沙后期运用方式研究

10.1 试验方案与条件

10.1.1 试验组次

黄河勘测规划设计有限公司在大量研究基础上,提出了水库拦沙后期"逐步抬高水位拦粗排细"(方式一)与"多年调节泥沙,相机降水冲刷"(方式二)两种基本的运用方式。之后,汲取了两种调度方式的优点,并进一步优化提出了推荐方案。

为了分析水沙条件对水库调度的敏感性,设计了枯水与丰水两个水沙系列进行模型试验。枯水代表系列为设计的 2020 年水平 1990~1999 年和 1956~1965 年共 20 年水沙系列(90 系列)。丰水代表系列为 2020 年水平 1960~1976 年 17 年水沙系列(60 系列)。

模型试验初始地形均为 2007 年 10 月地形。

由上述条件共组合了 3 组系列年方案试验,见表 10-1。

表 10-1　模型方案试验组次与条件

方案	初始地形	水沙条件	试验历时(年)	说明
方式一		90 系列	20	"逐步抬高水位拦粗排细"
方式二	2007 年 10 月			"多年调节泥沙,相机降水冲刷"
推荐方案		60 系列	17	"方式一"与"方式二"的优化方案

10.1.2 水库调度方案

10.1.2.1 方式一

方式一继承了水库原设计方式的指导思想,并考虑到现状条件对其进行改进。关键问题涉及三个方面:

(1)逐步抬高水库运用水位,对泥沙做到"拦粗排细"。

(2)遵循出库流量两极分化的特点。

(3)主汛期在蓄水状态时控制低壅水,以利于"拦粗排细",库水位总的趋向是随淤积面的抬升而逐步升高,当坝前滩面淤至 245 m 高程后,淤滩刷槽,逐步形成高滩深槽,至坝前滩面到 254 m 后,转入正常运用期。

当入库流量与水库下游的支流黑石关与武陟站流量之和小于 4 000 m³/s 时,进行调水调沙调度,大于 4 000 m³/s 则转入防洪运用。

10.1.2.2 方式二

方式二调水调沙运用,主要体现在大水相机降低库水位冲刷运用和一般水沙条件的逐步抬高拦粗排细调水调沙运用。方式二是对方式一的继承和发展。其运用方式涉及的关键问题包括以下三个方面：

（1）根据目前的来水来沙条件，尤其是河床边界条件，认为要解决高村以下河段的防洪问题，恢复和维持一个中水河槽，水库调节应以调节流量为主。

（2）继承了方式一出库流量两极分化的原则，不同的是不仅泄放大流量，而且应持续一定的历时。

（3）拦沙后期滩槽同步形成。

方式二的拦沙后期又划分3个阶段：至库区淤积量达到满足泄空冲刷的量值之前为第1阶段；第1阶段结束至库区淤积量达到72.5亿 m^3 为第2阶段；第2阶段结束至水库坝前淤积面达254 m 为第3阶段。

从水库为下游提供有利的水沙搭配过程、有利于水库合理地延长拦沙期运用年限以及有利于下游河道的防洪减淤和下游河道中水河槽的塑造和维持等方面出发，同时考虑水库综合利用的效果，进行了水库降水冲刷时机、调控流量、调控库容对比论证，提出水库运用方式二的冲刷时机为42亿 m^3（即第1阶段结束的库区淤积量），调控上限流量为3 700 m^3/s，调控下限流量为600 m^3/s，当水库蓄水达13亿 m^3 时，执行蓄满造峰；当预报2 d入库流量不小于2 600 m^3/s 时，执行泄空冲刷或凑泄造峰。当入库流量与水库下游的支流黑石关与武陟站流量之和大于4 000 m^3/s 时，则转入防洪运用。

10.1.2.3　推荐方案

小浪底水库拦沙后期推荐方案调水调沙运用的基本思路与方式二相近，主要体现在大水相机降低库水位冲刷运用和一般水沙条件的逐步抬高拦粗排细调水调沙运用。

推荐方案有别于方式二的部分主要体现在以下三个方面：

（1）水库适当提高非漫滩高含沙的拦蓄程度，以减少非漫滩高含沙水流在黄河下游河道的淤积。

（2）水库降水冲刷时适当提高降水冲刷的起始流量和结束流量，并对水库开始降水冲刷时的蓄水量不作具体要求（或限制），相对减少水库排沙的次数，适当减少降水冲刷时下游河道的淤积，以便进一步提高下游河道主槽的过流能力。

（3）通过水库调节，适当提高水库对下游的供水安全程度。

推荐方案水库降水冲刷时机为水库淤积量42亿 m^3，调控上限流量为3 700 m^3/s，调控下限流量为400 m^3/s，当水库蓄水达13亿 m^3 时，执行蓄满造峰；当预报2 d入库流量不小于2 600 m^3/s 时，执行泄空冲刷或凑泄造峰。当入库流量与水库下游的支流黑石关与武陟站流量之和大于4 000 m^3/s 时，则转入防洪运用。

10.1.3　试验条件

10.1.3.1　入库水沙条件

试验采用设计的2020年水平水沙偏枯的1990～1999年和1956～1965年共20年系列（90系列）与水沙偏丰的1960～1976年17年系列（60系列）。

1. 枯水系列

表10-2统计了水沙量偏枯的90系列小浪底水库入库水沙过程。

表 10-2 设计系列历年水沙量统计

| 年序 | 7～9月 | | | 10月至次年6月 | | | 7月至次年6月 | | |
	水量 (亿 m³)	沙量 (亿 t)	含沙量 (kg/m³)	水量 (亿 m³)	沙量 (亿 t)	含沙量 (kg/m³)	水量 (亿 m³)	沙量 (亿 t)	含沙量 (kg/m³)
1	95.8	7.961	83.1	190.1	1.302	6.9	285.9	9.263	32.4
2	33.9	2.777	82.0	108.3	0.298	2.8	142.2	3.075	21.6
3	103.9	10.980	105.7	174.9	0.573	3.3	278.8	11.553	41.4
4	105.7	5.857	55.4	134.0	0.305	2.3	239.7	6.162	25.7
5	86.8	11.425	131.7	128.3	0.230	1.8	215.1	11.655	54.2
6	89.5	7.563	84.5	130.0	0.265	2.0	219.5	7.828	35.7
7	92.8	10.184	109.8	128.4	0.292	2.3	221.2	10.476	47.4
8	37.8	2.351	62.2	128.2	0.369	2.9	166.0	2.720	16.4
9	70.2	5.187	73.9	142.7	0.328	2.3	212.9	5.515	25.9
10	53.3	3.633	68.1	116.3	0.317	2.7	169.6	3.950	23.3
11	109.2	11.177	102.3	121.7	0.353	2.9	230.9	11.530	49.9
12	57.9	4.045	69.9	112.2	0.383	3.4	170.1	4.428	26.0
13	167.1	17.338	103.8	179.3	0.657	3.7	346.4	17.995	51.9
14	152.1	16.062	105.6	132.7	0.323	2.4	284.8	16.385	57.5
15	60.8	3.849	63.3	147.3	0.670	4.6	208.1	4.519	21.7
16	109.7	8.098	73.8	241.7	1.847	7.6	351.4	9.945	28.3
17	79.7	4.710	59.1	196.4	1.083	5.5	276.1	5.793	21.0
18	65.6	4.207	64.1	249.8	2.603	10.4	315.4	6.810	21.6
19	225.4	17.047	75.6	247.8	1.800	7.3	473.2	18.847	39.8
20	44.0	1.912	43.4	129.8	0.474	3.6	173.8	2.386	13.7
年均	92.1	7.818	84.9	157.0	0.724	4.6	249.1	8.542	34.3
合计	1 841.2	156.363		3 139.9	14.472		4 981.1	170.835	

该系列年平均水量 249.1 亿 m³,年平均沙量 8.542 亿 t,平均含沙量 34.3 kg/m³。其中,7～9 月主汛期平均水量 92.1 亿 m³,平均沙量 7.818 亿 t,平均含沙量 84.9 kg/m³。最大年水量与最大年沙量均为第 19 年,分别为 473.2 亿 m³、18.847 亿 t,最小年水量 142.2 亿 m³(第 2 年),最小年沙量为 2.386 亿 t(第 20 年)。

表 10-3 统计了历年水沙量占 20 年系列平均值百分数。历年 7～9 月水量最大值为平均值的 244.7%(第 19 年),最小值仅为平均值的 36.8%(第 2 年);沙量最大值为平均值的 221.8%(第 13 年),最小值仅为平均值的 24.5%(第 20 年)。

从水文年统计结果看,年水量最大值为平均值的190.0%(第19年),最小值仅为平均值的57.1%(第2年);沙量最大值为平均值的220.7%(第19年),最小值仅为平均值的27.9%(第20年)。

表10-3　历年水沙量占系列年平均值百分数统计

年序	7~9月		10月至次年6月		7月至次年6月	
	水量占平均(%)	沙量占平均(%)	水量占平均(%)	沙量占平均(%)	水量占平均(%)	沙量占平均(%)
1	104.0	101.8	121.1	179.8	114.8	108.5
2	36.8	35.5	69.0	41.2	57.1	36.0
3	112.8	140.4	111.4	79.1	111.9	135.2
4	114.8	74.9	85.4	42.1	96.2	72.1
5	94.2	146.1	81.7	31.8	86.4	136.4
6	97.2	96.7	82.8	36.6	88.1	91.6
7	100.8	130.3	81.7	40.3	88.8	122.6
8	41.0	30.1	81.7	51.0	66.6	31.8
9	76.2	66.3	90.9	45.3	85.5	64.6
10	57.9	46.5	74.1	43.8	68.1	46.2
11	118.6	143.0	77.5	48.8	92.7	135.0
12	62.9	51.7	71.5	52.9	68.3	51.8
13	181.4	221.8	114.2	90.7	139.1	210.7
14	165.1	205.4	84.5	44.6	114.3	191.8
15	66.0	49.2	93.0	92.5	83.5	52.9
16	119.1	103.6	153.9	255.1	141.1	116.4
17	86.5	60.2	125.1	149.6	110.8	67.8
18	71.2	53.8	159.1	359.5	126.6	79.7
19	244.7	218.0	157.8	248.6	190.0	220.7
20	47.8	24.5	82.7	65.5	69.8	27.9

设计水沙90系列前17年入库7~9月流量分级频次统计见表10-4。从表10-4中可以看出,入库流量小于400 m³/s流量级出现的天数为276 d,年均约16 d;600~2 600 m³/s流量级出现的天数最多,为1 046 d,年均近62 d;2 600~4 000 m³/s流量级出现的天数为70 d,年均4 d;大于4 000 m³/s的天数最少,为11 d,年均0.6 d。

水库调水调沙运用,入库流量较小,意味着需水库补水,持续时间长,持续补水量大。入库小于400 m³/s的流量级,持续时间大于10 d的有8次,其中持续时间大于20 d的有2次;入库流量大于2 600 m³/s的流量级,持续时间大于5 d的仅出现2次,而持续时间小于3 d的为31次。持续时间短的较大流量在黄河下游的传播过程中会逐渐坦化,削弱其造床作用。

表 10-4 设计 90 系列前 17 年 7～9 月入库流量频次统计

项目		流量级(m³/s)				
		$Q < 400$	$400 \leq Q \leq 600$	$600 < Q < 2\,600$	$2\,600 \leq Q \leq 4\,000$	$Q > 4\,000$
出现天数(d)		276	161	1 046	70	11
不同持续历时(d)出现的次数	1	12	44	17	23	3
	2	8	17	5	8	1
	3	3	8	10	1	2
	4	3	3	7	4	0
	5	3	4	7	0	0
	6	4	3	5	2	0
	7	0	0	7	0	0
	8	1	0	2	0	0
	9	2	1	6	0	0
	10	1	0	3	0	0
	11～15	4	0	13	0	0
	16～20	2	0	3	0	0
	>20	2	0	14	0	0

2. 丰水系列

水沙量偏丰的 60 系列小浪底入库年平均水量 295.5 亿 m³,年平均沙量 10.929 亿 t,平均含沙量 37.0 kg/m³,其中 7～9 月主汛期平均水量 111.61 亿 m³,平均沙量 9.809 亿 t,平均含沙量 87.9 kg/m³。最大年水量与最大年沙量均发生在第 8 年,分别为 490.0 亿 m³、22.961 亿 t,最小年水量与最小年沙量均发生在第 6 年,分别为 173.7 亿 m³、2.664 亿 t,历年水沙量统计见表 10-5。

表 10-5 设计系列历年水沙量统计

年序	7～9 月			10 月至次年 6 月			7 月至次年 6 月		
	水量(亿 m³)	沙量(亿 t)	含沙量(kg/m³)	水量(亿 m³)	沙量(亿 t)	含沙量(kg/m³)	水量(亿 m³)	沙量(亿 t)	含沙量(kg/m³)
1	61.2	5.292	86.4	147.2	0.705	4.8	208.4	5.997	28.8
2	109.2	10.112	92.6	241.7	2.000	8.3	350.9	12.112	34.5
3	79.7	5.325	66.8	196.2	1.079	5.5	275.9	6.404	23.2
4	65.6	5.263	80.2	249.3	2.582	10.4	314.9	7.845	24.9
5	225.2	19.791	87.9	247.8	1.934	7.8	473.0	21.725	45.9
6	44.0	2.178	49.4	129.7	0.486	3.8	173.7	2.664	15.3
7	109.7	18.178	165.6	208.0	1.318	6.3	317.7	19.496	61.3
8	272.1	21.731	79.9	217.9	1.230	5.6	490.0	22.961	46.9
9	160.7	11.120	69.2	218.8	1.281	5.9	379.5	12.401	32.7
10	59.4	7.234	121.7	153.2	0.721	4.7	212.6	7.955	37.4

年序	7~9月			10月至次年6月			7月至次年6月		
	水量（亿 m^3）	沙量（亿 t）	含沙量（kg/m^3）	水量（亿 m^3）	沙量（亿 t）	含沙量（kg/m^3）	水量（亿 m^3）	沙量（亿 t）	含沙量（kg/m^3）
11	97.6	14.191	145.3	136.9	0.402	2.9	234.5	14.593	62.2
12	53.4	7.525	140.8	157.3	0.780	5.0	210.7	8.305	39.4
13	81.4	3.839	47.2	110.7	0.324	2.9	192.1	4.163	21.7
14	90.0	12.329	137	154.5	0.773	5.0	244.5	13.102	53.6
15	44.4	3.763	84.6	148.6	0.706	4.8	193.0	4.469	23.1
16	134.2	8.447	62.9	248.0	1.999	8.1	382.2	10.446	27.3
17	209.5	10.440	49.8	161.2	0.708	4.4	370.7	11.148	30.1
平均	111.61	9.809	87.9	183.94	1.119	6.1	295.5	10.929	37.0
合计	1 897.3	166.758		3 127.0	19.028		5 024.3	185.786	

表 10-6 为历年水沙量与 17 年系列平均值的对比。历年 7~9 月水量、沙量最大值均在第 8 年,分别为平均值的 243.8%、221.5%;历年 7~9 月水量、沙量最小值均在第 6 年,分别为平均值的 39.4%、22.2%。

表 10-6　历年水沙量与 17 年系列年平均值对比统计

年序	7~9月		10月至次年6月		7月至次年6月	
	水量占平均（%）	沙量占平均（%）	水量占平均（%）	沙量占平均（%）	水量占平均（%）	沙量占平均（%）
1	54.8	54.0	80.0	63.0	70.5	54.9
2	97.8	103.1	131.4	178.7	118.7	110.8
3	71.4	54.3	106.7	96.4	93.4	58.6
4	58.8	53.7	135.5	230.7	106.5	71.8
5	201.8	201.8	134.7	172.8	160.0	198.8
6	39.4	22.2	70.5	43.4	58.8	24.4
7	98.3	185.3	113.1	117.8	107.5	178.4
8	243.8	221.5	118.5	109.9	165.7	210.1
9	144.0	113.4	119.0	114.5	128.4	113.5
10	53.2	73.7	83.3	64.4	71.9	72.8
11	87.4	144.7	74.4	35.9	79.3	133.5
12	47.8	76.7	85.5	69.7	71.3	76.0
13	72.9	39.1	60.2	29.0	65.0	38.1
14	80.6	125.7	84.0	69.1	82.7	119.9
15	39.8	38.4	80.8	63.1	65.3	40.9
16	120.2	86.1	134.8	178.6	129.3	95.6
17	187.7	106.4	87.6	63.3	125.5	102.0

从水文年统计结果看,年水量、年沙量最大值均在第8年,分别为平均值的165.7%、210.1%;年水量、年沙量最小值均在第6年,分别为平均值的58.8%、24.4%。

设计水沙17年系列小浪底入库7~9月流量分级频次统计见表10-7。从表10-7中可以看出,入库流量小于400 m³/s流量级出现的天数为269 d,年均15.8 d;400~600 m³/s流量级出现的天数为164 d,年均近10 d;600~2 600 m³/s流量级出现的天数最多,为891 d,年均52.4 d;2 600~4 000 m³/s流量级出现的天数169 d,年均近10 d;大于4 000 m³/s流量级出现的天数最少,为71 d,年均4.2 d。

表10-7 设计系列17年7~9月入库流量级频次统计

项目		流量级(m³/s)				
		$Q<400$	$400 \leqslant Q \leqslant 600$	$600 < Q < 2\ 600$	$2\ 600 \leqslant Q \leqslant 4\ 000$	$Q > 4\ 000$
出现天数(d)		269	164	891	169	71
不同持续历时(d)出现的次数	1	13	52	26	25	8
	2	9	18	13	12	6
	3	6	9	9	3	3
	4	1	3	5	3	4
	5	2	3	4	5	0
	6	4	0	4	1	0
	7	1	2	3	2	1
	8	4	1	6	0	0
	9	4	0	5	1	1
	10	1	0	4	0	0
	11~15	3	0	7	2	0
	16~20	1	0	5	1	0
	>20	2	0	13	0	0

表10-7中还统计了入库流量级频次。入库小于400 m³/s的流量级,持续时间10 d及其以上的时段有7次,其中持续时间大于20 d的时段有2次。入库流量大于2 600 m³/s持续时间5 d以上的时段出现15次,持续时间不长于2 d的时段为51次。入库流量大于4 000 m³/s持续时间5 d以上的时段出现3次。

3.入库水沙条件对比

1)水沙量

表10-8为90系列(前17年)与60系列17年入库水量对比表。表10-8中分别统计对比了两个系列的7月、8月、9月、10月、11月至次年6月5个时段。60系列与90系列相比,5个时段的水量均有所增加,年均增加量分别为2.0亿 m³、5.1亿 m³、16.0亿 m³、16.7亿 m³、19.4亿 m³,相对增加值分别为8.7%、14.7%、51.5%、66.9%、15.8%。平均年水量增加59.2亿 m³,相对增加25%,其中5个时段增水量分别占年增水量的3.38%、8.61%、27.03%、28.21%、32.77%,增加值集中在9月、10月与非汛期。

表 10-8　两系列水量对比 （单位:亿 m³）

年序	7月		8月		9月		10月		11月至次年6月	
	90 系列	60 系列	90 系列	60 系列	90 系列	60 系列	90 系列	60 系列	90 系列	60 系列
1	27.9	11.0	30.9	25.7	37.0	24.5	26.1	31.3	164.0	116.0
2	11.6	26.7	6.9	28.5	15.4	54.0	10.9	73.7	97.4	167.9
3	13.9	18.6	46.6	37.9	43.4	23.3	32.1	31.7	142.8	164.5
4	22.5	10.8	58.1	21.1	25.1	33.8	18.0	55.0	116.0	194.3
5	27.2	40.2	32.7	93.9	26.9	91.2	17.9	78.4	110.4	169.4
6	11.5	17.4	34.7	18.1	43.3	8.6	18.6	17.0	111.4	112.7
7	20.5	36.3	41.3	27.7	31.0	45.8	20.3	48.8	108.0	159.3
8	9.7	60.3	12.2	100.3	15.9	111.5	16.0	62.6	112.2	155.3
9	29.4	50.7	22.1	42.9	18.7	67.1	17.6	57.5	125.2	161.3
10	18.4	20.2	7.8	16.5	27.1	22.8	17.5	24.4	98.8	128.8
11	35.2	12.6	44.4	33.7	29.7	51.3	16.6	20.2	105.0	116.7
12	33.7	22.8	8.3	9.9	15.9	20.7	20.3	25.0	91.8	132.3
13	44.8	17.0	71.9	36.1	50.4	28.4	34.1	10.6	145.2	100.1
14	30.0	14.0	77.8	30.5	44.3	45.5	22.0	31.4	110.7	123.1
15	10.6	11.8	25.7	11.9	24.5	20.8	31.3	25.8	116.0	122.8
16	22.1	22.9	33.5	50.8	54.0	60.5	73.7	83.8	167.9	164.1
17	18.6	28.0	37.9	94.4	23.3	87.1	31.7	31.8	164.7	129.4
历年最大值	44.8	60.3	77.8	100.3	54.0	111.5	73.7	83.8	167.9	194.3
历年最小值	9.7	10.8	6.9	9.9	15.4	8.6	10.9	10.6	91.8	100.1
平均	22.8	24.8	34.9	40.0	30.9	46.9	25.0	41.7	122.8	142.2
总量	387.6	421.3	592.8	679.9	525.9	796.9	424.7	709.0	2 087.5	2 418.0
均值差	2.0		5.1		16.0		16.7		19.4	
总量差 绝对值	33.7		87.1		271.0		284.3		330.5	
总量差 百分数	8.7		14.7		51.5		66.9		15.8	
占年增量(%)	3.38		8.61		27.03		28.21		32.77	

注:差值 = 60 系列 - 90 系列。

　　表 10-9 为两个 17 年系列入库沙量对比表。60 系列与 90 系列相比,7 月、8 月、9 月、10 月、11 月至次年 6 月 5 个时段的沙量均有所增加,年均增加量分别为 0.520 亿 t、0.584 亿 t、0.871 亿 t、0.461 亿 t、0.089 亿 t,相对增加值分别为 17.6%、15.9%、71.6%、135.0%、40.3%。平均年沙量增加 2.525 亿 t,相对增加 30.1%,其中 5 个时段增加量分别占年增加量的 20.59%、23.13%、34.50%、18.26%、3.52%,增加值主要分布在汛期。

　　两系列相应时段含沙量统计对比见表 10-10。

表 10-9　两系列沙量对比　　　　　　　　　　　　　　（单位：亿 t）

年序	7月		8月		9月		10月		11月至次年6月	
	90系列	60系列	90系列	60系列	90系列	60系列	90系列	60系列	90系列	60系列
1	3.559	1.749	2.176	2.738	2.227	0.803	0.417	0.585	0.885	0.123
2	1.952	3.986	0.265	3.584	0.560	2.542	0.095	1.711	0.203	0.290
3	1.779	2.658	7.426	1.753	1.775	0.914	0.344	0.481	0.229	0.593
4	2.247	1.750	2.821	1.862	0.789	1.647	0.184	1.217	0.121	1.356
5	5.361	7.680	4.527	7.917	1.537	4.198	0.138	1.702	0.092	0.230
6	1.522	1.559	3.510	0.445	2.531	0.171	0.170	0.155	0.095	0.325
7	3.895	9.844	5.335	5.016	0.954	3.315	0.174	1.004	0.118	0.313
8	0.864	4.197	1.180	11.567	0.308	5.968	0.102	1.053	0.266	0.167
9	3.510	4.493	1.293	4.318	0.384	2.309	0.111	1.067	0.217	0.205
10	3.007	3.683	0.142	2.408	0.484	1.138	0.154	0.337	0.163	0.376
11	4.202	1.238	5.728	11.020	1.247	1.935	0.294	0.273	0.059	0.125
12	2.963	4.846	0.607	1.338	0.475	1.345	0.326	0.479	0.057	0.297
13	6.173	2.085	9.286	1.248	1.880	0.501	0.539	0.094	0.118	0.223
14	3.065	2.941	11.218	7.291	1.779	2.096	0.269	0.687	0.054	0.086
15	1.143	1.388	2.025	1.738	0.680	0.639	0.512	0.422	0.158	0.272
16	2.637	3.536	3.223	1.948	2.237	2.966	1.542	1.789	0.305	0.218
17	2.364	1.441	1.520	6.020	0.826	2.985	0.438	0.597	0.645	0.111
历年最大值	6.173	9.844	11.218	11.567	2.237	5.968	1.542	1.789	0.885	1.356
历年最小值	0.864	1.238	0.142	0.445	0.308	0.171	0.095	0.094	0.054	0.111
平均	2.955	3.475	3.664	4.248	1.216	2.087	0.342	0.803	0.223	0.312
总量	50.243	59.074	62.282	72.211	20.673	35.472	5.809	13.653	3.785	5.310
均值差	0.520		0.584		0.871		0.461		0.089	
总量差 绝对值	8.831		9.929		14.799		7.844		1.525	
总量差 百分数	17.6		15.9		71.6		135.0		40.3	
占年增量（%）	20.59		23.13		34.50		18.26		3.52	

注：差值＝60系列－90系列。

表 10-10　两系列含沙量对比　　　　　　　　　　　　　　　（单位：kg/m³）

年序	7月		8月		9月		10月		11月至次年6月	
	90系列	60系列	90系列	60系列	90系列	60系列	90系列	60系列	90系列	60系列
1	127.56	159.00	70.42	106.54	60.19	32.78	15.98	18.69	5.40	1.06
2	168.28	149.29	38.41	125.75	36.36	47.07	8.72	23.22	2.08	1.73
3	127.99	142.90	159.36	46.25	40.90	39.23	10.72	15.17	1.60	3.60
4	99.87	162.04	48.55	88.25	31.43	48.73	10.22	22.13	1.04	6.98
5	197.10	191.04	138.44	84.31	57.14	46.03	7.71	21.71	0.83	1.36
6	132.35	89.60	101.15	24.59	58.45	19.88	9.14	9.12	0.85	2.88
7	190.00	271.18	129.18	181.08	30.77	72.38	8.57	20.57	1.09	1.96
8	89.07	69.60	96.72	115.32	19.37	53.52	6.38	16.82	2.37	1.08
9	119.39	88.62	58.51	100.65	20.53	34.41	6.31	18.56	1.73	1.27
10	163.42	182.33	18.21	145.94	17.86	49.91	8.80	13.81	1.65	2.92
11	119.38	98.25	129.01	327.00	41.99	37.72	17.71	13.51	0.56	1.07
12	87.92	212.54	73.13	135.15	29.87	64.98	16.06	19.16	0.62	2.24
13	137.79	122.65	129.15	34.57	37.30	17.64	15.81	8.87	0.81	2.23
14	102.17	210.07	144.19	239.05	40.16	46.07	12.23	21.88	0.49	0.70
15	107.83	117.63	78.79	146.05	27.76	30.72	16.36	16.36	1.36	2.21
16	119.32	154.41	96.21	38.35	41.43	49.02	20.92	21.35	1.82	1.33
17	127.10	51.46	40.11	63.77	35.45	34.27	13.82	18.77	3.92	0.86
平均	129.61	140.12	104.99	106.20	39.35	44.50	13.68	19.26	1.82	2.19
最大	197.10	271.18	159.36	327.00	60.19	72.38	20.92	23.22	5.40	6.98
最小	87.92	51.46	18.21	24.59	19.37	17.64	6.31	8.87	0.56	0.70

2）水沙过程

图 10-1 与图 10-2 分别为两系列各时段水量、沙量过程对比图。从图中可以看出，两系列 7 月份水量年际变化幅度相对不大，90 系列水量最小值与最大值分别为第 8 年的 9.7 亿 m³ 及第 13 年的 44.8 亿 m³，相应年份的沙量也分别为 17 年系列中的最小值与最大值，分别为 0.864 亿 t、6.173 亿 t；60 系列水量最小值与最大值，分别为第 4 年的 10.8 亿 m³ 与第 8 年的 60.3 亿 m³，而沙量与水量的最大值与最小值出现的年份不相应，沙量最大值为第 7 年的 9.844 亿 t，沙量最小值为第 11 年的 1.238 亿 t。与最大沙量相应的水量仅为 36.3 亿 m³，相应月均含沙量达 271.18 kg/m³。两系列 7 月份平均含沙量分别为 129.61 kg/m³、140.12 kg/m³。

两系列 8 月份水量年际变化幅度较大，90 系列水量最小值与最大值分别为第 2 年的

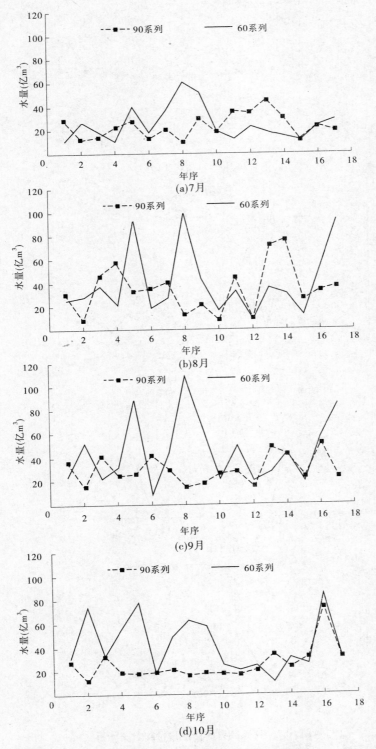

图 10-1   两系列各时段水量过程对比

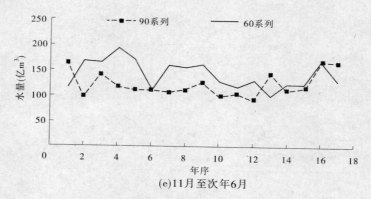

(e)11月至次年6月

续图 10-1

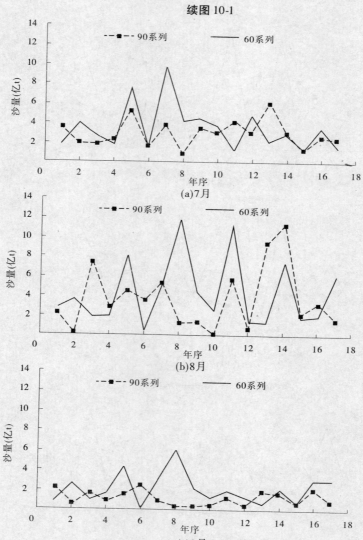

(a)7月

(b)8月

(c)9月

图 10-2　两系列各时段沙量过程对比

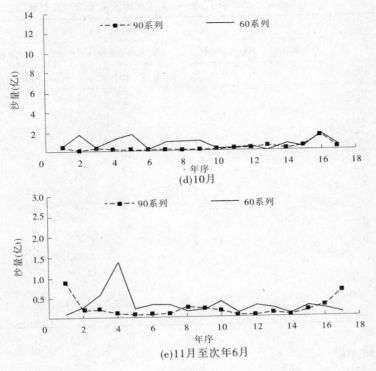

(d)10月

(e)11月至次年6月

续图 10-2

6.9 亿 m³ 与第 14 年的 77.8 亿 m³,沙量最大值与水量最大值出现的时段相应为 11.218 亿 t;60 系列水量最小值与最大值分别为第 8 年 100.3 亿 m³ 与第 12 年的 9.9 亿 m³。最大月均含沙量达 327 kg/m³,发生在第 11 年,相应的月水沙量分别为 33.7 亿 m³ 与 11.02 亿 t。两 17 年系列平均含沙量接近,分别为 104.99 kg/m³、106.20 kg/m³。

9 月份 90 系列水量年际变化不大,最小值为第 2 年的 15.4 亿 m³,最大值为第 16 年的 54.0 亿 m³。90 系列水量年际变化大,最小值为第 6 年的 8.6 亿 m³,最大值为第 8 年的 111.5 亿 m³。90 系列沙量平均值为 1.216 亿 t,最小值与最大值分别为 0.308 kg/m³、2.237 kg/m³;60 系列沙量平均值为 2.087 亿 t,最小值与最大值分别为 0.171 kg/m³、5.968 kg/m³。

10 月份 90 系列除第 16 年水量(73.7 亿 m³)较大外,其他时段量值变化不大。60 系列除第 13 年水量较为明显小于 90 系列相应值、个别年份两个系列值接近外,大多数年份大于 90 系列。两系列两个时段沙量均不大,量值接近。

非汛期 60 系列除个别年份外,历年水量基本上均大于 90 系列。两系列两个时段沙量均不大,量值接近。

表 10-11 为 90 系列与 60 系列 17 年入库流量分级对比表。从表中可以看出,两系列小于 400 m³/s 或小于 600 m³/s 出现的天数相差不大;600~2 600 m³/s 流量级 60 系列较 90 系列大幅度减少了 155 d,而相应增加了 2 600~4 000 m³/s 与大于 4 000 m³/s 流量级的时段,两者分别增加了 99 d 与 60 d。

表 10-11 两设计系列前 17 年 7～9 月入库流量分级频次对比

项目		流量级（m³/s）				
		$Q<400$	$400 \leqslant Q \leqslant 600$	$600<Q<2\,600$	$2\,600 \leqslant Q \leqslant 4\,000$	$Q>4\,000$
出现天数（d）		-7	3	-155	99	60
不同持续历时（d）出现的次数	1	1	8	9	2	5
	2	1	1	8	4	5
	3	3	1	-1	2	1
	4	-2	0	-2	-1	4
	5	-1	-1	-3	5	0
	6	0	-3	-1	-1	0
	7	1	2	-4	2	0
	8	3	1	4	0	1
	9	2	-1	-1	1	0
	10	0	0	1	0	1
	11～15	-1	0	-6	2	0
	16～20	-1	0	2	1	0
	>20	0	0	-1	0	0

注:差值 = 60 系列 - 90 系列。

10.1.3.2 初始地形

模型试验初始地形为 2007 年 10 月地形,库区淤积形态为三角洲,见图 10-3。

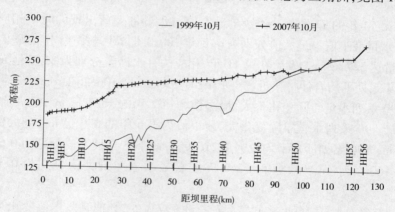

图 10-3 小浪底水库淤积纵剖面(深泓点)

淤积三角洲顶点距坝约 27.2 km,顶点高程 220.07 m。1997 年 10 月至 2007 年 11 月,小浪底水库全库区断面法淤积量为 23.946 亿 m³。其中,干流淤积量为 19.878 亿 m³,支流淤积量为 4.068 亿 m³,分别占总淤积量的 83% 和 17%。水库 275 m 高程下干流库容为 55.026 亿 m³,支流库容为 48.565 亿 m³,总库容为 103.591 亿 m³。

试验初始地形制作是在定床上铺制可能不动层(依据原型断面资料分析确定),之后,在此基础上自然淤制而成。自然淤制过程是采用一定的水沙系列条件逐步降低坝前水位来控制淤积部位,使得其形态及沿程泥沙颗粒组成尽可能接近自然条件。

10.1.3.3　出口控制

模型下边界条件由黄河勘测规划设计有限公司通过数学模型获得。为减少实体模型试验与数学模型计算之间的累积误差,以数学模型计算的坝前水位作为模型出口控制条件。数学模型提供的坝前水位为每时段(时间步长为 24 h)的初始水位,在试验过程中,将两个时段之间的水位变化控制为渐变过程,内插出 35 个控制节点,每个节点之间时间步长为 0.68 h。图 10-4 给出了模型试验控制水位与数模计算水位对比,可以看出,数学计算时段初水位约为 210 m,下一时段初水位约为 215 m,按两者为直线变化内插出 35 个控制节点,模型实际控制水位与控制节点水位略有偏差,但在水位变幅不太大的情况下,日平均水位基本可以满足试验精度要求,图 10-5 给出了方式一第 1 年主汛期逐日模型水位控制结果与设定值的对比,可以看出大多数时段模型控制精度较高。

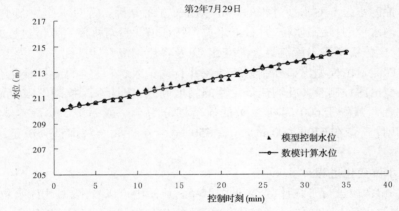

图 10-4　模型试验水位控制过程

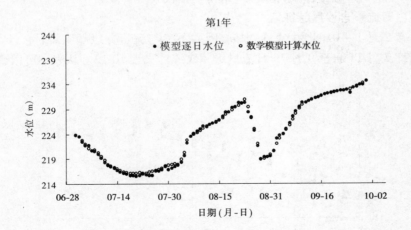

图 10-5　模型试验水位过程控制过程

泄流建筑物各孔洞分流比的调度原则为:当出库流量小于 800 m³/s 时,以电站泄流为主;当流量为 800 ~ 2 600 m³/s 时,原则上电站泄流量占出库总泄量的 70%,其他泄流建筑物泄流量占出库总泄量的 30%,但电站过流量不小于 800 m³/s 且不大于 1 500

m³/s;当流量大于 2 600 m³/s 时,电站过流量 1 500 m³/s,其他泄流建筑物使用原则依次为排沙洞、孔板洞、明流洞。以数学模型计算的出库流量与各孔洞的分流原则分配各泄水孔洞的泄流量,提交模型出口控制系统进行自动控制。

10.2　方式一试验结果

通过对系列年模型试验观测资料的整理,分析了方式一水库控制水位过程、对水沙过程的调节作用、库区干支流冲淤量及冲淤形态变化过程、库容变化过程、河势演变过程等指标。

10.2.1　水库调节效果

从水库控制水位与对水沙过程的调节作用两方面分析。针对水库控制水位方面,分析了历年月均水位、月最高水位、月最低水位等特征值。针对水库对水沙过程的调节作用方面,主要对比分析了进出库流量级的变化,以及各流量级水沙搭配。

由于出库流量由模型出口控制系统调控并自动记录,与设定的流量难免有一定的误差。考虑模型出库控制及各孔洞流量量测的精度问题,统计水库控制下限流量时向下浮动 10%。将小于或等于 600 m³/s 量级的流量划分为小于或等于 550 m³/s 与 550～600 m³/s 两级,出库流量在 550～600 m³/s(含 550 m³/s、600 m³/s),即认为满足了控制下限流量。

10.2.1.1　水位变化过程

对逐月、旬水位进行了统计,结果见图 10-6。从图中可以看出,月均库水位、月最高水位、月最低水位在第 1～20 年汛期有升有降,总的变化趋势是水位逐渐升高,变幅逐渐减小。在第 17 年塑槽过程中,库水位陡降,水位变幅较大。

10.2.1.2　出库流量含沙量特征值

考虑每年 7 月 1～10 日为水库补水期,因而不参与流量分级频次统计。小浪底水库模型试验入库 7 月 11 日至 9 月 30 日流量级频次统计见表 10-12。从表中可以看出,不大

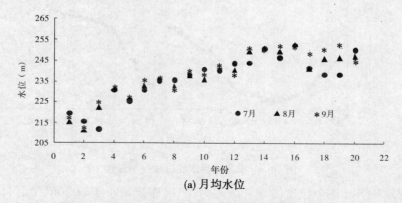

(a) 月均水位

图 10-6　方式一 20 年系列试验汛期特征水位变化过程

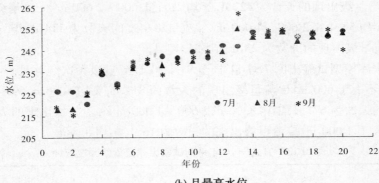

(b) 月最高水位

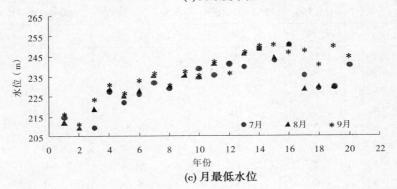

(c) 月最低水位

续图 10-6

表 10-12　方式一 20 年系列试验入库流量级频次统计

项目		流量级（m³/s）				
		$Q < 550$	$550 \leqslant Q \leqslant 600$	$600 < Q < 2\ 600$	$2\ 600 \leqslant Q \leqslant 4\ 000$	$Q > 4\ 000$
出现天数(d)		373	49	1 081	114	23
不同持续历时(d)出现的次数	1	17	29	19	23	4
	2	5	4	6	11	3
	3	4	1	8	1	3
	4	6	1	7	4	1
	5	3	1	7	2	0
	6	3	0	3	3	0
	7	3	0	8	0	0
	8	1	0	3	0	0
	9	0	0	6	1	0
	10	1	0	3	0	0
	11 ~ 15	5	0	12	1	0
	16 ~ 20	1	0	3	0	0
	> 20	5	0	16	0	0

于 600 m³/s 流量级出现的天数为 422 d,年均 21.1 d;600～2 600 m³/s 流量级出现的天数为 1 081 d,年均 54.1 d;2 600～4 000 m³/s 流量级出现的天数为 114 d,年均 5.7 d;大于 4 000 m³/s 流量级出现的天数为 23 d,年均 1.15 d。

小浪底水库模型试验出库 7 月 11 日至 9 月 30 日流量级频次统计见表 10-13。从表中可以看出,不大于 600 m³/s 流量级出现的天数为 811 d,年均 40.6 d;600～2 600 m³/s 流量级出现的天数为 671 d,年均 33.6 d;2 600～4 000 m³/s 流量级出现的天数为 142 d,年均 7.1 d;大于 4 000 m³/s 流量级出现的天数为 16 d,年均 0.8 d。

表 10-13 方式一 20 年系列试验出库流量级频次统计

项目		流量级(m³/s)				
		$Q < 550$	$550 \leq Q \leq 600$	$600 < Q < 2\,600$	$2\,600 \leq Q \leq 4\,000$	$Q > 4\,000$
出现天数(d)		313	498	671	142	16
不同持续历时(d)出现的次数	1	35	40	53	51	5
	2	5	36	13	6	1
	3	9	13	8	9	3
	4	2	10	7	1	0
	5	3	4	6	1	0
	6	4	6	2	4	0
	7	2	7	6	0	0
	8	2	1	3	1	0
	9	0	2	6	0	0
	10	1	0	2	0	0
	11～15	2	6	7	1	0
	16～20	1	0	7	0	0
	>20	4	4	5	0	0

表 10-14 给出了 7 月 11 日至 9 月 30 日水库调节前后各级流量变化情况。调节后不大于 600 m³/s 流量级出现的天数增加了 389 d,年均增加 19.5 d,增加的应为入库流量小于 600 m³/s 时,通过水库补水增加至 600 m³/s 的时段;600～2 600 m³/s 流量级出现的天数减少了 410 d,年均减少 20.5 d;2 600～4 000 m³/s 较大流量级出现的天数增加了 28 d,年均增加 1.4 d;大于 4 000 m³/s 流量级出现的天数减少了 7 d,年均减少 0.35 d,减小了黄河下游滩区的漫滩风险。

表 10-15 分别统计了小浪底入库、出库不同流量级水量及其挟带的沙量,并对入库、出库水沙特征进行了比较。入库与出库,流量小于 550 m³/s 量级的时段,平均流量分别为 352 m³/s 和 353 m³/s,该流量级水流平均含沙量分别为 50.3 kg/m³ 和 48.6 kg/m³;流量大于 2 600 m³/s 量级的时段,平均流量分别为 3 432 m³/s 和 3 362 m³/s,平均含沙量分别为 126.8 kg/m³ 和 72.6 kg/m³。水库调节前后,流量小于 550 m³/s 量级出现的天数减少 60 d,相应水量减少 18.2 亿 m³,相应沙量减少 1.07 亿 t;流量在 2 600～4 000 m³/s 量级出现的天数增加 28 d,相应水量增加 78.3 亿 m³,相应沙量减少 12.46 亿 t。

表 10-14　方式一 20 年系列试验进出库流量级频次比较

项目		流量级（m³/s）				
		$Q<550$	$550 \leqslant Q \leqslant 600$	$600<Q<2\,600$	$2\,600 \leqslant Q \leqslant 4\,000$	$Q>4\,000$
出现天数（d）		-60	449	-410	28	-7
不同持续历时（d）出现的次数	1	18	11	34	28	1
	2	0	32	7	-5	-2
	3	5	12	0	8	0
	4	-4	9	0	-3	-1
	5	0	3	-1	-1	0
	6	1	6	-1	1	0
	7	-1	7	-2	0	0
	8	1	1	0	1	0
	9	0	2	0	-1	0
	10	0	0	-1	0	0
	11~15	-3	6	-5	0	0
	16~20	0	0	4	0	0
	>20	-1	4	-11	0	0

注：出库减入库，"-"值为减少。

表 10-15　方式一 20 年系列试验入库、出库水沙特征值对比

项目		流量级（m³/s）				
		$Q<550$	$550 \leqslant Q \leqslant 600$	$600<Q<2\,600$	$2\,600 \leqslant Q \leqslant 4\,000$	$Q>4\,000$
入库	天数（d）	373	49	1 081	114	23
	水量（亿 m³）	113.6	24.5	1 186.1	309.5	96.7
	沙量（亿 t）	5.71	1.24	85.85	38.78	12.73
	流量（m³/s）	352	579	1 270	3 142	4 866
	含沙量（kg/m³）	50.3	50.6	72.4	125.3	131.6
出库	天数（d）	313	498	671	142	16
	水量（亿 m³）	95.4	257.5	812	387.8	71.15
	沙量（亿 t）	4.64	8.77	57.8	26.32	6.99
	流量（m³/s）	353	598	1 401	3 161	5 147
	含沙量（kg/m³）	48.6	34.1	71.2	67.9	98.2
差值＝出库-入库	天数（d）	-60	449	-410	28	-7
	水量（亿 m³）	-18.2	233	-374.1	78.3	-25.55
	沙量（亿 t）	-1.07	7.53	-28.05	-12.46	-5.74

总体来看，水库调节使出库流量过程有所改善但并不明显，大于 2 600 m³/s 流量级出

现的天数有所增加,但增加的大多是短历时过程,难以有效发挥对黄河下游河道的造床作用。其主要原因之一是水库调控库容小,而且有相当一部分库容分布在支流,往往不能有效地参与水库正常的调水调沙。

因水库调度是基于三门峡、黑石关、武陟三站的总流量,即进入黄河下游河道的流量,严格来讲,水库对流量过程的调节效果应该对比三站的流量过程才能更为准确地反映水库调度的作用。

10.2.2 库区冲淤量变化

10.2.2.1 沙量平衡法

20年系列出库沙量、冲淤量、排沙比见表10-16。20年入库沙量170.835亿t,出库沙量110.330亿t,淤积量60.505亿t,20年系列年平均入库沙量8.542亿t,出库沙量5.517亿t,平均排沙比64.6%。历年水库排沙比与主汛期的来水量呈正比,且总体呈增大趋势。第1年库区蓄水量较大,主汛期大多为异重流排沙。第2年7~9月入库水量仅33.9亿m³,为该系列主汛期平均水量的36.8%,约80%的时段入库流量小于600 m³/s,因此水库长期处于低水位210 m运行状态,加之第1年异重流淤积干容重小,极易滑动,水库冲刷0.932亿t。水库运用至第17年,转入"淤滩刷槽"阶段,水库遇较大流量时水位大幅度下降,最低至水库正常运用期的最低水位230 m,库区由累积淤积趋势转为冲刷,水库排沙比达139.3%。第19年为该系列水沙量均最大的一年,其中7~9月水量、沙量分别为225.4亿m³和17.05亿t,分别为20年系列平均值的244.8%与218.0%。较大流量遭遇坝前蓄水状态,形成了库区上段河槽大幅度下切展宽与下段的淤积抬升状态,总体表现为冲刷但量值较小。

表10-16 方式一20年系列试验历年冲淤量统计

年序	入库沙量（亿t）	出库沙量（亿t）	冲淤量（亿t）	排沙比（%）	年序	入库沙量（亿t）	出库沙量（亿t）	冲淤量（亿t）	排沙比（%）
1	9.263	3.366	5.897	36.3	12	4.428	1.948	2.480	44.0
2	3.075	4.007	-0.932	130.3	13	17.995	9.031	8.964	50.2
3	11.553	6.499	5.054	56.3	14	16.385	13.549	2.836	82.7
4	6.162	2.712	3.450	44.0	15	4.519	3.284	1.235	72.7
5	11.655	5.421	6.234	46.5	16	9.945	6.379	3.566	64.1
6	7.828	3.354	4.474	42.8	17	5.793	8.071	-2.278	139.3
7	10.476	5.485	4.991	52.4	18	6.81	2.772	4.038	40.7
8	2.72	1.423	1.297	52.3	19	18.847	19.977	-1.130	106.0
9	5.515	2.524	2.991	45.8	20	2.386	2.145	0.241	89.9
10	3.95	1.019	2.931	25.8	平均	8.542	5.517	3.025	64.6
11	11.53	7.362	4.168	63.9	合计	170.835	110.330	60.505	

由入库与出库悬移质泥沙级配测验资料分析计算库区淤积物组成,见表10-17。库区淤积粗沙($d>0.05$ mm)、中沙(0.025 mm$\leq d\leq0.05$ mm)、细沙($d<0.025$ mm)量分别为18.164亿t、19.495亿t、22.846亿t,分别占淤积物总量的30.02%、32.22%、37.76%。

表10-17 方式一20年系列试验库区淤积物组成统计

库区淤积量(亿t)				占淤积物总量(%)			
粗沙	中沙	细沙	总量	粗沙	中沙	细沙	总量
18.164	19.495	22.846	60.505	30.02	32.22	37.76	100

10.2.2.2 断面法

在小浪底水库2007年10月地形的基础上进行20年系列模型试验,系列年试验期间,干流淤积38.962亿m³,支流淤积12.476亿m³,淤积总量达到51.438亿m³,历年干支流淤积量以及累积淤积量见表10-18。

表10-18 方式一20年系列试验历年干支流冲淤量统计　　　　（单位:亿m³）

年序	历年			累积		
	干流	支流	总量	干流	支流	总量
1	3.887	1.13	5.017	3.887	1.13	5.017
2	−0.664	0.053	−0.611	3.223	1.183	4.406
3	3.632	1.28	4.912	6.855	2.463	9.318
4	2.158	0.389	2.547	9.013	2.852	11.865
5	5.196	1.688	6.884	14.209	4.54	18.749
6	3.865	0.75	4.615	18.074	5.29	23.364
7	3.376	0.931	4.307	21.45	6.221	27.671
8	0.926	0	0.926	22.376	6.221	28.597
9	1.718	0.684	2.402	24.094	6.905	30.999
10	2.5	0.31	2.81	26.594	7.215	33.809
11	2.747	0.713	3.46	29.341	7.928	37.269
12	1.481	0.214	1.695	30.822	8.142	38.964
13	5.489	1.819	7.308	36.311	9.961	46.272
14	1.715	0.562	2.277	38.026	10.523	48.549
15	0.500	0	0.500	38.526	10.523	49.049
16	1.141	1.209	2.35	39.667	11.732	51.399
17	−2.433	0.29	−2.143	37.234	12.022	49.256
18	1.615	0.167	1.782	38.849	12.189	51.038
19	−0.794	0.169	−0.625	38.055	12.358	50.413
20	0.907	0.118	1.025	38.962	12.476	51.438
年均	1.948	0.624	2.572			

20 年系列试验之后,相对于原始库容,库区干流淤积 58.840 亿 m³,支流淤积 16.544 亿 m³,淤积总量达 75.384 亿 m³。

表 10-19 及图 10-7 给出了干支流淤积物垂向分布情况。

表 10-19 方式一 20 年系列试验结束库区淤积分布

高程 (m)	淤积量(亿 m³)			高程 (m)	淤积量(亿 m³)		
	干流	支流	总量		干流	支流	总量
145	0.212	0	0.212	215	20.029	6.204	26.233
150	0.443	0.004	0.447	220	23.263	7.550	30.813
155	0.812	0.015	0.827	225	26.714	9.063	35.777
160	1.326	0.040	1.366	230	30.365	10.403	40.768
165	2.042	0.091	2.133	235	34.283	11.842	46.125
170	2.971	0.194	3.165	240	38.471	13.109	51.580
175	4.053	0.364	4.417	245	42.907	14.197	57.104
180	5.292	0.611	5.903	250	47.557	15.185	62.742
185	6.701	0.956	7.657	255	51.822	15.724	67.546
190	8.289	1.411	9.700	260	55.445	16.057	71.502
195	10.084	1.995	12.079	265	57.922	16.297	74.219
200	12.093	2.751	14.844	270	58.824	16.556	75.380
205	14.393	3.686	18.079	275	58.840	16.544	75.384

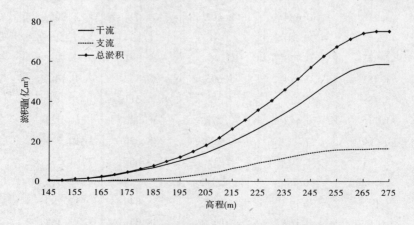

图 10-7 方式一 20 年系列试验结束库区淤积分布

表 10-20 统计了 20 年系列历年沙量平衡法与断面法库区冲淤量及其两者的对比结果,可以看出两者历年的冲淤变化趋势一致。两者的比值有一定的变化幅度,同时可以看

出两者累积量的比值有逐步增大的趋势,反映了淤积物逐步密实的效果。

表 10-20　方式一 20 年系列试验库区沙量平衡法与断面法冲淤量对比

年序	沙量平衡法（亿 t）		断面法（亿 m³）		沙量平衡法/断面法	
	历年	累积	历年	累积	历年	累积
1	4.717	4.717	5.017	5.017	0.940	0.940
2	−0.050	4.667	−0.611	4.406	0.082	1.059
3	4.779	9.446	4.912	9.318	0.973	1.014
4	3.718	13.164	2.547	11.865	1.460	1.109
5	6.309	19.473	6.884	18.749	0.916	1.039
6	4.439	23.912	4.616	23.365	0.962	1.023
7	4.964	28.876	4.307	27.672	1.153	1.044
8	1.220	30.096	0.926	28.598	1.317	1.052
9	3.031	33.127	2.402	31.000	1.262	1.069
10	2.942	36.069	2.810	33.810	1.047	1.067
11	4.131	40.200	3.460	37.270	1.194	1.079
12	2.450	42.650	1.695	38.965	1.445	1.095
13	8.690	51.340	7.308	46.273	1.189	1.110
14	3.170	54.510	2.277	48.550	1.392	1.123
15	0.888	55.398	0.500	49.050	1.776	1.129
16	3.189	58.587	2.350	51.400	1.357	1.140
17	−2.313	56.274	−2.143	49.257	1.080	1.142
18	3.116	59.390	1.782	51.039	1.749	1.164
19	−0.326	59.064	−0.625	50.414	0.522	1.172
20	1.000	60.064	1.026	51.440	0.975	1.168

注:两种方法历年统计时段均统一为 10 月 1 日至翌年 9 月 30 日。

10.2.3　淤积形态变化

10.2.3.1　干流淤积形态

1. 纵剖面

水库调水调沙过程中,水位的变化过程使得泥沙在水库淤积总是不均匀的,相应其淤积形态会不断地调整。图 10-8 与图 10-9 给出了典型年库区干流汛后纵剖面深泓点套绘图。

系列年初始边界条件采用 2007 年 10 月地形,淤积形态为三角洲。三角洲顶点距坝

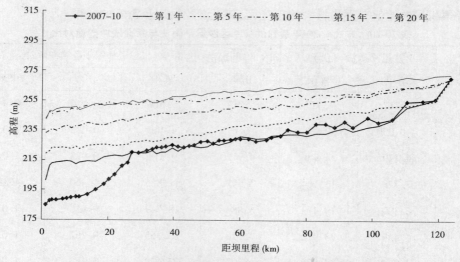

图 10-8　方式一库区干流汛后纵剖面变化过程(深泓点)

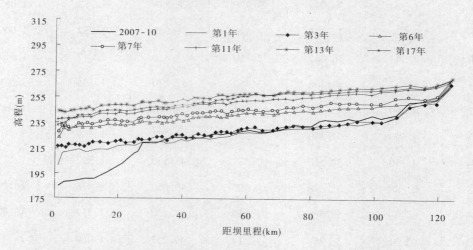

图 10-9　方式一系列年试验地形变化幅度较大年份干流汛后纵剖面(深泓点)

约 27.2 km,顶点高程 220.07 m。在库区三角洲洲面水流往往接近均匀流,三角洲顶点以下的前坡段,水深陡增,流速骤减,水流挟沙力急剧下降,处于超饱和状态,大量泥沙在此落淤,使三角洲洲体随库区淤积量的增加而不断向坝前推进。系列年试验至第 1 年坝前控制水位较低,最低日平均水位为 212.14 m,与三角洲向坝前的推进过程同步进行的是,三角洲洲面产生了一定幅度的冲刷下降。第 1 年试验结束时,干流淤积形态已基本由三角洲转化为锥体,仅在坝前存在冲刷漏斗。

　　水库运用过程中,河床纵剖面总体呈同步抬升趋势,在部分年份地形调整剧烈。表 10-21 给出了具有代表性的库段(距坝 105.85 km 的 HH52 断面至距坝 1.32 km 的 HH1 断面)历年河床纵比降调整过程。

　　系列年试验过程干流纵比降较大年份:第 1 年是三角洲向坝前推进过程,虽然库区中上段有所冲刷,但水库运用水位较低决定了库区下段沿程淤积面较低,使得纵剖面比降较大;第 2 年水库控制水位较第 1 年更低,长时段控制在 210 m,坝前局部库段淤积面有所降低,纵比降较第 1 年有所增加;第 12 年在 8 月份较高含沙量的小流量过程,使库区上段淤积较多,纵向调整不均匀;第 17 年开始水库进入淤滩刷槽阶段,纵比降明显增大至历年最大值 3.13‰;第 18 年库区纵比降较大是受前期地形的影响,库区下段普遍抬升使得纵比降与第 17 年相比有所降低。系列年试验过程纵比降较小年份:第 19 年遭遇 20 年系列中丰水丰沙年,库区中上段长历时大流量的沿程冲刷河床降低,与坝前段的壅水淤积河床抬升的共同影响,使库区纵比降明显下降至系列年中最低值 1.75‰。第 15 年汛期坝前段滩面高程达到 254 m,且水库累积淤积量基本接近 75.5 亿 m³,则拦沙期结束转入正常运用期。

表 10-21   方式一 20 年系列试验历年干流河床纵比降

年序	1	2	3	4	5	6	7	8	9	10
比降(‰)	2.98	3.03	2.31	2.84	2.93	2.21	2.32	2.75	2.51	2.60
年序	11	12	13	14	15	16	17	18	19	20
比降(‰)	2.36	2.80	2.37	1.93	2.00	1.85	3.13	2.45	1.75	1.85

2.横断面

横断面总体表现为同步淤积抬升趋势。图 10-10 给出了部分横断面套绘图。20 年系列试验过程结束时,图 10-10 中 HH1 断面滩面高程已达 252 m 以上。

河槽形态取决于水沙过程,长时期的小流量过程使河槽逐步萎缩,历时较大流量随着河槽下切展宽,河槽过水面积显著扩大。在较为顺直的狭窄库段,一般水沙条件下为全断面过流,如 HH19 断面—HH16 断面的八里胡同库段(图 10-10 中 HH17 断面)。在河床较宽库段往往形成滩槽,如图 10-10 中 HH29、HH37 等断面。

在库区上段河床狭窄,但河势受两岸山体的制约蜿蜒曲折,当主流紧贴一岸时,在对岸仍有形成滩地的可能,如图 10-10 中 HH44 断面,基本处于弯顶处,主流稳定在左岸,流量较大时河槽以大幅度的下切为主。HH48 断面河谷相对较宽,虽然河槽横向展宽受上下游山嘴的制约,但遇大流量时,河槽在展宽与下切的同时得到大幅度的扩展。HH52 断面上下游较为顺直且河谷狭窄仅约 300 m,未能形成滩地。

系列年试验中大部分时段与库段河槽位置相对固定,只是随流量的变化,河槽形态发生调整或略有位移,如 HH37 断面以上、HH29 断面—HH27 断面、HH23 断面—HH14 断面、HH10 断面—HH9 断面的库段,如图 10-11 中 HH9 断面河槽稳定在右岸,其余库段河槽往往发生大幅度的位移,特别是坝前库,在水库调水调沙运用过程中,库水位变动幅度较大且频繁,输沙流态随之发生变化,地形在冲刷与淤积之间转换过程中,极易发生河槽位移,如图 10-11 中 HH1 断面。在 HH36 断面—HH30 断面往往是非汛期泥沙淤积的部位,在淤积过程中河槽被部分或全部掩埋,在翌年汛前降水过程中,河槽出现的位置受上下游河势的变化等因素的影响,往往具有随机性。此外,该库段断面宽阔,一般为 2 000 ~ 2 500 m,在持续小流量年份,河槽萎缩,滩地形成横比降,突遇较大流量时极易发生河槽位移,如图 10-11 中 HH33 断面,河槽沿横断面发生频繁且大幅度位移,20 年系列中,从初

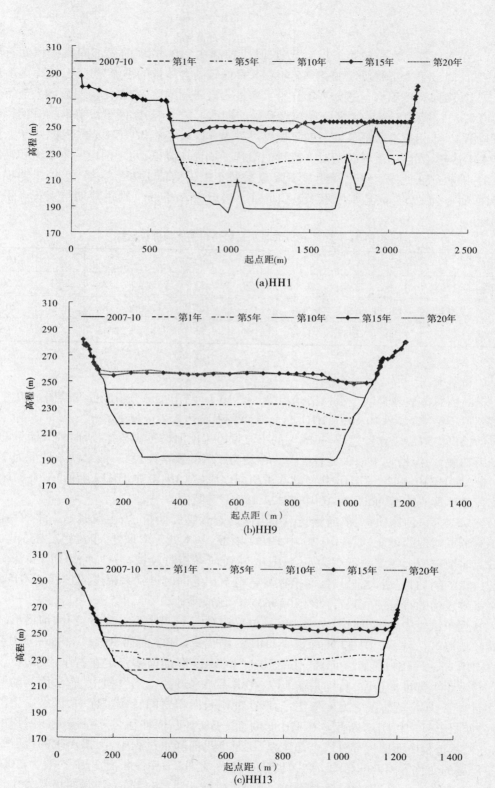

图 10-10 方式一系列年试验横断面套绘图

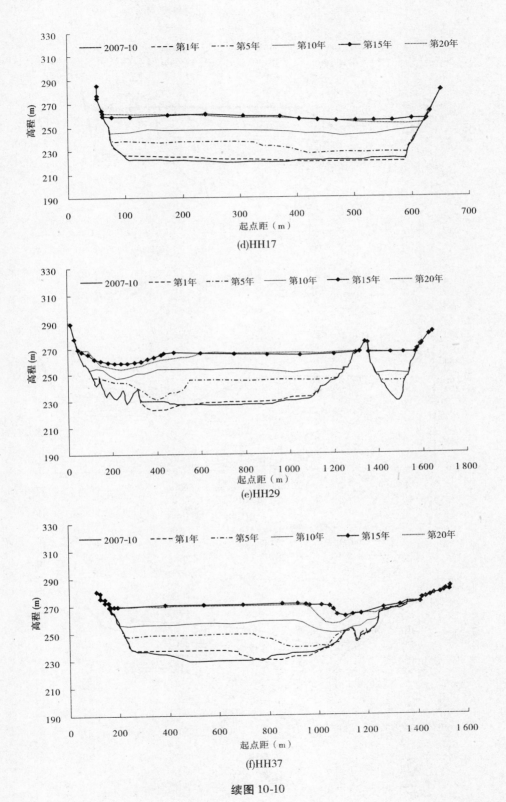

(d)HH17

(e)HH29

(f)HH37

续图 10-10

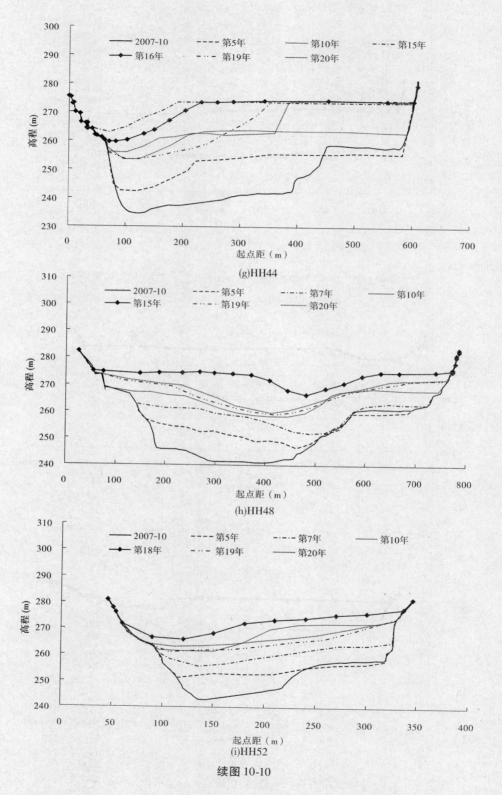

(g)HH44

(h)HH48

(i)HH52

续图 10-10

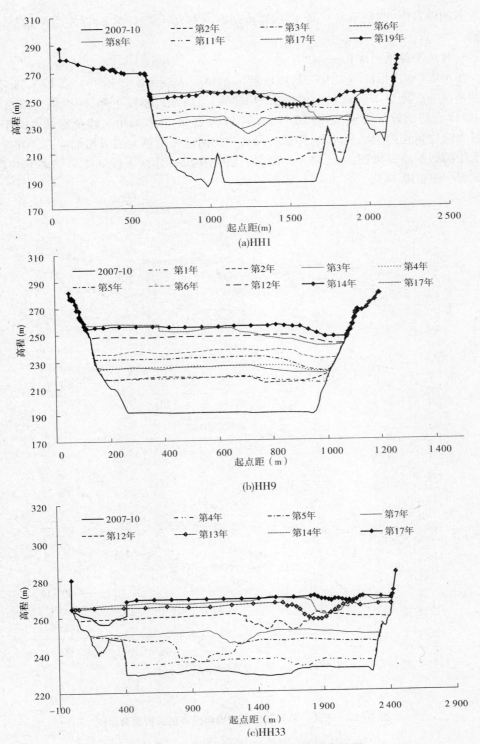

图 10-11　方式一系列年试验典型断面套绘图

始状态的偏右岸,调整至偏左岸,之后逐步向右岸移动。第17年时在左岸滩地拉出一条河槽。

3. 特殊年份地形变化

在水库"逐步抬高"运用阶段,库区地形总体上表现为同步抬升。第17年水库坝前控制水位一度降至230 m,坝前段河槽范围淤积面高程大幅度下降,库区纵比降增大(见图10-12),塑槽效果明显(见图10-13)。第19年是20年系列中水沙量均最大的年份,长历时大流量过程产生沿程冲刷,库区上段狭窄的河槽获得更大的下切幅度,而坝前段受控制水位的影响略有淤积,纵比降明显变缓(见图10-12),库区上段河床下切展宽的造床作用显著(见图10-14)。

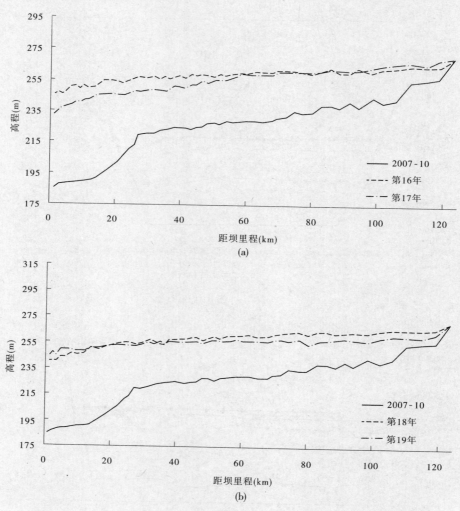

(a)

(b)

图 10-12　方式一系列年试验特殊年份库区纵剖面套绘图

10.2.3.2　支流淤积形态

小浪底库区支流仅有少量的推移质入库,可忽略不计,所以支流的淤积主要为干流来

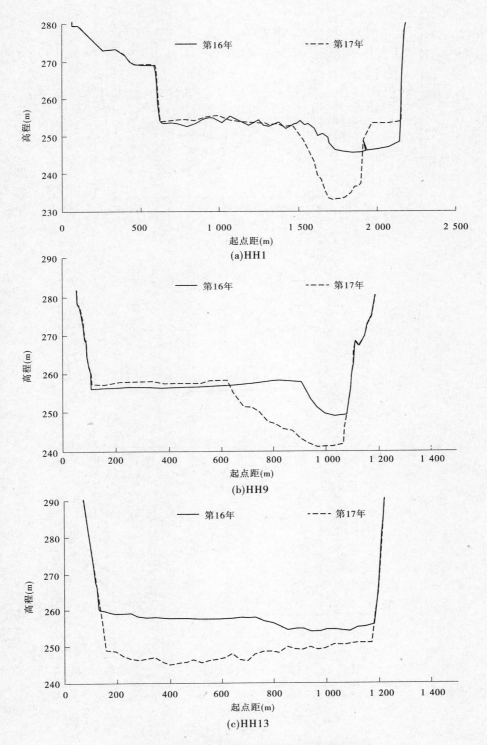

图 10-13　方式一系列年试验第 17 年断面套绘图

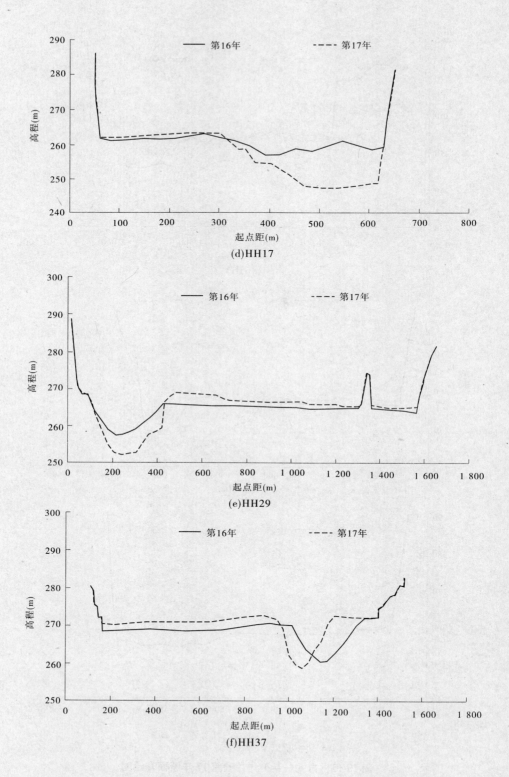

(d)HH17

(e)HH29

(f)HH37

续图 10-13

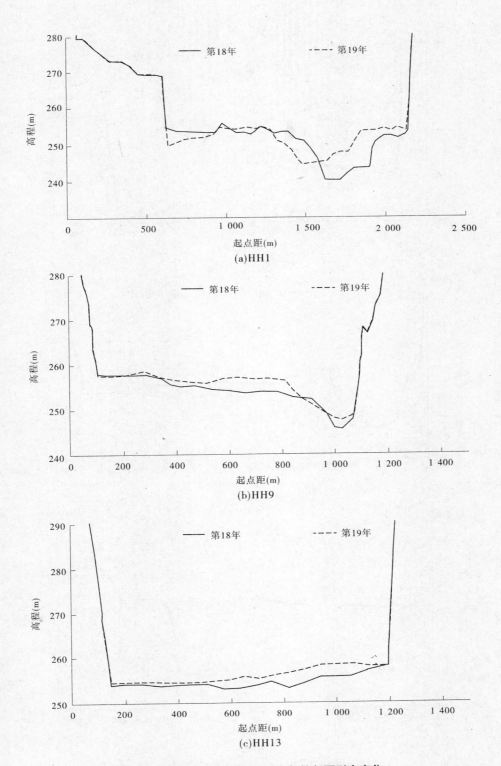

图 10-14 方式一系列年试验丰水年份断面形态变化

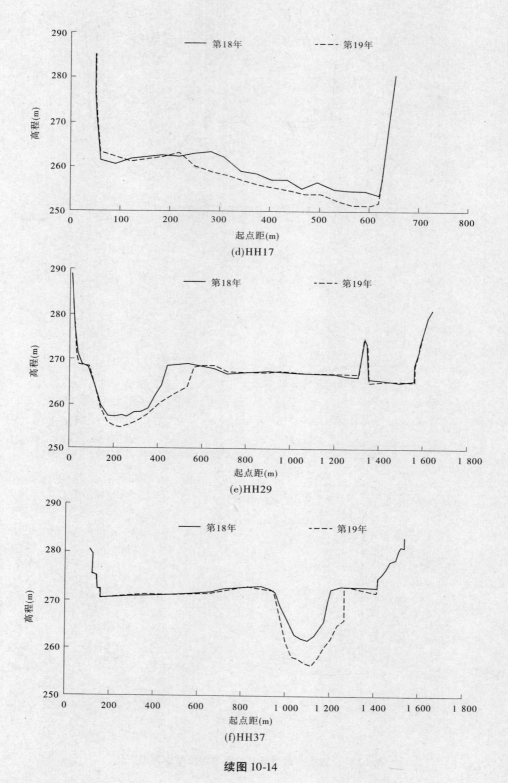

(d)HH17

(e)HH29

(f)HH37

续图 10-14

沙倒灌所致。随着试验的进行,支流淤积形态不断变化,逐渐形成倒比降,且愈加显著。图 10-15、图 10-16 给出了部分支流的纵横断面套绘图。

支流相当于干流河床的横向延伸,当干流处于淤积三角洲顶点以下,为异重流淤积状态时,干流河床基本为水平抬升,相应支流口门淤积较为平整,只是由于泥沙沿程分选淤积,支流河床纵剖面沿水流流向呈现一定的坡降。当干流处于淤积三角洲洲面时,河床塑造出明显的滩槽,支流拦门沙相当于干流的滩地。

支流河床倒灌淤积过程与天然的地形条件(支流口门的宽度)、干支流交汇处干流的淤积形态(有无滩槽或滩槽高差,河槽远离或贴近支流口门)、来水来沙过程(历时、流量、含沙量)等因素密切相关。

距坝约 18 km 的支流畛水,原始库容达 17.672 亿 m³,275 m 高程回水长度达 20 km 以上,按设计的淤积形态,淤积末端距沟口约 18 km。畛水沟口断面狭窄约 600 m,干流水沙侧向倒灌进入畛水时过流宽度小,意味着进入畛水的沙量少。畛水上游地形开阔,如距口门约 3 km 处,河谷宽度达 2 500 m 以上,进入支流的水沙沿流程过流宽度骤然增加,流速迅速下降,挟沙力大幅度减小,泥沙沿程大量淤积,倒灌进入畛水的浑水离口门越远,挟带的沙量越少,而过流(铺沙)宽度大,这是畛水内部淤积面抬升幅度小的根本原因。随着干流河床淤积面的不断抬高,支流淤积面抬升缓慢,使得干支流淤积面高差呈逐年增加的趋势。

与畛水地形不同的是距坝约 22.1 km 的支流石井河,原始库容为 4.804 亿 m³,275 m 高程回水长度约 10 km,沟口宽度大于 2 000 m,向上游过流宽度逐渐缩窄,距沟口约 2 700 m 处,河谷宽度缩窄至 500 m 左右。地形条件使干流水沙倒灌量值大,支流内部铺沙宽度逐步减少,与支流畛水相比,河床抬升速度快。

当支流库容较小时,支流淤积速度较快。例如,大交沟原始库容仅 0.621 亿 m³,275 m 高程回水长度不足 5 km,泥沙填充速度相对较快。

支流纵剖面的变化过程还反映出,即使水库拦沙期基本结束,干流河床处于动平衡状

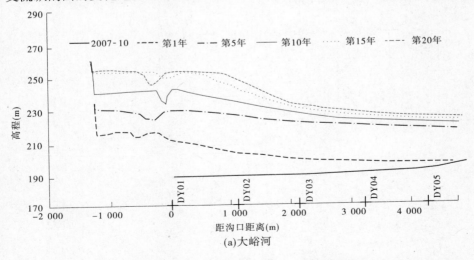

图 10-15 方式一系列年试验典型支流纵剖面套绘图

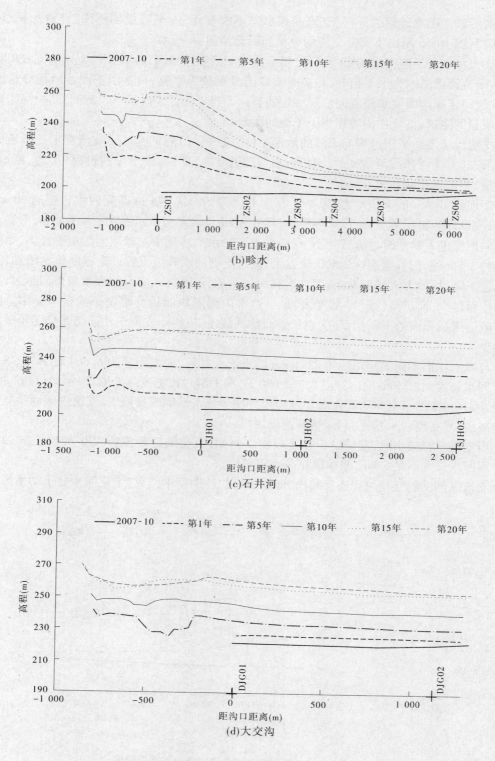

(b)畛水

(c)石井河

(d)大交沟

续图 10-15

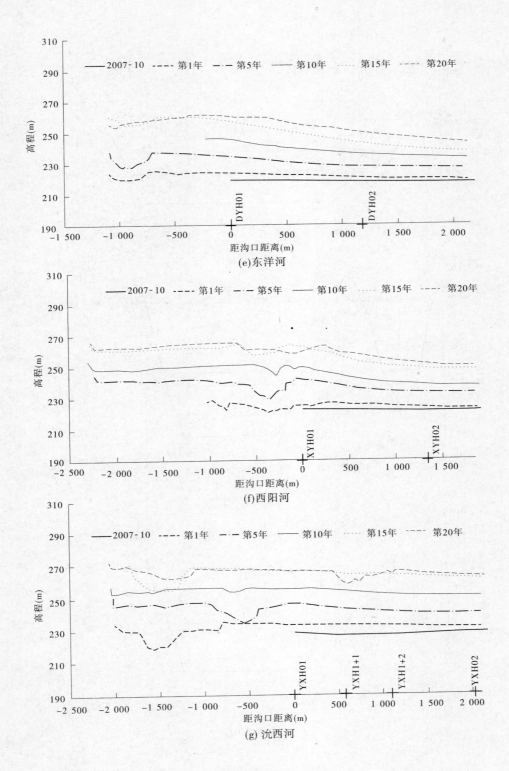

(e)东洋河

(f)西阳河

(g)沆西河

续图 10-15

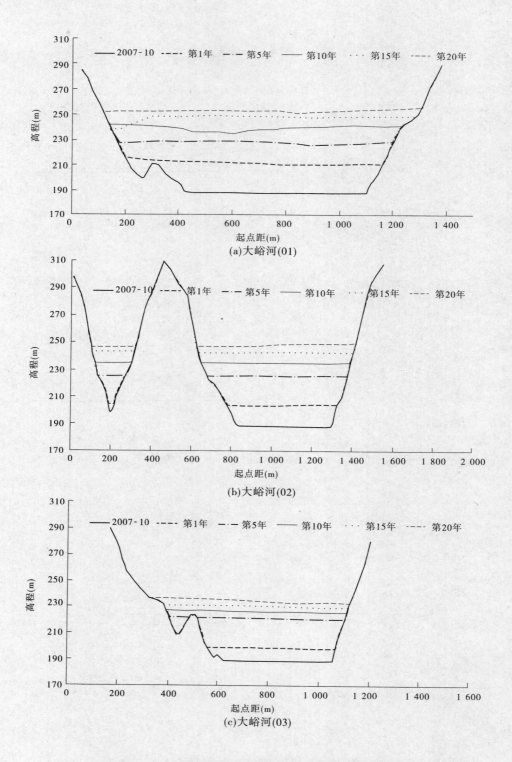

图 10-16　方式一系列年试验典型支流横断面套绘图

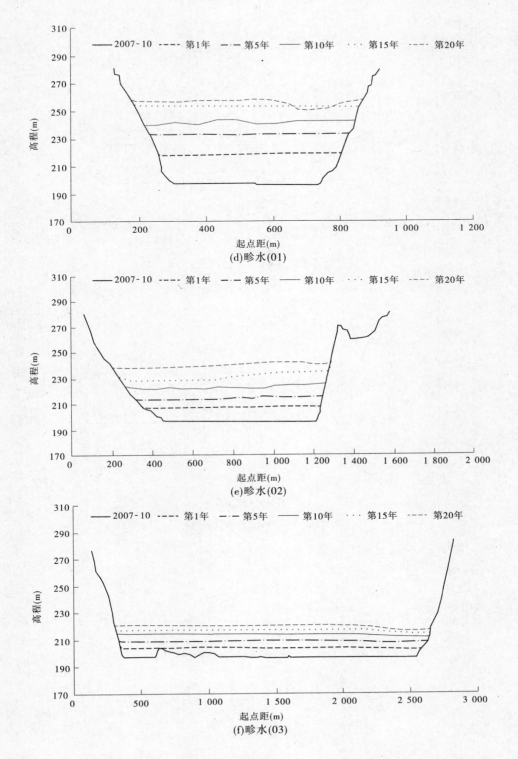

(d)畛水(01)

(e)畛水(02)

(f)畛水(03)

续图 10-16

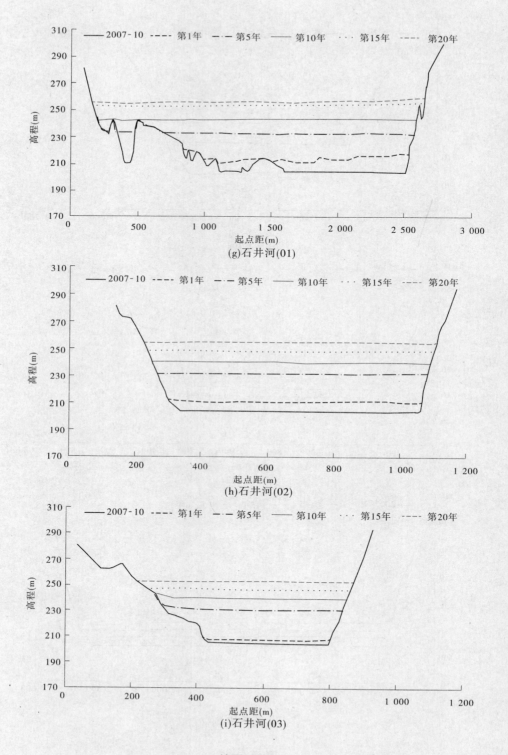

(g)石井河(01)

(h)石井河(02)

(i)石井河(03)

续图 10-16

态,支流仍会随浑水倒灌而缓慢抬升。

支流横断面淤积形态大多是平行抬升,见图10-16。当干流河床大幅度下降时,在支流近口门处,淤积面会随之降低,如距坝约4 km的支流大峪河,经历第17年降水冲刷后01断面河床降低10 m以上,与之相距1 100 m的02断面河床略有降低。

同时,认为试验过程中支流畛水倒比降突出的问题应该是反映了一种最为不利的状态:其一,枯水系列不利于支流倒灌淤积;其二,在时间序列里是最不利的状态;其三,干流河势不利于支流倒灌淤积;其四,试验过程中削弱了支流来水的作用。

10.2.4 库容变化

随着水库淤积的发展,水库库容也随之变化,图10-17、表10-22给出了20年系列试验结束后的库容。

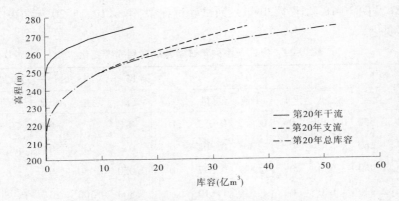

图10-17 方式一系列试验第20年汛后库容曲线

表10-22 20年试验结束后各级高程库容 （单位:亿m³）

高程(m)	干流库容	左支库容	右支库容	支流库容	总库容
205	0	0	0	0	0
210	0	0	0	0	0
215	0	0	0	0	0
220	0	0	0.280	0.280	0.280
225	0	0.030	0.710	0.740	0.740
230	0	0.220	1.460	1.680	1.680
235	0	0.560	2.330	2.890	2.890
240	0	1.150	3.550	4.700	4.700
245	0.004	2.090	5.060	7.150	7.154
250	0.068	3.430	6.800	10.230	10.298
255	0.693	5.180	9.040	14.220	14.913

高程（m）	干流库容	左支库容	右支库容	支流库容	总库容
260	2.237	7.180	11.440	18.620	20.857
265	5.220	9.660	14.460	24.120	29.340
270	10.073	12.350	17.320	29.670	39.743
275	16.064	15.624	20.465	36.089	52.153

水库 275 m 高程全库总库容为 52.153 亿 m³,其中干流库容为 16.064 亿 m³,左支流库容为 15.624 亿 m³,右支流库容为 20.465 亿 m³,254m 高程以上库容 38.410 亿 m³,扣除了支流拦门沙高程以下库容,254 m 高程以上防洪库容为 38.013 亿 m³。

表 10-23 及图 10-18 给出了 20 年系列试验过程中,第 5、10、15、20 年结束时,干流、支流及总库容变化。

表 10-23　方式一系列年试验各级高程库容变化　　　　　　（单位:亿 m³）

高程 (m)	第 5 年			第 10 年			第 15 年			第 20 年		
	干流	支流	总量	干流	支流	总量	干流	支流	总量	干流	支流	总量
205	0.080	0.550	0.630	0	0.053	0.053	0	0	0	0	0	0
210	0.410	1.160	1.570	0	0.308	0.308	0	0	0	0	0	0
215	0.990	1.960	2.950	0	0.897	0.897	0	0.050	0.050	0	0	0
220	1.720	2.920	4.640	0	1.610	1.610	0	0.500	0.500	0	0.280	0.280
225	2.710	4.170	6.880	0	2.660	2.660	0	1.150	1.150	0	0.740	0.740
230	4.200	5.770	9.970	0	4.150	4.150	0	2.260	2.260	0	1.680	1.680
235	6.200	7.880	14.080	0.001	6.050	6.051	0	3.800	3.800	0	2.890	2.890
240	8.480	10.660	19.140	0.360	8.660	9.020	0	5.740	5.740	0	4.700	4.700
245	11.400	14.000	25.400	1.500	11.720	13.220	0.070	8.520	8.590	0.004	7.150	7.154
250	14.680	17.760	32.440	3.140	15.490	18.630	0.150	11.910	12.060	0.068	10.230	10.298
255	18.740	22.180	40.920	6.270	19.740	26.010	0.580	15.970	16.550	0.693	14.220	14.913
260	23.730	26.890	50.620	11.260	24.330	35.590	2.480	20.680	23.160	2.237	18.834	21.071
265	29.290	32.290	61.580	16.850	29.800	46.650	5.780	26.110	31.890	5.220	24.010	29.230
270	34.850	37.920	72.770	22.450	35.280	57.730	10.590	31.630	42.220	10.073	29.670	39.743
275	40.817	44.026	84.843	28.432	41.351	69.783	16.500	38.042	54.542	16.064	36.089	52.153

20 年系列试验过程,库区的冲淤变化主要发生在干流,从表 10-23 可看出,库容淤损主要是干流库容的减少。表 10-24 统计了历年干支流库容淤损量及其比例,可以看出,除库区冲刷使得总库容有所增大的年份外,干流淤损量小于 80% 的年份,往往是主汛期水

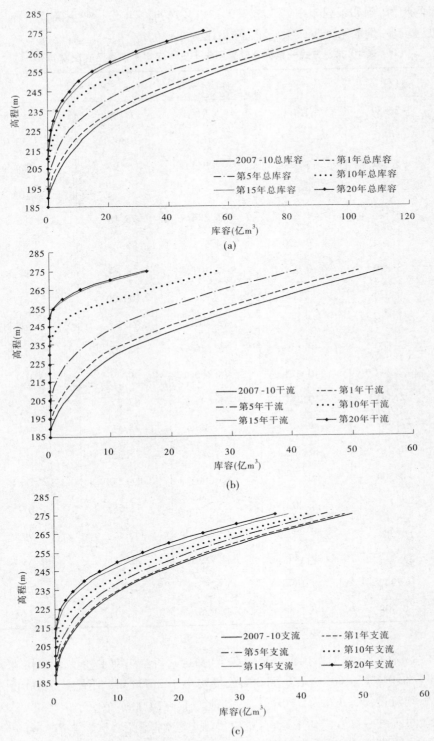

(a)

(b)

(c)

图 10-18　方式一系列年试验 5 年间隔库容曲线

沙量较大的年份,例如系列年中第 3、5、7、9、13、14、16 年等年份。较大的流量使水流倒灌
支流的机遇较多,倒灌水沙量较大,支流淤积比例亦较大。

表 10-24　方式一系列年试验历年干支流库容淤损量及其比例

年序	干流(亿 m³)	支流(亿 m³)	合计(亿 m³)	干/总(%)	7～9 月水量(亿 m³)
1	−3.887	−1.130	−5.017	77.48	95.8
2	0.664	−0.052	0.612	108.50	33.9
3	−3.632	−1.280	−4.912	73.94	103.9
4	−2.158	−0.389	−2.547	84.73	105.7
5	−5.196	−1.688	−6.884	75.48	86.8
6	−3.865	−0.750	−4.615	83.75	89.5
7	−3.376	−0.931	−4.307	78.39	92.8
8	−0.926	0	−0.926	100.00	37.8
9	−1.718	−0.684	−2.402	71.53	70.2
10	−2.500	−0.310	−2.810	88.97	53.3
11	−2.747	−0.713	−3.460	79.39	109.2
12	−1.481	−0.214	−1.695	87.37	57.9
13	−5.489	−1.819	−7.308	75.11	167.1
14	−1.715	−0.562	−2.277	75.32	152.1
15	−0.500	0	−0.500	100.00	60.8
16	−1.141	−1.209	−2.350	48.55	109.7
17	2.433	−0.290	2.143	113.53	79.7
18	−1.615	−0.167	−1.782	90.63	65.6
19	0.794	−0.169	0.625	127.04	225.4
20	−0.908	−0.118	−1.026	88.50	44.0

第 8 年与第 15 年,库容淤损全部集中在干流,这两年主汛期水沙量均偏小,来水量分
别占系列平均值的 41%、66%,第 8 年日均流量均小于 2 000 m³/s,大于 1 000 m³/s 仅 8
d;第 15 年日均流量仅有 1 d 为 2 200 m³/s,其他均小于 2 000 m³/s,大于 1 000 m³/s 仅 19
d。较小水流过程被限制在河槽中运行,难以漫滩(支流拦门沙)倒灌支流。20 年系列试
验之后,库区主要支流库容及淤损量统计见表 10-25。大峪河、畛水、石井河、沇西河倒灌
淤积量较大。

表 10-25　方式一系列年试验库区主要支流库容及淤损量统计　（单位:亿 m³)

支流名称	20 年系列后库容	2007 年 10 月库容	淤损量
大峪河	3.507	5.360	−1.853
畛水	15.101	16.819	−1.718
东洋河	2.633	2.827	−0.194
大交沟	0.251	0.508	−0.257
石井河	2.607	4.361	−1.754
西阳河	1.672	2.075	−0.403
沇西河	1.647	3.561	−1.914
亳清河	0.806	1.370	−0.564
合计	28.224	36.881	−8.657

10.2.5　河势变化

小浪底库区大多库段河势受两岸山体制约相对稳定,若水库的变动回水区处于较为宽阔的库段,在水位抬升河床淤积与水位下降河床冲刷的交替变化过程中,河势会出现短期的不稳定现象,甚至河槽发生大幅度的位移。

在系列年试验过程中,在距坝 62.49 km 的 HH37 断面以上库段,受两岸山体的控制,河势基本没有大的调整,HH37 断面以下库段较为常见的河势如图 10-19、图 10-20 所示。

10.2.5.1　HH36 断面—HH32 断面

该库段的上游 HH37 断面,主流基本贴近右岸。随着淤积面的不断抬升,河谷逐渐扩宽,主流随之右移,进而影响 HH36 断面—HH32 断面库段的入流方位。

距坝 60.13 ~ 53.44 km 的 HH36 断面—HH32 断面的库段河床开阔,HH32 断面上游左岸有河口宽阔的支流沇西河入汇,地形条件给主流提供较大的摆动空间。该库段又往往处于非主汛期的回水区,在回水淤积之后的降水时段,河势往往会发生较大幅度的调整,见图 10-19、图 10-20。

系列年试验初期,该库段距坝 57.00 km 的 HH34 断面以上主流基本居左岸,右岸有较宽阔的滩地,在临近 HH34 断面,上游受左岸山体的挑流作用,主流斜向右岸,顶冲距坝 55.02 km 的 HH33 断面的右岸山体,而后折向 HH32 断面的左岸。

之后,从 HH35 断面以上主流逐渐右移,并带动 HH34 断面、HH33 断面与 HH32 断面的顶冲点脱离山体,弯道曲率半径增加。至系列年第 3 年 HH36 断面—HH34 断面主流已接近中部,左右两岸均有滩地。随着 HH36 断面上游河势右移,HH36 断面—HH33 断面主流随之右移。偶尔沿该库段的左岸出现汊河,于 HH33 断面上游汇入主流。

至第 6 年,主流滑过 HH37 断面下游右岸的山体,流经 HH36 断面的右岸,在 HH36 断面与 HH33 断面之间主流位居右岸,其下游主流仍斜向左岸,顶冲 HH32 断面左岸山体。

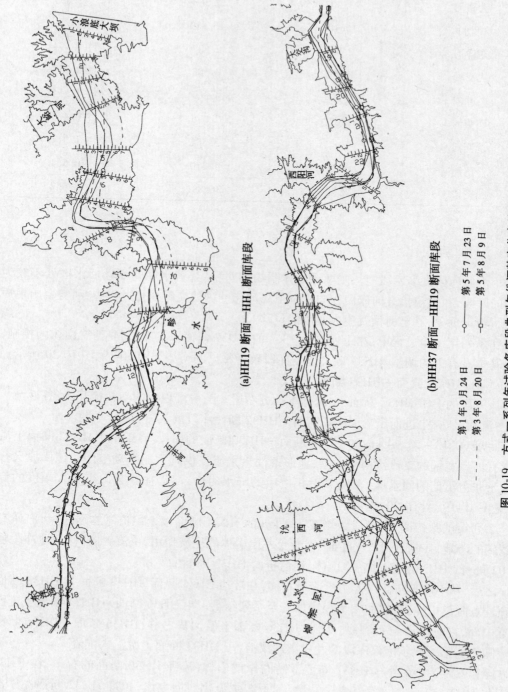

(a)HH19 断面—HH1 断面库段

(b)HH37 断面—HH19 断面库段

第 1 年 9 月 24 日　　　第 5 年 7 月 23 日
第 3 年 8 月 20 日　　　第 5 年 8 月 9 日

图 10-19　方式一系列年试验各库段典型年份河势变化套绘图(一)

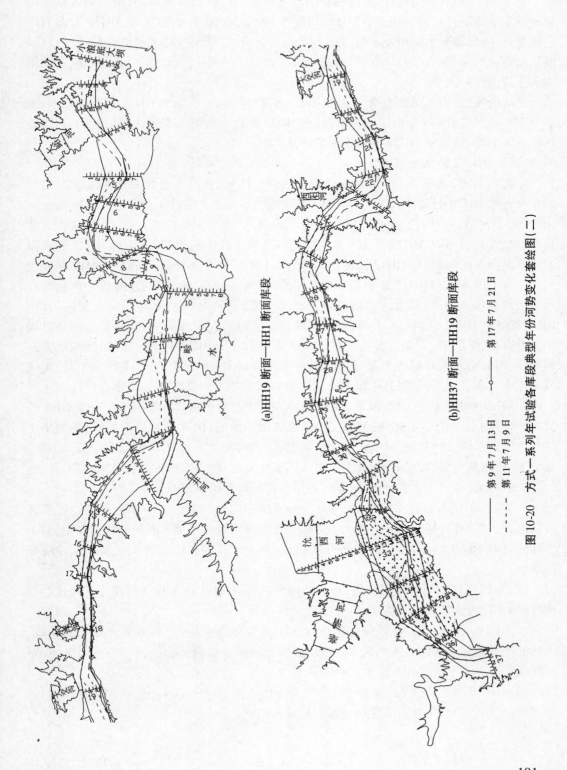

(a)HH19 断面—HH1 断面库段

(b)HH37 断面—HH19 断面库段

———— 第 9 年 7 月 13 日 ———— 第 17 年 7 月 21 日
---- 第 11 年 7 月 9 日

图 10-20 方式一系列年试验各库段典型年份河势变化套绘图(二)

第 13 年的较大流量过程,遇前期较小的河槽及具有横比降的滩地,给河势大幅度调整提供了动力条件与边界条件。8 月中旬近 5 000 m³/s 流量通过时,将 HH36 断面河槽左侧冲开,分出部分水流沿左岸直接进入支流沇西河,大量泥沙随之倒灌淤积,沇西河口淤积面迅速抬高,相当于左岸汊河的侵蚀基面抬升,汊河纵比降渐缓,过流量渐小,在主汛期末主流为单一河槽。

之后的年份,主流仍发生渐变性的位移。在第 17 年,主流紧贴 HH36 断面的左岸,流经 HH35 断面与 HH34 断面中偏左岸处,在 HH33 断面上游进入支流沇西河,在其河口处形成一个河弯,再紧贴 HH32 断面上游的山体流出。

10.2.5.2 HH32 断面以下库段

主流从 HH32 断面斜向顶冲 HH31 断面右岸山体后,被挑流至 HH30 断面左岸,之后沿左岸通过 HH29 断面;HH28 断面—HH26 断面河势基本居中且相对稳定;HH26 断面—HH21 断面河势顺山体的走向,形成两个反向的河弯,由于水位或流量的不同,水流入弯顶冲点位置有所不同,HH23 断面下游的河弯往往发生较大的位移;主流自 HH21 右岸沿流程逐渐向左岸倾斜,至 HH19 断面已位于左岸,在某些时段 HH21 断面—HH19 断面主流居中;HH19 断面—HH17 断面是八里胡同库段,河谷狭窄,水流顺直,除较小流量时在岸边出现少量边滩外,基本为全断面过流;HH15 断面—HH13 断面河床较为宽阔,其中 HH14 断面—HH13 断面有石井河汇入,该库段主流或沿左岸或居中,在河势的调整过程中,HH13 断面主流位置随之发生位移;HH13 断面以下至 HH9 断面的库段,随来流方向的变化,河势沿断面调整频繁,在 HH11 断面上游右岸主流畛水汇入,干支流交汇处,主流或贴近或远离右岸支流口门,干流主流与支流口门的相对位置会对支流水沙倒灌产生较大的影响;HH10 断面—HH9 断面,主流基本左转 90°紧贴右岸山体流动,流经 HH8 断面—HH7 断面,一个小于 90°的河弯又将主流转回东西向;HH7 断面以下库段,受两岸山体与水库调水调沙的共同作用,河势稳定性差,大多时段主流自 HH7 断面左岸斜向下游,在 HH5 断面基本居中,在 HH5 断面—HH4 断面主流已接近右岸,随即被挑向左岸。

总的看来,系列年试验过程中,在不同库段河势调整的机理与效应不尽相同。

(1)库区河床相对狭窄的库段,河势主要受两岸山体的制约。由于两岸山体各级高程的形态不尽相同,甚至局部有较大的差别。在库区沿程淤积面不断抬升的过程中,对于不同流量或不同的淤积面高程,水流的着流点及其对水流的调控作用不同,河势会相应有所调整。

(2)库区河床相对的开阔库段,遇长期枯水过程,往往形成狭小的河槽与宽阔且存在横比降的滩地,极易发生河势摆动。

(3)HH36 断面—HH32 断面是整个库区河势变化幅度最大,调整最为频繁的库段。天然的地形条件与水库非主汛期水位抬高淤积与汛前水位降低冲刷过程的共同影响,使该库段河势具有不稳定性与发生调整的偶然性。

(4)HH9 断面以下库段,河势变化主要受水库主汛期调水调沙的影响,库水位变动较为频繁,地形在淤积与冲刷的变换过程中易发生调整。

10.3 方式二试验结果

10.3.1 水库调节效果

10.3.1.1 水位变化过程

水库控制逐月水位统计见图 10-21。从图中可以看出,月均水位、月最高水位、月最低水位在第 1～20 年汛期有升有降,总的变化趋势是水位逐渐升高,变幅逐渐减小。在第 19 年冲刷过程中,库水位陡降,水位变幅大。

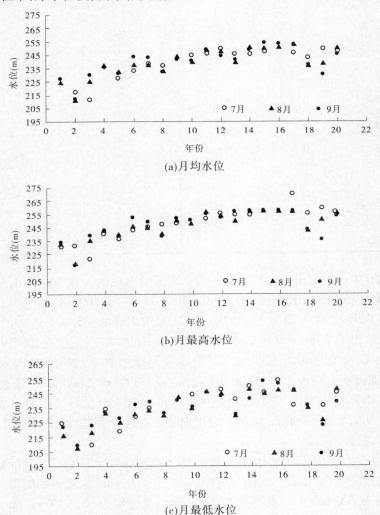

(a)月均水位

(b)月最高水位

(c)月最低水位

图 10-21 方式二系列年试验历年月水位变化过程

10.3.1.2 出库流量含沙量特征值

小浪底水库模型试验出库 7 月 11 日至 9 月 30 日流量级频次统计见表 10-26。

表 10-26　方式二系列年试验出库流量级频次统计

项目		流量级（m³/s）				
		$Q<550$	$550 \leqslant Q \leqslant 600$	$600<Q<2\,600$	$2\,600 \leqslant Q \leqslant 4\,000$	$Q>4\,000$
出现天数（d）		185	757	447	231	20
不同持续历时（d）出现的次数	1	68	64	38	8	6
	2	28	23	9	8	2
	3	8	11	6	3	2
	4	3	22	7	5	1
	5	3	8	5	6	0
	6	0	4	2	2	0
	7	0	8	3	8	0
	8	0	11	4	1	0
	9	0	9	5	0	0
	10	1	2	0	1	0
	11~15	0	4	6	2	0
	16~20	0	5	2	2	0
	>20	0	3	4	0	0

从表 10-26 中可以看出，不大于 600 m³/s 流量级出现的天数为 942 d，年均 47.1 d；600~2 600 m³/s 流量级出现的天数为 447 d，年均 22.4 d；2 600~4 000 m³/s 流量级出现的天数为 231 d，年均 11.6 d；大于 4 000 m³/s 流量级出现的天数为 20 d，年均 1 d。

表 10-27 给出了 7 月 11 日至 9 月 30 日水库调节前后各级流量变化情况。调节后不大于 600 m³/s 流量级出现的天数增加了 520 d，年均增加 26 d，增加的应为入库流量小于 600 m³/s 时，通过水库补水增加至 600 m³/s 的时段；对 600~2 600 m³/s 流量级出现的天数减少了 634 d，年均减少 31.7 d；2 600~4 000 m³/s 较大流量级出现的天数增加了 117 d，年均增加 5.9 d；大于 4 000 m³/s 流量级出现的天数减少了 3 d，年均减少 0.2 d，减小了黄河下游滩区的漫滩风险。

表 10-28 分别统计了小浪底水库入库、出库不同流量级水量及其挟带的沙量，并对入库、出库水沙特征进行了比较。入库与出库：流量小于 550 m³/s 量级的时段，平均流量分别为 352 m³/s 和 527 m³/s，该流量级水流平均含沙量分别为 50.3 kg/m³ 和 17.6 kg/m³；流量大于 2 600 m³/s 量级的时段，平均流量分别为 3 142 m³/s 和 2 974 m³/s，平均含沙量分别为 125.3 kg/m³ 和 96.7 kg/m³。水库调节前后，流量小于 550 m³/s 量级出现的天数减少 188 d，相应水量减少 29.4 亿 m³，相应沙量减少 4.23 亿 t；流量在 2 600~4 000 m³/s 量级出现的天数增加 117 d，相应水量增加 284.1 亿 m³，相应沙量增加 18.6 亿 t。

表 10-27 方式二系列年试验进出库流量级频次比较

项目		流量级(m³/s)				
		$Q<550$	$550\leqslant Q\leqslant600$	$600<Q<2\,600$	$2\,600\leqslant Q\leqslant4\,000$	$Q>4\,000$
出现天数(d)		-188	708	-634	117	-3
不同持续历时(d)出现的次数	1	51	35	19	-15	2
	2	23	19	3	-3	-1
	3	4	10	-2	2	-1
	4	-3	21	0	1	0
	5	0	7	-2	4	0
	6	-3	4	-1	-1	0
	7	-3	8	-5	8	0
	8	-1	11	1	1	0
	9	0	9	-1	-1	0
	10	0	2	-3	1	0
	11~15	-5	4	-6	1	0
	16~20	-1	5	-1	2	0
	>20	-5	3	-12	0	0

注:出库减入库,"-"值为减少。

表 10-28 方式二系列年试验入库、出库水沙特征值对比

项目		流量级(m³/s)				
		$Q<550$	$550\leqslant Q\leqslant600$	$600<Q<2\,600$	$2\,600\leqslant Q\leqslant4\,000$	$Q>4\,000$
入库	天数(d)	373	49	1\,081	114	23
	水量(亿 m³)	113.6	24.5	1\,186.1	309.5	96.7
	沙量(亿 t)	5.71	1.24	85.85	38.78	12.73
	流量(m³/s)	352	579	1\,270	3\,142	4\,866
	含沙量(kg/m³)	50.3	50.6	72.4	125.3	131.6
出库	天数(d)	185	757	447	231	20
	水量(亿 m³)	84.2	378.1	478.8	593.6	94.61
	沙量(亿 t)	1.48	7.72	27.67	57.38	12.88
	流量(m³/s)	527	578	1\,240	2\,974	5\,475
	含沙量(kg/m³)	17.6	20.4	57.8	96.7	136.1
差值=出库-入库	天数(d)	-188	708	-634	117	-3
	水量(亿 m³)	-29.4	353.6	-707.3	284.1	-2.09
	沙量(亿 t)	-4.23	6.48	-58.18	18.6	0.15

总体来看,水库调节改善了出库流量过程,对黄河下游河道输沙不利的 800 ~ 2 600 m³/s 流量级出现的天数减少,而对输沙有利的大于 2 600 m³/s 流量级出现的天数有所增加,且增加的往往是历时较长的时段。其主要原因是水库调控库容较大,更容易实现水库调度目标。

10.3.2 库区冲淤量变化

10.3.2.1 沙量平衡法

20 年入库沙量为 170.835 亿 t,出库沙量为 111.473 亿 t,淤积量为 59.362 亿 t,20 年水沙系列年平均入库沙量为 8.542 亿 t,年平均出库沙量为 5.574 亿 t,平均排沙比为 65.3%。历年入库、出库沙量、冲淤量、排沙比见表 10-29。

表 10-29　方式二系列年试验沙量平衡法历年冲淤量统计

年序	入库沙量 (亿 t)	出库沙量 (亿 t)	冲淤量 (亿 t)	排沙比 (%)	年序	入库沙量 (亿 t)	出库沙量 (亿 t)	冲淤量 (亿 t)	排沙比 (%)
1	9.263	1.441	7.822	15.6	12	4.428	2.299	2.129	51.9
2	3.075	0.836	2.239	27.2	13	17.995	22.041	-4.046	122.5
3	11.553	4.975	6.578	43.1	14	16.385	9.648	6.737	58.9
4	6.162	2.284	3.878	37.1	15	4.519	1.204	3.315	26.6
5	11.655	3.816	7.839	32.7	16	9.945	5.506	4.439	55.4
6	7.828	2.950	4.878	37.7	17	5.793	5.017	0.776	86.6
7	10.476	7.382	3.094	70.5	18	6.810	7.321	-0.511	107.5
8	2.720	1.603	1.117	58.9	19	18.847	24.749	-5.902	131.3
9	5.515	2.338	3.177	42.4	20	2.386	1.287	1.099	53.9
10	3.950	1.368	2.582	34.6	平均	8.542	5.574	2.968	65.3
11	11.530	3.408	8.122	29.6	合计	170.835	111.473	59.362	

从表 10-29 中可以看出,历年水库排沙比与水库输沙流态、入库水沙量及过程、水库调度过程等因素有关。第 1 ~ 2 年库区蓄水量较大,主汛期大多为异重流排沙。之后,在水库蓄水状态,水库回水区范围往往呈异重流输沙流态。水库运用至第 13 年,遇较大流量时水位大幅度下降,最低至水库正常运用期的最低水位,库区由累积淤积趋势转为冲刷,水库排沙比达 122.5%。第 19 年为该系列水沙量均为最大的一年,其中 7 ~ 9 月水沙量分别为 225.4 亿 m³ 和 17.05 亿 t,分别为 20 年系列平均值的 244.8% 与 218.0%。较大流量遭遇坝前低水位,形成了全库区河槽大幅度下切展宽状态,量值较大,水库排沙比达 131.3%。

由入库与出库悬移质泥沙级配测验资料分析计算库区淤积物组成,见表 10-30。库区淤积粗沙($d > 0.05$ mm)、中沙(0.025 mm $\leqslant d \leqslant 0.05$ mm)、细沙($d < 0.025$ mm)量分别为

15.862 亿 t、17.696 亿 t、25.804 亿 t,分别占淤积物总量的 26.72%、29.81%、43.47%。

表 10-30   方式二 20 年系列试验库区淤积物组成统计

库区淤积量（亿 t）				占淤积物总量（%）			
粗沙	中沙	细沙	总量	粗沙	中沙	细沙	总量
15.862	17.696	25.804	59.362	26.72	29.81	43.47	100

10.3.2.2   断面法

在小浪底水库 2007 年 10 月地形的基础上进行 20 年系列模型试验,系列年试验期间干流淤积 33.801 亿 m^3,支流淤积 16.161 亿 m^3,淤积总量达到 49.962 亿 m^3,历年干支流淤积量以及累积淤积量见表 10-31。

表 10-31   方式二系列年试验断面法历年干支流冲淤量统计   （单位:亿 m^3）

年序	历年			累积		
	干流	支流	总量	干流	支流	总量
1	4.910	1.221	6.131	4.910	1.221	6.131
2	2.223	0.836	3.059	7.133	2.057	9.190
3	4.763	1.431	6.194	11.896	3.488	15.384
4	3.422	1.234	4.656	15.318	4.722	20.040
5	5.771	1.763	7.534	21.089	6.485	27.574
6	3.654	1.258	4.912	24.743	7.743	32.486
7	1.990	0.435	2.425	26.733	8.178	34.911
8	0.439	0.213	0.652	27.172	8.391	35.563
9	1.857	0.486	2.343	29.029	8.877	37.906
10	1.221	0.791	2.012	30.250	9.668	39.918
11	5.046	1.203	6.249	35.296	10.871	46.167
12	1.178	0.270	1.448	36.474	11.141	47.615
13	-4.968	0.353	-4.615	31.506	11.494	43.000
14	4.651	0.847	5.498	36.157	12.341	48.498
15	1.332	0.931	2.263	37.489	13.272	50.761
16	1.194	0.682	1.876	38.683	13.954	52.637
17	0.538	1.031	1.569	39.221	14.985	54.206
18	-1.211	0.062	-1.149	38.010	15.047	53.057
19	-5.749	0.782	-4.967	32.261	15.829	48.090
20	1.540	0.332	1.872	33.801	16.161	49.962
年均	1.690	0.808	2.498			

20 年系列试验之后,相对于原始库容,干流淤积量为 53.679 亿 m³,支流淤积量为 20.229 亿 m³,库区淤积总量为 73.908 亿 m³。表 10-32、图 10-22 给出了库区淤积物垂向分布情况。

表 10-32　方式二 20 年系列试验结束库区淤积分布　　（单位:亿 m³）

高程(m)	干流	支流	总淤积	高程(m)	干流	支流	总淤积
145	0.212	0	0.212	215	20.029	6.204	26.233
150	0.443	0.004	0.447	220	23.203	7.750	30.953
155	0.812	0.015	0.827	225	26.494	9.403	35.897
160	1.326	0.040	1.366	230	29.925	11.203	41.128
165	2.042	0.091	2.133	235	33.563	13.212	46.775
170	2.971	0.194	3.165	240	37.421	15.219	52.640
175	4.053	0.364	4.417	245	41.351	17.007	58.358
180	5.292	0.611	5.903	250	45.305	18.415	63.720
185	6.701	0.956	7.657	255	48.628	19.184	67.812
190	8.289	1.411	9.700	260	51.012	19.701	70.713
195	10.084	1.995	12.079	265	52.852	19.787	72.639
200	12.093	2.751	14.844	270	53.628	20.226	73.854
205	14.393	3.686	18.079	275	53.679	20.229	73.908

表 10-33 统计了 20 年系列沙量平衡法与断面法库区冲淤量及其两者的对比结果,可以看出,历年两者的比值有一定的变化幅度,且有逐步增大的趋势。

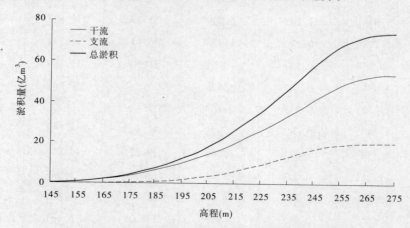

图 10-22　方式二 20 年系列试验结束库区淤积分布曲线

表 10-33　方式二系列年试验库区沙量平衡法与断面法冲淤量对比

年序	沙量平衡法（亿 t）		断面法（亿 m³）		沙量平衡法/断面法	
	历年	累积	历年	累积	历年	累积
1	6.520	6.520	6.131	6.131	1.063	1.063
2	3.448	9.968	3.059	9.190	1.127	1.085
3	6.099	16.067	6.194	15.384	0.985	1.044
4	4.146	20.213	4.656	20.040	0.891	1.009
5	7.913	28.126	7.534	27.574	1.050	1.020
6	4.847	32.973	4.912	32.486	0.987	1.015
7	3.062	36.035	2.425	34.911	1.263	1.032
8	1.041	37.076	0.652	35.563	1.596	1.043
9	3.248	40.324	2.343	37.906	1.386	1.064
10	2.593	42.917	2.012	39.918	1.289	1.075
11	8.358	51.275	6.249	46.167	1.338	1.111
12	2.024	53.299	1.448	47.615	1.398	1.119
13	-4.269	49.030	-4.615	43.000	0.925	1.140
14	6.794	55.824	5.498	48.498	1.236	1.151
15	3.013	58.837	2.263	50.761	1.331	1.159
16	3.239	62.076	1.876	52.637	1.727	1.179
17	2.072	64.148	1.569	54.206	1.321	1.183
18	-1.851	62.297	-1.149	53.057	1.611	1.174
19	-5.755	56.542	-4.967	48.090	1.159	1.176
20	2.380	58.922	1.872	49.962	1.271	1.179

注：两种方法历年统计时段均统一为 10 月 1 日至翌年 9 月 30 日。

10.3.3　淤积形态变化

10.3.3.1　干流淤积形态

1. 纵剖面

水库调水调沙过程中，水位的变化使得泥沙在水库淤积总是不均匀的，相应地，其淤积形态会不断地调整。图 10-23 与图 10-24 给出了库区地形变化幅度较大年份干流汛后纵剖面深泓点套绘图。

系列年初始边界条件采用 2007 年 10 月地形，淤积形态为三角洲。三角洲顶点距坝约 27.2 km，顶点高程 220.07 m。在库区三角洲洲面水流往往接近均匀流，三角洲顶点以下的前坡段，水深陡增，流速骤减，水流挟沙力急剧下降，处于超饱和状态，大量泥沙在此落淤，使三角洲洲体随库区淤积量的增加而不断向坝前推进。系列年试验至第 1 年，库区三角洲洲面发生不同程度的淤积，深泓点平均抬升幅度 4～5 m，三角洲洲前坡段大幅度抬升，如距坝 13.99 km 的 HH10 断面淤积厚度约 19 m；系列年第 2 年为枯水年，坝前控制水位较低，三角洲洲面发生冲刷，特别是距坝约 50 km 以下，深泓点高程已接近 2007 年 10 月，同时三角洲顶点快速向坝前推进至距坝约 6 km 处；系列年第 3 年来沙量大，库区淤积形态表现为三角洲洲面的抬升，同时三角洲顶点推进至坝前转化为锥体淤积形态，仅

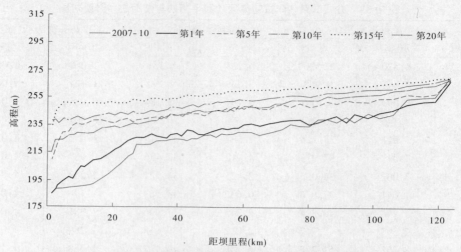

图 10-23　方式二系列年试验库区干流汛后纵剖面变化过程（深泓点）

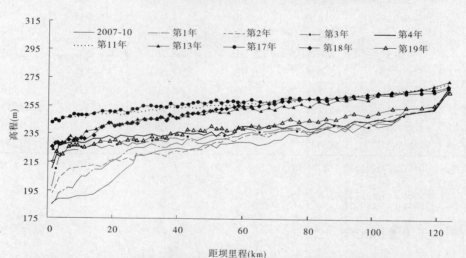

图 10-24　方式二系列年试验典型年份干流汛后纵剖面变化过程（深泓点）

在坝前存在冲刷漏斗。

水库运用过程中,河床纵剖面总体呈同步抬升趋势,在部分年份地形调整剧烈。表 10-34 给出了 20 年系列试验历年干流河床纵比降调整变化过程。

表 10-34　方式二系列年试验历年干流河床纵比降

年序	1	2	3	4	5	6	7	8	9	10
比降(‰)	2.54	3.94	2.11	1.67	1.96	1.81	2.09	2.13	2.38	2.58
年序	11	12	13	14	15	16	17	18	19	20
比降(‰)	1.94	2.52	3.52	2.14	2.09	2.04	1.89	2.59	2.84	2.61

由表 10-34 可以看出,历年汛后干流河床纵比降变化范围为 1.67‰ ~ 3.94‰。第 1

年及第2年是三角洲向坝前推进过程,第1年基本上是在初始地形基础上抬升,纵比降变化不大;第2年坝前控制水位大幅度下降,淤积三角洲在向下游推进过程中,三角洲顶点高程较低,三角洲洲面纵比降增大至3.94‰。第8～10年,库区干流纵比降逐年增加,达2.58‰,这与来水来沙条件有关,较小流量挟带较高含沙量,在库区上段淤积量较大,而且往往水库蓄水量相对较低,使得纵比降呈增加趋势。第11年主汛期来水来沙量较大,库区上段沿程冲刷淤积面降低,库区调蓄库容大,坝前段淤积面有所抬升,库区纵剖面减缓。第13年降水溯源冲刷,使纵比降增大,之后的第14～17年,纵比降逐步减小;第18～19年的降水冲刷,使得纵比降较大幅度增加。

系列年第16年汛期坝前段滩面高程达到254 m,且水库累积淤积量基本达到75.5亿 m³,则水库拦沙期结束转入正常运用期。

2. 横断面

1)历年变化

横断面总体表现为同步淤积抬升趋势。20年系列试验过程结束时,HH1断面滩面高程已达250 m左右。图10-25给出了部分横断面套绘图。

一般情况下,河槽形态取决于水沙过程,长时期的小流量过程使河槽逐步萎缩,历时较大流量随着河槽下切展宽,河槽过水面积显著扩大。在较为顺直的狭窄库段,一般水沙条件下为全断面过流(如HH19断面—HH16断面的八里胡同库段)(见图10-25中HH17断面)。在河床较宽库段往往形成滩槽,如图10-25中HH29、HH37等断面。在库区上段河床狭窄,但河势受两岸山体的制约蜿蜒曲折,当主流紧贴一岸时,在对岸仍有形成滩地的可能,如图10-25中HH44断面基本处于弯顶处,主流稳定在左岸,流量较大时河槽以大幅度的下切为主。HH48断面河谷相对较宽,虽然河槽横向展宽受上下游山嘴的制约,但遇大流量时河槽在展宽与下切的同时得到大幅度的扩展。HH52断面上下游较为顺直且河谷狭窄,仅约300 m,在较大流量过程中基本无滩地。

横断面变化幅度较大表现在降水冲刷时段,在水库调度过程中,往往利用较大流量过程进行降水冲刷,以恢复部分库容。水位迅速大幅度下降,产生自下而上的溯源冲刷,与大流量过程发生的沿程冲刷相结合,具有较大的塑槽效果,河槽在下切与展宽的过程中得以较大幅度的扩展,例如在系列年中第13年、第18年及第19年的断面观测结果。特别是第19年,流量较大且历时长,对河槽的冲刷作用非常显著,见图10-26。系列年试验中大部分时段与库段河槽位置相对固定,只是随流量的变化,河槽形态发生调整或略有位移,如HH37断面以上、HH29断面—HH27断面、HH23断面—HH14断面、HH10断面—HH9断面的库段,如图10-25中HH9断面河槽稳定在右岸。其余库段河槽往往发生大幅度的位移,特别是坝前库段,在水库调水调沙运用过程中,库水位变动幅度较大且频繁,输沙流态随之发生变化,地形在冲刷与淤积之间转换过程中,极易发生河槽位移,如图10-26中HH1断面。HH36断面—HH30断面往往是非汛期泥沙淤积的部位,在淤积过程中河槽被部分或全部掩埋,在翌年汛前降水过程中,河槽出现的位置受上下游河势的变化等因素的影响,往往具有随机性。此外,该库段断面宽阔一般为2 000～2 500 m,在持续小流量年份河槽萎缩,滩地形成横比降,突遇较大流量时极易发生河槽位移,如图10-26中HH35断面,河槽沿横断面不断发生频繁且大幅度位移,试验过程,从左岸逐步移至右岸,系列年结束时基本居中。

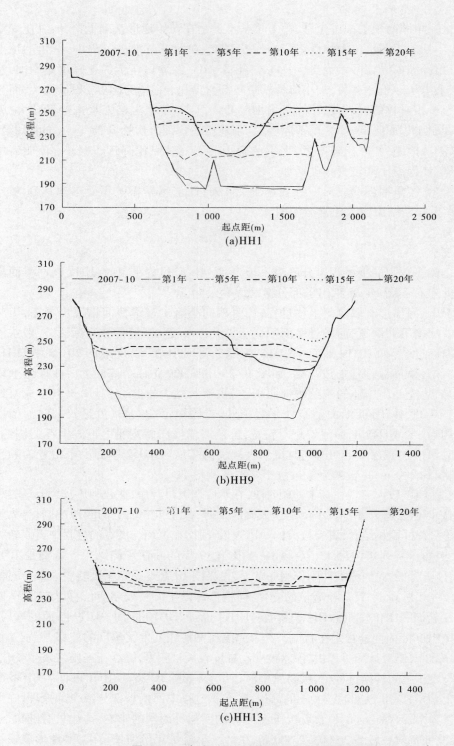

(a)HH1

(b)HH9

(c)HH13

图 10-25 方式二系列年试验干流横断面套绘图

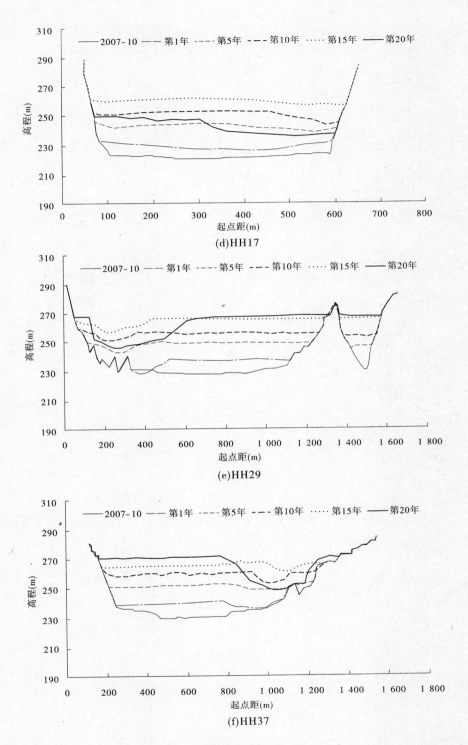

(d)HH17

(e)HH29

(f)HH37

续图 10-25

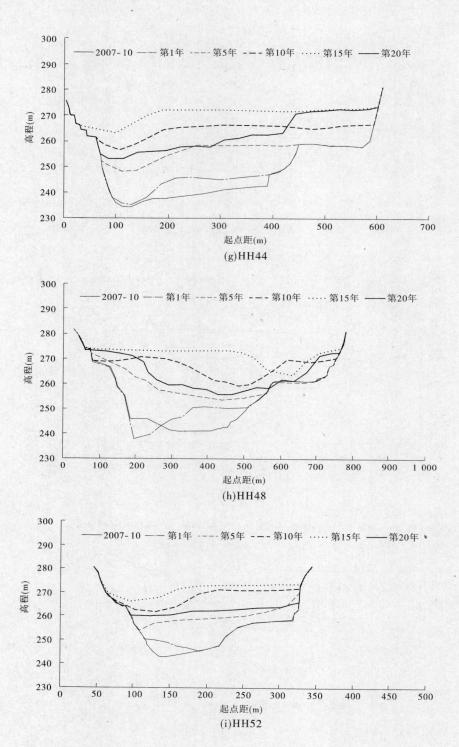

(g)HH44

(h)HH48

(i)HH52

续图 10-25

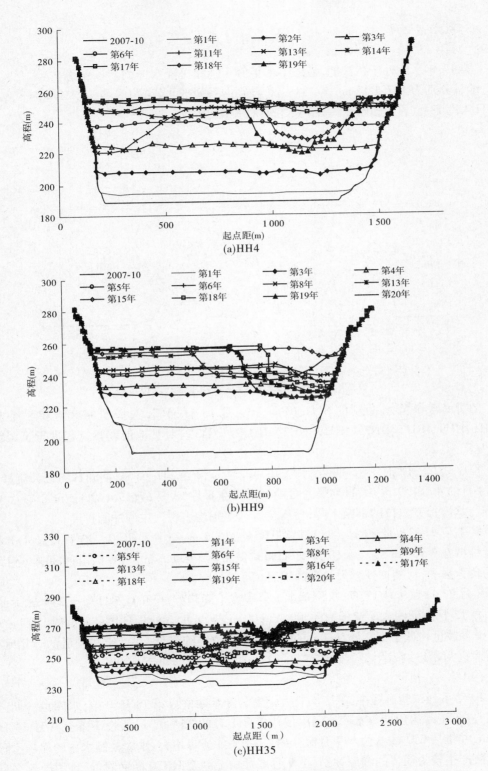

图 10-26 方式二系列年试验干流典型断面套绘图

2）洪水期变化

（1）第 13 年。

第 13 年水库处于拦沙期，借助丰水年份实施相机降水冲刷。该年份 7～9 月入库水量、沙量分别为 167.1 亿 m³、17.34 亿 t，分别占系列平均值的 181.4%、221.7%。7～9 月逐日入库流量、含沙量与水库控制水位过程见图 10-27。

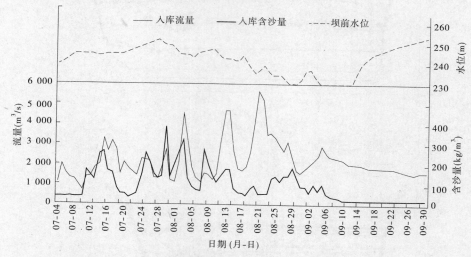

图 10-27　方式二第 13 年主汛期水沙与水位过程

在水库实施降水冲刷的 8 月 10 日至 9 月 13 日期间，选择了库区沿程 8 个断面（HH1、HH9、HH17、HH23、HH29、HH33、HH37、HH43），对其地形调整过程进行了跟踪观测，见图 10-28。

8 月 10 日到 8 月 17 日期间，水位由 247.31 m 降至 241.65 m，期间日均最大流量为 8 月 14 日的 4 681.9 m³/s，日均最大含沙量出现在 8 月 13 日，为 175.63 kg/m³。较大流量过程与水库控制水位的不断下降，使得全库区范围均表现为主槽冲刷扩展。

8 月 17 日到 8 月 23 日，水位继续下降至 236.5 m，其中 8 月 20～23 日持续 4 d 入库流量维持在 3 500 m³/s 以上，8 月 21 日日均流量达 5 634.6 m³/s，库区沿程冲刷与溯源冲刷均较为强烈，河槽得到较大幅度的扩展。

8 月 23 日到 9 月 13 日，水位基本上呈缓慢下降趋势，至 9 月 5 日降至 230 m，并维持至 9 月 12 日。期间入库流量为 1 500～3 500 m³/s，入库含沙量日均最大值约 179 kg/m³，9 月份含沙量均低于 100 kg/m³。该时段水库水位继续降低，并稳定在较低的运用水位，使得库区河槽继续发生微量的调整。

（2）第 18 年。

20 年系列试验过程中，第二次较大幅度的降水冲刷自第 18 年开始，水库拦沙期已经结束，进入正常运用期。水库控制水位从 7 月 1 日的 254.07 m 缓慢下降至 9 月 24 日的 230 m，并维持 230 m 水位至 9 月底。第 18 年入库流量不大，水库控制水位的逐步下降使得库区产生较为明显的溯源冲刷，至 9 月底冲刷上溯至 HH30 断面附近，且塑槽效果自下而上有逐渐减弱的趋势。

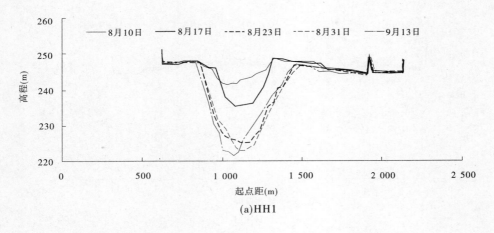

(a)HH1

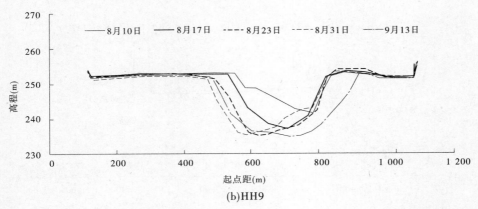

(b)HH9

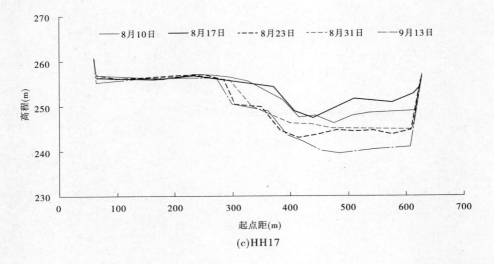

(c)HH17

图 10-28　方式二系列年试验第 13 年洪水期横断面变化过程

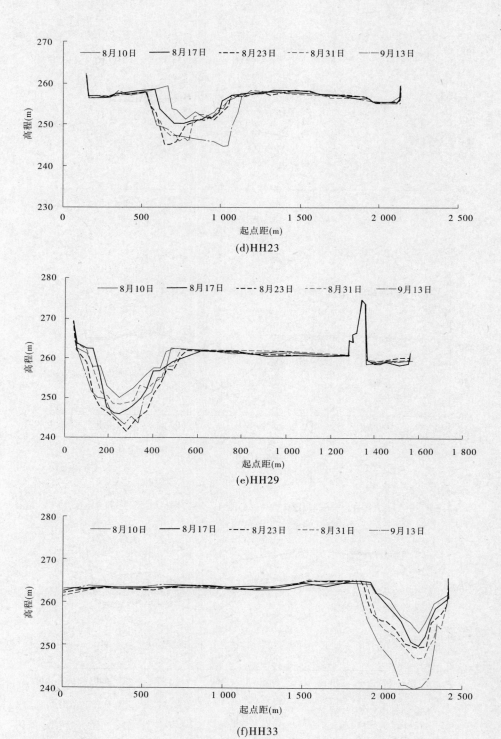

(d)HH23

(e)HH29

(f)HH33

续图 10-28

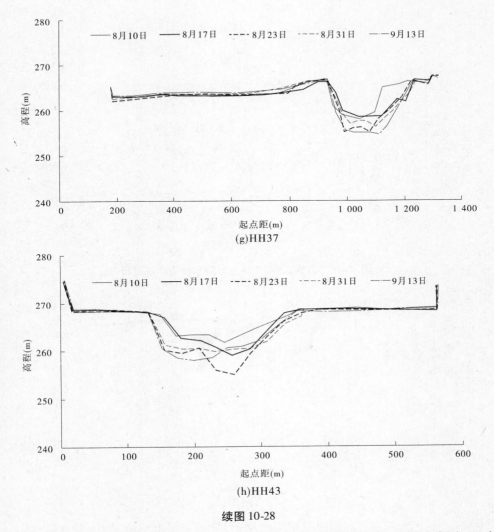

(g)HH37

(h)HH43

续图10-28

在第18年降水冲刷的基础上,第19年继续实施降水冲刷过程。第19年为20年水沙系列年中水沙量均为最大的年份,7~9月水量与沙量分别为225.4亿m³、17.05亿t,为系列平均值的244.7%与218.0%。7~9月逐日入库流量、含沙量与水库控制水位过程见图10-29。

水库控制水位自7月下旬开始逐步下降,至7月底降至237 m左右,随后在8月上中旬转为逐步回升的趋势,8月下旬又开始持续下降,至8月27日降至230 m,并维持230 m至9月底。

在较大洪水期间的8月初至9月中旬,选择了库区沿程8个断面(HH1、HH9、HH17、HH23、HH29、HH33、HH37、HH43),对其地形调整过程进行了跟踪观测,见图10-30。

8月5日到8月12日期间,入库日均流量为3 562.5~4 648.7 m³/s,入库日均含沙量变化范围在31.96~91.65 kg/m³,坝前水位由244.6 m抬升至246.59 m,控制水位以下的蓄水体足以形成异重流排沙,坝前库段略有回淤,如HH1断面。HH9断面略受水库蓄

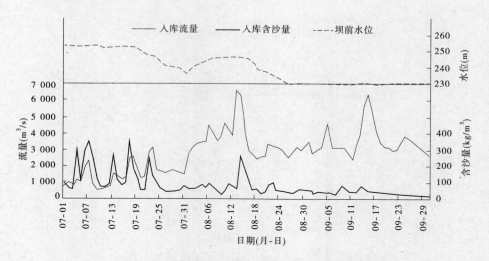

图 10-29　方式二第 19 年主汛期水沙与水位过程

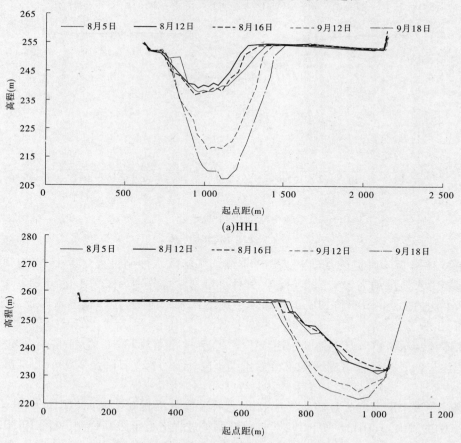

(a)HH1

(b)HH9

图 10-30　方式二系列年试验第 19 年洪水期横断面变化过程

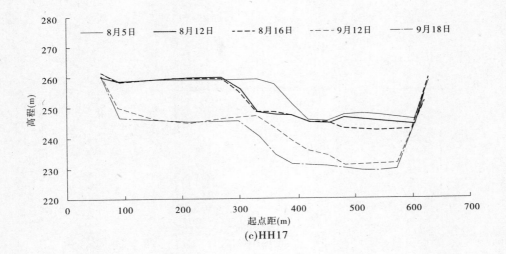

(c)HH17

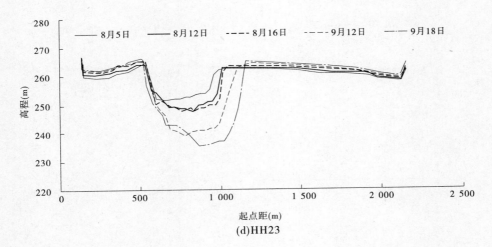

(d)HH23

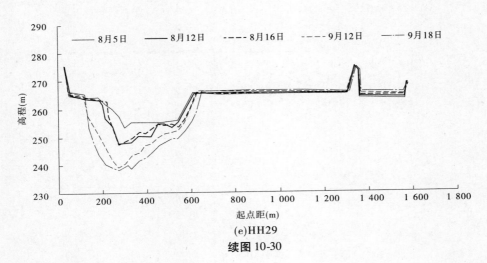

(e)HH29

续图 10-30

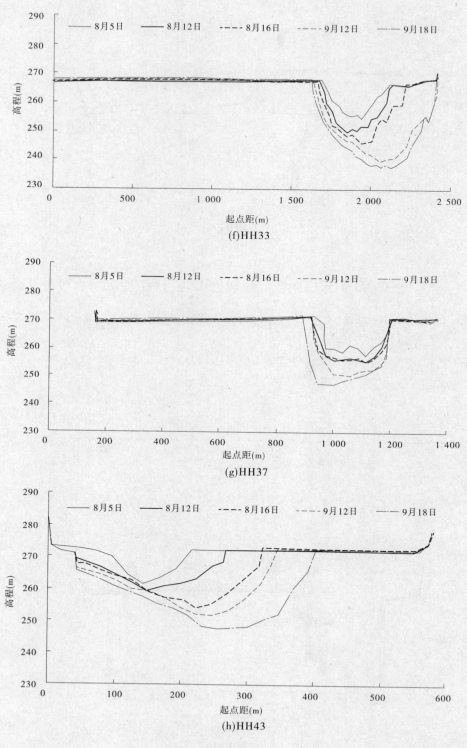

(f)HH33

(g)HH37

(h)HH43

续图 10-30

水的影响,即使遇较大的流量过程,也没有对河槽产生有效的冲刷。HH17 断面及其以上库段完全脱离了回水影响,较大流量过程的沿程冲刷作用使河槽有较大幅度的冲刷。

8 月 16 日到 9 月 12 日期间,入库日均流量保持 2 500 m³/s 以上,最大日均入库流量为 6 560.8 m³/s,出现在 8 月 13 日,8 月 12 日出现最大日均含沙量为 259.95 kg/m³。随着水库控制水位的不断下降并维持在较低运用水位,库区产生明显的溯源冲刷,河槽下切幅度自下而上呈减小趋势。

9 月 12 日到 9 月 18 日期间,库水位维持 230 m 运用,在 9 月 15 日出现最大日均流量,达 6 344.8 m³/s,入库沙量不高且变幅不大,为 40.36 ~ 79.76 kg/m³。库区河床表现为持续冲刷状态。

10.3.3.2 支流淤积形态

图 10-31、图 10-32 给出了部分支流的纵横断面套绘图。

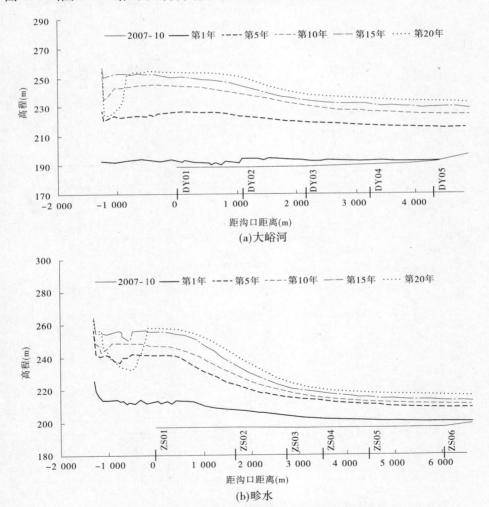

图 10-31　方式二系列年试验典型支流每 5 年纵断面套绘图

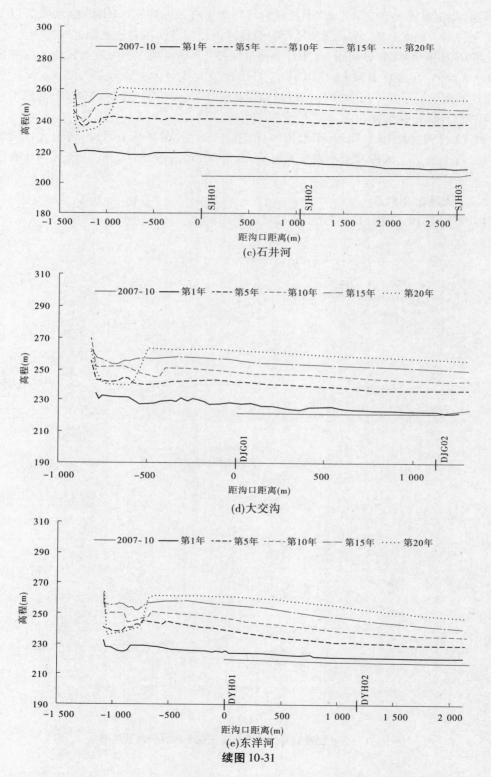

(c)石井河

(d)大交沟

(e)东洋河

续图 10-31

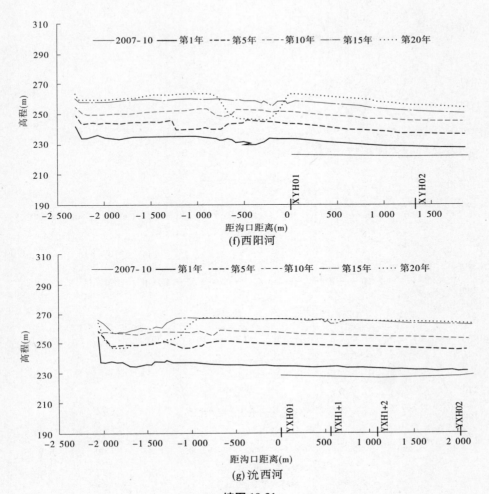

(f)西阳河

(g) 沈西河

续图 10-31

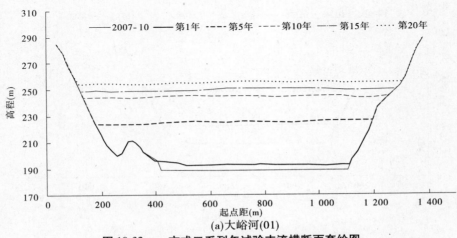

(a)大峪河(01)

图 10-32 方式二系列年试验支流横断面套绘图

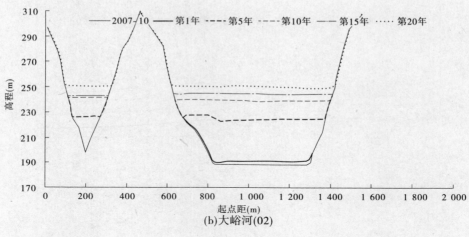

(b)大峪河(02)

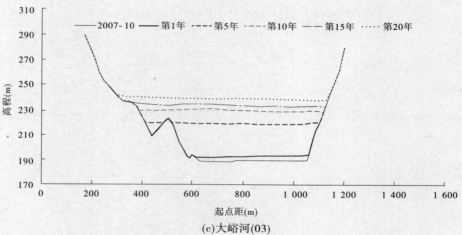

(c)大峪河(03)

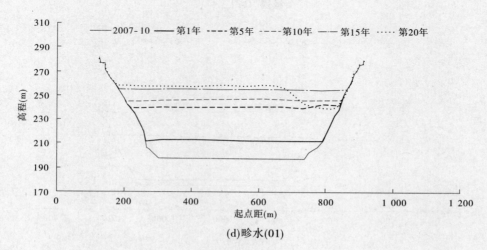

(d)畛水(01)

续图 10-32

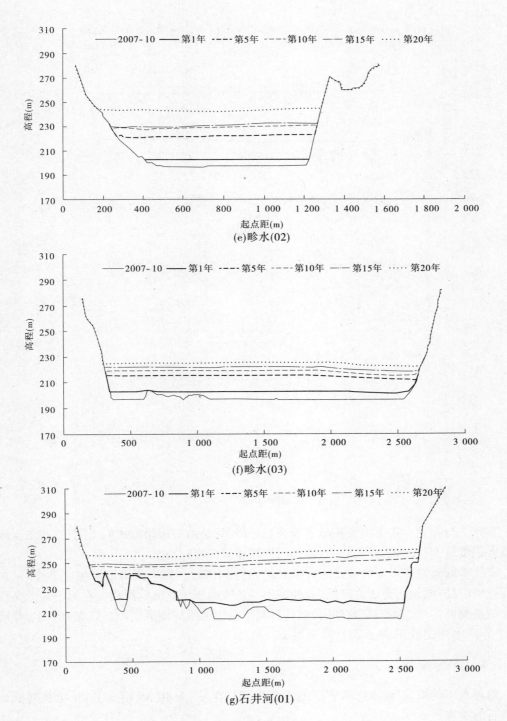

(e)畛水(02)

(f)畛水(03)

(g)石井河(01)

续图 10-32

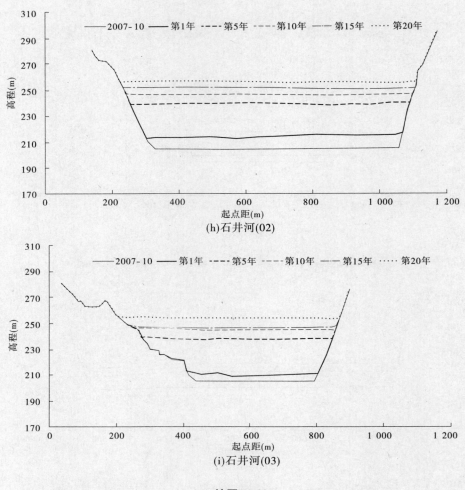

(h)石井河(02)

(i)石井河(03)

续图 10-32

方式二与方式一各支流淤积形态与高程相似,只是由于运用方式的不同,方式二支流倒灌淤积量较大,支流淤积面较高,即拦门沙坎相对高度略小。

支流横断面淤积形态大多是平行抬升的,见图 10-32。当干流河床大幅度下降时,在支流近口门处,淤积面会随之降低,或冲刷出一条贯通于干支流的河槽。在河槽最低高程以上的支流库容可以得到有效利用,而且有利于后续洪水的倒灌淤积。如支流畛水,经历第 17 年降水冲刷后 01 断面河床降低约 20 m。

10.3.4 库容变化

随着水库淤积发展,水库库容也随之变化,图 10-33、表 10-35 给出了 20 年系列试验结束后的库容。

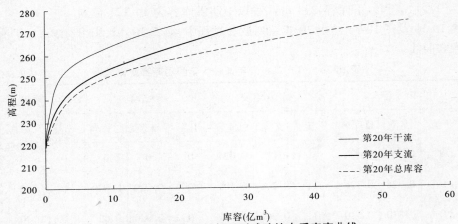

图 10-33　方式二 20 年系列试验结束后库容曲线

表 10-35　方式二 20 年试验结束后各级高程库容　　　（单位：亿 m³）

高程(m)	干流库容	左支库容	右支库容	支流库容	总库容
205	0	0	0	0	0
210	0	0	0	0	0
215	0	0	0	0	0
220	0.060	0	0.080	0.080	0.140
225	0.220	0	0.400	0.400	0.620
230	0.440	0	0.880	0.880	1.320
235	0.720	0	1.520	1.520	2.240
240	1.050	0.070	2.520	2.590	3.640
245	1.560	0.610	3.730	4.340	5.900
250	2.320	1.710	5.290	7.000	9.320
255	3.887	3.340	7.420	10.760	14.647
260	6.670	5.270	9.920	15.190	21.860
265	10.290	7.890	12.630	20.520	30.810
270	15.270	10.590	15.410	26.000	41.270
275	21.225	13.780	18.624	32.404	53.629

　　水库 275 m 高程总库容为 53.629 亿 m³，其中干流库容为 21.225 亿 m³，左支流库容为 13.780 亿 m³，右支流库容为 18.624 亿 m³，254 m 高程以上库容为 40.458 亿 m³，扣除

支流拦门沙坎高程以下库容,254 m高程以上防洪库容为40.121亿 m³。

表10-36及图10-34给出20年系列试验过程中,第5、10、15、20年结束时,干流、支流及总库容曲线。

表10-36　方式二系列年试验5年间隔库容变化过程　　　　（单位:亿 m³）

高程 (m)	第5年			第10年			第15年			第20年		
	干流	支流	总库容	干流	支流	总库容	干流	支流	总库容	干流	支流	总库容
205	0	0.134	0.134	0	0.024	0.024	0	0	0	0	0	0
210	0	0.328	0.328	0	0.101	0.101	0	0.020	0.020	0	0	0
215	0	0.810	0.810	0	0.262	0.262	0	0.020	0.020	0	0	0
220	0.200	1.450	1.650	0	0.760	0.760	0	0.164	0.164	0.060	0.080	0.140
225	0.920	2.490	3.410	0	1.320	1.320	0	0.526	0.526	0.220	0.400	0.620
230	1.830	4.000	5.830	0.090	2.330	2.420	0	1.110	1.110	0.440	0.880	1.320
235	2.990	6.000	8.990	0.270	3.870	4.140	0	2.020	2.020	0.720	1.520	2.240
240	4.380	8.550	12.930	0.670	5.720	6.390	0.040	3.490	3.530	1.050	2.590	3.640
245	6.190	11.820	18.010	1.340	8.580	9.920	0.180	5.810	5.990	1.560	4.340	5.900
250	8.540	15.540	24.080	2.490	12.210	14.700	0.270	9.020	9.290	2.320	7.000	9.320
255	12.000	19.880	31.880	4.700	16.700	21.400	0.930	13.120	14.050	3.887	10.760	14.647
260	17.010	24.600	41.610	8.870	21.400	30.270	2.780	17.840	20.620	6.670	15.190	21.860
265	22.560	30.080	52.640	13.740	26.870	40.610	6.410	23.330	29.740	10.290	20.520	30.810
270	28.070	35.740	63.810	19.070	32.519	51.589	11.670	29.000	40.670	15.270	26.000	41.270
275	33.937	42.080	76.017	24.776	38.897	63.673	17.536	35.294	52.830	21.225	32.404	53.629

20年系列试验过程,库区的冲淤变化主要发生在干流,从表10-36可以看出,库容淤损主要是干流库容的减少。表10-37统计了历年干支流库容淤损量及其比例,可以看出,除库区冲刷使得总库容有所增大的年份外,干流淤损量小于80%的年份,往往是主汛期水沙量较大的年份,例如系列年中第3、4、5、6、9、16、17年等年份。较大的流量使水流倒灌支流的机遇较多,倒灌水沙量较大,支流淤积比例亦较大。

20年系列试验之后,库区主要支流库容及淤损量统计见表10-38。

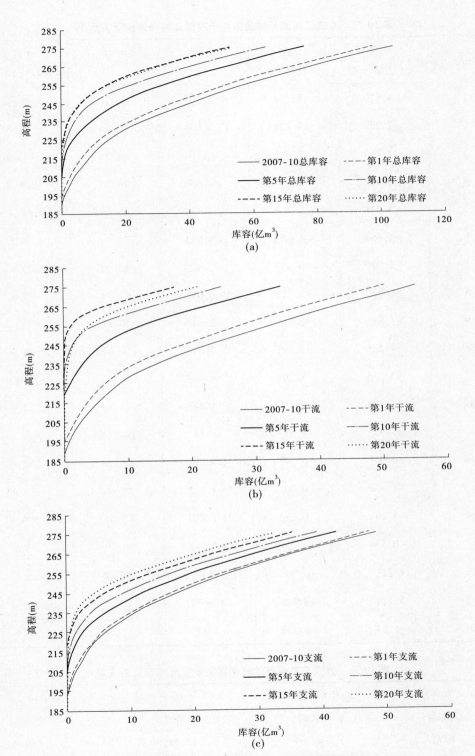

图10-34　方式二系列年试验5年间隔库容曲线

表 10-37　方式二系列年试验历年干支流库容淤损量及其比例

年序	干流 （亿 m³）	支流 （亿 m³）	合计 （亿 m³）	干/总 （%）	7~9 月水量 （亿 m³）
1	-4.910	-1.221	-6.131	80.08	95.8
2	-2.222	-0.836	-3.058	72.66	33.9
3	-4.763	-1.431	-6.194	76.90	103.9
4	-3.422	-1.234	-4.656	73.50	105.7
5	-5.771	-1.763	-7.534	76.60	86.8
6	-3.654	-1.258	-4.912	74.39	89.5
7	-1.990	-0.435	-2.425	82.06	92.8
8	-0.439	-0.213	-0.652	67.33	37.8
9	-1.857	-0.486	-2.343	79.26	70.2
10	-1.221	-0.791	-2.012	60.69	53.3
11	-5.046	-1.203	-6.249	80.75	109.2
12	-1.178	-0.270	-1.448	81.35	57.9
13	4.968	-0.353	4.615	107.65	167.1
14	-4.651	-0.847	-5.498	84.59	152.1
15	-1.332	-0.931	-2.263	58.86	60.8
16	-1.194	-0.682	-1.876	63.65	109.7
17	-0.538	-1.031	-1.569	34.29	79.7
18	1.211	-0.062	1.149	105.40	65.6
19	5.749	-0.782	4.967	115.74	225.4
20	-1.540	-0.332	-1.872	82.26	44.0

表 10-38　方式二系列年试验库区主要支流库容及淤损量　　（单位:亿 m³）

支流名称	20 年系列后库容	2007 年 10 月库容	淤损量
大峪河	3.067	5.360	-2.293
畛水	14.369	16.819	-2.450
东洋河	2.161	2.827	-0.666

支流名称	20 年系列后库容	2007 年 10 月库容	淤损量
大交沟	0.221	0.508	-0.287
石井河	1.969	4.361	-2.392
西阳河	1.228	2.075	-0.847
沇西河	1.451	3.561	-2.110
亳清河	0.917	1.370	-0.453
合计	25.383	36.881	-11.498

10.3.5　河势变化

小浪底库区大多库段河势受两岸山体制约相对稳定,若水库的变动回水区处于较为宽阔的库段,在水位抬升河床淤积与水位下降河床冲刷的交替变化过程中,河势会出现短期的不稳定现象,甚至河槽发生大幅度的位移。

在系列年试验过程中,在距坝 62.49 km 的 HH37 断面以上库段,受两岸山体的控制,河势基本没有大的调整,HH37 断面以下库段较为常见的河势如图 10-35、图 10-36 所示。

10.3.5.1　HH36 断面—HH25 断面库段

该库段的上游 HH37 断面,主流基本贴近右岸。随着淤积面的不断抬升,河谷逐渐扩宽,主流随之右移,进而影响 HH36 断面—HH32 断面库段的入流方位。

距坝 60.13 ~ 53.44 km 的 HH36 断面—HH32 断面的库段河床开阔,HH32 断面上游左岸有河口宽阔的支流沇西河入汇,地形条件给主流提供了较大的摆动空间。该库段又往往处于非主汛期的回水区,在回水淤积之后的降水时段,河势往往会发生较大幅度的调整,见图 10-34。

系列年试验初期,该库段距坝 57.00 km 的 HH34 断面以上主流基本居左岸,右岸有较宽阔的滩地,在临近 HH34 断面上游受左岸山体的挑流作用,主流斜向右岸,顶冲距坝 55.02 km 的 HH33 断面的右岸山体,而后折向 HH32 断面的左岸。

至第 3 年,HH36 断面—HH34 断面主流逐渐左移,HH35 断面主流顶冲左岸山体,HH34 断面、HH33 断面和 HH32 断面的顶冲点脱离山体,弯道曲率半径增加。至第 5 年,HH35 断面—HH33 断面主流逐渐右移,顶冲点脱离山体,HH34 断面、HH33 断面主流逐渐左移,而后折向,顶冲 HH32 断面左岸山体。

至第 6 年,主流滑过 HH37 断面下游右岸的山体,在 HH36 断面—HH33 断面,主流基本位居中部,其下游主流仍斜向左岸,顶冲 HH32 断面左岸山体。

第 8 ~ 10 年,HH36 断面—HH32 断面河势比较稳定,HH37 断面主流靠右岸,HH36 断面—HH34 断面主流靠左岸,HH33 断面稍向右岸移动,致使 HH32 断面主流脱离左岸山体向右岸移动。

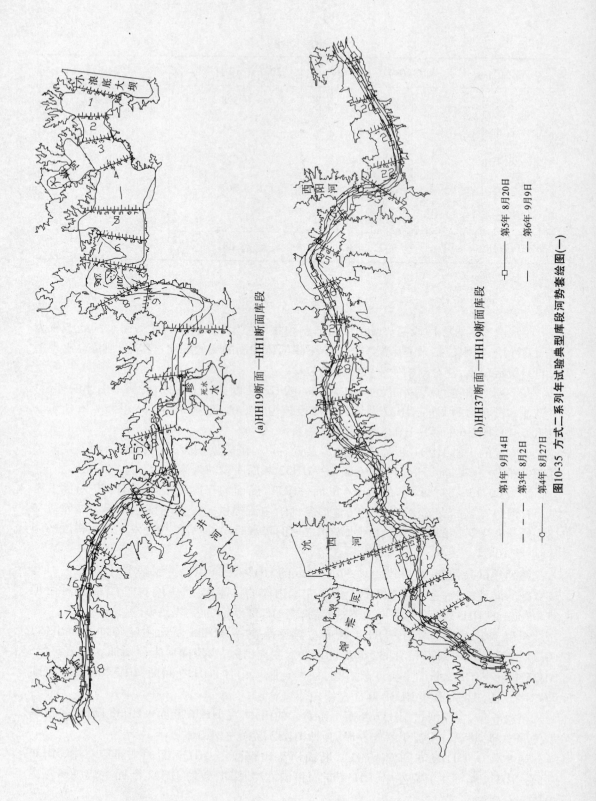

(a)HH19断面—HH1断面库段

(b)HH37断面—HH19断面库段

第1年 9月14日　　　　第5年 8月20日
第3年 8月2日　　　　　第6年 9月9日
第4年 8月27日

图10-35 方式二系列年试验典型库段河势套绘图(一)

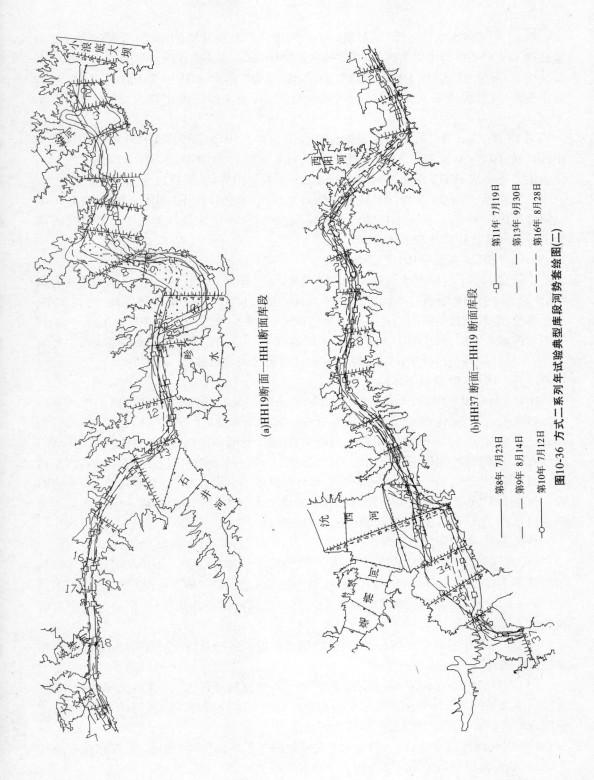

(a)HH19断面—HH1断面库段

(b)HH37断面—HH19断面库段

第8年 7月23日
第9年 8月14日
第10年 7月12日

第11年 7月19日
第13年 9月30日
第16年 8月28日

图10-36 方式二系列年试验典型库段河势套绘图(二)

第 11 年的较大水沙过程,遇前期较小的河槽及具有横比降的滩地,给河势大幅度调整提供了动力条件与边界条件。7 月中旬近 3 500 m³/s 流量通过时,对于 HH36 断面下游河槽,一部分水流沿原主槽过流,另一部分沿 HH35 断面—HH32 断面右岸山体过流,右岸逐渐冲刷,形成新的主槽,随后断面流量减小,原主槽逐渐淤积,过流量渐小直至断流。

第 13 年之后的年份,主流仍发生渐变性的位移。HH36 断面—HH34 断面主流稍向中部移动,HH33 断面主流靠右岸,随后主流向左逐渐移动,再紧贴 HH32 断面上游的山体流出。主流从 HH32 断面斜向顶冲 HH31 断面右岸山体后,被挑流至 HH29 断面左岸,之后沿左岸通过 HH28 断面;HH27 断面河势基本居中且相对稳定;HH26 断面—HH21 断面河势顺山体的走向,由于水位或流量的不同,水流入弯顶冲点位置有所不同,HH26 断面下游的河弯往往发生较大的位移。

10.3.5.2 HH25 断面—HH13 断面库段

主流自 HH21 右岸沿流程逐渐向左岸倾斜,至 HH19 断面已位于左岸,在某些时段 HH21 断面—HH19 断面主流居中;HH19 断面—HH17 断面是八里胡同库段,河谷狭窄,水流顺直,除较小流量时在岸边出现少量边滩外,基本为全断面过流;HH15 断面—HH13 断面河床较为宽阔,其中 HH14 断面—HH13 断面有石井河汇入,该库段主流或沿左岸或居中,在河势的调整过程中,HH13 断面主流位置随之发生位移。

10.3.5.3 HH13 断面以下库段

HH13 断面以下库段,河宽相对较大,河势沿断面调整频繁,在 HH11 断面上游右岸主流畛水汇入,干支流交汇处,主流或贴近或远离右岸支流口门,干流主流与支流口门的相对位置会对支流水沙倒灌产生较大的影响;HH10 断面—HH9 断面,主流基本左转 90°紧贴右岸山体流动,流经 HH8 断面—HH7 断面,一个小于 90°的河弯又将主流转回东西向;HH7 断面以下库段,受两岸山体与水库调水调沙的共同作用,河势稳定性差,大多时段主流自 HH7 断面左岸斜向下游,在 HH5 断面基本居中,在 HH5 断面—HH4 断面主流随进口水沙、出口水位关系,河势沿断面调整频繁。

总的来看,系列年试验过程中,在不同库段河势调整的机理与效应不尽相同。

(1)库区河床相对狭窄的库段,河势主要受两岸山体的制约。由于两岸山体各级高程的形态不尽相同,甚至局部有较大的差别。在库区沿程淤积面不断抬升的过程中,不同流量或不同的淤积面高程、水流的着流点及其对水流的调控作用不同,河势会相应有所调整。

(2)库区河床相对的开阔库段,遇长期枯水过程,往往形成狭小的河槽与宽阔且存在横比降的滩地,极易发生河势摆动。

(3)HH36 断面—HH32 断面是整个库区河势变化幅度最大,调整最为频繁的库段。天然的地形条件与水库非主汛期水位抬高淤积与汛前水位降低冲刷过程的共同影响,使该库段河势具有不稳定性与发生调整的偶然性。

(4)HH9 断面以下库段,河势变化主要受水库主汛期调水调沙的影响,库水位变动较为频繁,地形在淤积与冲刷的变换过程中易发生调整。

10.4 推荐方案试验结果

10.4.1 水库调节效果

10.4.1.1 水位变化过程

水库历年逐月控制水位变化过程见图 10-37。

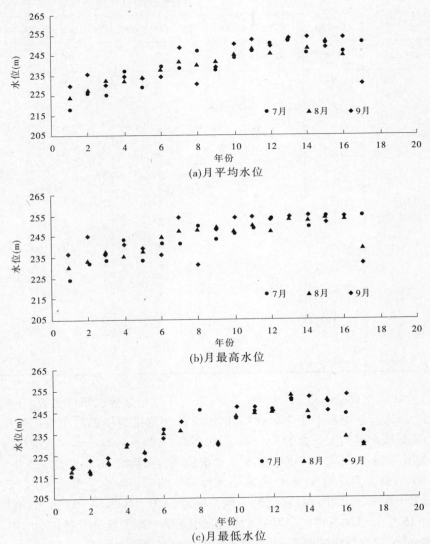

图 10-37 推荐方案系列年试验水位变化过程

从图 10-37 中可以看出,月平均水位、月最高水位、月最低水位在第 1~17 年汛期有升有降,总的变化趋势是水位逐渐升高,变幅逐渐减小。在第 17 年冲刷过程中,库水位陡降,水位变幅大。

10.4.1.2　出库流量含沙量特征值

小浪底水库模型试验 7 月 11 日至 9 月 30 日入库流量级频次统计见表 10-39。从表中可以看出,不大于 400 m³/s 流量级出现的天数为 196 d,年均 11.5 d;400 ~ 2 600 m³/s 的流量级出现的天数为 958 d,年均 56.4 d;2 600 ~ 4 000 m³/s 流量级出现的天数为 169 d,年均 9.9 d;大于 4 000 m³/s 流量级出现的天数为 71 d,年均 4.2 d。

表 10-39　推荐方案系列年试验入库流量级频次统计

项目		流量级(m³/s)				
		$Q < 350$	$350 \leq Q \leq 400$	$400 < Q < 2\,600$	$2\,600 \leq Q \leq 4\,000$	$Q > 4\,000$
出现天数(d)		154	42	958	169	71
不同持续历时(d)出现的次数	1	8	25	19	25	8
	2	4	4	6	12	6
	3	5	0	6	3	3
	4	2	1	3	3	4
	5	1	1	0	5	0
	6	2	0	6	1	0
	7	1	0	2	2	1
	8	1	0	6	0	0
	9	2	0	3	1	1
	10	0	0	4	0	1
	11 ~ 15	4	0	3	2	0
	16 ~ 20	1	0	4	1	0
	>20	0	0	16	0	0

小浪底水库模型试验 7 月 11 日至 9 月 30 日出库流量级频次统计见表 10-40。从表中可以看出,出库流量均不小于 350 m³/s,即出库最小流量均接近最小调控流量;400 ~ 2 600 m³/s 流量级出现的天数为 514 d,年均 30.2 d;2 600 ~ 4 000 m³/s 流量级出现的天数为 311 d,年均 18.3 d;大于 4 000 m³/s 流量级出现的天数为 56 d,年均 3.3 d。

表 10-41 给出了 7 月 11 日至 9 月 30 日水库调节前后各级流量变化情况。调节后消除了流量小于 350 m³/s 的时段;接近最小调控流量(350 ~ 400 m³/s)的天数增加了 317 d,年均增加 18.6 d,增加的频次应为对入库流量小于最小调控流量时的补水作用,以及对 400 ~ 2 600 m³/s 流量量级的调蓄;对黄河下游泥沙输移不利的 400 ~ 2 600 m³/s 流量级出现的天数减少了 444 d,年均减少 26.1 d;2 600 ~ 4 000 m³/s 较大流量级出现的天数增加了 142 d,年均增加 8.4 d;大于 4 000 m³/s 流量级的天数减少了 15 d,年均减少 0.9 d,减小了黄河下游滩区的漫滩风险。

表 10-40　推荐方案系列年试验出库流量级频次统计

项目		流量级（m³/s）				
		$Q < 350$	$350 \leqslant Q \leqslant 400$	$400 < Q < 2\,600$	$2\,600 \leqslant Q \leqslant 4\,000$	$Q > 4\,000$
出现天数（d）		0	513	514	311	56
不同持续历时（d）出现的次数	1	0	38	69	15	3
	2	0	30	29	12	4
	3	0	13	19	5	2
	4	0	4	7	7	1
	5	0	4	7	8	0
	6	0	6	6	7	0
	7	0	8	1	1	2
	8	0	4	4	4	0
	9	0	1	2	0	0
	10	0	2	5	0	1
	11 ~ 15	0	5	5	5	1
	16 ~ 20	0	0	1	1	0
	> 20	0	4	2	1	0

表 10-41　推荐方案系列年试验进出库流量级频次比较

项目		流量级（m³/s）				
		$Q < 350$	$350 \leqslant Q \leqslant 400$	$400 < Q < 2\,600$	$2\,600 \leqslant Q \leqslant 4\,000$	$Q > 4\,000$
出现天数（d）		− 154	471	− 444	142	− 15
不同持续历时（d）出现的次数	1	− 8	13	50	− 10	− 5
	2	− 4	26	23	0	− 2
	3	− 5	13	130	2	− 1
	4	− 2	3	4	4	− 3
	5	− 1	3	7	3	0
	6	− 2	6	0	6	0
	7	− 1	8	− 1	− 1	1
	8	− 1	4	− 2	4	0
	9	− 2	1	− 1	− 1	− 1
	10	0	2	1	0	0
	11 ~ 15	− 4	5	2	3	1
	16 ~ 20	− 1	0	− 3	0	0
	> 20	0	4	− 14	1	0

注：出库减入库，"－"值为减少。

表 10-42 分别统计了小浪底入库、出库不同流量级水量及其挟带的沙量,并对入库、出库水沙特征进行比较。入库与出库,流量小于 350 m³/s 量级的时段,平均流量分别为 265 m³/s 和 0,该量级水流平均含沙量分别为 52.7 kg/m³ 和 0;流量大于 2 600 m³/s 量级的时段,平均流量分别为 3 681 m³/s 和 3 547 m³/s,平均含沙量分别为 88.6 kg/m³ 和 87.8 kg/m³。水库调节前后,流量小于 350 m³/s 量级出现的天数减少 154 d,相应水量减少 35.3 亿 m³,相应沙量减少 1.86 亿 t;流量在 2 600～4 000 m³/s 量级出现的天数增加 142 d,相应水量增加 378.8 亿 m³,相应沙量增加 28.85 亿 t。

表 10-42　推荐方案系列年试验入出库水沙特征值对比

项目		流量级（m³/s）				
		$Q < 350$	$350 \leq Q \leq 400$	$400 < Q < 2\ 600$	$2\ 600 \leq Q \leq 4\ 000$	$Q > 4\ 000$
入库	天数（d）	154	42	958	169	71
	水量（亿 m³）	35.3	13.6	992.8	461	302.3
	沙量（亿 t）	1.86	0.88	86.23	36.35	31.28
	流量（m³/s）	265	375	1 199	3 157	4 928
	含沙量（kg/m³）	52.7	64.7	86.9	78.9	103.5
出库	天数（d）	0	513	514	311	56
	水量（亿 m³）	0	166.5	449.9	839.8	284.9
	沙量（亿 t）	0	2.61	19.4	65.2	33.55
	流量（m³/s）	0	376	1 013	3 125	5 888
	含沙量（kg/m³）	0	15.7	43.1	77.6	117.8
差值＝出库－入库	天数（d）	−154	471	−444	142	−15
	水量（亿 m³）	−35.3	152.9	−542.9	378.8	−17.4
	沙量（亿 t）	−1.86	1.73	−66.83	28.85	2.27

总体来看,水库调节改善了出库流量过程,对黄河下游河道输沙不利的 800～2 600 m³/s 流量级出现的天数减少,而对输沙有利的大于 2 600 m³/s 流量级出现的天数有所增加,且增加的往往是历时较长的时段,持续时间为 1 d 的时段还减少 10 个。其主要原因是水库调控库容较大,更容易实现水库调度目标。

10.4.2　库区冲淤量变化

10.4.2.1　沙量平衡法

17 年入库沙量 185.786 亿 t,出库沙量 124.723 亿 t,淤积量 61.063 亿 t,17 年水沙系列年平均入库沙量 10.929 亿 t,年平均出库沙量 7.337 亿 t,平均排沙比 67.1%。历年入库、出库沙量、冲淤量、排沙比见表 10-43。

表 10-43 推荐方案系列年试验沙量平衡法历年冲淤量统计

年序	入库沙量（亿 t）	出库沙量（亿 t）	冲淤量（亿 t）	排沙比（%）	年序	入库沙量（亿 t）	出库沙量（亿 t）	冲淤量（亿 t）	排沙比（%）
1	5.997	0.870	5.127	14.5	11	14.593	6.550	8.043	44.9
2	12.112	1.310	10.802	10.8	12	8.305	2.841	5.464	34.2
3	6.405	2.880	3.525	45.0	13	4.164	2.320	1.844	55.7
4	7.845	1.453	6.392	18.5	14	13.102	7.719	5.383	58.9
5	21.725	18.031	3.694	83.0	15	4.469	3.768	0.701	84.3
6	2.664	1.070	1.594	40.2	16	10.445	9.207	1.238	88.1
7	19.496	6.647	12.849	34.1	17	11.148	22.600	-11.452	202.7
8	22.961	27.739	-4.778	120.8	平均	10.929	7.337	3.592	67.1
9	12.4	8.245	4.155	66.5	合计	185.786	124.723	61.063	—
10	7.955	1.473	6.482	18.5					

从表 10-43 中可以看出,历年水库排沙比与水库输沙流态、入库水沙量及过程、水库调度过程等因素有关。第 1～2 年库区蓄水量较大,主汛期大多为异重流排沙。之后的年份,在水库蓄水状态,回水区范围往往呈异重流输沙流态。水库运用至第 8 年,遇较大流量时水位大幅度下降,最低至水库正常运用期的最低水位,库区由累积淤积趋势转为冲刷,水库排沙比达 120.8%。第 17 年为该系列水沙量均为最大的一年,其中 7～9 月水沙量分别为 209.5 亿 m³ 和 10.44 亿 t,分别为 20 年系列平均值的 186.9% 与 101.8%。较大流量遭遇坝前低水位,形成了全库区河槽大幅度下切展宽状态,水库排沙比达 202.7%。

由入库与出库悬移质泥沙级配测验资料分析计算库区淤积物组成,见表 10-44。

表 10-44 推荐方案 17 年系列试验库区淤积物组成统计

库区淤积量(亿 t)				占淤积物总量(%)			
粗沙	中沙	细沙	总量	粗沙	中沙	细沙	总量
16.554	17.568	26.941	61.063	27.11	28.77	44.12	100

10.4.2.2 断面法

17 年系列干流淤积 29.199 亿 m³,支流淤积 22.221 亿 m³,淤积总量达到 51.420 亿 m³,见表 10-45。

表 10-45　推荐方案系列年试验断面法历年干支流冲淤量统计　（单位:亿 m³）

年序	历年			累积		
	干流	支流	总量	干流	支流	总量
1	2.805	1.117	3.922	2.805	1.117	3.922
2	5.567	2.000	7.567	8.372	3.117	11.489
3	2.589	1.450	4.039	10.961	4.567	15.528
4	3.718	1.180	4.898	14.679	5.747	20.426
5	1.544	2.340	3.884	16.223	8.087	24.310
6	1.545	0.810	2.355	17.768	8.897	26.665
7	6.987	2.530	9.517	24.755	11.427	36.182
8	-5.708	1.560	-4.148	19.047	12.987	32.034
9	3.230	0.440	3.670	22.277	13.427	35.704
10	4.877	1.500	6.377	27.154	14.927	42.081
11	5.003	1.680	6.683	32.157	16.607	48.764
12	3.120	1.470	4.590	35.277	18.077	53.354
13	1.121	0.771	1.892	36.398	18.848	55.246
14	1.767	1.830	3.597	38.165	20.678	58.843
15	0.310	0.433	0.743	38.475	21.111	59.586
16	-0.440	0.326	-0.114	38.035	21.437	59.472
17	-8.836	0.784	-8.052	29.199	22.221	51.420
年均	1.718	1.307	3.025			

相对于原始库容,干流淤积量为 49.077 亿 m³,支流淤积量为 26.289 亿 m³,库区淤积总量 75.366 亿 m³。表 10-46 以及图 10-38 给出了淤积量及淤积分布。

表 10-46　推荐方案 17 年系列试验结束库区淤积分布　（单位:亿 m³）

高程(m)	干流	支流	总淤积	高程(m)	干流	支流	总淤积
145	0.212	0	0.212	215	20.029	6.204	26.233
150	0.443	0.004	0.447	220	23.263	7.830	31.093
155	0.812	0.015	0.827	225	26.494	9.803	36.297
160	1.326	0.040	1.366	230	29.825	11.983	41.808
165	2.042	0.091	2.133	235	33.443	14.432	47.875
170	2.971	0.194	3.165	240	37.011	17.039	54.050
175	4.053	0.364	4.417	245	40.501	19.957	60.458
180	5.292	0.611	5.903	250	43.535	22.605	66.140
185	6.701	0.956	7.657	255	46.095	24.664	70.759
190	8.289	1.411	9.700	260	47.782	25.681	73.463
195	10.084	1.995	12.079	265	48.702	26.027	74.729
200	12.093	2.751	14.844	270	48.998	26.286	75.284
205	14.393	3.686	18.079	275	49.077	26.289	75.366

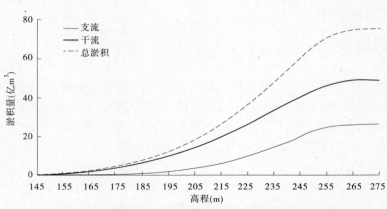

图 10-38 推荐方案 17 年系列试验结束库区淤积分布曲线

表 10-47 统计了沙量平衡法与断面法库区冲淤量及其两者的对比结果,可以看出,历年两者的比值有一定的变化幅度,且有逐步增大的趋势。

表 10-47 推荐方案系列年试验库区沙量平衡法与断面法冲淤量对比

年序	沙量平衡法(亿 t)		断面法(亿 m³)		沙量平衡法/断面法	
	历年	累积	历年	累积	历年	累积
1	4.422	4.422	3.922	3.922	1.127	1.127
2	9.507	13.929	7.567	11.489	1.256	1.212
3	4.445	18.374	4.039	15.528	1.101	1.183
4	5.132	23.506	4.898	20.426	1.048	1.151
5	4.410	27.916	3.884	24.310	1.135	1.148
6	2.731	30.647	2.355	26.665	1.160	1.149
7	12.194	42.841	9.517	36.182	1.281	1.184
8	-4.848	37.993	-4.148	32.034	1.169	1.186
9	4.271	42.264	3.670	35.704	1.164	1.184
10	7.230	49.494	6.377	42.081	1.134	1.176
11	7.989	57.483	6.683	48.764	1.195	1.179
12	5.247	62.730	4.590	53.354	1.143	1.176
13	2.138	64.868	1.891	55.245	1.131	1.174
14	5.063	69.931	3.597	58.842	1.408	1.188
15	1.127	71.058	0.743	59.585	1.517	1.193
16	-0.035	71.023	-0.114	59.471	0.307	1.194
17	-10.668	60.355	-8.052	51.419	1.325	1.174

注:两种方法历年统计时段均统一为 10 月 1 日至翌年 9 月 30 日。

10.4.3　淤积形态变化

10.4.3.1　干流淤积形态

1.纵剖面

水库调水调沙过程中,泥沙在库区沿程淤积分布的不均匀性,使得淤积形态相应发生不断的调整。图10-39与图10-40给出了典型年份库区干流汛后纵剖面深泓点套绘图。水库运用过程中,河床纵剖面总体呈同步抬升趋势,部分年份地形调整剧烈。表10-48给出了历年干流河床纵比降调整变化过程。

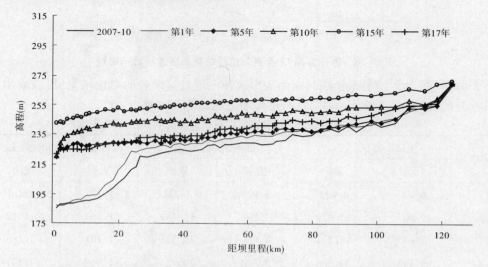

图 10-39　推荐方案系列年试验库区干流汛后纵剖面变化过程(深泓点)

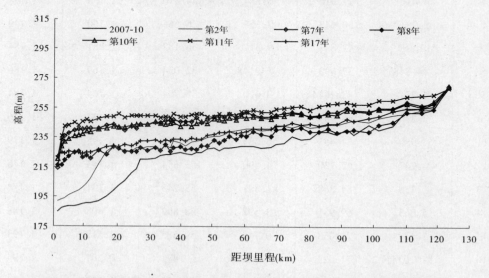

图 10-40　推荐方案系列年试验地形变化幅度较大年份干流汛后纵剖面(深泓点)

表 10-48　推荐方案系列年试验历年干流河床纵比降

年序	1	2	3	4	5	6	7	8	9
比降(‰)	2.84	2.44	2.50	2.17	1.90	2.24	2.10	2.79	2.68
年序	10	11	12	13	14	15	16	17	
比降(‰)	2.45	2.36	1.93	1.77	1.88	1.91	1.68	2.73	

系列年初始边界条件采用 2007 年 10 月地形,淤积形态为三角洲。三角洲顶点距坝约 27.2 km,顶点高程 220.07 m。在库区三角洲洲面水流往往接近均匀流,三角洲顶点以下的前坡段,水深陡增,流速骤减,水流挟沙力急剧下降,处于超饱和状态,大量泥沙在此落淤,使三角洲洲体随库区淤积量的增加而不断向坝前推进。系列年试验至第 1 年库区三角洲洲面发生不同程度的淤积,其中 HH8 断面—HH43 断面深泓点平均抬升幅度为 4～5 m,三角洲顶点由 2007 年 10 月的 HH17 断面向前推进至 HH15 断面(距坝 24.4 km),HH7 断面以下及 HH43 断面以上深泓点变化不大。系列年第 2 年,全库区发生淤积,其中 HH14 断面以下的三角洲前坡段尤为明显,如距坝 18.7 km 的 HH12 断面,位于三角洲前坡段,水深骤然增加,水流挟沙率大幅度减小,大量泥沙在该库段淤积,深泓点淤积厚度高达 25 m。前坡段大量淤积,使得三角洲不断向坝前推进,至第 4 年,三角洲顶已推移至距坝 10.3 km 的 HH8 断面。系列年第 5 年来沙量大,库区淤积形态表现为三角洲洲面的抬升,同时三角洲顶点推进至坝前转化为锥体淤积形态,仅在坝前存在冲刷漏斗。

河床纵比降的调整过程与水沙条件和水库调度方式有关。试验初始阶段,淤积三角洲洲面纵比降较大,随着三角洲不断向坝前推进,洲面比降逐步减小。试验系列第 8 年,水库相机降水冲刷,自下而上的溯源冲刷占主导地位,河床纵比降增大至 2.79‰,减小了黄河下游滩区的漫滩风险,之后在水库逐步抬高拦粗排细调水调沙运用过程中,河床纵比降趋于减缓,第 17 年的相机降水冲刷运用,河床纵比降又增大至 2.73‰。

系列年第 14 年汛期坝前段滩面高程达到 254 m,且水库累积淤积量约为 75.5 亿 m³,水库拦沙期结束,之后转入正常运用期。

2. 横断面

1)历年变化

横断面总体表现为同步淤积抬升趋势。图 10-41 给出了部分横断面套绘图。

一般情况下,河槽形态取决于水沙过程,长时期的小流量过程河槽逐步萎缩,历时较大流量随着河槽下切展宽,河槽过水面积显著扩大。在较为顺直的狭窄库段,一般水沙条件下为全断面过流,如 HH19 断面—HH16 断面的八里胡同库段(图 10-41 中 HH17 断

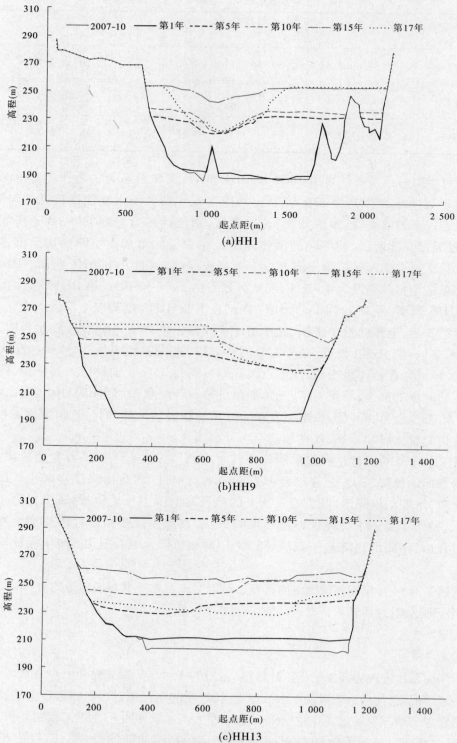

(a)HH1

(b)HH9

(c)HH13

图 10-41　推荐方案系列年试验横断面套绘图

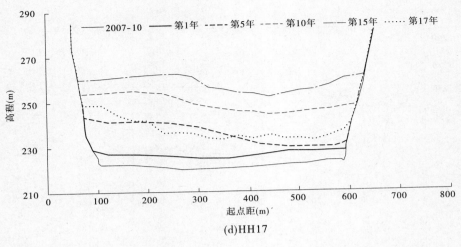

(d)HH17

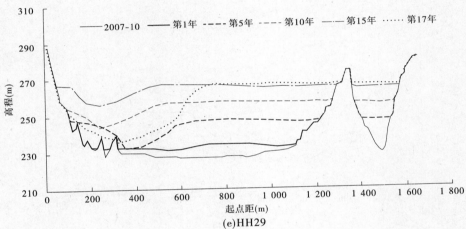

(e)HH29

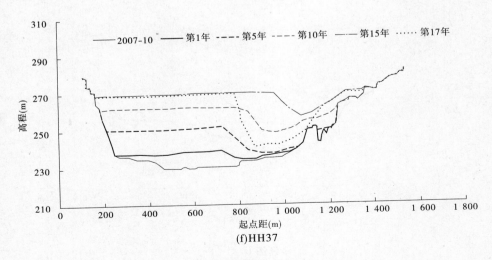

(f)HH37

续图 10-41

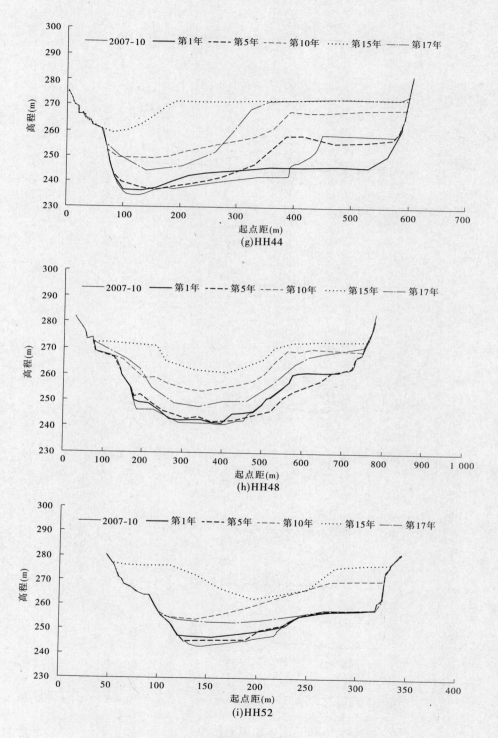

(g)HH44

(h)HH48

(i)HH52

续图 10-41

面）。在河床较宽库段往往形成滩槽,如图10-41中HH29、HH37等断面。在库区上段河床狭窄,但河势受两岸山体的制约蜿蜒曲折,当主流紧贴一岸时,在对岸仍有形成滩地的可能,如图10-41中HH44断面基本处于弯顶处,主流稳定在左岸,流量较大时河槽以大幅度的下切为主。HH48断面河谷相对较宽,虽然河槽横向展宽受上下游山嘴的制约,但遇大流量时河槽在下切的同时得到大幅度的扩展。HH52断面上下游较为顺直且河谷狭窄仅约300 m,在较大流量过程中基本无滩地。

横断面横向位移主要与库区边界条件及水库运用过程有关。系列年试验中大部分时段与库段河槽位置相对固定,只是随流量的变化,河槽形态发生调整或略有位移,如HH37断面以上、HH29断面—HH27断面、HH23断面—HH14断面、HH10断面—HH9断面的库段。其余库段河槽往往发生大幅度的位移,如在距坝50~60 km的HH36断面—HH30断面,处于变动回水区,往往是非汛期泥沙淤积的部位,在淤积过程中河槽被部分或全部掩埋,在翌年汛前降水过程中,河槽出现的位置受上下游河势的变化等因素,往往具有随机性。此外,该库段断面宽阔一般为2 000~2 500 m,在持续小流量年份,河槽萎缩,滩地形成横比降,突遇较大流量,极易发生河槽位移,如图10-42中距坝60.13 km的HH36断面,河槽沿横断面发生频繁且大幅度位移。在部分弯道附近,水流入弯顶冲的部位不同也会引起河槽位置的改变,如图10-42中距坝20.39 km的HH13断面。坝前库段在水库调水调沙运用过程中,库水位变动幅度较大且频繁,输沙流态随之不断发生变化,地形在冲刷与淤积之间转换过程中,极易发生河槽位移,如图10-42中距坝3.34 km的HH3断面。

横断面变化幅度较大的时段主要表现在降水冲刷时期。在水库调度过程中,往往利

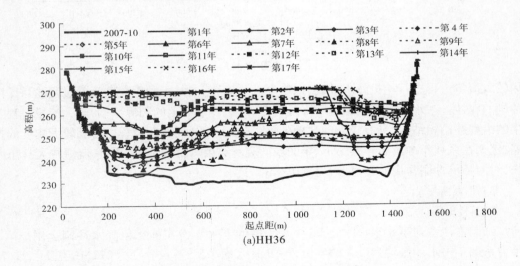

(a)HH36

图10-42　推荐方案系列年试验典型横断面套绘图

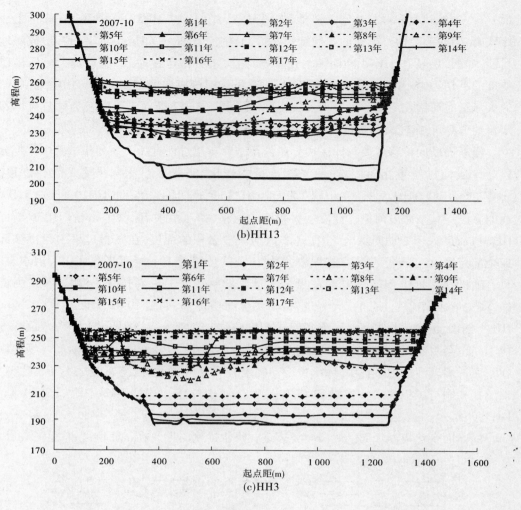

(b)HH13

(c)HH3

续图 10-42

用较大流量过程进行相机降水冲刷,以恢复部分库容,同时可利用较大流量过程输送库区冲刷的泥沙。在水位迅速大幅度下降过程中,产生自下而上的溯源冲刷,与大流量过程发生的沿程冲刷相结合,具有较大的塑槽效果,河槽下切与展宽的过程中得到较大幅度的扩展,例如在系列年中第 8 年及第 17 年的断面观测结果。特别是第 17 年,流量较大且历时长,对河槽的冲刷作用非常显著,见图 10-43。

2)洪水期变化

(1)第 8 年。

试验水沙系列第 8 年水库处于拦沙期,借助丰水年份实施相机降水冲刷运用。第 8 年为系列年中水沙量均为最大的年份,7~9 月入库水量、沙量分别为 272.10 亿 m³、21.73 亿 t,分别占系列平均值的 243.8%、221.5%。7~9 月逐日入库流量、含沙量与水库控制水位过程见图 10-44。

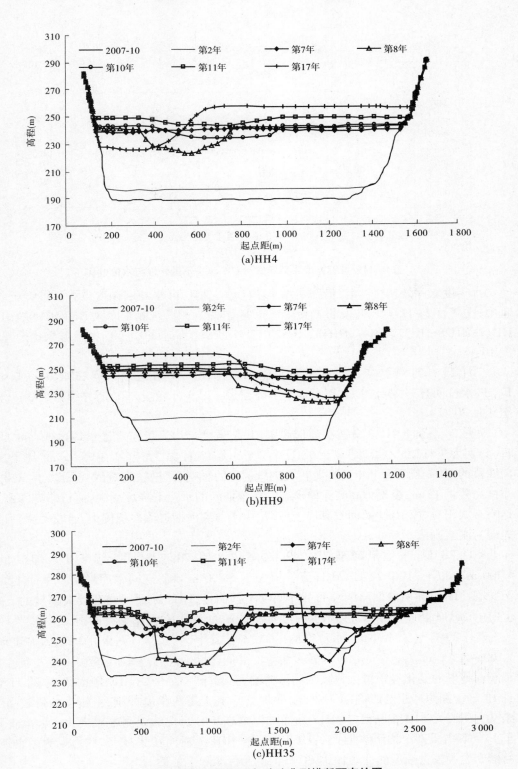

图 10-43　推荐方案系列年试验典型横断面套绘图

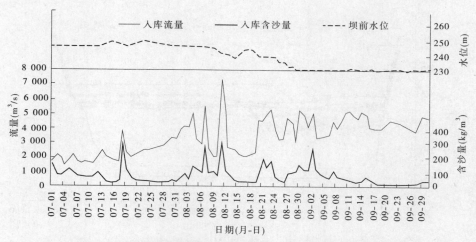

图 10-44　推荐方案系列年试验第 8 年主汛期水沙与水位过程

　　本年度水库处在拦沙期,借助丰水年份实施了相机降水冲刷调度方式。模型试验过程中,在 7 月 24 日至 9 月 30 日选择了 9 个典型时段,跟踪观测了库区 HH1、HH9、HH13、HH17、HH28、HH37、HH44、HH48、HH52 等 9 个断面在降水冲刷过程中地形变化过程,见图 10-45。

　　7 月 23 日到 8 月 14 日期间,水库控制水位由 250.42 m 缓慢降至 238.10 m,至 8 月 17 日,水位回升至 244.77 m,而后逐步下降,至 8 月 29 日降至 230 m,并维持 230 m 水位至 9 月 30 日。

　　7 月 24 日到 8 月 13 日两次地形观测期间,最大日均流量与含沙量均出现在 8 月 11 日,分别为 7 412 m³/s、298 kg/m³,8 月 4 日至 8 月 12 日含沙量基本在 95 kg/m³ 以上。坝前库段的 HH1 断面受上年度宣泄较大流量过程的影响,河槽较为宽深,深泓点约 220 m,滩槽高差约 15 m,表现为高滩深槽形态。在该期间的水位下降过程中,河槽略有冲刷,滩地略有淤积;水库 HH9 断面及其以上库段,由于前期河槽过流面积较小,遇较大流量过程表现为淤滩刷槽。

　　8 月 28 日,水位下降至 232.49 m,其中 8 月 20 ~ 23 日持续 4 d 入库流量在 4 400 m³/s 以上,其中 22 日、23 日流量均大于 5 000 m³/s。期间水库发生自下而上的溯源冲刷。HH1 断面前期河床较低下降幅度不甚明显,HH9 断面河槽有较大幅度的下降,上游的 HH13 断面及其以上库段只是在沿程冲刷的作用下,河槽略有冲刷。

　　8 月 29 日至 9 月 30 日,水位维持在 230 m。其中,8 月 29 日到 9 月 9 日,入库流量为 3 100 ~ 5 300 m³/s。在底水位与较大流量的共同作用下,溯源冲刷不断向上游发展,由沿程断面地形的变化过程可大致反映溯源冲刷上溯的部位。例如 HH9 断面,8 月 28 日至 9 月 13 日受溯源冲刷的影响,河槽不断下切,之后其上游大幅度冲刷,水流含沙量较高,河床又有所回淤;HH13 断面—HH17 断面的河槽在 9 月 5 日的观测中表现为大幅度下降,至 13 日降至最低,之后有所回淤;HH28 断面—HH37 断面在 9 月 13 日的观测中表现为河槽产生了较大幅度的冲刷,9 月 30 日的测验河床降至最低。

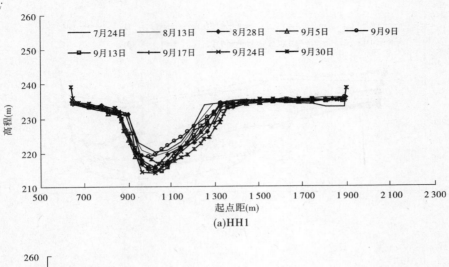

(a)HH1

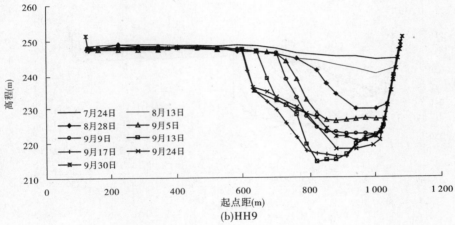

(b)HH9

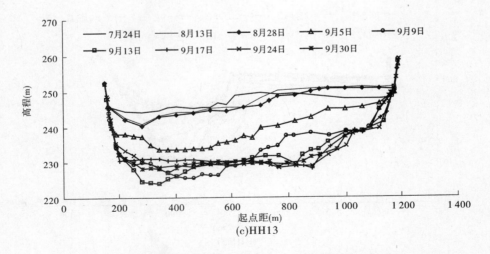

(c)HH13

图 10-45　推荐方案系列年试验第 8 年洪水期横断面变化过程

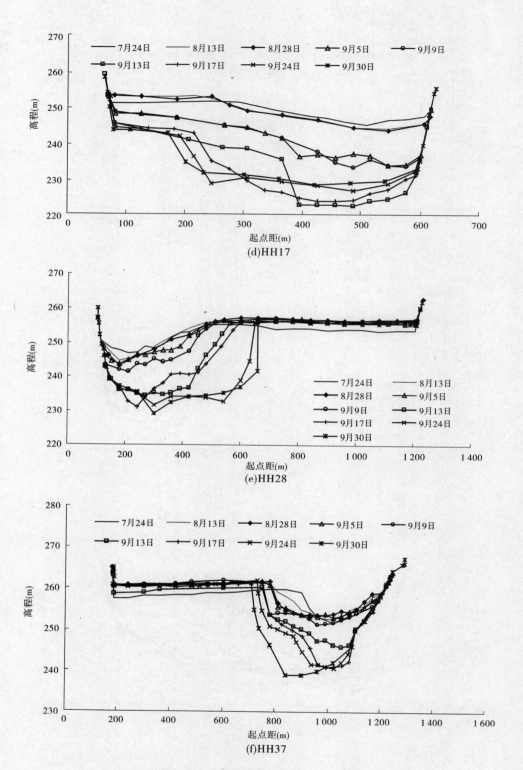

(d)HH17

(e)HH28

(f)HH37

续图 10-45

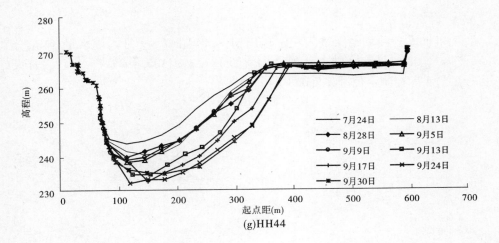

(g)HH44

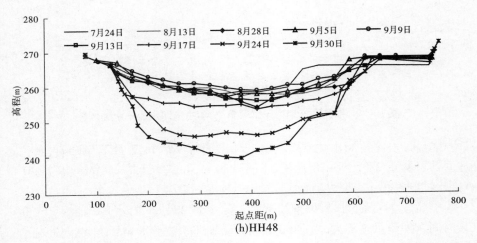

(h)HH48

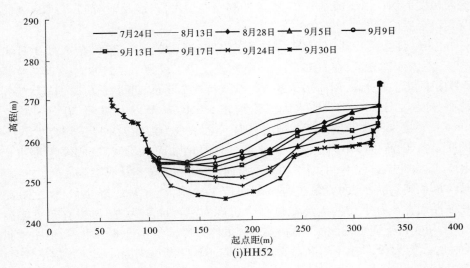

(i)HH52

续图 10-45

（2）第 17 年。

第 17 年水库拦沙期结束进入正常运用期。该年份 7～9 月入库水量、沙量分别为
209.50 亿 m³、10.44 亿 t，分别占系列平均值的 187.7%、106.4%。7～9 月逐日入库流
量、含沙量与水库控制水位过程见图 10-46。

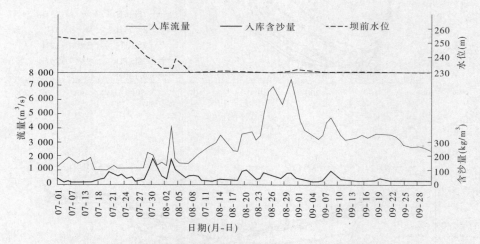

图 10-46　推荐方案系列年试验第 17 年主汛期水沙与水位过程

7 月上中旬，水库控制水位在 253 m 以上且低于 254 m，7 月下旬开始，水位逐步降
低，至 8 月 3 日降至 230.98 m，8 月 8 日降至 230 m，并基本维持 230 m 至 9 月 30 日。

在降水冲刷过程中，典型断面地形变化过程见图 10-47。

7 月中旬至 7 月底期间，水位持续下降。除 7 月 28～29 日入库流量大于 2 000 m³/s
外，其余时间入库流量均不大，坝前 HH1 断面受坝前水位的影响显著，溯源冲刷的作用使
得河槽大幅度下切。由于流量较小，溯源冲刷发展缓慢，未涉及距坝 11.42 km 处的 HH9
断面及其以上库段。

8 月上旬，水位在波动中下降，至 7 月 7 日降至 230 m。期间，在 7 月 3 日出现了
4 021.1 m³/s 的入库流量，在 HH9 断面以下库段发生了较为明显的冲刷。

8 月中下旬至 9 月底，坝前水位基本持续维持在 230 m，期间，长历时的较大流量过程
入库，特别是在 8 月 25～31 日，入库流量均在 5 660 m³/s 以上，8 月 30 日日均流量达
7 406 m³/s，并且入库含沙量不高。坝前 HH1 断面表现为河槽以不断下切为主，至 8 月底
降至最低，之后随流量减小与上游冲刷水流含沙量增加而有所回淤；HH9 断面主槽紧贴
右岸山体，降水冲刷过程中，主槽下切并不断向左岸展宽，至 8 月底降至最低，之后略有回
淤；HH17 断面河谷狭窄，大流量过程全断面产生冲刷，至 8 月底降至最低，之后略有回
淤；HH28 断面在 8 月下旬的大流量过程中表现为沿程冲刷为主，河槽有较大幅度的冲
刷，9 月上旬受自下而上的溯源冲刷的影响，虽然入库流量小于 8 月下旬，但主槽扩展幅
度较前一时段为大，9 月中下旬断面无大的调整；HH37 断面溯源冲刷的影响至 9 月中旬，
9 月下旬断面变化不大。

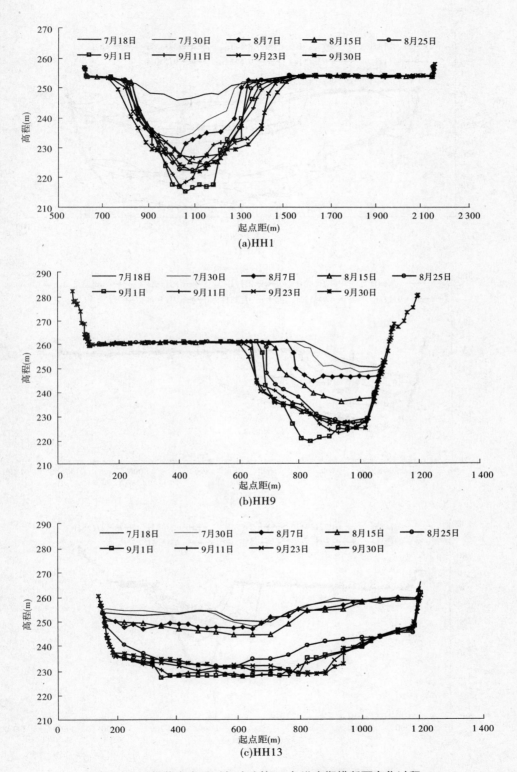

(a)HH1

(b)HH9

(c)HH13

图 10-47　推荐方案系列年试验第 17 年洪水期横断面变化过程

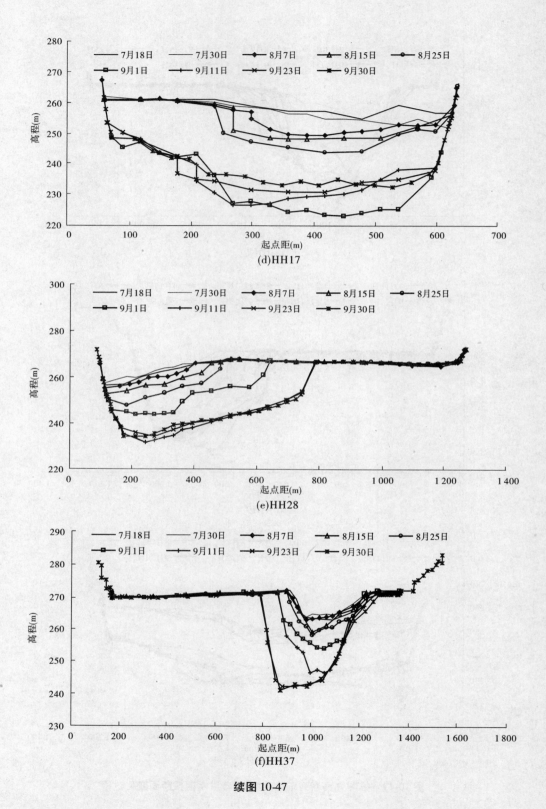

(d)HH17

(e)HH28

(f)HH37

续图 10-47

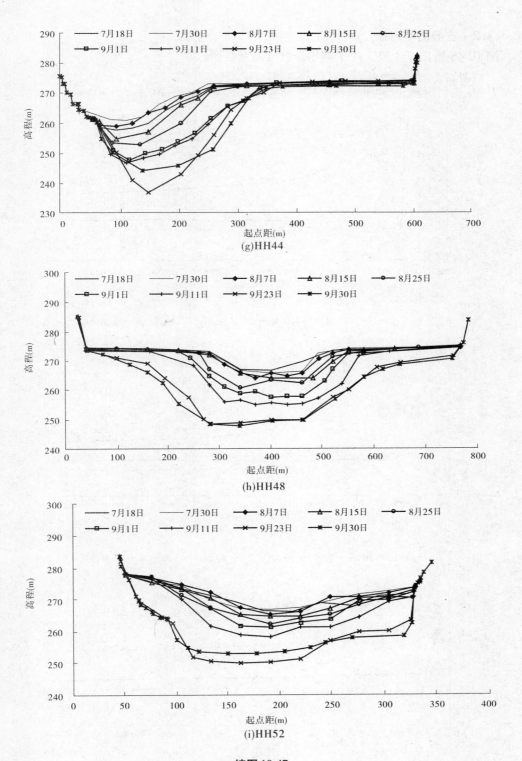

(g)HH44

(h)HH48

(i)HH52

续图 10-47

10.4.3.2 支流淤积形态

图 10-48 给出了主要支流个别年份纵剖面套绘图。

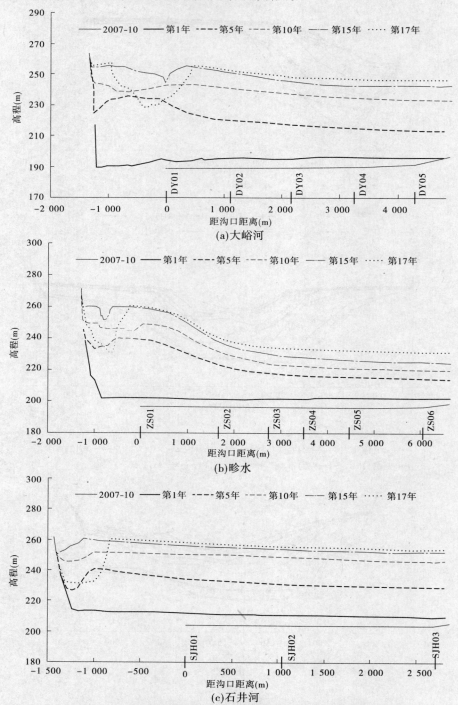

(a)大峪河

(b)畛水

(c)石井河

图 10-48 推荐方案系列年试验典型支流纵断面套绘图

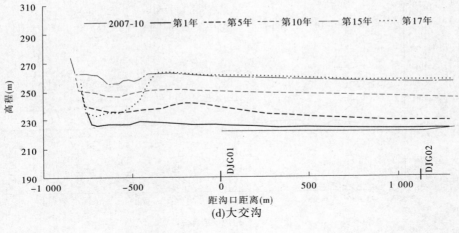

(d)大交沟

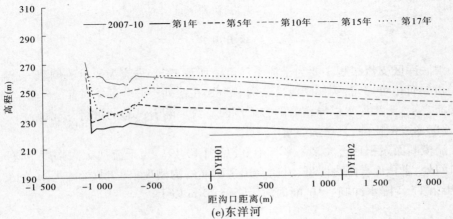

(e)东洋河

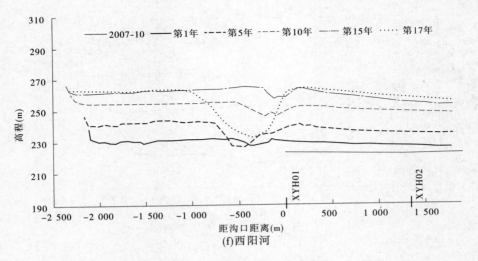

(f)西阳河

续图 10-48

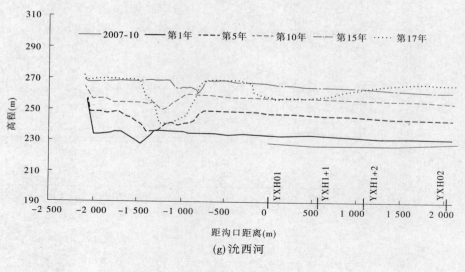

(g) 沁西河

续图 10-48

小浪底库区支流淤积主要为干流来沙倒灌所致,若干支流为异重流倒灌,支流沿水流流向淤积分布相对均匀,例如支流大峪河、畛水,在系列年试验的第一年,干流三角洲仍位于两支流之上,干流浑水以异重流的方式倒灌支流。随着试验的进行,支流淤积形态不断变化,逐渐形成倒比降,且愈加显著。

支流横断面淤积形态大多是平行抬升,见图 10-49。当干流河床大幅度下降时,在支流近口门处,淤积面会随之降低,有时会出现明显的沟槽现象,如距坝约 4 km 的支流大峪河,经历第 17 年降水冲刷后 01 断面河床降低 20 m 以上。

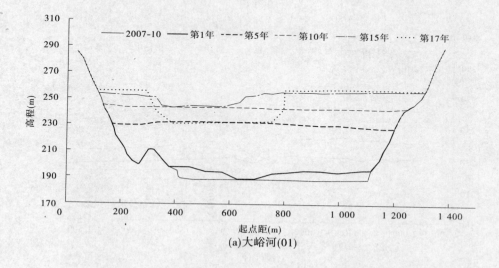

(a) 大峪河(01)

图 10-49 推荐方案系列年试验支流大峪河横断面套绘图

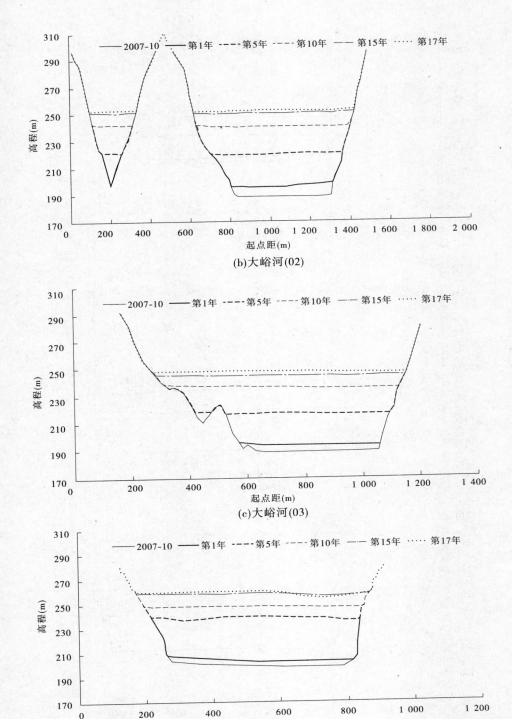

(b)大峪河(02)

(c)大峪河(03)

(d)畛水(01)

续图 10-49

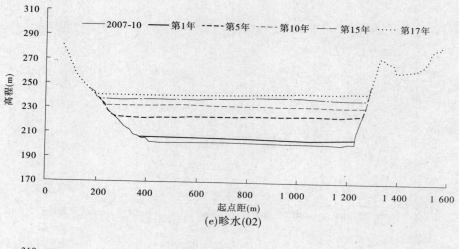

(e)畛水(02)

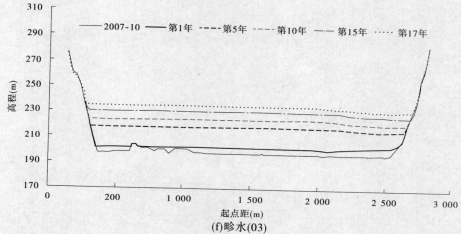

(f)畛水(03)

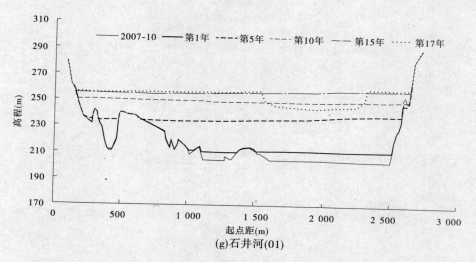

(g)石井河(01)

续图 10-49

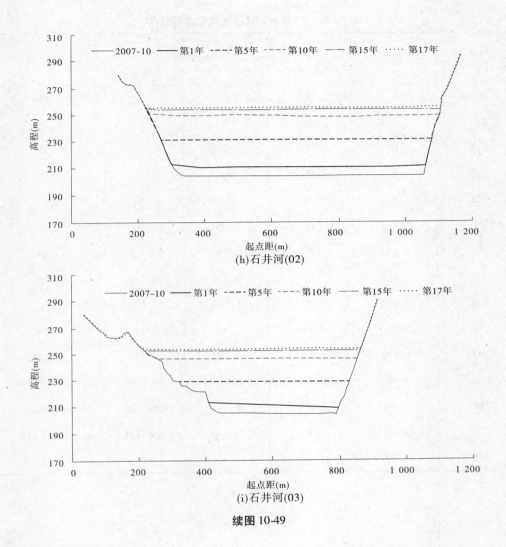

(h)石井河(02)

(i)石井河(03)

续图 10-49

10.4.4 库容变化

随着水库淤积的发展,水库库容也随之变化,表 10-49、图 10-50 给出了 17 年系列试验结束后的库容。水库 275 m 高程总库容为 52.171 亿 m³,其中干流库容为 25.827 亿 m³,左支流库容为 10.944 亿 m³,右支流库容为 15.400 亿 m³,254 m 以上库容 41.603 亿 m³,扣除支流拦门沙坎高程以下库容,254 m 以上防洪库容为 41.148 亿 m³。

表 10-50 及图 10-51 给出 17 年系列试验过程中,第 5、10、15、17 年结束时,干流、支流及总库容曲线。17 年系列试验过程中,库区的冲淤变化主要发生在干流,从图 10-51 可看出,库容淤损主要是干流库容的减少。表 10-51 统计了历年干支流库容淤损量及其比例,可以看出主汛期水沙量较大的年份,使水流倒灌支流的机遇较多,倒灌水沙量较大,支流淤积比例亦较大,如第 7、10、11 年。

表 10-49　17 年系列试验结束后库容分布　　　　　　　　　　（单位：亿 m³）

高程 （m）	干流	支流			总库容
		左岸支流	右岸支流	支流总量	
205	0	0	0	0	0
210	0	0	0	0	0
215	0	0	0	0	0
220	0	0	0	0	0
225	0.220	0	0	0	0.220
230	0.540	0	0.100	0.100	0.640
235	0.840	0	0.300	0.300	1.140
240	1.460	0	0.770	0.770	2.230
245	2.410	0	1.390	1.390	3.800
250	4.090	0.510	2.300	2.810	6.900
255	6.420	1.610	3.670	5.280	11.700
260	9.900	3.440	5.770	9.210	19.110
265	14.440	5.830	8.450	14.280	28.720
270	19.900	8.400	11.540	19.940	39.840
275	25.827	10.944	15.400	26.344	52.171

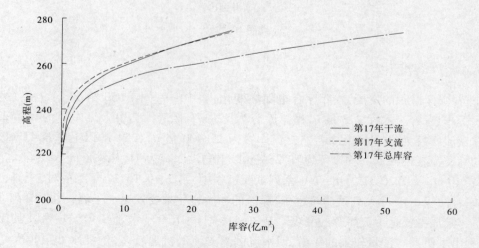

图 10-50　推荐方案 17 年系列试验结束库区库容曲线

表 10-50 推荐方案系列年试验 5 年间隔库容分布　　　　（单位:亿 m³）

高程 （m）	第 5 年			第 10 年			第 15 年			第 17 年		
	干	支	总	干	支	总	干	支	总	干	支	总
205	0	0.140	0.140	0	0	0	0	0	0	0	0	0
210	0	0.430	0.430	0	0.013	0.013	0	0	0	0	0	0
215	0	0.748	0.748	0	0.030	0.030	0	0	0	0	0	0
220	0.100	1.321	1.421	0	0.210	0.210	0	0	0	0	0	0
225	0.940	2.246	3.186	0.150	0.500	0.650	0	0.070	0.070	0.220	0	0.220
230	2.000	3.540	5.540	0.250	0.940	1.190	0	0.130	0.130	0.540	0.100	0.640
235	3.590	5.220	8.810	0.420	1.720	2.140	0	0.370	0.370	0.840	0.300	1.140
240	5.780	7.510	13.290	0.950	2.920	3.870	0.050	0.830	0.880	1.460	0.770	2.230
245	8.550	10.420	18.970	2.000	4.770	6.770	0.150	1.510	1.660	2.410	1.390	3.800
250	12.150	14.120	26.270	3.590	7.560	11.150	0.290	2.950	3.240	4.090	2.810	6.900
255	16.840	18.300	35.140	6.440	11.290	17.730	0.750	5.440	6.190	6.420	5.280	11.700
260	21.790	23.020	44.810	11.060	15.990	27.050	2.830	9.990	12.820	9.900	9.210	19.110
265	27.320	28.540	55.860	16.500	21.550	38.050	5.890	15.460	21.350	14.440	14.280	28.720
270	32.880	34.097	66.977	22.040	27.220	49.260	10.660	21.130	31.790	19.900	19.940	39.840
275	38.803	40.478	79.281	27.873	33.638	61.511	16.551	27.454	44.005	25.827	26.344	52.171

表 10-51 推荐方案系列年试验历年干支流库容淤损量及其比例

年序	干流 （亿 m³）	支流 （亿 m³）	合计 （亿 m³）	干/总 （%）	年序	干流 （亿 m³）	支流 （亿 m³）	合计 （亿 m³）	干/总 （%）
1	-2.805	-1.117	-3.922	71.52	10	-4.877	-1.500	-6.377	76.48
2	-5.567	-2.000	-7.567	73.57	11	-5.003	-1.680	-6.683	74.86
3	-2.589	-1.450	-4.039	64.10	12	-3.120	-1.470	-4.590	67.97
4	-3.719	-1.180	-4.899	75.91	13	-1.121	-0.770	-1.891	59.28
5	-1.544	-2.340	-3.884	39.75	14	-1.767	-1.830	-3.597	49.12
6	-1.545	-0.810	-2.355	65.61	15	-0.310	-0.433	-0.743	41.72
7	-6.987	-2.530	-9.517	73.42	16	0.440	-0.326	0.114	385.96
8	5.708	-1.560	4.148	137.61	17	8.836	-0.784	8.052	109.74
9	-3.230	-0.440	-3.670	88.01					

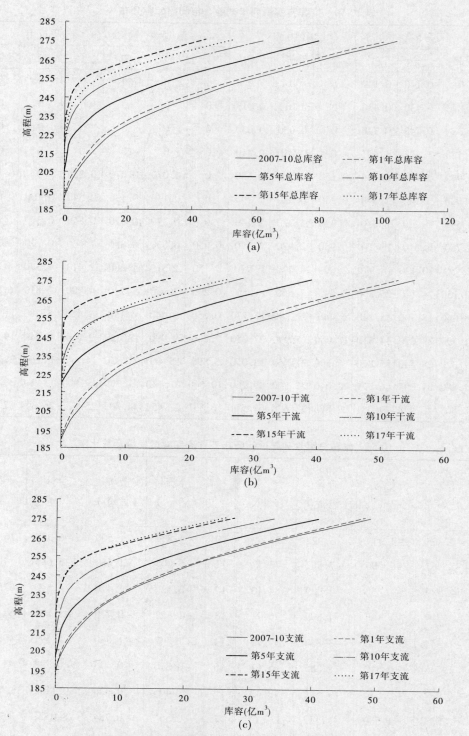

图 10-51　推荐方案系列年试验 5 年间隔库容曲线

17 年系列试验之后,库区主要支流库容及淤损量统计见表 10-52。

表 10-52 推荐方案系列年试验库区主要支流库容及淤损量 （单位:亿 m³）

支流名称	17 年系列后库容	2007 年 10 月库容	淤损量
大峪河	2.314	5.360	-3.046
畛水	12.599	16.819	-4.220
东洋河	1.776	2.827	-1.051
大交沟	0.218	0.508	-0.290
石井河	2.011	4.361	-2.350
西阳河	1.135	2.075	-0.940
沇西河	1.651	3.561	-1.910
亳清河	0.840	1.370	-0.530
合计	22.544	36.881	-14.337

10.4.5 河势变化

小浪底库区大多库段河势受两岸山体制约相对稳定,若水库的变动回水区处于较为宽阔的库段,在水位抬升河床淤积与水位下降河床冲刷的交替变化过程中,河势会出现短期的不稳定现象,甚至河槽发生大幅度的位移。

在系列年试验过程中,在距坝 62.49 km 的 HH37 断面以上库段,受两岸山体的控制,河势基本没有大的调整,HH37 断面以下库段较为常见的河势如图 10-52、图 10-53 所示。

试验初期,第 1 年 7 月 19 日(Q =391.9 m³/s, S =127.96 kg/m³),HH19 断面以上滩槽划分不太明显,水边线紧靠两岸山体。水流紧贴 HH37 断面右岸下来,随即分成两汊,左汊直冲 HH36 断面上游左岸山体,右汊紧靠右岸山体,左右分流量分别为 15% 与 85%；之后,右汊水流重新分成两汊,新分成的左汊与原来左汊汇合,经 HH36 断面左岸向下游流去,受 HH36 断面左岸山体的挑流作用,左汊在 HH35 断面—HH33 断面偏离左岸,在 HH32 断面,再次靠近左岸；右岸紧贴右岸山体流向下游,此时左右两汊水流分流量分别为 75% 与 25%。两股水流于 HH31 断面上游 400 m 紧靠左岸汇合,之后再次分汊,左右分流比为 1:4,分汊后水流于 HH30 断面下游 500 m 合二为一流向下游。HH29 断面—HH26 断面库段主流基本居中,HH26 断面—HH21 断面河势顺山体的走向,形成两个反向的河弯,HH21 断面以下主流基本居中,HH19 断面—HH15 断面库段有明显的滩槽出现,水流于 HH15 断面潜入蓄水体。

至第 2 年 8 月 5 日(Q =1 777.1 m³/s, S =70.42 kg/m³),整个库区滩槽分明。HH37 断面—HH32 断面,右汊逐渐淤填,不再过流,左汊左岸逐渐淤填,主槽右摆。HH37 断面—HH36 断面,水流紧贴右岸山体,在 HH36 断面—HH35 断面,水流坐弯后沿 HH35 断面、HH34 断面中间流向 HH33 断面。水流顶冲 HH33 断面右岸山体后,经山体的挑流作用,水流相对顺直地流向 HH29 断面左岸山体,在此坐弯后沿 HH28 断面中间流向 HH27 断面右岸,经 HH26 断面右岸山体的挑流作用,水流流向左岸,在 HH26 断面—HH25 断面形成一个 90°弯后,水流在 HH25 断面—HH23 断面基本居中,在 HH22 断面上游直冲右岸,形

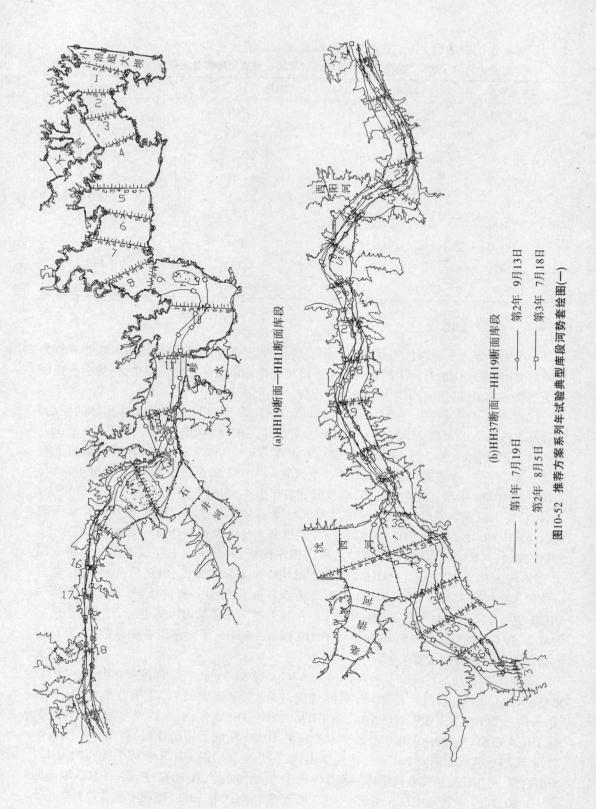

(a)HH19断面—HH1断面库段

(b)HH37断面—HH19断面库段

图10-52 推荐方案系列年试验典型库段河势套绘图(一)

第1年 7月19日　　第2年 9月13日
第2年 8月5日　　第3年 7月18日

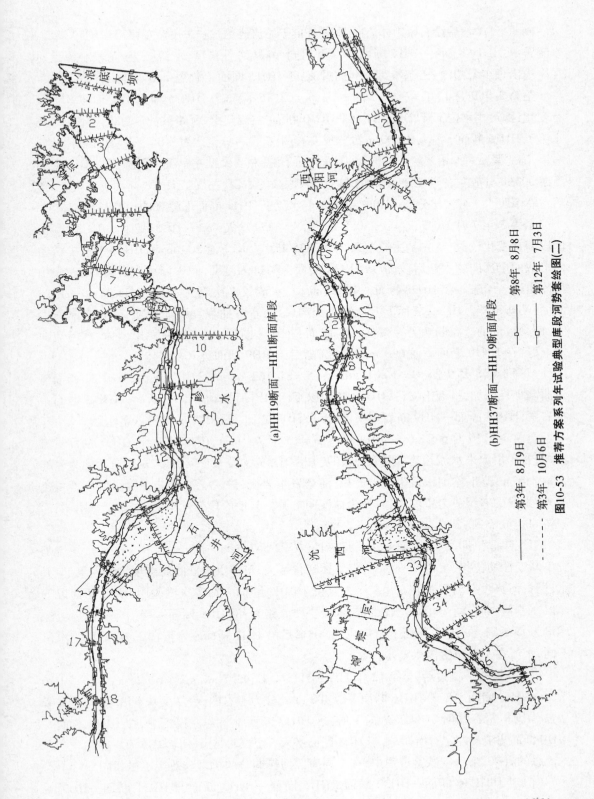

(a)HH19断面—HH1断面库段

(b)HH37断面—HH19断面库段

第3年 8月9日 ——— 第8年 8月8日 ——————
第3年 10月6日 -·-·-·- 第12年 7月3日 ——————

图10-53 推荐方案系列年试验典型库段库段河势河势套绘图(二)

成一个 90°弯后沿右岸山体流向下游,在向下游流经的过程中逐渐左移,至 HH19 断面,水流居中,HH19 断面—HH17 断面是八里胡同库段,河谷狭窄,水流顺直,除较小流量时在岸边出现少量边滩外,基本为全断面过流;于 HH15 断面上游潜入蓄水体。

至第 2 年 9 月 13 日($Q = 2\ 268\ \text{m}^3/\text{s}, S = 23.15\ \text{kg/m}^3$),HH15 断面以上河势基本没有变化,随运用水位下降,HH15 断面—HH10 断面,主流分汊,流路散乱。首先紧贴左岸的水流于 HH15 断面下游大约 500 m 处分成左右两汊,左右分流比为 7∶3。右汊首先横向流向右岸,随之紧贴右岸沿支流石井河 01 断面流向下游;左汊紧贴左岸流向下游,于 HH14 断面下游 300 m 分成左右两汊,新生成的右汊汇入原来的右汊,左汊于 HH13 断面再次分汊,最后左右两股水流分流比分别为 20% 和 80%。水流于 HH11 断面下游 600 m 潜入蓄水体。

至第 3 年 7 月 18 日($Q = 1\ 230.5\ \text{m}^3/\text{s}, S = 117.72\ \text{kg/m}^3$),HH37 断面—HH31 断面库段河势变化较大,首先是主流左摆,于 HH35 断面左岸下游 200 m 和 HH33 断面上游中间形成两个反向的水弯后,水流从 HH33 断面上游进入沇西河 01 断面,然后紧贴左岸山体流出进入干流。在 HH28 断面—HH25 断面,水流较上次顺直。在 HH23 断面—HH22 断面,河弯下挫。HH19 断面下游支流大交沟口,河弯弯曲程度明显增加。HH15 断面以下,原来散乱的流路归顺为一条,HH15 断面—HH13 断面,主流紧贴左岸山体,然后流向对岸,仅在 HH10 断面下游 600 m 处分汊,随后于 HH9 断面进入蓄水体。

至第 3 年 8 月 9 日($Q = 1\ 801.5\ \text{m}^3/\text{s}, S = 81.162\ \text{kg/m}^3$),HH34 断面—HH31 断面弯道曲率半径增加,呈现出横河,HH15 断面以下河势有所摆动,HH15 断面—HH13 断面主槽右摆,HH13 断面—HH9 断面左摆,水流于 HH9 断面下游 300 m 处潜入蓄水体。

至第 3 年 10 月 6 日($Q = 2\ 500\ \text{m}^3/\text{s}, S = 36.59\ \text{kg/m}^3$),HH33 断面—HH31 断面主流分汊,左汊沿原来水流趋势,但横河现象更加明显,右汊紧靠右岸山体,左右分流比为 3∶2。在第 3 年非汛期,本河段发生漫滩淤积,河势发生改变,进入支流的左汊很快淤废不再过流,新生成的右汊成为主流,沿右岸山体流向下游。其他库段变化不大,水流于 HH8 断面下游 600 m 潜入。

第 3 年非汛期过后,至第 8 年 8 月 8 日($Q = 2\ 567.3\ \text{m}^3/\text{s}, S = 97.31\ \text{kg/m}^3$),主流仍发生渐变性的位移,主槽有所摆动,但整体变化不大,虽然洪水期间会出现漫滩现象,但大水过后,河势没有出现明显变化。潜入点位于 HH2 断面。在本次试验中,HH8 断面以下库段在非蓄水时,河势相对比较稳定,水流主要流路为:沿 HH9 断面右岸山体流出后流经 HH8 断面中间,在 HH7 断面上游形成一 90°弯后沿 HH7 断面左岸流向下游,随运用水位不同,水流在不同位置潜入蓄水体。

第 8 年降水冲刷过后,至第 12 年 7 月 3 日($Q = 1\ 143.7\ \text{m}^3/\text{s}, S = 61.26\ \text{kg/m}^3$),HH16 断面—HH13 断面主流于 HH16 断面下游 400 m 处分为左右两汊,左汊基本沿原路,右汊紧贴右岸山体,沿石井河 01 断面流向下游,于 HH13 断面下游与左汊汇合,在 HH12 断面—HH10 断面主流向左岸有所摆动,于 HH8 断面潜入。至试验结束,河势基本没有变化。

总的看来,系列年试验过程中,在不同库段河势调整的机理与效应不尽相同。

(1)对于 HH36 断面—HH32 断面、HH15 断面—HH13 断面与 HH11 断面—HH9 断

面库段,河床较为宽阔。其中,HH32 断面上游左岸有河口宽阔的支流沇西河入汇,地形条件给主流提供较大的摆动空间,在河势的调整过程中,HH31 断面主流位置随之发生位移。HH14 断面—HH13 断面有石井河汇入,该库段主流一般靠左岸山体,但有时也会分成左右两汊,左汊沿原路流向下游,右汊靠右岸沿石井河口流向下游;在河势的调整过程中,HH13 断面主流位置随之发生位移,随着 HH13 断面主流的变化,HH11 断面—HH9 断面库段也相应调整。天然的地形条件与水库非主汛期水位抬高淤积及汛前水位降低冲刷过程的共同影响,使该库段河势具有不稳定性与发生调整的偶然性。

(2)在 HH37 断面以上,库区河床相对狭窄的库段,河势主要受两岸山体的制约。由于两岸山体各级高程的形态不尽相同,甚至局部有较大的差别。在库区沿程淤积面不断抬升的过程中,不同流量或不同的淤积面高程,水流的着流点及其对水流的调控作用不同,河势会相应有所调整。

(3)在 HH30 断面—HH16 断面库段,河势有所摆动,但整体变化不大。

10.5　方案对比

小浪底水库库区实体模型分别进行了"逐步抬高水位拦粗排细"运用方式的代表方案(方式一)、"多年调节泥沙,相机降水冲刷"运用方式的代表方案(方式二)与推荐方案。方式一与方式二初始地形条件与水沙系列相同,但水库运用方式不同;方式二与推荐方案初始地形条件相同,水库运用方式相近,但水沙条件不同。对其试验结果进行对比分析,可为优选水库运用方式提供依据。

10.5.1　方式一与方式二

10.5.1.1　水库调度

1. 水位特征值

图 10-54 反映了两方案水库历年汛期运用水位差(方式二减方式一)。方式一为"逐步抬高水位拦粗排细"运用,水位随淤积面的抬升而增高,基本呈逐步抬高的趋势。方式二为"多年调节泥沙,相机降水冲刷"运用,在拦沙阶段,淤积速度相对较快,水位抬升幅度也较大,从图 10-54 可以直观地看出,第 1～12 年,月均水位方式二基本均大于方式一。在方式二第 13、18、19 年的排沙阶段,水库降水冲刷与方式一的差值显著。表 10-53 统计了两方案历年汛期逐月最高水位与最低水位的差值。

2. 出库水沙过程

为分析各方案出库流量过程与水库调度指标的接近度,对两方案出库流量过程进行分级统计对比。表 10-54 给出了两方案水库调节后 7 月 11 日至 9 月 30 日各级流量变化对比情况。

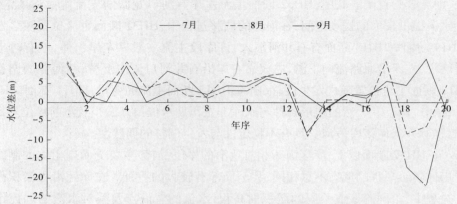

图 10-54　方式一与方式二历年主汛期平均水位差

表 10-53　方式一与方式二汛期月均水位差统计　　　　　　　　（单位：m）

年序	7月			8月			9月		
	月均	月最高	月最低	月均	月最高	月最低	月均	月最高	月最低
1	7.6	2.6	11.2	10.6	12.8	4.3	10.5	14.0	4.9
2	1.7	3.5	−0.1	0.0	−1.0	0.2	−0.5	−1.2	−0.1
3	−0.1	−0.4	0.4	3.5	8.6	0.1	5.8	11.2	−1.1
4	9.3	3.9	12.6	10.6	11.7	6.2	4.8	11.0	5.1
5	−0.2	0.2	2.3	3.6	5.3	0.2	3.0	2.3	0.6
6	2.4	2.6	3.1	5.3	8.9	3.8	8.3	13.3	2.3
7	3.5	3.6	4.0	1.8	5.0	−0.7	6.2	8.7	4.6
8	1.9	2.3	1.6	1.0	1.4	0.3	1.2	1.6	0.4
9	4.2	4.0	2.6	6.8	7.7	6.7	3.3	8.7	2.2
10	4.3	2.6	4.8	5.4	5.7	0.5	2.8	6.3	0.5
11	6.8	7.2	9.5	7.1	9.5	5.7	6.2	8.8	3.4
12	5.7	5.9	6.0	7.5	7.1	7.1	4.7	4.8	5.3
13	1.6	4.7	0.7	−9.0	−6.0	−15.6	−7.8	2.1	−17.2
14	−1.9	−3.1	−2.5	1.0	3.2	−0.4	−1.8	2.3	−9.9
15	2.1	1.3	2.5	0.7	1.8	1.3	2.2	1.8	2.4
16	1.2	0.2	1.9	−1.5	0.3	−4.1	1.6	0.3	6.4
17	5.4	3.8	6.9	10.8	4.6	15.7	4.2	3.0	−0.9
18	4.5	−1.6	11.0	−8.5	−10.0	10.3	−17.0	−15.9	−10.7
19	11.0	3.9	9.8	−6.6	−5.4	−6.0	−22.3	−23.7	−20.1
20	−2.0	−1.6	−1.4	4.5	−0.2	3.5	0.7	5.6	−6.1

注：水位差值为方式二减方式一。

方式二与方式一流量小于 550 m³/s 的机遇均小于入库,表明水库补水作用改善了不利的小流量过程,而方式二的作用大于方式一,前者较后者出现的天数少 128 d,年均减少约 6 d;流量为 550~600 m³/s 量级出现的时段,两方案较入库均有大幅度增加,除在入库小于 600 m³/s 时水库补水外,大多是在入库流量为 600~2 600 m³/s 量级的时段,通过水库蓄水控制出库流量为 600 m³/s,因此该量级的水流经过水库调节后,出现的概率大幅度减少,而方式二比方式一又减少 224 d,年均相差 11 d;流量大于 2 600 m³/s 量级出现的时段,两方案均较入库有所增加,方式二较方式一增加的时段更多,达 89 d,年均相差近 4 d,而且增加的是洪水历时较长的时段,例如在流量级为 2 600~4 000 m³/s 的洪水,持续时间仅 1 d 的时段减少 43 d,持续时间大于等于 5 d 过程增加了 15 个时段。

表 10-55 分别统计了 20 年系列 7 月 11 日至 9 月 30 日小浪底入库、方式一和方式二出库不同流量级水量及其挟带的沙量,并对两方案出库水沙特征进行比较。方式二与方式一,流量小于 550 m³/s 量级平均流量分别为 353 m³/s 和 527 m³/s,该量级水流平均含沙量分别为 17.6 kg/m³ 和 48.6 kg/m³。相对而言,方式二出库的最小流量级的平均值更接近最小调控流量,且小流量挟带的泥沙更少;方式二流量大于 2 600 m³/s 量级的时段,两方案平均流量分别为 3 173 m³/s 和 3 362 m³/s,平均含沙量分别为 102.1 kg/m³ 和 72.6 kg/m³。两者流量接近,方式二水流含沙量较高,表明泥沙主要在大流量时挟带,更有利于泥沙在黄河下游河道的输送。

表 10-54 方式一与方式二出库流量级频次比较

项目		流量级(m³/s)				
		$Q < 550$	$550 \leqslant Q \leqslant 600$	$600 < Q < 2\,600$	$2\,600 \leqslant Q \leqslant 4\,000$	$Q > 4\,000$
出现天数(d)		−128	259	−224	89	4
不同持续历时(d)出现的次数	1	33	24	−15	−43	1
	2	23	−13	−4	2	1
	3	−1	−2	−2	−6	−1
	4	1	12	0	4	1
	5	0	4	−1	5	0
	6	−4	−2	0	−2	0
	7	−2	1	−3	8	0
	8	−2	10	1	0	0
	9	0	7	−1	0	0
	10	0	2	−2	0	0
	11~15	−2	−2	−1	1	0
	16~20	−1	5	−5	2	0
	>20	−4	−1	0	0	0

注:差值为方式二减方式一。

表 10-55　小浪底入库、方式一与方式二出库水沙特征值对比

项目		流量级（m³/s）				
		$Q < 550$	$550 \leq Q \leq 600$	$600 < Q < 2\,600$	$2\,600 \leq Q \leq 4\,000$	$Q > 4\,000$
入库	天数（d）	373	49	1 081	114	23
	水量（亿 m³）	113.6	24.5	1 186.1	309.5	96.7
	沙量（亿 t）	5.71	1.24	85.85	38.78	12.73
	含沙量（kg/m³）	50.3	50.6	72.4	125.3	131.6
方式一出库	天数（d）	313	498	671	142	16
	水量（亿 m³）	95.4	257.5	812	387.8	71.15
	沙量（亿 t）	4.64	8.77	57.8	26.32	6.99
	含沙量（kg/m³）	48.6	34.1	71.2	67.9	98.2
方式二出库	天数（d）	185	757	447	231	20
	水量（亿 m³）	84.2	378.1	478.8	593.6	94.61
	沙量（亿 t）	1.48	7.72	27.67	57.38	12.88
	含沙量（kg/m³）	17.6	20.4	57.8	96.7	136.1
出库差值	天数（d）	−128	259	−224	89	4
	水量（亿 m³）	−11.2	120.6	−333.2	205.8	23.46
	沙量（亿 t）	−3.16	−1.05	−30.13	31.06	5.89

注：出库差值为方式二减去方式一。

统计数据表明，经过水库调节后，两方案出库水沙搭配均得到改善。对比方式一和方式二出库水沙特征值，遇较小流量（不大于 600 m³/s）入库时，方式二和方式一分别补水 324.2 亿 m³ 和 214.8 亿 m³（控制不超过 600 m³/s 下泄），方式二补水的能力更强，出库流量更接近调控流量，更容易满足发电及水库下游生态、供水的需求，满足度更高；对黄河下游输沙有利的大流量时段（大于 2 600 m³/s 流量级），方式二和方式一分别为 251 d 和 158 d，方式二出现的概率更高，且大流量持续时间更长；从水沙搭配过程看，方式二和方式一流量不大于 600 m³/s 时出库含沙量分别为 19.9 kg/m³ 和 38.0 kg/m³，方式二较小流量所相应的含沙量较小，泥沙在大流量下排。总体来看，方式二的调节能力更强、满足度更高，调水调沙方式更为合理。

10.5.1.2　库区冲淤量与淤积物组成

由于方式一与方式二水库调度方式不同，库区淤积量与淤积过程不尽相同。由表 10-56 与表 10-57 可知，方式一与方式二 20 年系列试验之后，以沙量平衡法统计，库区总淤积量分别为 60.064 亿 t、58.921 亿 t，两者差值为 1.143 亿 t。表 10-56 统计了两方案库区断面法淤积量及其两者的差别，断面法统计，库区总淤积量分别为 51.438 亿 m³、49.962 亿 m³，干流分别为 38.962 亿 m³、33.801 亿 m³，支流分别为 12.476 亿 m³、16.161

亿 m^3。方式二较方式一总淤积量减少 1.476 亿 m^3，其中干流少淤 5.161 亿 m^3，支流多淤 3.685 亿 m^3。图 10-54 直观反映了两方案干流、支流与全库区累积淤积量变化过程。

表 10-56　方式一与方式二库区断面法累积淤积量对比　（单位：亿 m^3）

年序	方式一			方式二			方式二减方式一		
	干流	支流	全库区	干流	支流	全库区	干流	支流	全库区
1	3.887	1.130	5.017	4.910	1.221	6.131	1.023	0.091	1.114
2	3.223	1.183	4.406	7.133	2.057	9.190	3.910	0.874	4.784
3	6.855	2.463	9.318	11.896	3.488	15.384	5.041	1.025	6.066
4	9.013	2.852	11.865	15.318	4.722	20.040	6.305	1.870	8.175
5	14.209	4.540	18.749	21.089	6.485	27.574	6.880	1.945	8.825
6	18.074	5.290	23.364	24.743	7.743	32.486	6.669	2.453	9.122
7	21.450	6.221	27.671	26.733	8.178	34.911	5.283	1.957	7.240
8	22.376	6.221	28.597	27.172	8.391	35.563	4.796	2.170	6.966
9	24.094	6.905	30.999	29.029	8.877	37.906	4.935	1.972	6.907
10	26.594	7.215	33.809	30.250	9.668	39.918	3.656	2.453	6.109
11	29.341	7.928	37.269	35.296	10.871	46.167	5.955	2.943	8.898
12	30.822	8.142	38.964	36.474	11.141	47.615	5.652	2.999	8.651
13	36.311	9.961	46.272	31.506	11.494	43.000	−4.805	1.533	−3.272
14	38.026	10.523	48.549	36.157	12.341	48.498	−1.869	1.818	−0.051
15	38.526	10.523	49.049	37.489	13.272	50.761	−1.037	2.749	1.712
16	39.667	11.732	51.399	38.683	13.954	52.637	−0.984	2.222	1.238
17	37.234	12.022	49.256	39.221	14.985	54.206	1.987	2.963	4.950
18	38.849	12.189	51.038	38.010	15.047	53.057	−0.839	2.858	2.019
19	38.055	12.358	50.413	32.261	15.829	48.090	−5.794	3.471	−2.323
20	38.962	12.476	51.438	33.801	16.161	49.962	−5.161	3.685	−1.476

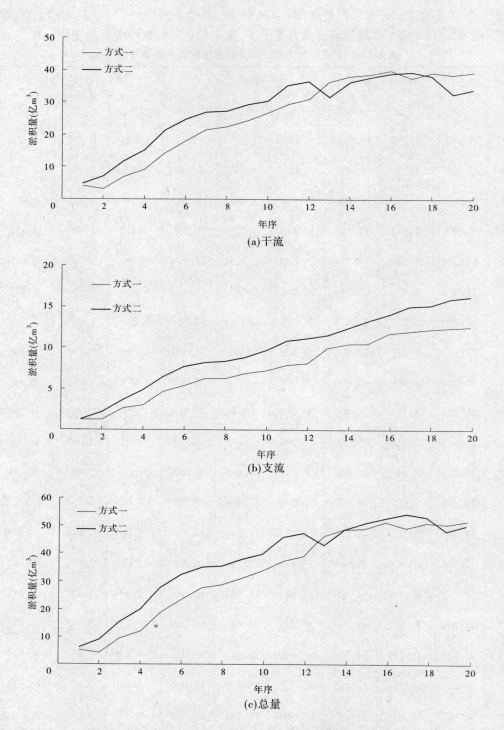

(a)干流

(b)支流

(c)总量

图 10-55　方式一与方式二库区断面法累积淤积量对比

表 10-57　方式一与方式二库区断面法逐年冲淤量对比　　　（单位:亿 m³）

年序	方式一			方式二			方式二减方式一		
	干流	支流	全库区	干流	支流	全库区	干流	支流	全库区
1	3.887	1.130	5.017	4.910	1.221	6.131	1.023	0.091	1.114
2	-0.664	0.053	-0.611	2.223	0.836	3.059	2.886	0.784	3.670
3	3.632	1.280	4.912	4.763	1.431	6.194	1.131	0.151	1.282
4	2.158	0.389	2.547	3.422	1.234	4.656	1.264	0.845	2.109
5	5.196	1.688	6.884	5.771	1.763	7.534	0.575	0.075	0.650
6	3.865	0.750	4.615	3.654	1.258	4.912	-0.211	0.508	0.297
7	3.376	0.931	4.307	1.990	0.435	2.425	-1.386	-0.496	-1.882
8	0.926	0	0.926	0.439	0.213	0.652	-0.487	0.213	-0.274
9	1.718	0.684	2.402	1.857	0.486	2.343	0.139	-0.198	-0.059
10	2.500	0.310	2.810	1.221	0.791	2.012	-1.279	0.481	-0.798
11	2.747	0.713	3.460	5.046	1.203	6.249	2.299	0.490	2.789
12	1.481	0.214	1.695	1.178	0.270	1.448	-0.303	0.056	-0.247
13	5.489	1.819	7.308	-4.968	0.353	-4.615	-10.457	-1.466	-11.923
14	1.715	0.562	2.277	4.651	0.847	5.498	2.936	0.285	3.221
15	0.500	0	0.500	1.332	0.931	2.263	0.832	0.931	1.763
16	1.141	1.209	2.350	1.194	0.682	1.876	0.053	-0.527	-0.474
17	-2.433	0.290	-2.143	0.538	1.031	1.569	2.971	0.741	3.712
18	1.615	0.167	1.782	-1.211	0.062	-1.149	-2.826	-0.105	-2.931
19	-0.794	0.169	-0.625	-5.749	0.782	-4.967	-4.955	0.613	-4.342
20	0.908	0.118	1.026	1.540	0.332	1.872	0.632	0.214	0.846

从表 10-56 与图 10-55 的对比结果可以看出,方式二在水库降水冲刷之前(第 1～12 年),水库运用水位总体上大于方式一,因此累积淤积量亦较方式一大。其中,第 7～10 年,虽然方式二运用水位大多时段高于方式一,但方式二库区累积淤积量较大,淤积面高程亦较后者为高,在某些时段库区蓄水量相对较小,因此淤积量略小于后者。第 13 年方式一淤积 7.308 亿 m³,而方式二为降水冲刷运用,库区冲刷了 4.615 亿 m³,第 13 年过后,库区累积淤积量的对比发生了逆转。方式二在第 13 年的大幅度冲刷之后,第 14 年库区

淤积量大于方式一。第 15~16 年,水库运用水位总体上方式二高于方式一,库区淤积量前者略大于后者。方式二第 18~19 年的降水冲刷,使得库区淤积量大幅度减少,特别是第 19 年大水年份对库区冲刷作用尤为显著。经过第 19 年的冲刷,河槽过流面积大幅度增加。

由入库与出库悬移质泥沙级配测验资料计算分析两方案库区淤积物组成,见表 10-58。可以看出,两方案相比,前 10 年或 20 年系列,方式一库区淤积细颗粒泥沙量均略小于方式二,相应中、粗沙均略大于方式二。

表 10-58　方式一与方式二试验库区淤积物组成对比

方式	时段	库区淤积量(亿 t)			占总淤积量(%)		
		粗沙	中沙	细沙	粗沙	中沙	细沙
一	1~10 年	9.388	10.771	16.229	25.77	29.61	44.62
二		10.023	11.881	21.299	23.18	27.49	49.33
一	1~20 年	18.164	19.495	22.846	30.02	32.22	37.76
二		15.862	17.696	25.805	26.72	29.81	43.47

10.5.1.3　地形变化

1. 干流

图 10-56~图 10-60 对两方案的干流地形进行了对比。方式二在水库实施降水冲刷之前的第 12 年汛后,滩槽淤积面均较高,且高于方式一同期的淤积地形,见图 10-56。

方式一至第 17 年运用水位一度降至 230 m,库区产生自下而上的溯源冲刷。第 17 年 7~9 月来水量接近 20 年系列的平均值,且低水位运行历时相对较短,对库区冲刷远不及方式二中第 19 年的冲刷量。第 17 年过后,两方案同期库区累积淤积量的差值进一步加大,库区淤积面高差亦增加,见图 10-57。

方式二第 13 年与第 19 年的相机排沙,河槽得以较大幅度的冲刷,图 10-58 与图 10-59 为两方案相应年份河槽形态套绘图。

20 年系列之后,两者滩面高程相近,而河槽却有较大的差别。方式二借助第 19 年水量较大的年份,大幅度降低运用水位,较长时期稳定在 230 m,有利的流量过程与较低的侵蚀基面,使库区产生大幅度冲刷,河槽得以较为充分扩展。第 20 年为小水小沙年,库区淤积量不大,河槽略有回淤,20 年系列之后,方式二呈现出高滩深槽的淤积形态。而方式一在经历了第 17 年的降水冲刷之后,在第 18 年的 7 月中下旬有短暂的低水位运用,但由于流量较小,对库区作用不明显。第 19 年仅在 7 月底至 8 月初水位较低,其他时段水位均较高,在库区上段产生沿程冲刷而下段处于淤积状态,见图 10-60。

图 10-61 为两方案第 12 年与第 20 年沿程深泓点高程对比。20 年系列试验之后,对于河槽纵比降,方式二明显大于方式一。

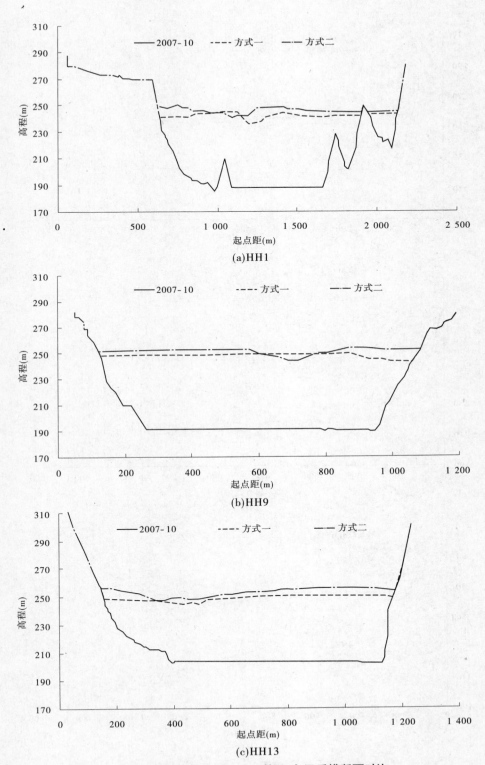

(a)HH1

(b)HH9

(c)HH13

图 10-56　方式一与方式二第 12 年汛后横断面对比

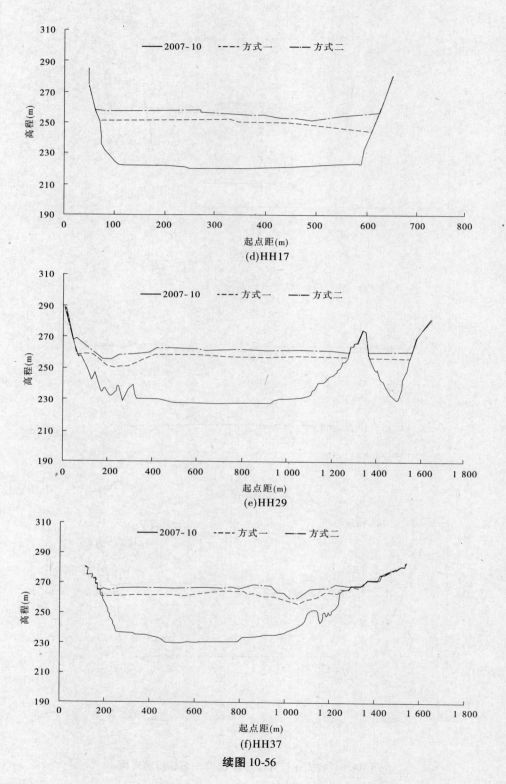

(d)HH17

(e)HH29

(f)HH37

续图 10-56

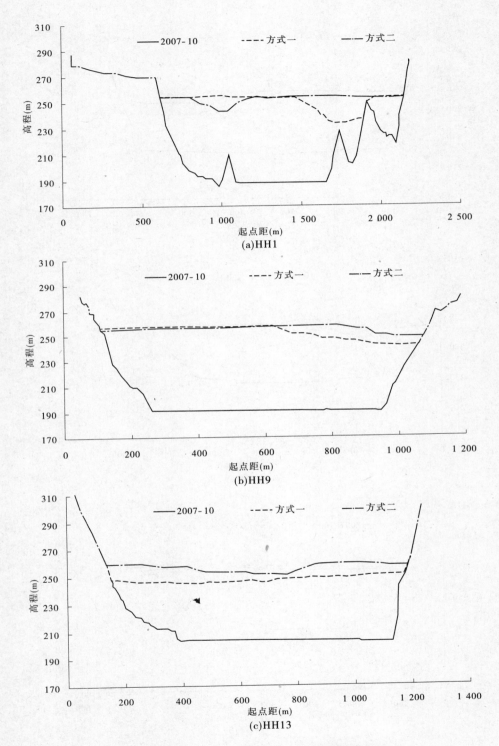

图 10-57　方式一与方式二第 17 年汛后横断面对比

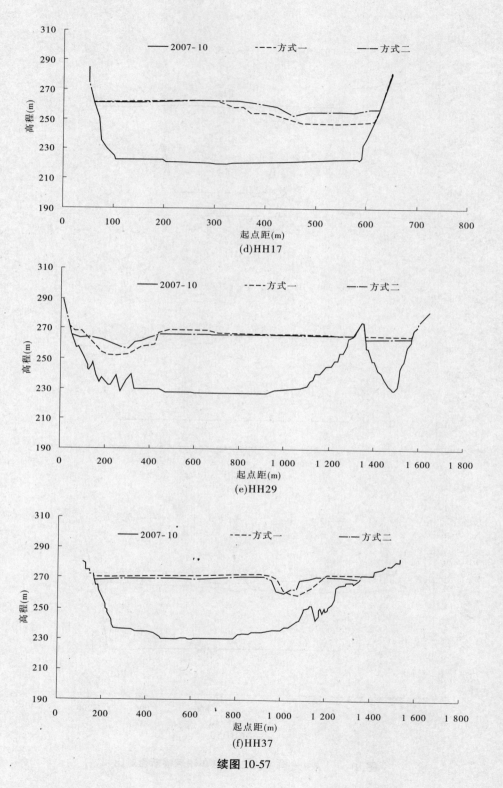

(d)HH17

(e)HH29

(f)HH37

续图 10-57

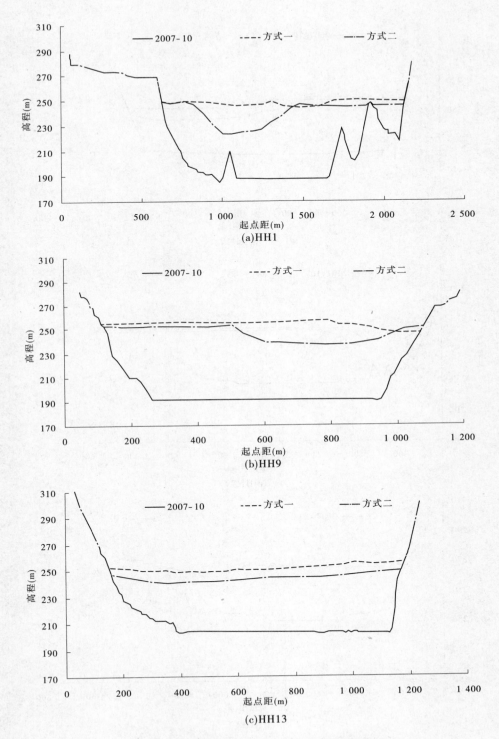

(a)HH1

(b)HH9

(c)HH13

图 10-58　方式一与方式二第 13 年汛后横断面对比

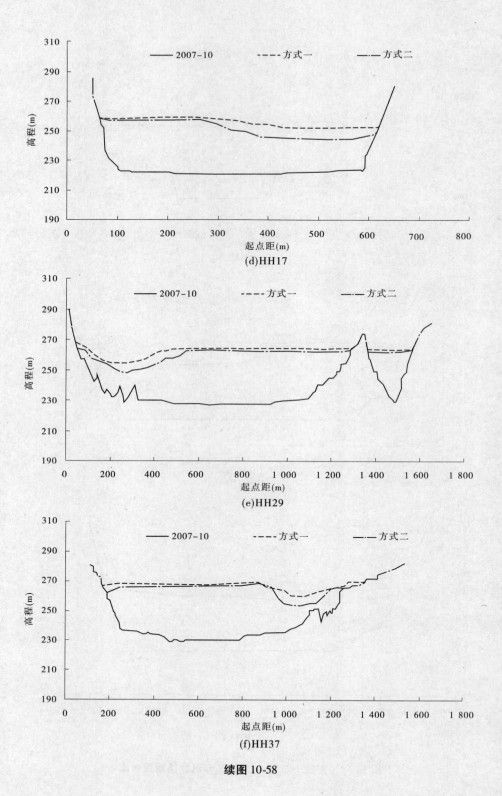

(d)HH17

(e)HH29

(f)HH37

续图 10-58

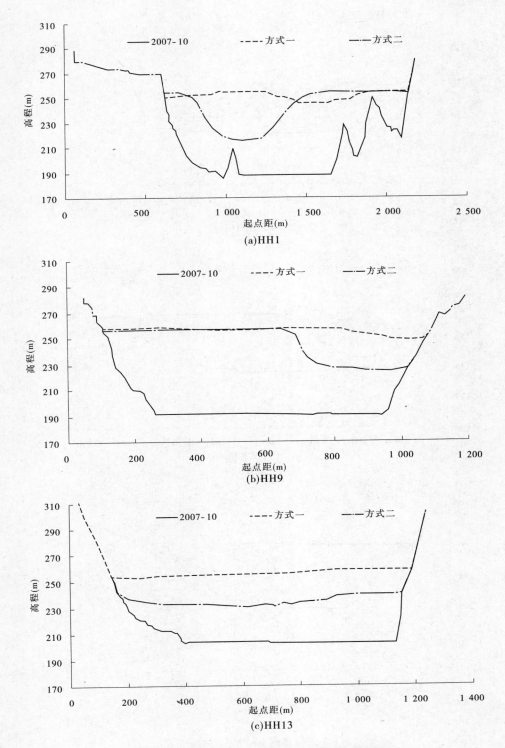

(a)HH1

(b)HH9

(c)HH13

图 10-59　方式一与方式二第 19 年汛后横断面对比

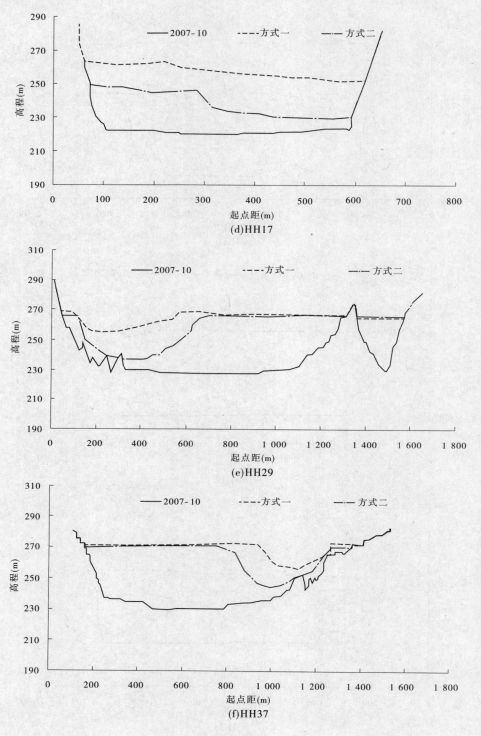

(d)HH17

(e)HH29

(f)HH37

续图 10-59

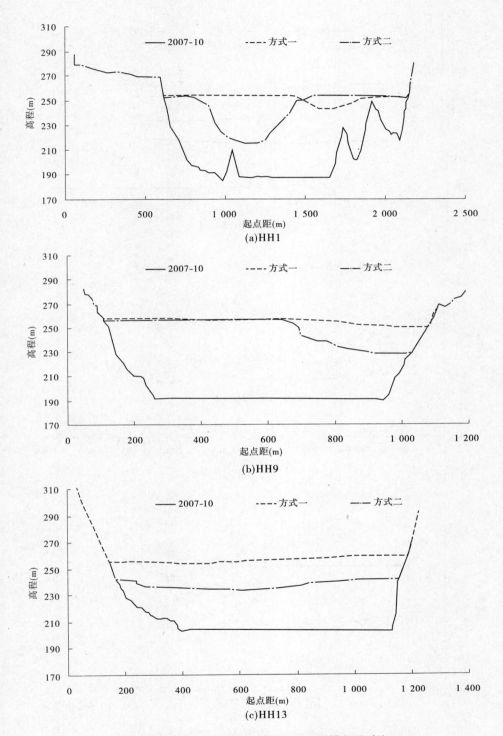

图 10-60　方式一与方式二第 20 年汛后横断面对比

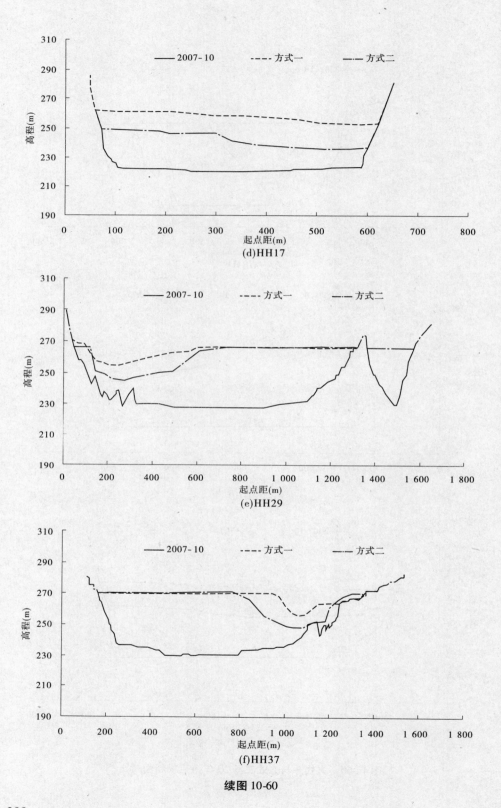

(d)HH17

(e)HH29

(f)HH37

续图 10-60

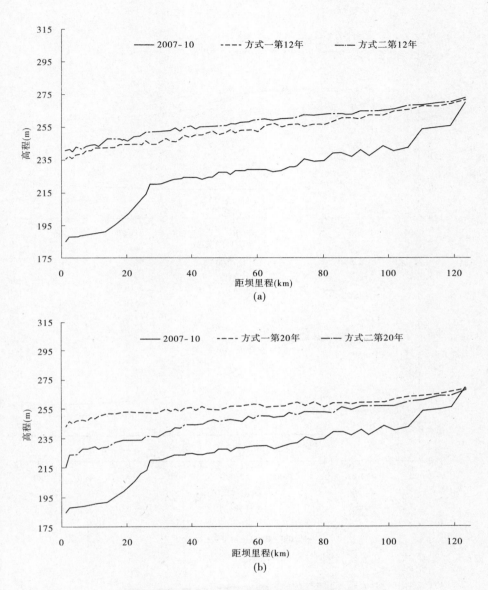

图 10-61　方式一与方式二典型年份纵剖面对比

2. 支流

图 10-62、图 10-63 给出两方案典型支流滩地纵剖面与口门 01 断面的套绘图。

支流大峪河与畛水,两方案支流口门处高程滩面高程基本相同,支流内部方式二略高于方式一。例如,畛水 01 断面滩地高程均接近 258 m,而畛水 03 断面两者高差达 5 m 左右。

方式二第 18 年及第 19 年进行的相机排沙,部分支流河槽相应产生冲刷。支流畛水 01 断面冲刷出宽度近 200 m,最深近 20 m 的河槽。支流河槽贯通了干流与支流库容,有利于支流库容的利用,而且有利于干流浑水倒灌。

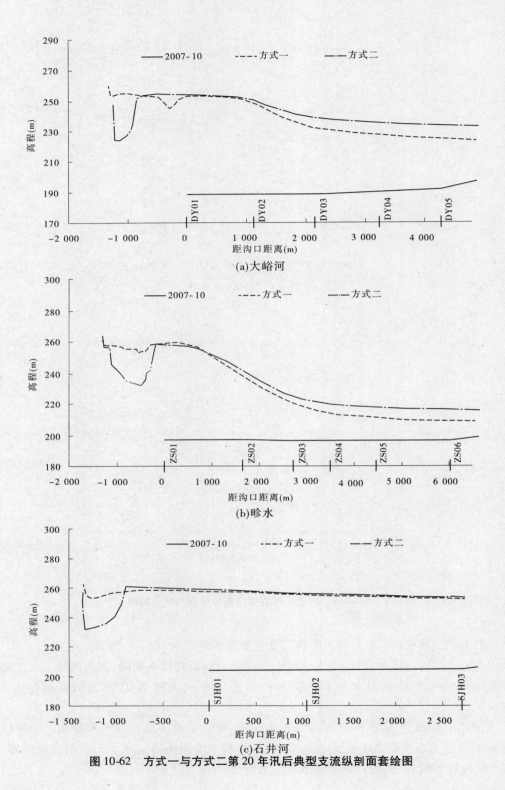

图 10-62　方式一与方式二第 20 年汛后典型支流纵剖面套绘图

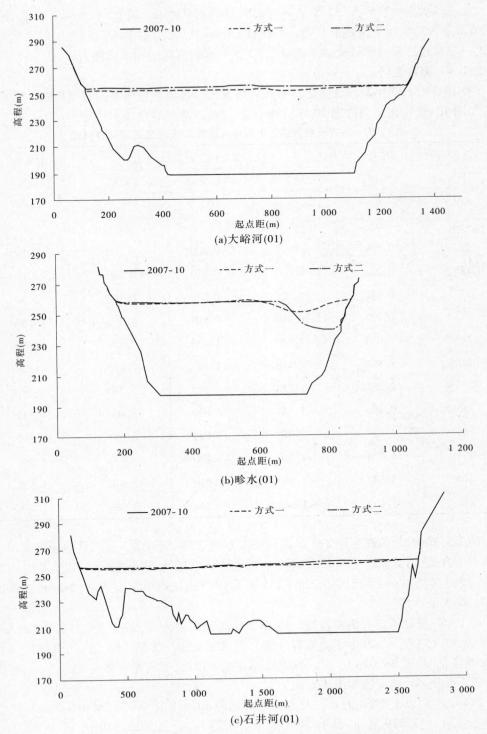

(a)大峪河(01)

(b)畛水(01)

(c)石井河(01)

图 10-63　方式一与方式二第 20 年汛后典型支流横断面套绘图

支流畛水原始库容大(17.5 亿 m³),275 m 高程回水长(20 km 以上),沟口断面狭窄(约 600 m),而畛水上游地形开阔,距口门约 3 km 处,河谷宽度为口门宽度的 4 倍以上。方式一与方式二系列年试验结果均显示,支流畛水干支流淤积面高差大。

10.5.1.4　库容变化

表 10-59 为 20 年系列试验之后方式一与方式二各级高程库容的对比(方式二减方式一)。图 10-64 给出了两方案 20 年后的干流、支流与总库容曲线对比。

表 10-59　方式一与方式二系列年试验第 20 年各级高程库容对比

高程 (m)	干流 (亿 m³)	支流(亿 m³)			总库容 (亿 m³)
		左岸支流	右岸支流	支流总	
210	0	0	0	0	0
215	0	0	0	0	0
220	0.060	0	−0.200	−0.200	−0.140
225	0.220	−0.030	−0.310	−0.340	−0.120
230	0.440	−0.220	−0.580	−0.800	−0.360
235	0.720	−0.560	−0.810	−1.370	−0.650
240	1.050	−1.080	−1.030	−2.110	−1.060
245	1.556	−1.480	−1.330	−2.810	−1.254
250	2.252	−1.720	−1.510	−3.230	−0.978
255	3.194	−1.840	−1.620	−3.460	−0.266
260	4.433	−2.010	−1.634	−3.644	0.789
265	5.070	−1.710	−1.780	−3.490	1.580
270	5.197	−1.760	−1.910	−3.670	1.527
275	5.162	−1.845	−1.841	−3.686	1.476

两方案相比,干流库容除 270 m 高程以上方式二略小于方式一外,其他各级高程方式二均大于方式一;支流库容除 255～260 m 高程方式二略大于方式一外,其他各级高程方式二均大小于方式一;干流库容 225～245 m 高程方式二均小于方式一,245 m 高程以上方式二均大于方式一。

表 10-60 统计了两方案库容特征值,275 m 高程库容,方式二及方式一分别为 53.629 亿 m³ 及 52.153 亿 m³,其中干流库容分别为 21.225 亿 m³ 及 16.064 亿 m³,支流库容分别为 32.404 亿 m³ 及 36.089 亿 m³。方式二与方式一相比,干流库容多 5.162 亿 m³,支流库容少 3.686 亿 m³,总库容多 1.476 亿 m³。

254 m 高程以上库容,方式二及方式一分别为 40.458 亿 m³ 及 38.410 亿 m³,其中干流库容分别为 17.579 亿 m³ 及 15.396 亿 m³,支流库容分别为 22.879 亿 m³ 及 23.014 m³。方式二与方式一相比,干流库容多 2.183 亿 m³,支流库容少 0.135 亿 m³,总库容多 2.048 亿 m³。

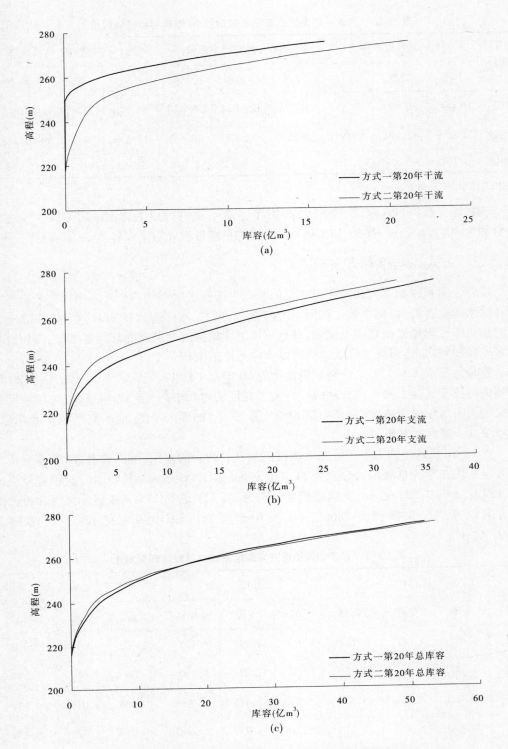

图 10-64　方式一与方式二系列年试验第 20 年汛后库容曲线

表 10-60　方式一与方式二系列年试验第 20 年库容特征值对比 （单位:亿 m³）

项目	275 m 高程以下库容			254 m 高程以上库容			254 m 高程以上防洪库容		
	干流	支流	总量	干流	支流	总量	干流	支流	总量
方式一	16.064	36.089	52.153	15.396	23.014	38.410	15.396	22.617	38.013
方式二	21.225	32.404	53.629	17.579	22.879	40.458	17.579	22.542	40.121
差值	5.161	-3.685	1.476	2.183	-0.135	2.048	2.183	-0.075	2.108

注:差值为方式二减方式一。

若扣除支流沟口高程以下的不可利用库容,254 m 高程以上防洪库容方式二及方式一分别为 40.121 亿 m³ 及 38.013 亿 m³,方式二更接近设计防洪库容。

10.5.2　方式二与推荐方案

推荐方案水库调度方式是在方式二的基础上进行适度调整:第一,适当提高非漫滩高含沙洪水的拦蓄度,以减少其在黄河下游的淤积;第二,水库降水冲刷时适当提高降水冲刷的相机降水起始流量和结束流量,并且不限制实施降水冲刷时的起始蓄水量,以相对减少水库排沙频次,适当减少降水冲刷时段下游河道的淤积。

推荐方案水库与方式二分别采用设计的 60 丰水丰沙 17 年系列与 90 枯水枯沙 20 年系列进行模型试验。两组次分别统计分析了相同历时(均统一至 17 年系列)与拦沙期结束又经历丰水年份塑槽后(分别为第 17 年、第 19 年)的库区冲淤、地形及库容变化情况。

10.5.2.1　库区冲淤量

表 10-61 统计了两方案库区断面法淤积量及其两者的差别,可以看出,17 年系列推荐方案与方式二库区总淤积量分别为 51.420 亿 m³、54.206 亿 m³,其中干流淤积量分别为 29.199 亿 m³、39.222 亿 m³,支流淤积量分别为 22.221 亿 m³、14.984 亿 m³,两者相比推荐方案较方式二少淤积 2.786 亿 m³,其中干流少淤积 10.023 亿 m³,支流多淤积 7.237 亿 m³。

表 10-61　方式二与推荐方案库区断面法累积淤积量对比 （单位:亿 m³）

年序	推荐方案			方式二			推荐方案减方式二		
	干流	支流	全库区	干流	支流	全库区	干流	支流	全库区
1	2.805	1.117	3.922	4.910	1.221	6.131	-2.105	-0.104	-2.209
2	8.372	3.117	11.489	7.133	2.057	9.190	1.239	1.060	2.299
3	10.961	4.567	15.528	11.896	3.488	15.384	-0.935	1.079	0.144
4	14.679	5.747	20.426	15.318	4.722	20.040	-0.639	1.025	0.386
5	16.223	8.087	24.310	21.089	6.485	27.574	-4.866	1.602	-3.264

年序	推荐方案			方式二			推荐方案减方式二		
	干流	支流	全库区	干流	支流	全库区	干流	支流	全库区
6	17.768	8.897	26.665	24.743	7.743	32.486	−6.975	1.154	−5.821
7	24.755	11.427	36.182	26.733	8.178	34.911	−1.978	3.249	1.271
8	19.047	12.987	32.034	27.172	8.391	35.563	−8.125	4.596	−3.529
9	22.277	13.427	35.704	29.029	8.877	37.906	−6.752	4.550	−2.202
10	27.154	14.927	42.081	30.250	9.668	39.918	−3.096	5.259	2.163
11	32.157	16.607	48.764	35.296	10.871	46.167	−3.139	5.736	2.597
12	35.277	18.077	53.354	36.474	11.141	47.615	−1.197	6.936	5.739
13	36.398	18.848	55.246	31.506	11.494	43.000	4.892	7.354	12.246
14	38.165	20.678	58.843	36.157	12.341	48.498	2.008	8.337	10.345
15	38.475	21.111	59.586	37.489	13.272	50.761	0.986	7.839	8.825
16	38.035	21.437	59.472	38.683	13.954	52.637	−0.648	7.483	6.835
17	29.199	22.221	51.420	39.221	14.985	54.206	−10.022	7.236	−2.786
18	—	—	—	38.010	15.047	53.057	—	—	—
19	—	—	—	32.261	15.829	48.090	—	—	—
20	—	—	—	33.801	16.161	49.962	—	—	—

方式二第 18~19 年遇丰水年采取降水冲刷运用以恢复槽库容,第 19 年汛后库区淤积量为 48.090 亿 m³,其中干流淤积 32.261 亿 m³,支流淤积 15.829 亿 m³。

两方案经历丰水年份塑槽后,推荐方案较方式二多淤积 3.33 亿 m³,其中干流少淤积 3.062 亿 m³,支流多淤积 6.392 亿 m³。

从图 10-65 可直观地看出两方案历年干支流与全库区淤积量的变化过程。推荐方案在第 8 年与第 17 年,方式二在第 13 年、第 18~19 年均发生了降水冲刷过程,冲刷基本发生在干流,库区干流与总淤积量明显减少。在水库降水冲刷时段,只有在干流溯源冲刷发展至支流口门时,口门淤积高程才有可能随干流滩地滑塌而降低,在支流门口局部范围产生冲刷。但水库降水冲刷时期的丰水丰沙更有利于支流倒灌,因此支流淤积量呈逐年增加的趋势。

支流淤积量推荐方案明显大于方式二,表明丰水系列较大流量发生的机遇多,洪水量级高,水流含沙量大,更有利于支流水沙倒灌。

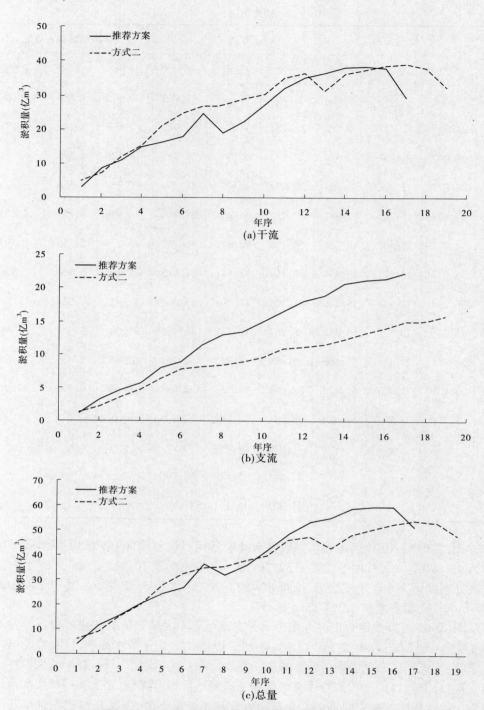

图 10-65　方式二与推荐方案系列年库区累积冲淤过程

10.5.2.2　地形变化

1. 干流

图 10-66、图 10-67、图 10-68 分别为系列年试验两方案第 17 年、推荐方案第 17 年与方式二第 19 年干流纵坡面与横断面套绘图。

两方案在拦沙期结束之前,推荐方案在第 8 年、方式二在第 13 年均利用丰水年实施降水冲刷调度。在水库正常运用期,推荐方案在第 17 年、方式二在第 18 ~ 19 年也进行了降水冲刷运用。在历次的降水冲刷过程中,库区发生明显的溯源与沿程冲刷,河槽显著下切与展宽,呈现出高滩深槽形态。

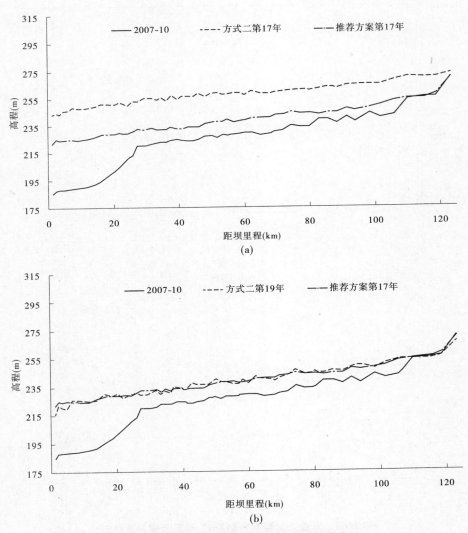

(a)

(b)

图 10-66　推荐方案与方式二干流纵剖面对比

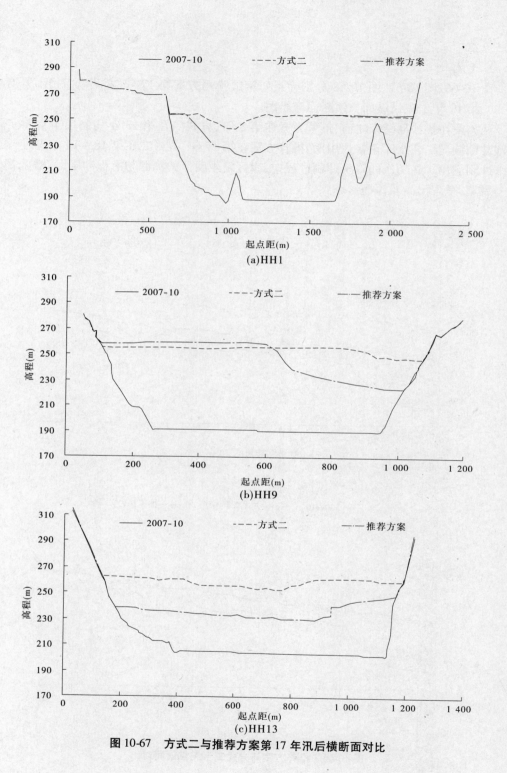

(a)HH1

(b)HH9

(c)HH13

图 10-67　方式二与推荐方案第 17 年汛后横断面对比

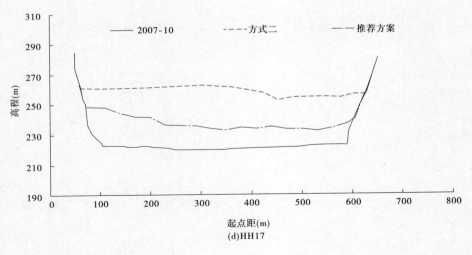

起点距(m)

(d)HH17

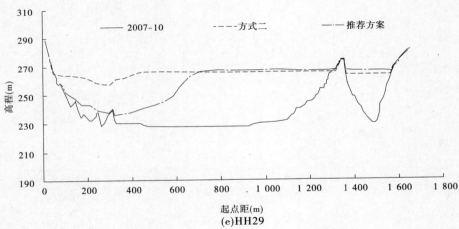

起点距(m)

(e)HH29

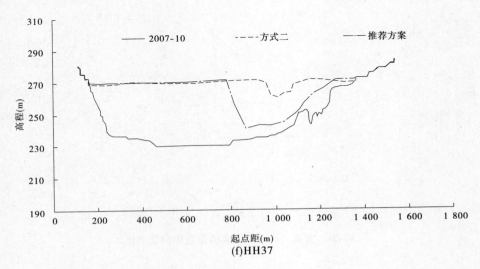

起点距(m)

(f)HH37

续图 10-67

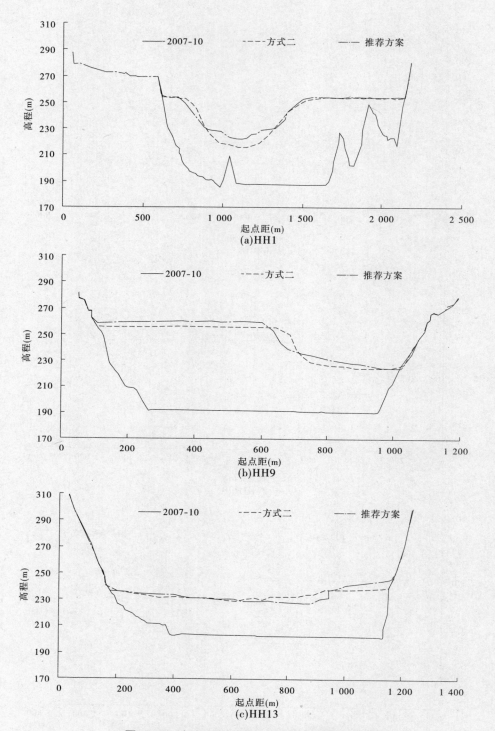

图 10-68　方式二与推荐方案塑槽后横断面对比

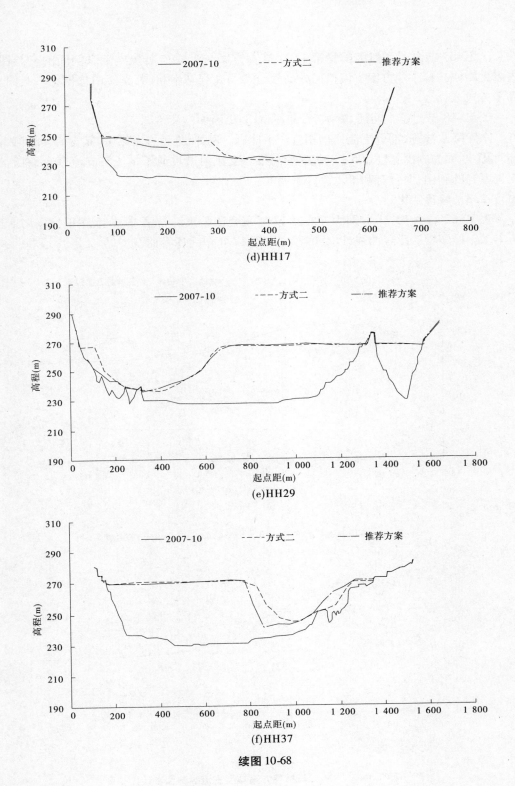

(d)HH17

(e)HH29

(f)HH37

续图 10-68

2.支流

图 10-69 给出了系列年试验第 17 年推荐方案与方式二典型支流纵剖面的套绘图。支流大峪河与畛水两方案支流口门处高程与滩面高程基本相同,支流内部推荐方案明显高于方式二。

图 10-70 给出了大峪河、畛水、石井河口门 01 断面的套绘图。

水库降水冲刷,部分支流河槽相应产生冲刷。例如,推荐方案第 17 年支流大峪河、石井河 01 断面冲刷出宽度 205 ~ 800 m 的河槽。支流河槽贯通了干流与支流库容,有利于支流库容的利用,而且有利于干流浑水倒灌。

10.5.2.3 库容变化

表 10-62 与图 10-71 分别为方式二 17 年系列试验汛后与第 19 年水库正常运用期经历丰水年份塑槽后库容曲线,以及推荐方案第 17 年汛后库容曲线。

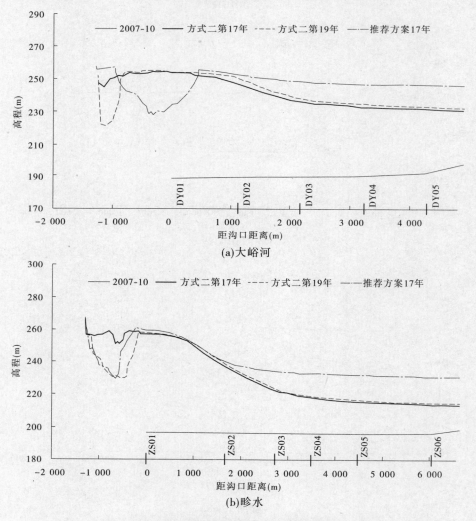

图 10-69 方式二与推荐方案典型支流纵剖面套绘图

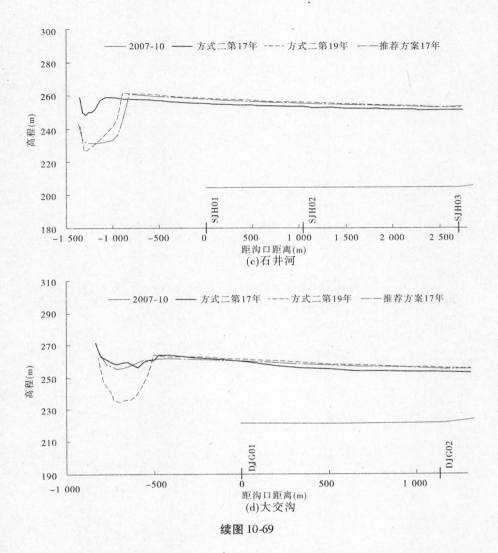

(c)石井河

(d)大交沟

续图 10-69

两方案 17 年汛后 254 m 高程以上库容,推荐方案及方式二分别为 41.603 亿 m³ 及 38.823 亿 m³,其中干流库容分别为 19.673 亿 m³ 及 15.454 亿 m³,支流库容分别为 21.930 亿 m³ 及 23.369 亿 m³。若扣除支流沟口高程以下的不可利用库容,254 m 高程以上防洪库容,推荐方案及方式二分别为 41.148 亿 m³ 及 38.193 亿 m³,推荐方案更接近设计防洪库容。

方式二正常运用期经历降水冲刷塑槽过程之后,第 19 年汛后 254 m 高程以上库容为 40.748 亿 m³,其中干流库容为 17.850 亿 m³,支流库容为 22.898 亿 m³。扣除支流沟口高程以下的不可利用库容后为 40.251 亿 m³。相对而言,推荐方案试验采用丰水系列,支流倒灌机遇高,淤积量大,相应库容较小,两方案库容特征值见表 10-63。

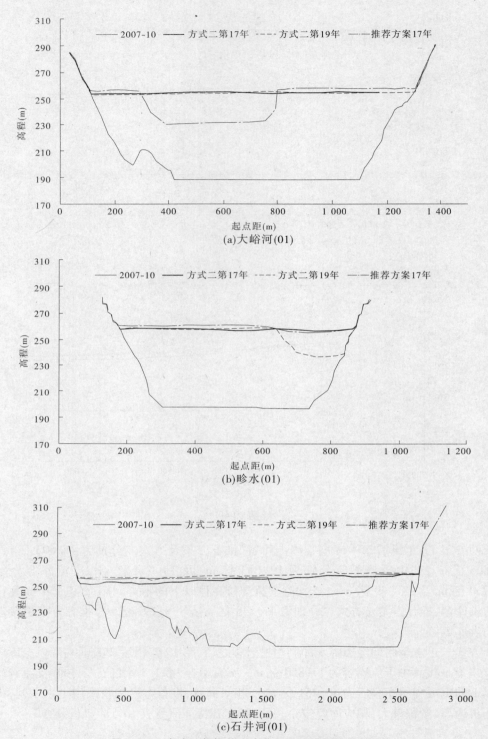

图 10-70　方式二与推荐方案典型支流横断面套绘图

表 10-62　方式二与推荐方案典型年各级高程库容　　（单位:亿 m³）

高程 (m)	方式二第 17 年			方式二第 19 年			推荐方案第 17 年		
	干流	支流	总库容	干流	支流	总库容	干流	支流	总库容
205	0	0	0	0	0	0	0	0	0
210	0	0	0	0	0	0	0	0	0
215	0	0	0	0	0.070	0.070	0	0	0
220	0	0.120	0.120	0.100	0.100	0.200	0	0	0
225	0	0.430	0.430	0.380	0.430	0.810	0.220	0	0.220
230	0	0.950	0.950	0.730	0.900	1.630	0.540	0.100	0.640
235	0	1.630	1.630	1.190	1.570	2.760	0.840	0.300	1.140
240	0	2.760	2.760	1.780	2.640	4.420	1.460	0.770	2.230
245	0.060	4.580	4.640	2.510	4.440	6.950	2.410	1.390	3.800
250	0.110	7.470	7.580	3.560	7.260	10.820	4.090	2.810	6.900
255	0.510	11.230	11.740	5.380	10.967	16.347	6.420	5.280	11.700
260	2.530	15.920	18.450	8.450	15.540	23.990	9.900	9.210	19.110
265	5.470	21.590	27.060	12.470	21.020	33.490	14.440	14.280	28.720
270	9.860	27.260	37.120	17.250	26.540	43.790	19.900	19.940	39.840
275	15.804	33.581	49.385	22.765	32.736	55.501	25.827	26.344	52.171

表 10-63　方式二与推荐方案系列年试验正常运用期塑槽后库容特征值对比　　（单位:亿 m³）

项目	275 m 高程以下库容			254 m 高程以上库容			254 m 高程以上防洪库容		
	干流	支流	总库容	干流	支流	总库容	干流	支流	总库容
方式二	22.765	32.736	55.501	17.850	22.898	40.748	17.850	22.401	40.251
推荐方案	25.827	26.344	52.171	19.673	21.930	41.603	19.673	21.475	41.148
差值	3.062	−6.392	−3.330	1.823	−0.968	0.855	1.823	−0.926	0.897

注:差值为推荐方案减方式二。

表 10-64 为推荐方案与方式二 17 年系列试验之后各级库容的差值(推荐方案减方式二)。推荐方案与方式二相比,干流库容大 10.023 亿 m³,支流库容小 7.237 亿 m³,总库容大 2.786 亿 m³。

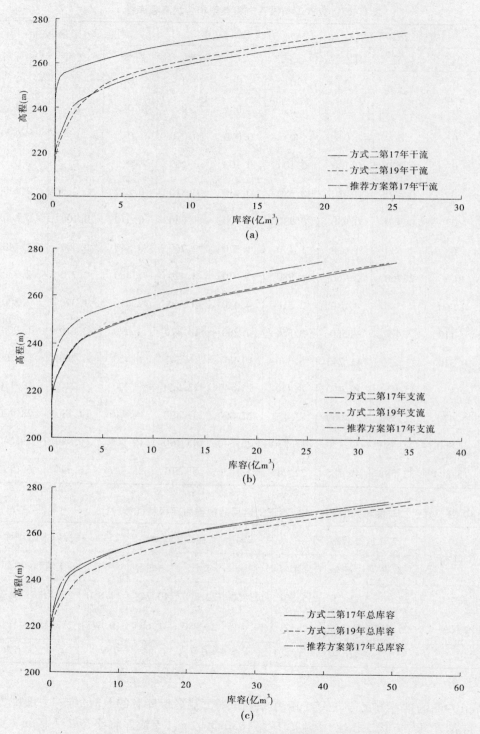

图 10-71 方式二与推荐方案库容曲线对比

表 10-64　方式二与推荐方案第 17 年库容对比　　　　　　（单位：亿 m³）

高程（m）	干流库容	左支库容	右支库容	支流库容	总库容
205	0	0	0	0	0
210	0	0	0	0	0
215	0	0	0	0	0
220	0	0	− 0.120	− 0.120	− 0.120
225	0.220	0	− 0.430	− 0.430	− 0.210
230	0.540	− 0.010	− 0.840	− 0.850	− 0.310
235	0.840	− 0.020	− 1.310	− 1.330	− 0.490
240	1.460	− 0.150	− 1.840	− 1.990	− 0.530
245	2.350	− 0.740	− 2.450	− 3.190	− 0.840
250	3.980	− 1.430	− 3.230	− 4.660	− 0.680
255	5.910	− 1.950	− 4.000	− 5.950	− 0.040
260	7.370	− 2.240	− 4.470	− 6.710	0.660
265	8.970	− 2.560	− 4.750	− 7.310	1.660
270	10.040	− 2.780	− 4.540	− 7.320	2.720
275	10.023	− 3.057	− 4.180	− 7.237	2.786

注：推荐方案减方式二。

表 10-65 为推荐方案与方式二在水库正常运用期塑槽之后各级库容的差值（推荐方案第 17 年减方式二第 19 年）。

表 10-65　方式二与推荐方案正常运用期塑槽后库容对比　　　　　（单位：亿 m³）

高程（m）	干流库容	左支库容	右支库容	支流库容	总库容
210	0	0	0	0	0
215	0	0	− 0.070	− 0.070	− 0.070
220	− 0.100	0	− 0.100	− 0.100	− 0.200
225	− 0.160	0	− 0.430	− 0.430	− 0.590
230	− 0.190	0	− 0.800	− 0.800	− 0.990
235	− 0.350	− 0.010	− 1.260	− 1.270	− 1.620
240	− 0.320	− 0.090	− 1.780	− 1.870	− 2.190
245	− 0.100	− 0.680	− 2.370	− 3.050	− 3.150
250	0.530	− 1.320	− 3.130	− 4.450	− 3.920
255	1.040	− 1.817	− 3.870	− 5.687	− 4.647
260	1.450	− 1.990	− 4.340	− 6.330	− 4.880
265	1.970	− 2.310	− 4.430	− 6.740	− 4.770
270	2.650	− 2.440	− 4.160	− 6.600	− 3.950
275	3.062	− 2.955	− 3.437	− 6.392	− 3.330

注：推荐方案第 17 年汛后库容减方式二第 19 年汛后库容。

10.5.3 水库拦沙期结束时库区特征值

10.5.3.1 拦沙结束期及其淤积量

1. 坝前滩面高程变化

分别对 3 个方案的历年坝前滩面高程变化过程进行了统计,见表 10-67、图 10-72。以坝前滩面高程达到 254 m,且水库累积淤积量大于 75.5 亿 m³ 为指标确定各方案拦沙期结束时期,由表 10-66 可以看出,方式一、方式二和推荐方案拦沙结束时间分别为第 15 年、第 16 年和第 14 年。

表 10-66 3 方案坝前滩面高程变化

年序	坝前滩面高程(m)			年序	坝前滩面高程(m)		
	方式一	方式二	推荐方案		方式一	方式二	推荐方案
1	214.7	192.6	191.0	11	242.9	248.2	247.3
2	213.3	204.5	194.5	12	244.6	248.4	249.5
3	222.8	220.3	202.5	13	251.9	248.6	252.4
4	224.1	227.3	207.9	14	253.2	250.7	254.0
5	229.2	227.7	233.9	15	254.0	251.3	254.0
6	235.9	238.9	234.3	16	254.0	254.0	254.0
7	236.8	241.3	239.3	17	254.0	254.0	254.0
8	238.0	241.6	240.4	18	254.0	254.0	—
9	239.5	242.9	240.6	19	254.0	254.0	—
10	240.3	243.5	242.4	20	254.0	254.0	—

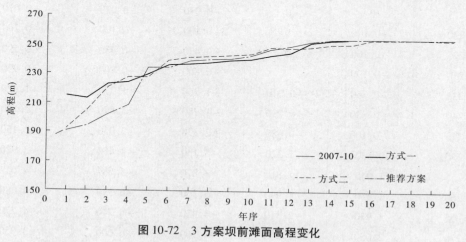

图 10-72 3 方案坝前滩面高程变化

2. 干支流淤积量

表 10-67 统计了拦沙期结束时期各方案的库区淤积量。可以看出,断面法方式一、方

式二与推荐方案干流淤积量比较接近,分别为 38.026 亿 m³、37.489 亿 m³ 和 36.397 亿 m³,而支流淤积相差较大,分别为 10.523 亿 m³、13.272 亿 m³ 和 18.848 亿 m³。沙量平衡法方式一、方式二与推荐方案各方案库区总淤积量分别为 54.510 亿 t、58.836 亿 t、64.868 亿 t;相应排沙比分别为 55.4%、53.4%、55.7%。

表 10-67 3 方案拦沙期结束时期淤积量

方案	年序	断面法(亿 m³)			沙量平衡法(亿 t)			
		干流	支流	总量	入库沙量	出库沙量	淤积量	排沙比(%)
方式一	14	38.026	10.523	48.549	122.212	67.702	54.510	55.4
方式二	15	37.489	13.272	50.761	126.384	67.548	58.836	53.4
推荐方案	13	36.397	18.848	55.245	146.297	81.429	64.868	55.7

10.5.3.2 地形变化

1. 干流

图 10-73 给出了拦沙期结束时期各方案的纵剖面套绘图。拦沙期结束时,3 方案淤积形态较为接近。方式二与推荐方案经历了相机降水冲刷过程,坝前段河槽相对较低,分别为 242.94 m、242.30 m,方式一相对较高,为 245.77 m。

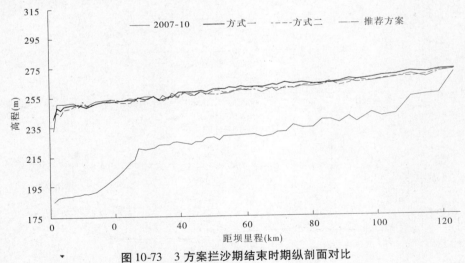

图 10-73 3 方案拦沙期结束时期纵剖面对比

图 10-74 给出了 3 方案部分横断面套绘图。

2. 支流淤积形态

小浪底库区支流的淤积主要为干流来沙倒灌所致。由于水库调度方式以及水沙过程不同,至拦沙期结束,3 方案支流淤积量不同,但支流淤积形态趋势一致。图 10-75 与图 10-76 给出了部分支流的纵横断面套绘。

总体来看,大多支流纵剖面最大高差在 10 m 左右,支流畛水的高差最为突出(合理性在第 8 章开展专题讨论),方式一、方式二及推荐方案的高差依次减小,表明水库运用

方式与来水来沙条件均可对支流倒灌产生影响。方式二与方式一相比,水库的相机排沙

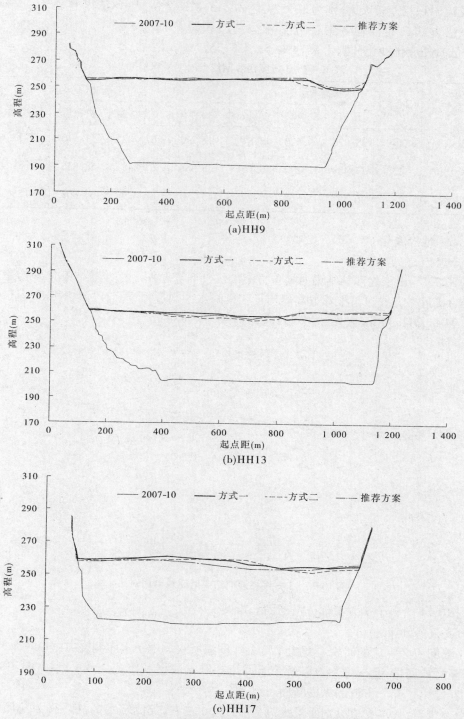

图 10-74　3 方案拦沙期结束时期横断面套绘图

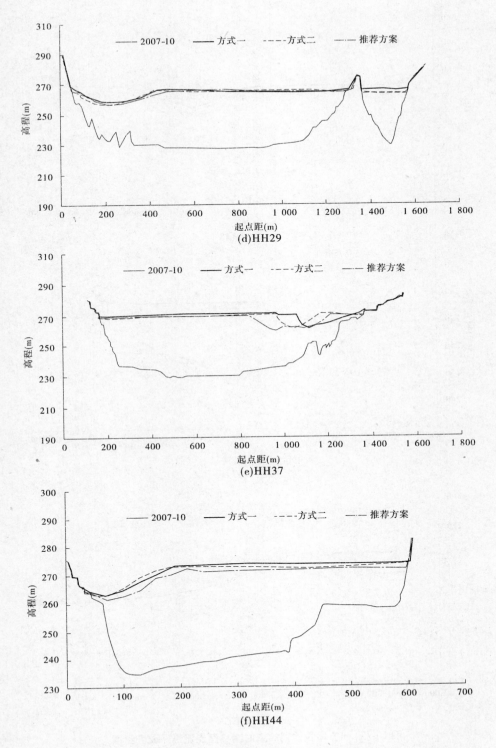

(d)HH29

(e)HH37

(f)HH44

续图 10-74

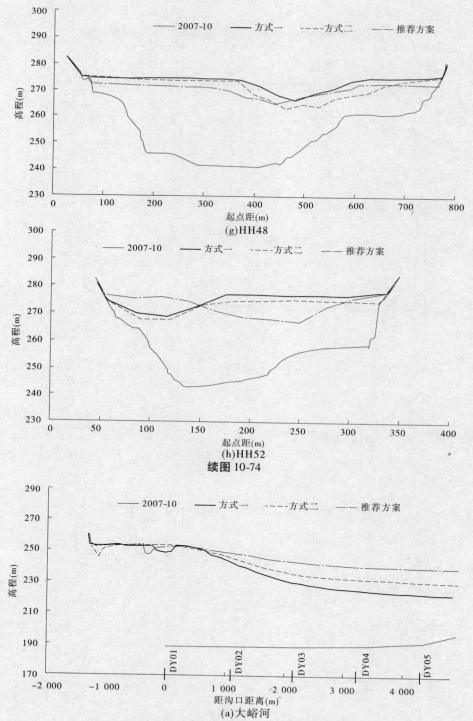

(g)HH48

(h)HH52

续图 10-74

(a)大峪河

图 10-75 3 方案拦沙期结束时期典型支流纵断面套绘图

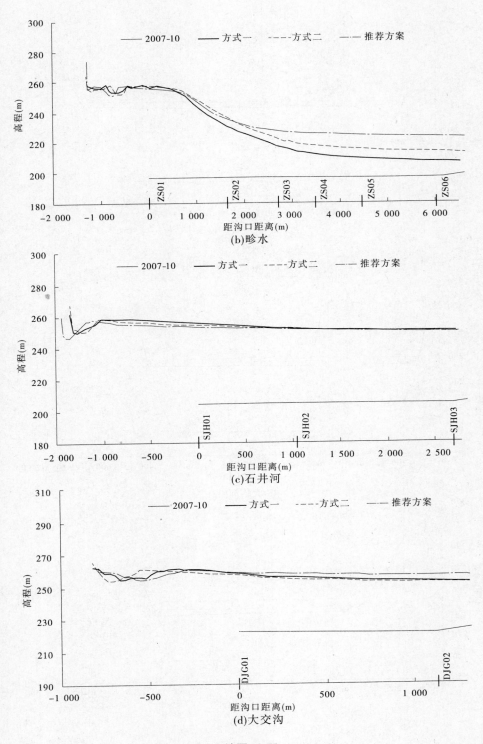

(b)畛水

(c)石井河

(d)大交沟

续图 10-75

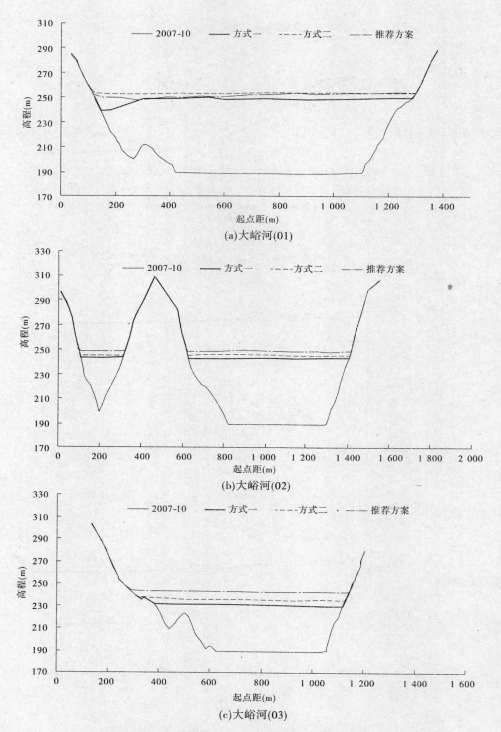

(a)大峪河(01)

(b)大峪河(02)

(c)大峪河(03)

图 10-76 3 方案拦沙期结束时期支流横断面套绘图

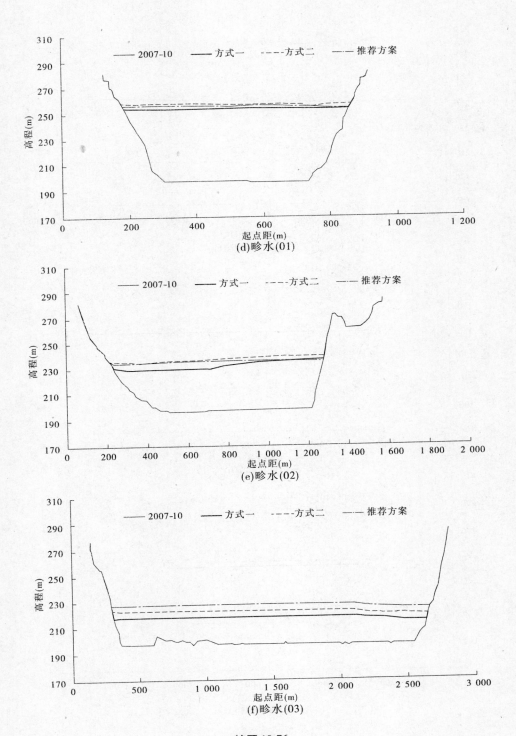

(d)畛水(01)

(e)畛水(02)

(f)畛水(03)

续图 10-76

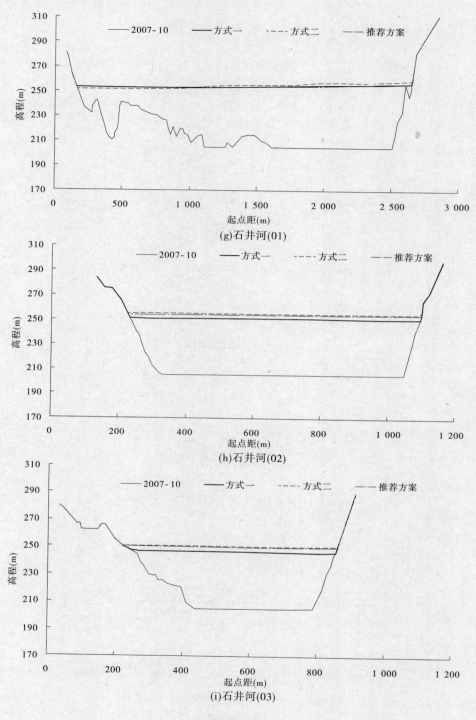

(g)石井河(01)

(h)石井河(02)

(i)石井河(03)

续图 10-76

可降低支流口门淤积高程,增加了支流倒灌的机会与倒灌水沙量。推荐方案除具备方式二的优势外,丰水系列大流量出现的机会多,支流倒灌量相应增加。

10.5.3.3 库容变化

表 10-68 为拦沙期结束时期 3 方案各级高程库容,表 10-69 统计了相应库容特征值。可以看出,对于 275 m 高程方式一、方式二、推荐方案,干流库容分别为 17.000 亿 m³、17.536 亿 m³ 和 18.628 亿 m³,三者依次增大,最大与最小值相差 1.628 亿 m³;支流库容分别为 38.042 亿 m³、35.294 亿 m³ 和 29.718 亿 m³,三者依次减小,最大与最小库容相差 8.324 亿 m³;总库容分别为 55.042 亿 m³、52.830 亿 m³ 和 48.346 亿 m³,三者依次减小。

图 10-77 给出了拦沙期结束时 3 方案的干流、支流与总库容曲线。

表 10-68　3 方案拦沙期结束时期各级高程库容　（单位:亿 m³）

高程 (m)	方式一			方式二			推荐方案		
	干流	支流	总库容	干流	支流	总库容	干流	支流	总库容
215	0	0.140	0.140	0	0.020	0.020	0	0.010	0.010
220	0	0.540	0.540	0	0.164	0.164	0	0.060	0.060
225	0	1.140	1.140	0	0.526	0.526	0.001	0.140	0.141
230	0	2.280	2.280	0	1.110	1.110	0.017	0.270	0.287
235	0	3.820	3.820	0	2.020	2.020	0.043	0.590	0.633
240	0	5.760	5.760	0.040	3.370	3.410	0.088	1.100	1.188
245	0.010	8.340	8.350	0.090	5.320	5.410	0.195	1.880	2.075
250	0.070	11.680	11.750	0.160	8.420	8.580	0.411	3.600	4.011
255	0.450	15.640	16.090	0.590	12.660	13.250	0.990	7.290	8.280
260	2.250	20.470	22.720	2.780	17.840	20.620	3.250	12.150	15.400
265	5.636	25.958	31.594	6.410	23.330	29.740	7.320	17.810	25.130
270	10.830	31.598	42.428	11.670	29.000	40.670	12.720	23.460	36.180
275	17.000	38.042	55.042	17.536	35.294	52.830	18.628	29.718	48.346

表 10-69　拦沙期结束时期 3 方案库容特征值对比　（单位:亿 m³）

项目	275 m 高程以下库容			254 m 高程以上库容			254 m 高程以上防洪库容		
	干流	支流	总库容	干流	支流	总库容	干流	支流	总库容
方式一	17.000	38.042	55.042	16.730	23.774	40.504	16.730	23.446	40.176
方式二	17.536	35.294	52.830	17.156	23.764	40.920	17.156	23.377	40.533
推荐方案	18.628	29.718	48.346	17.868	23.378	41.246	17.868	22.953	40.821

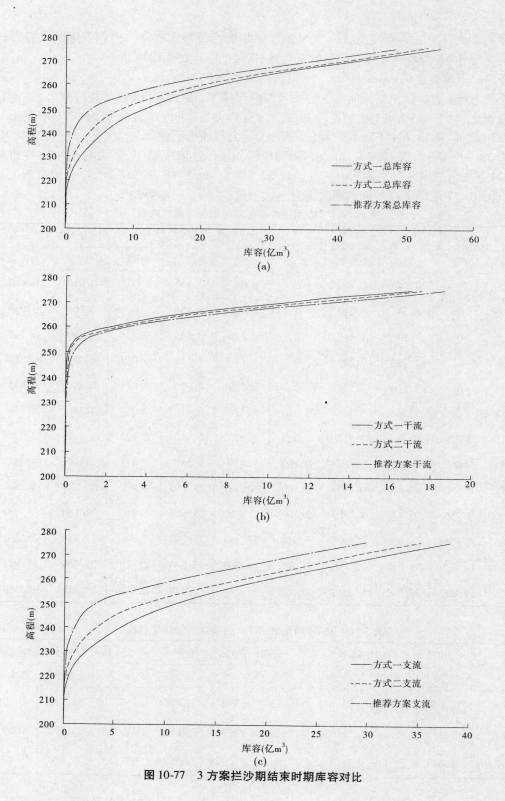

图 10-77   3 方案拦沙期结束时期库容对比

拦沙期结束时,3个方案基本上处于系列年试验过程中最不利状态,方式一、方式二及推荐方案254 m高程以上库容分别为40.504亿 m³、40.920亿 m³ 及41.246亿 m³,其中干流库容分别为16.730亿 m³、17.156亿 m³ 及17.868亿 m³,支流库容分别为23.774亿 m³、23.764亿 m³ 及23.378亿 m³。支流拦门沙坎高程以下与254 m 高程之间的库容分别为0.328亿 m³、0.387亿 m³、0.425亿 m³,扣除支流拦门沙坎以下库容后,254 m 高程以上防洪库容分别为40.176亿 m³、40.533亿 m³、40.821亿 m³,基本满足水库防洪需求。

10.6 小 结

10.6.1 水库调度

（1）方式一与方式二分别为"逐步抬高水位拦粗排细"与"多年调节泥沙,相机降水冲刷"运用方式。试验水沙条件均采用水量偏枯的90系列20年过程。试验结果统计数据表明,经过水库调节后,两方案出库水沙搭配均得到改善。方式二与方式一相比:出库流量小于水库最小控制流量的天数,年均减少约6 d,表明遇较小流量入库时,方式二补水的能力更强,更容易满足发电及水库下游生态、供水的需求;对600 ~ 2 600 m³/s 流量级,出现天数年均减少约11 d;对黄河下游输沙有利的大流量时段,年均增加近4 d,而且增加的大多为持续历时较长的时段。从出库水沙搭配过程看,方式二较小流量所对应的含沙量较小,泥沙更加集中在大流量下排。总体来看,方式二的调节能力更强,出库流量更接近调度目标,满足度更高,调水调沙方式更为合理。

（2）推荐方案试验采用的为60丰水17年系列,水库调节之后,17年内出库流量均不小于350 m³/s,即出库最小流量均接近最小调控流量;大于2 600 m³/s 流量级出现的天数为367 d,年均近22 d。此外,大多年份的6月份结合水库泄水过程,均塑造了较长历时的4 000 m³/s 的水流过程。因此,丰水系列相对枯水系列可较大幅度提高水库减淤与供水等综合利用效益。

10.6.2 输沙特征

水库拦沙后期,库区沿时程或流程往往表现出不同的输沙流态。

10.6.2.1 HH37 断面以上库段

该库段在汛期往往脱离水库蓄水影响,处于畅流输沙状态。河道蜿蜒曲折,横向输沙现象突出。河床淤积物较粗,基本无泥沙固结问题。随着入库水沙过程的变化表现为超饱和或次饱和输沙,由于断面狭窄,往往在垂向发生大幅度的迅速调整。

10.6.2.2 HH37 断面以下库段

该库段输沙流态主要随着水库调水调沙运用而频繁变化,输沙流态包括异重流、壅水明流、明流均匀流等,在水库水位大幅度速降过程中产生溯源冲刷,其流态更为复杂。

（1）异重流与壅水明流输沙。当断面水深满足异重流潜入水深时,在该断面以下为异重流输沙,异重流的超饱和输沙特性表现为沿程淤积;异重流潜入断面以上的一定范围内为壅水明流输沙,该库段自上而下水深逐渐增加,流速逐步减小,水流挟沙力逐渐降低,泥沙沿程分选淤积。

（2）干流溯源冲刷。溯源冲刷主要从坝前段开始,由最低侵蚀基点向上游发展,其上溯速度主要取决于边界条件(包括断面形态、淤积物组成与固结度、侵蚀基准面高程、库水位控制过程)及水沙条件(包括流量与含沙量及其过程)。溯源冲刷局部产生跌坎,跌坎以下形成水流湍急的窄深河槽。随着河槽的大幅度降低,滩地尚未固结且处于饱和状态的淤积物失稳,在重力及渗透水压力的共同作用下向主槽内滑塌,使得河槽与部分滩地淤积面均有较大幅度的下降。

（3）支流溯源冲刷。支流沟口的冲刷继干流河床冲刷之后开始,干支流交汇处为支流冲刷发展的侵蚀基面。支流沟口拦门沙坎往往随着干流淤积面的降低出现滑塌,进而引起支流内蓄水下泄,水沙俱下,加速了支流溯源冲刷速度。若支流死库容较大、蓄水较多、干流河槽紧贴支流口门且下切幅度大又发展迅速,支流库容恢复效果明显。前者为溯源冲刷提供了较强的持续动力条件,而后者为溯源冲刷提供了有利的边界条件。支流拦门沙坎高程以下的蓄水不仅直接冲刷支流口门的淤积物,而且入汇干流后增加了干流流量,对其下游干流库段的冲刷具有较大促进作用。若支流拦门沙坎高程下降幅度不大,则支流冲刷不明显,或仅在河口冲出小河槽。

10.6.3 淤积量与淤积物组成

（1）方式一20年入库沙量170.835亿t,出库沙量110.330亿t,淤积量60.505亿t。淤积物中粗、中、细沙淤积量分别为18.164亿t、19.495亿t、22.846亿t,分别占淤积物总量的30.02%、32.22%、37.76%。20年水沙系列年平均入库沙量8.542亿t,年平均出库沙量5.517亿t,平均排沙比64.6%。断面法统计20年干流淤积38.962亿m³,支流淤积12.476亿m³,淤积总量51.438亿m³,支流淤积量占总淤积量的24.3%。相对于原始库容,干流淤积58.840亿m³,支流淤积16.544亿m³,淤积总量75.384亿m³。

（2）方式二20年入库沙量170.835亿t,出库沙量111.473亿t,淤积量59.362亿t。淤积物中粗、中、细沙淤积量分别为15.862亿t、17.696亿t、25.804亿t,分别占总淤积量的26.72%、29.81%、43.47%。20年水沙系列年平均入库沙量8.542亿t,年平均出库沙量5.574亿t,平均排沙比65.3%。断面法统计20年系列干流淤积33.801亿m³,支流淤积16.161亿m³,淤积总量49.962亿m³,支流淤积量占总淤积量的32.3%。相对于原始库容,干流淤积53.679亿m³,支流淤积20.229亿m³,淤积总量73.908亿m³。与方式一相比,库区少淤积1.476亿m³,其中干流少淤积5.161亿m³、支流多淤积3.685亿m³。

（3）推荐方案17年入库沙量185.786亿t,出库沙量124.723亿t,淤积量61.063亿t。淤积物中粗、中、细沙淤积量分别为16.554亿t、17.568亿t、26.941亿t,分别占总淤积量的27.11%、28.77%、44.12%。17年水沙系列年平均入库沙量10.929亿t,年平均出库沙量7.337亿t,平均排沙比67.1%。断面法统计17年干流淤积量29.199亿m³,支流淤积量22.221亿m³,淤积总量51.420亿m³,支流淤积量占总淤积量的43.2%。相对于原始库容,干流淤积量49.077亿m³,支流淤积量26.289亿m³,淤积总量75.366亿m³。

（4）方式一、方式二、推荐方案水库拦沙期结束时间分别为系列年试验过程中的第15

年、第 16 年、第 14 年。拦沙期结束，断面法统计 3 方案库区淤积量分别为 48.549 亿 m^3、50.761 亿 m^3、55.245 亿 m^3，其中干流分别为 38.026 亿 m^3、37.489 亿 m^3 和 36.397 亿 m^3，支流分别为 10.523 亿 m^3、13.272 亿 m^3 和 18.848 亿 m^3。

10.6.4 淤积形态

方式一、方式二与推荐方案库区总体淤积形态与过程相近，干支流形态取决于水沙过程与水库调度方式。

（1）干流淤积纵剖面形态。在 2007 年三角洲淤积体的基础上，随库区淤积量的增加而不断向坝前推进，转换为锥体形态。纵比降随着库区沿程淤积与冲刷、上冲下淤、溯源冲刷等发生相应调整。历年汛后最大比降分别为 3.13‰、3.94‰、2.84‰，最小比降分别为 1.75‰、1.67‰、1.68‰。

（2）干流横断面形态。长时期的小流量过程使河槽逐步萎缩，遇历时较长的大流量过程，随着河槽下切展宽，河槽过水面积显著扩大，水库降水冲刷过程，河槽迅速下切而后展宽，在较宽库段塑造出高滩深槽形态。在河谷狭窄的库段，一般水沙条件下可全断面过流，若发生持续小流量过程，受两岸山体的制约，河势蜿蜒曲折，当主流紧贴一岸时，对岸仍可出现局部的淤积，形成不连续的滩地。在河床较宽库段始终保持有滩槽之分，部分时段或库段河槽会发生大幅度随机性位移。

（3）支流倒灌淤积。支流相当于干流河床的横向延伸，支流河床淤积过程与来水来沙过程、支流自然地形条件及干支流交汇处干流的淤积形态与过程关系密切。干流洪水量级大、含沙量高、历时长、支流库容大、口门开阔、干支流交汇处干流河槽紧贴支流口门等条件，均可使泥沙倒灌量增大；支流库容大（平面宽阔）则河床抬升速度相对缓慢。

（4）支流淤积形态。支流边界条件不同，其纵剖面会产生较大的差别。在水库拦沙期结束期间，支流库容较小、口门开阔等对倒灌有利的支流，支流淤积纵剖面最低高程与口门的高差不十分明显，大多支流纵剖面最大高差在 10 m 左右，而距坝约 18 km 的畛水纵剖面最低高程与口门的高差最为显著，两者高差方式一最大，方式二次之，推荐方案较小。方式二与方式一相比，水库的相机排沙可降低支流口门淤积高程，增加了支流倒灌的机会与倒灌水沙量。推荐方案除具备方式二的优势外，丰水系列大流量出现的机会多，支流倒灌量相应增加。支流横断面淤积形态大多是平行抬升，当干流河床大幅度下降时，在支流近口门处淤积面可随之降低，或冲刷出贯通于干支流的小河槽。

水库拦沙期，支流内部淤积面抬升速度滞后于干流，当干流淤积达到动平衡后，干流浑水的倒灌可使支流淤积面继续抬升，从而逐步缩小干支流淤积面的高差。

10.6.5 库容变化

（1）方式一 20 年系列试验结束后，275 m 高程库容为 52.153 亿 m^3，其中干流库容 16.064 亿 m^3，支流库容 36.089 亿 m^3。拦沙期结束时，275 m 高程库容为 52.192 亿 m^3，其中干流库容 15.359 亿 m^3，支流库容 36.833 亿 m^3。

（2）方式二 20 年系列试验结束后，275 m 高程库容为 53.629 亿 m^3，其中干流库容 21.225 亿 m^3，支流库容 32.404 亿 m^3。拦沙期结束时，275 m 高程库容为 49.385 亿 m^3，其中干流库容 15.804 亿 m³,支流库容 33.581 亿 m³。

（3）推荐方案 17 年系列试验结束后,275 m 高程库容为 52.171 亿 m³,其中干流库容 25.827 亿 m³,支流库容 26.344 亿 m³。拦沙期结束时,275 m 高程库容为 44.005 亿 m³,其中干流库容 16.551 亿 m³,支流库容 27.454 亿 m³。

（4）拦沙期结束时,3 个方案基本上处于系列年试验过程中最不利状态,方式一、方式二及推荐方案 254 m 高程以上库容分别为 40.504 亿 m³、40.920 亿 m³ 及 41.246 亿 m³,其中干流库容分别为 16.730 亿 m³、17.156 亿 m³ 及 17.868 亿 m³,支流库容分别为 23.774 亿 m³、23.764 亿 m³ 及 23.378 亿 m³。扣除支流拦门沙坎以下库容,254 m 高程以上防洪库容分别为 40.176 亿 m³、40.533 亿 m³、40.821 亿 m³,基本满足水库防洪需要。

（5）水库拦沙期结束后的正常运用期,方式二与推荐方案均利用有利的水沙过程,进行了相机排沙运用,干流槽库容得以较大幅度的恢复。方式一在正常运用期,控制水库也一度降至 230 m,但由于控制低水位历时短且相应的入库水流条件不太有利,塑槽作用相对较小。3 个方案在系列年试验结束时,扣除支流拦门沙坎以下库容,水库 254 m 高程以上防洪库容分别为 38.013 亿 m³、40.121 亿 m³、41.148 亿 m³。

10.6.6 河势变化

在系列年试验过程中,不同库段河势调整的机理与效应不尽相同。小浪底库区大多库段河势受两岸山体制约,相对稳定;库区河床相对开阔的库段,往往形成窄小的河槽与宽阔且存在横比降的滩地,极易发生河势摆动;若水库的变动回水区处于较为宽阔的库段,在水位抬升河床淤积与水位下降河床冲刷的交替变化过程中,河势会出现短期的不稳定,甚至河槽会发生大幅度的位移。

距坝 62.49 km 的 HH37 断面以上库段,受两岸山体的控制,河势基本没有大的调整。

距坝 60.13~53.44 km 的 HH36 断面—HH32 断面的库段河床宽阔,HH32 断面上游左岸有河口开阔的支流沇西河入汇,地形条件给主流摆动提供较大的空间。该库段往往是汛后水位变动范围。受天然的地形条件与水库非主汛期水位抬高淤积及汛前水位降低冲刷过程的共同影响,使该库段河势具有不稳定性与发生调整的偶然性。

距坝 53.44~11.42 km 的 HH32 断面—HH9 断面河势总体受两岸山体的制约,由于两岸山体不同高程的形态不尽相同,在淤积面逐步抬升的过程中,水流着流点的改变使河势相应有所调整。

距坝 24.43 km 的 HH15 断面以下库段较为开阔,加之受水库主汛期调水调沙的影响,库水位变动较为频繁,在淤积与冲刷的变换中,河势易发生调整。

第 5 篇　小浪底水库运用以来库区泥沙研究

第 11 章　水库实况分析及其对研究成果的验证

2004 年 9 月,水利部批复的《小浪底水利枢纽拦沙初期运用调度规程》中明确了小浪底水库运用分为拦沙初期、拦沙后期和正常运用期 3 个时期,其中拦沙初期与拦沙后期的界定为水库淤积量达 21 亿 ~ 22 亿 m³。小浪底水库于 1999 年 10 月 25 日开始下闸蓄水,至 2010 年汛后,已经运用 11 年,库区淤积总量为 28.225 亿 m³,已达到拦沙初期与拦沙后期的界定值。这就意味着小浪底水库拦沙初期已结束而步入拦沙后期或两者之间的过渡期。本章将分析小浪底水库拦沙初期库区的泥沙输移特性、淤积形态、库容变化等过程,同时与水库施工期的研究成果进行对比,以此验证后者的可靠性。

11.1　库区的排沙特性

11.1.1　水库排沙概况

小浪底水库运用以来,黄河为枯水少沙系列,见图 11-1 和表 11-1。2000 ~ 2010 年年

图 11-1　小浪底水库 1987 ~ 2010 年入库水沙量变化过程

均入库水量为 200.52 亿 m³,较 1987~1999 年偏少 21.0%;2000~2010 年年均入库沙量为 3.394 亿 t,较 1987~1999 年偏少 57.0%。其中,汛期水沙量偏少较多,与 1987~1999 年相比,汛期水沙量分别偏少了 22.9% 和 58.9%。非汛期水沙量也有所减少,但其减少幅度小于汛期,总体来看,沙量减少幅度大于水量减少幅度。

表 11-1　三门峡站水沙特征统计

时段	水量(亿 m³)			汛期占年(%)	沙量(亿 t)			汛期占年(%)
	非汛期	汛期	全年		非汛期	汛期	全年	
1987~1999	137.93	116.02	253.95	45.7	0.409	7.479	7.888	94.8
2000~2010	111.09	89.43	200.52	44.6	0.317	3.077	3.394	90.7

水库运用调节了水量的年内分配,由 2000~2010 年进、出库水量变化(见表 11-2)可以看出,进、出库年均水量分别为 200.52 亿 m³ 和 210.66 亿 m³。汛期入库的水量占年水量的 44.6%,经过水库调节后,汛期出库水量占年水量的比例减小到 34.2%,除 2002 年汛期出库水量占年水量的百分比较入库水量的百分比大 12.5%,其余年份出库水量占年水量的百分比较入库水量的百分比均小 6.3%~17.7%。进、出库年均沙量为 3.394 亿 t 和 0.643 亿 t,泥沙集中在汛期进、出水库。

表 11-2　2000~2010 年小浪底水库进、出库水沙量变化

年份	水量(亿 m³)						沙量(亿 t)					
	入库			出库			入库			出库		
	全年	汛期	汛/年(%)	全年	汛期	汛/年(%)	全年	汛期	汛/年(%)	全年	汛期	汛/年(%)
2000	166.60	67.23	40.4	141.15	39.05	27.7	3.570	3.341	93.6	0.042	0.042	100
2001	134.96	53.82	39.9	164.92	41.58	25.2	2.830	2.830	100	0.221	0.221	100
2002	159.26	50.87	31.9	194.27	86.29	44.4	4.375	3.404	77.8	0.701	0.701	100
2003	217.61	146.91	67.5	160.70	88.01	54.8	7.564	7.559	99.9	1.206	1.176	97.5
2004	178.39	65.89	36.9	251.59	69.19	27.5	2.638	2.638	100	1.487	1.487	100
2005	208.53	104.73	50.2	206.25	67.05	32.5	4.076	3.619	88.8	0.449	0.434	96.7
2006	221.00	87.51	39.6	265.28	71.55	27.0	2.325	2.076	89.3	0.398	0.329	82.7
2007	227.77	122.06	53.6	235.55	100.77	42.8	3.125	2.514	80.4	0.705	0.523	74.2
2008	218.12	80.02	36.7	235.63	59.29	25.2	1.337	0.744	55.6	0.462	0.252	54.5
2009	220.44	85.01	38.6	211.36	66.75	31.6	1.980	1.615	81.6	0.036	0.034	94.4
2010	252.99	119.73	47.3	250.55	102.73	41.0	3.511	3.504	99.8	1.361	1.361	100
平均	200.52	89.43	44.6	210.66	72.02	34.2	3.394	3.077	87.9	0.643	0.596	90.9

2000~2010 年入库日均最大流量大于 1 500 m³/s 的洪水共 38 场,除 2006~2008 年、2010 年的桃汛洪水外,其他都集中分布在汛前或汛期,见表 11-3。对其中汛前或汛初的洪水进行了调水调沙,如对 2004 年 8 月和 2006 年的洪水进行了相机排沙,对 2007 年 7

月29日至8月12日以及2010年7~8月的洪水进行汛期调水调沙;其余洪水大多被水库拦蓄和削峰,如2003年7月13日至10月31日,为了减少秋汛洪水对黄河下游滩区的影响,小浪底水库与三门峡、陆浑、故县四库超常规联合调度,使花园口站可能形成的5 000~6 000 m³/s的洪峰始终控制在2 700 m³/s左右,削峰率达60%~70%,峰值最高的一场洪水削峰率达到了81%。汛前调水调沙期间及汛期进出库流量及含沙量变化幅度较大,见图11-2。

表11-3 2000~2010年三门峡水文站洪水期水沙特征值统计

年份	时段 (月-日)	水量 (亿 m³)	沙量 (亿 t)	流量(m³/s)			含沙量(kg/m³)		
				洪峰	最大日均	时段平均	沙峰	最大日均	时段平均
2000	07-09~07-13	3.82	0.71	—	1 850	883	—	291.35	185.86
	10-10~10-17	8.86	0.87	—	2 430	1 281	—	157.20	98.19
2001	08-18~08-25	6.15	1.90	2 900	2 210	890	542	463.08	308.94
2002	06-23~06-27	5.35	0.79	4 390	2 670	1 238	468	359	147.66
	07-04~07-09	7.20	1.74	3 750	2 320	1 388	507	419	241.67
2003	08-01~08-09	7.22	0.82	2 280	1 960	929	916	338.2	113.57
	08-25~09-16	43.08	3.03	3 830	3 050	2 255	474	334	70.33
	09-17~09-29	23.79	0.41	3 860	3 320	2 118	36.6	33.4	17.23
	09-30~10-09	25.89	1.63	4 500	4 020	2 996	180	109	62.96
	10-10~10-16	13.46	0.39	3 500	3 420	2 225	37	35.1	28.97
2004	07-05~07-09	3.39	0.36	5 130	2 860	1 487	368	233.47	106.19
	08-21~08-31	10.27	1.71	2 960	2 060	1 132	542	406.31	166.50
2005	06-26~06-30	3.90	0.45	4 430	2 490	903	352	296	115.38
	07-03~07-07	4.32	0.80	2 970	1 790	1 000	301	271	185.19
	08-14~08-22	10.23	0.65	3 470	2 060	1 316	319	155	63.54
	09-17~09-25	11.34	0.62	4 000	2 420	1 459	319	147	54.67
	09-26~10-09	29.26	0.96	4 420	3 930	2 419	111	53.7	32.81
2006	03-16~04-02	18.74	0.02	2 960	2 490	1 205	10	5.82	1.07
	06-20~06-29	7.99	0.23	4 820	2 760	924	276	144	28.79
	07-21~08-04	14.20	0.53	4 090	1 920	1 096	454	198	37.32
	08-29~09-12	17.21	0.64	4 860	2 360	1 328	297	156	37.19
	09-13~09-24	14.84	0.53	3 570	2 210	1 431	356	148	35.71
2007	03-20~03-26	10.41	0.05	3 390	2 610	1 721	12.5	9.53	4.80
	06-27~07-05	12.94	0.64	4 910	2 620	1 664	343	173	49.46
	07-29~08-12	18.38	0.97	4 180	2 150	1 418	311	171	52.77
	10-08~10-19	17.25	0.70	3 610	2 290	1 663	384	221	40.58

年份	时段 （月-日）	水量 （亿 m³）	沙量 （亿 t）	流量（m³/s）			含沙量（kg/m³）		
				洪峰	最大 日均	时段 平均	沙峰	最大 日均	时段 平均
2008	03-18 ~ 04-02	19.09	0.06	3 330	2 820	1 381	34.3	27.83	3.14
	06-27 ~ 07-03	8.01	0.74	6 080	2 470	1 324	355	168.92	92.38
	09-18 ~ 10-01	26.43	0.16	2 290	1 520	1 143	16.8	15.99	6.05
2009	06-27 ~ 07-05	5.20	0.545 2	4 600	2 360	669	478	178.00	104.85
	08-18 ~ 08-26	5.65	0.189 4	—	1 070	726	92.5	61.60	33.52
	08-28 ~ 09-06	11.93	0.603 0	2 710	2 080	1 381	311	163.00	50.54
	09-09 ~ 09-24	23.83	0.399 8	3 900	2 520	1 724	187	98.40	16.78
2010	03-24 ~ 04-02	10.85	0.006 3	3 630	2 510	1 256	2.05	1.77	0.58
	06-19 ~ 07-07	12.21	0.418 2	5 390	3 910	744	613	249	34.25
	07-24 ~ 08-03	13.28	0.901 0	3 200	2 380	1 397	349	183	67.85
	08-11 ~ 08-21	15.46	1.092 3	2 730	2 280	1 626	338	208	70.65
	08-22 ~ 09-04	22.13	0.503 2	3 690	3 100	1 830	94	64.5	22.74
	09-20 ~ 09-30	15.30	0.437 7	3 880	2 660	1 610	335	89.3	28.61

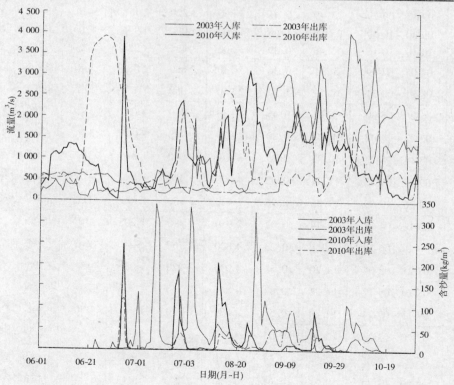

图 11-2　小浪底水库典型年份日均进出库水沙过程

非汛期,除桃汛洪水外,大部分时段进出库流量均较小。如2006年3月、2007年3月以及2010年3~4月利用并优化桃汛洪水过程冲刷降低潼关高程的试验中,小浪底水库非汛期入库流量在2006年3月超过1 500 m³/s并持续4天;2007年3月超过2 000 m³/s并持续3天;2010年桃汛洪水期间超过1 500 m³/s并持续3天;除此之外,非汛期入库流量一般小于1 000 m³/s。为满足下游春灌要求,2001年4月和2002年3月,小浪底水库分别向下游河道泄放了日均最大流量为1 500 m³/s左右的洪水。除春灌泄水期和汛前调水调沙期外,非汛期大部分时段出库流量不到800 m³/s。

进出库洪峰一般出现在汛前调水调沙期和汛期,水库运用以来,最大入库洪峰流量为6 080 m³/s,出现在2008年调水调沙期间;最大入库沙峰为916 kg/m³,出现在2003年调水调沙期间。泥沙一般集中在汛前或汛期的几次洪水期间入库。

11.1.2 水库调度运用

小浪底水库自1999年蓄水以来,根据运用情况,每个运用年水库调度一般分为3个阶段:第一阶段一般为上年11月1日至下年汛前调水调沙,该期间又可分为防凌期、春灌蓄水期和春灌泄水期,此期间水位的整体变化不大;第二阶段为汛前调水调沙试验(2000~2004年)或调水调沙生产运行期(2004年以后),此期间的水位大幅度下降;第三阶段为防洪运用及水库蓄水,此期间小浪底水库抬高水位蓄水,其部分年份的水位变化见图11-3。

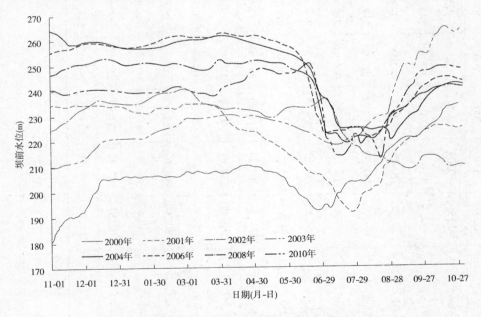

图11-3　2000~2010年小浪底水库库水位变化对比

表11-4给出了小浪底水库库水位11年的变化情况,可以看出,非汛期运用水位最高为2004年的264.3 m,最低为2000年的180.34 m。汛期运用水位变化复杂,2000~2002年主汛期平均水位在207.14~214.25 m,2003~2010年在225.77~233.86 m,其中2003年、2005年主汛期平均水位最高达233.86 m、230.17 m。主汛期高水位运用是引起库区

表11-4 2000～2010年小浪底水库蓄水运用情况

年份		2000	2001	2002	2003	2004	2005	2006	2007	2008	2009	2010
	汛限水位(m)	215	220	225	225	225	225	225	225	225	225	225
汛期	最高水位(m)	234.3	225.42	236.61	265.48	242.26	257.47	244.75	248.01	241.60	243.61	249.70
	日期(月-日)	10-30	10-09	07-03	10-15	10-24	10-17	10-19	10-19	10-19	10-01	10-18
	最低水位(m)	193.42	191.72	207.98	217.98	218.63	219.78	221.09	218.83	218.80	215.84	211.60
	日期(月-日)	07-06	07-28	09-16	07-15	08-30	07-22	08-11	08-07	07-22	07-13	08-19
	平均水位(m)	214.88	211.25	215.65	249.51	228.93	233.84	231.57	232.80	230.00	229.44	231.68
	汛期开始蓄水日期(月-日)	08-26	09-14	—	08-07	09-07	08-21	08-27	08-22	08-21	08-30	08-26
	主汛期平均水位(m)	211.66	207.14	214.25	233.86	225.98	230.17	227.94	228.83	227.05	225.77	226.71
非汛期	最高水位(m)	210.49	234.81	240.78	230.69	264.3	259.61	263.3	256.15	252.90	250.23	250.84
	日期(月-日)	04-25	11-25	02-28	04-08	11-01	04-10	03-11	03-27	12-20	06-16	06-18
	最低水位(m)	180.34	204.65	224.81	209.6	235.65	226.17	223.61	226.79	225.10	226.09	230.56
	日期(月-日)	11-01	06-30	11-01	11-02	06-30	06-30	06-30	06-30	06-30	06-30	06-30
	平均水位(m)	202.87	227.77	233.97	223.42	258.44	250.58	257.79	248.85	249.49	243.28	242.05
年均水位(m)		208.88	219.51	224.81	236.46	243.68	242.21	248.95	242.35	242.99	238.61	238.55

注:1. 主汛期为每年的7月11日至9月30日。

2. 汛期开始蓄水的日期是指汛期库水位开始超过当年汛限水位之日。

3. 2006年的水位变化数据采用的是陈家岭水位资料。

· 320 ·

泥沙大量淤积的主要原因之一,且淤积部位靠上。

11.1.3　水库异重流排放

在小浪底水库拦沙初期,异重流排沙是小浪底水库主要的排沙方式。异重流排沙的多少除受入库水沙、水库运用方式的影响外,还与潜入点以上细泥沙颗粒含量、异重流运行距离、水库边界条件等因素有关。表 11-5 列出了调水调沙期间的异重流特征值,可以看出,异重流排沙比介于 4.4% ~ 132.3%。2004 ~ 2010 年汛前调水调沙期间,三门峡水库共排沙 3.384 亿 m³,小浪底出库沙量共 1.425 亿 m³,平均排沙比为 42.1%。但汛前异重流排沙比相差很大,2008 年、2010 年排沙比高达 61.8%、132.3%,而 2005 年、2009 年排沙比仅为 4.42% 和 6.61%。从表中还可看出,随着三角洲顶点向坝前推进,异重流运行距离减小,异重流排沙效果增加。

表 11-5　小浪底水库调水调沙期间的异重流特征值

年份	时段 (月-日)	平均入库 流量 (m³/s)	平均入库 含沙量 (kg/m³)	沙量(亿 t)		排沙比 (%)	三门峡 d_{50} (mm)	运行 距离 (km)
				三门峡	小浪底			
2004	07-07 ~ 07-14	690	80.76	0.385	0.055	14.3	0.003 7 ~ 0.040 2	58.51
2005	06-27 ~ 07-02	777	112.24	0.452	0.020	4.4	0.021 7 ~ 0.046 8	53.44
2006	06-25 ~ 06-29	1 255	42.43	0.23	0.069	30.0	0.014 4 ~ 0.041 3	44.13
2007	06-26 ~ 07-02	1 569	64.58	0.613	0.234	38.2	0.005 9 ~ 0.036 3	30.65
	07-29 ~ 08-12	1 418	52.85	0.971	0.426	43.9	0.006 0 ~ 0.036 9	—
2008	06-27 ~ 07-03	1 324	92.56	0.741	0.458	61.8	0.025 0 ~ 0.037 4	24.43
2009	06-30 ~ 07-03	1 063	148.45	0.545	0.036	6.6	0.035 1 ~ 0.049 0	20.39
	07-04 ~ 07-07	1 656	73.10	0.418	0.553	132.3	0.030 5 ~ 0.044 4	18.90
2010	07-24 ~ 08-03	1 397	67.85	0.901	0.258	28.6	0.006 2 ~ 0.039 9	—
	08-11 ~ 08-21	1 626	70.65	1.092	0.508	46.5	0.007 9 ~ 0.031 4	—

小浪底水库排沙与潼关流量持续时间,三门峡水库开始加大泄量时的蓄水量、水位、入库细颗粒泥沙含量,三门峡水库泄空时间、异重流运行距离、对接水位、入库沙量、支流倒灌等因素有关。近年来,汛前塑造异重流过程中的对接水位及异重流运行距离相近,影响小浪底水库排沙的主要因素是入库水沙条件和库区 HH37 断面以上的地形条件。

初步分析认为,入库水沙对异重流的塑造起着关键作用:①在调水调沙过程中,如果遇潼关以上来流量大,则小浪底入库流量持续时间长,水库排沙比增大;②三门峡水库泄放非汛期蓄水过程,其水量越大,塑造的洪峰越大,相应 HH37 断面以上的冲刷及形成异重流前锋的能量也就越大;③三门峡水库敞泄期间,潼关来水越集中,洪水持续时间越长,在小浪底水库形成异重流的后续动力就越强,同时会使小浪底水库 HH37 断面以上形成冲刷或减少淤积;④入库细泥沙颗粒含量、小浪底水库床沙组成也是影响排沙的主要原因。

11.1.4 异重流运动特性分析

11.1.4.1 流速及含沙量垂线分布

异重流潜入点附近下游断面,由于横轴环流的存在,表层水流往往逆流而上,带动水面漂浮物缓缓向潜入点聚集,这种现象是判断能否形成异重流并确定其潜入位置的鲜明标志。由于受异重流潜入后带动上层清水向下游流动的作用,潜入点及其下游断面表层清水会表现为回流(负流速)或0流速现象,负流速的大小与异重流的强弱及距离潜入点的距离有关,潜入点及其下游附近断面流速较大。在异重流和清水的交界面上异重流运动的过程中,将挟带一部分交界面上的清水相随而行,所以认为流速为0的位置往往会稍高于清浑水交界面的位置,见图11-4。

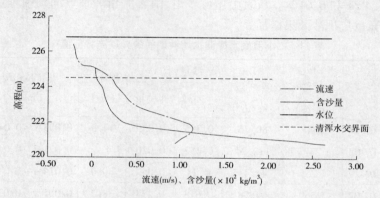

图11-4 2006年6月27日8时15分HH25断面流速、含沙量分布

含沙量垂线分布表现为,上表层的含沙量为0,清浑水交界面以下的含沙量逐渐增加,其极大值位于库底附近。异重流潜入点的下游附近库段,含沙量沿垂线梯度变化较小,交界面不明显,这形成的主要原因是异重流形成之初流速较大,水流紊动和泥沙的扩散作用使清浑水掺混。异重流潜入之后,随着异重流的推移和稳定,两种水流交界处含沙量梯度增大,清浑水交界面清晰,异重流含沙量垂直分布较为均匀(见图11-5),这是异重

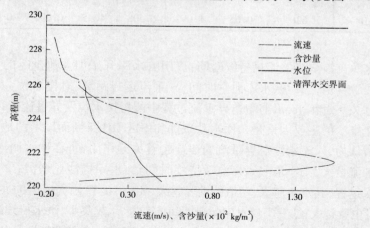

图11-5 2006年6月25日10时25分HH26断面流速、含沙量分布

流稳定时含沙量沿垂线分布的基本形状。

在同一断面上,横向各垂线异重流的流速变化较大,表现为主流区异重流流速较大,边流流速较小,这与自然河道流速分布形态有相似之处(见图11-6)。在微弯河段如HH9断面(见图11-7),异重流主流往往位于凹岸,主流区浑水交界面略高,在同一高程上流速及含沙量均较大。

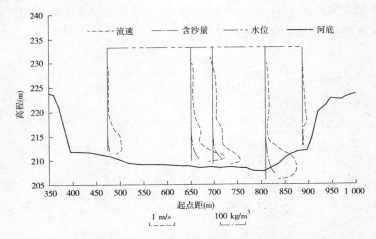

图 11-6　2004 年 7 月 6 日 HH29 断面异重流流速、含沙量横向分布

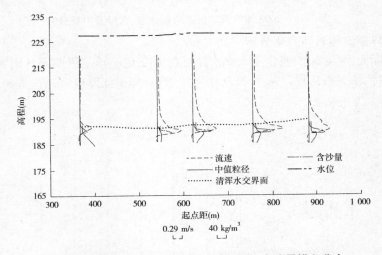

图 11-7　2006 年 6 月 27 日 HH9 断面流速、含沙量横向分布

11.1.4.2　异重流流速及含沙量沿程变化

异重流从潜入点向坝前运行的过程中会发生能量损失,包括沿程损失及局部损失。沿程损失,即床面及清浑水交界面的阻力损失;而局部损失在小浪底库区较为显著,包括支流倒灌、局部地形的扩大或收缩、弯道等因素产生的损失。一般表现为潜入点附近流速较大,随着纵向距离的增加,由于受阻力影响,流速逐渐变小,泥沙沿程会发生淤积、清浑水交界面的掺混及清水的析出等现象,均可使异重流的流量逐渐减小,其动能也相应减小。到坝前区后,如果异重流下泄流量小于到达坝前的流量,则部分异重流的动能转为势能,产生壅高现象,形成坝前浑水水库。在演进过程中,异重流层的流速受地形影响也很明显,当断面宽度较小或在缩窄段,其流速会增大;在断面较宽或扩大段,其流速就会减少。

从潜入点至坝前,各断面的最大流速(除 HH17 断面出现递增外)均呈现为递减趋势,其中 HH5 断面(距坝 6.54 km)至 HH1 断面(距坝 1.32 km)递减幅度较大(见图 11-8),其原因是断面的增宽和河床比降减小;HH17 断面(距坝 27.19 km)流速偏大的原因是该断面位于八里胡同河段的中间,断面相对较窄,造成异重流层流速的增大。坝前附近断面的最大流速受水库运用方式的影响而有所不同。

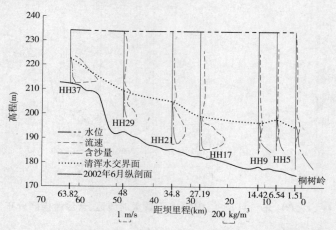

图 11-8　2002 年 7 月 8 日主流线流速、含沙量沿程分布

11.1.4.3　异重流随时间变化分析

在固定断面,异重流的变化随入库水沙过程而变化。异重流期间各断面依次呈现发生、增强、维持、消失等阶段。从图 11-9 中可以看出,异重流厚度、位置、流速、含沙量等因

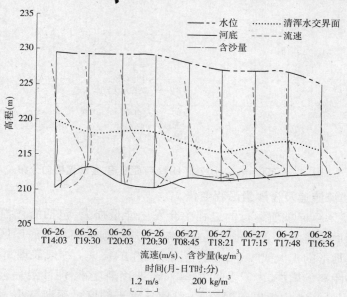

图 11-9　2006 年调水调沙期间 HH22 断面主流线流速、含沙量随时间变化

子基本表现出与各阶段相适应的特性。

11.1.4.4 异重流泥沙粒径的变化

图 11-10 为异重流泥沙中值粒径沿垂线分布情况,呈现出上细下粗的变化规律。在运动过程中,泥沙颗粒发生分选,较粗颗粒沉降,而细颗粒泥沙悬浮于水中继续向坝前输移。图 11-11 给出了 2006 年 6 月 26 ~ 28 日异重流泥沙中值粒径的沿程变化状况,测验结果表明,在距坝约 10 km 以上库段,悬沙逐步细化,分选明显,以下库段悬沙中值粒径沿程几乎无变化。

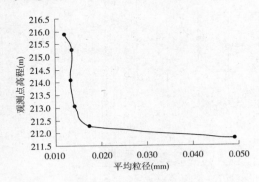

图 11-10　2006 年 6 月 27 日 HH22 断面主流垂线粒径变化

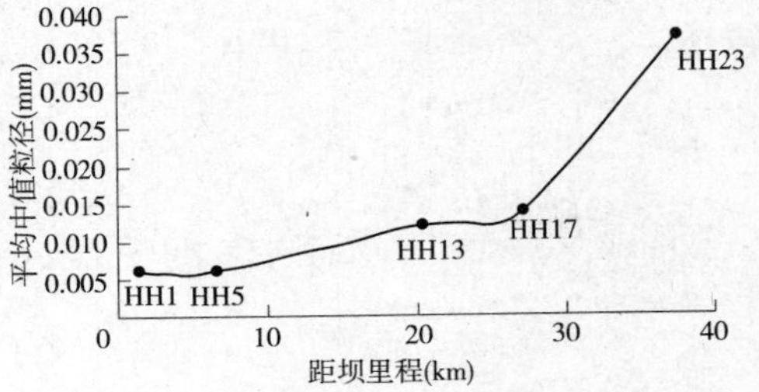

图 11-11　2006 年 6 月 26 ~ 28 日垂线平均中值粒径沿程变化

11.1.4.5 异重流倒灌

处在异重流潜入点以下库区的干、支流交汇处,干流产生的异重流往往仍以异重流的形式向支流倒灌。例如,2003 年异重流期间支流沇西河发生的异重流倒灌,图 11-12 为支

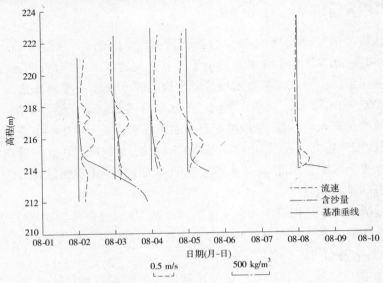

图 11-12　沇西河口断面异重流主流线流速及含沙量变化过程(2003 年)

流沇西河口(距坝约54 km)断面2003年8月2~8日异重流主流线流速及含沙量的变化过程,最大点流速为0.46 m/s,发生在8月2日洪水期,8月8日随着干流入库流量的减小,向支流倒灌的异重流遂逐渐消退。图11-13为沇西河上游3 km处HH34断面异重流主流线流速及含沙量的变化过程。支流异重流的运动与消退基本与干流异重流的发展过程同步。

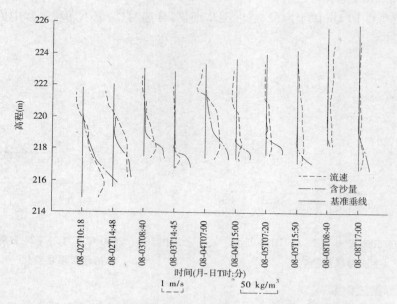

图11-13　HH34断面异重流主流线流速及含沙量变化过程

11.1.5　水库异重流排沙潜力分析

在异重流排沙期间,由于水库调度目标不同,含沙水流以异重流的形式运行至坝前后,水库控制泄流,水库下泄的浑水流量小于异重流到达坝前的流量,部分浑水被拦蓄在库内形成浑水水库。由异重流挟带到坝前所形成的浑水水库的泥沙非常细,其中值粒径 d_{50} 一般为0.005~0.012 mm,聚集在坝前的浑水以浑液面的形式整体下沉。悬浮于水中的泥沙沉降速度与浑水含沙量、悬沙级配及水温等因素有关。由于坝前流速很小,扰动掺混作用弱,因此沉降极其缓慢,浑水水库维持时间较长,最终或淤积在坝前段形成铺盖层,或随下次洪水排出水库。因此,历年水库实测的场次洪水异重流排沙比,并不能真实地反映异重流本身的排沙能力。

若以异重流能运行至坝前作为异重流的排沙能力,通过估算场次洪水过程异重流排沙量及聚积在坝前的浑水水库中悬沙量的变化过程,可初步分析历次洪水异重流的排沙能力,分析结果见表11-6。

从表11-6中可以看出,异重流的排沙比随着入库细泥沙含量的增大而增大,同时与来水来沙过程、水库边界条件等因素有关,并分析得出2001~2002年期间历次洪水异重流排沙比能力在24.8%~32.8%。

表 11-6　异重流排沙潜力估算

洪水时段(年-月-日)	2001-08-19 ～ 09-05	2002-06-23 ～ 07-04	2002-07-05 ～ 09	2003-08-01 ～ 09-05
入库水量(亿 m³)	13.6	11.0	6.5	36.8
入库沙量(亿 t)	2.00	1.06	1.71	3.77
最大入库流量(m³/s)	2 200	2 670	2 320	2 880
平均入库流量(m³/s)	875	1 058	1 496	931
最大入库含沙量(kg/m³)	449	359	419	338
平均入库含沙量(kg/m³)	147	96.5	264.7	102.5
库水位(m)	202.4 ～ 217.1	233.4 ～ 236.2	232.8 ～ 235	221.2 ～ 244.5
粒径 <0.025 mm 的泥沙含量(%)	42.7	54.1	34.0	46.4
出库沙量(亿 t)	0.13	0.01	0.19	0.04
水库实际排沙比(%)	6.5	0.9	11.1	1.1
浑水水库悬沙量(亿 t)	0.41	0.34	0.24	0.99
异重流排沙潜力(亿 t)	0.54	0.35	0.43	1.03
异重流可能排沙比(%)	27.1	32.8	24.8	27.5

11.2　库区淤积形态及库容变化

11.2.1　库区冲淤特性

11.2.1.1　淤积分布特点

　　小浪底水库从 1999 年 9 月开始蓄水运用至 2010 年 10 月的 11 年间,小浪底全库区断面法淤积量为 28.225 亿 m³,其中干流淤积量为 22.395 亿 m³,支流淤积量为 5.830 亿 m³,分别占总淤积量的 79.3% 和 20.7%。年均淤积量为 2.566 亿 m³,由于受来水来沙及水库调度的影响,各年度淤积量也不尽相同,其中 2003 年淤积量为各年最大,达 4.885 亿 m³;2008 年最小,仅为 0.241 亿 m³。各年度库区淤积量见表 11-7。

表 11-7　小浪底水库历年干、支流淤积量统计　　　　　　　　　　(单位:亿 m³)

年份	干流	支流	合计	年份	干流	支流	合计
2000	3.842	0.241	4.083	2006	2.463	0.987	3.450
2001	2.549	0.422	2.971	2007	1.439	0.848	2.287
2002	1.938	0.170	2.108	2008	0.256	-0.015	0.241
2003	4.623	0.262	4.885	2009	1.229	0.492	1.721
2004	0.297	0.877	1.174	2010	1.156	1.238	2.394
2005	2.603	0.308	2.911	2000 ～ 2010	22.395	5.830	28.225

从淤积部位来看,泥沙主要淤积在 235 m 高程以下,该高程下淤积量达到 28.391 亿 m³,其中汛限水位 225 m 高程以下的淤积量达到了 26.157 亿 m³,占总量的 92.67%, 不同高程区间淤积量见图 11-14,累计淤积量见图 11-15 和表 11-8。

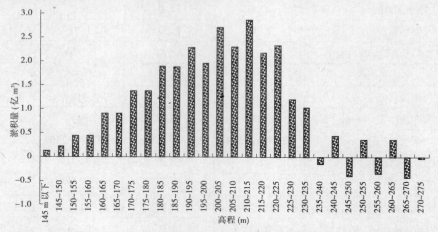

图 11-14 1999 年 10 月至 2010 年 10 月小浪底库区不同高程区间淤积量分布

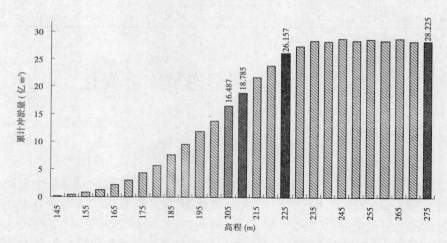

图 11-15 1999 年 9 月至 2010 年 10 月小浪底库区不同高程下的累计淤积量分布

表 11-8 1999 年 9 月至 2010 年 10 月小浪底库区不同高程干、支流淤积量　　　（单位:亿 m³）

高程(m)	干流	支流	总淤积	高程(m)	干流	支流	总淤积
145	0.125	0.000	0.125	215	17.245	4.400	21.645
150	0.346	0.000	0.346	220	19.002	4.821	23.823
155	0.774	0.012	0.786	225	20.696	5.461	26.157
160	1.203	0.023	1.226	230	21.694	5.660	27.354
165	2.026	0.101	2.127	235	22.385	6.006	28.391
170	2.849	0.178	3.027	240	22.385	5.863	28.248

高程(m)	干流	支流	总淤积	高程(m)	干流	支流	总淤积
175	4.013	0.387	4.400	245	22.526	6.158	28.684
180	5.176	0.595	5.771	250	22.397	5.897	28.294
185	6.671	0.996	7.667	255	22.544	6.111	28.655
190	8.155	1.393	9.548	260	22.409	5.900	28.309
195	9.865	1.960	11.825	265	22.544	6.129	28.673
200	11.347	2.436	13.783	270	22.404	5.848	28.252
205	13.275	3.212	16.487	275	22.395	5.830	28.225
210	15.053	3.732	18.785	—	—	—	—

11.2.1.2 淤积物组成分析

小浪底水库自 2000 年运用以来,淤积逐年递增;表 11-9 根据入出库沙量及级配列出了 2000～2010 年库区淤积物及排沙组成情况。从表中可以得出,小浪底入库沙量主要集中在汛期,汛期平均入库沙量占全年沙量的 90.7%;出库沙量也集中在汛期,汛期排沙量平均占全年排沙量的 92.8%。

表 11-9　2000～2010 年小浪底库区淤积物及排沙组成

项目		入库沙量(亿 t)		出库沙量(亿 t)		淤积量(亿 t)		淤积物组成(%)	排沙组成(%)	排沙比(%)
时段及级配		汛期	全年	汛期	全年	汛期	全年			
2000	细沙	1.152	1.230	0.037	0.037	1.115	1.193	33.8	88.1	3.0
	中沙	1.100	1.170	0.004	0.004	1.095	1.166	33.0	9.5	0.3
	粗沙	1.089	1.160	0.001	0.001	1.088	1.159	32.9	2.4	0.1
	全沙	3.34	3.570	0.042	0.042	3.298	3.528	100	100	1.2
2001	细沙	1.318	1.318	0.194	0.194	1.124	1.124	43.1	87.8	14.7
	中沙	0.704	0.704	0.019	0.019	0.685	0.685	26.2	8.6	2.7
	粗沙	0.808	0.808	0.008	0.008	0.800	0.800	30.7	3.6	1.0
	全沙	2.831	2.831	0.221	0.221	2.610	2.610	100	100	7.8
2002	细沙	1.529	1.905	0.610	0.610	0.919	1.295	35.2	87.0	32
	中沙	0.981	1.358	0.058	0.058	0.923	1.300	35.4	8.3	4.3
	粗沙	0.894	1.111	0.033	0.033	0.861	1.078	29.3	4.7	3.0
	全沙	3.404	4.375	0.701	0.701	2.704	3.674	100	100	16.0

项目		入库沙量 （亿 t）		出库沙量 （亿 t）		淤积量 （亿 t）		淤积物 组成 （%）	排沙 组成 （%）	排沙比 （%）
时段及级配		汛期	全年	汛期	全年	汛期	全年			
2003	细沙	3.471	3.475	1.049	1.074	2.422	2.401	37.8	89.1	30.9
	中沙	2.334	2.334	0.069	0.072	2.265	2.262	35.6	6.0	3.1
	粗沙	1.755	1.755	0.058	0.060	1.697	1.695	26.7	5.0	3.4
	全沙	7.559	7.564	1.176	1.206	6.383	6.358	100	100	15.9
2004	细沙	1.199	1.199	1.149	1.149	0.050	0.050	4.3	77.3	95.8
	中沙	0.799	0.799	0.239	0.239	0.560	0.560	48.7	16.1	29.9
	粗沙	0.64	0.64	0.099	0.099	0.541	0.541	47.0	6.7	15.5
	全沙	2.638	2.638	1.487	1.487	1.151	1.151	100	100	56.4
2005	细沙	1.639	1.815	0.368	0.381	1.271	1.434	39.5	84.9	21.0
	中沙	0.876	1.007	0.041	0.042	0.835	0.965	26.6	9.4	4.2
	粗沙	1.104	1.254	0.025	0.026	1.079	1.228	33.9	5.8	2.1
	全沙	3.619	4.076	0.434	0.449	3.185	3.627	100	100	11.0
2006	细沙	1.165	1.273	0.289	0.353	0.876	0.920	47.7	88.7	27.7
	中沙	0.419	0.482	0.026	0.030	0.393	0.452	23.5	7.5	6.2
	粗沙	0.492	0.570	0.013	0.015	0.479	0.555	28.8	3.8	2.6
	全沙	2.076	2.325	0.329	0.398	1.747	1.927	100	100	17.1
2007	细沙	1.441	1.702	0.444	0.595	0.997	1.107	45.7	84.4	35.0
	中沙	0.501	0.664	0.052	0.072	0.449	0.592	24.5	10.2	10.8
	粗沙	0.572	0.759	0.027	0.039	0.545	0.720	29.8	5.5	5.1
	全沙	2.514	3.125	0.523	0.705	1.991	2.420	100	100	22.6
2008	细沙	0.483	0.712	0.186	0.365	0.297	0.347	39.7	79.0	51.3
	中沙	0.137	0.293	0.036	0.057	0.101	0.236	27.0	12.3	19.5
	粗沙	0.124	0.332	0.030	0.040	0.094	0.292	33.4	8.7	12.0
	全沙	0.744	1.337	0.252	0.462	0.492	0.875	100	100	34.5
2009	细沙	0.802	0.888	0.031	0.032	0.771	0.856	44	88.9	3.6
	中沙	0.379	0.480	0.003	0.003	0.376	0.477	24.5	8.3	0.6
	粗沙	0.434	0.612	0.001	0.001	0.433	0.611	31.4	2.8	0.2
	全沙	1.615	1.98	0.034	0.036	1.581	1.944	100	100	1.8

项目	入库沙量 （亿 t）		出库沙量 （亿 t）		淤积量 （亿 t）		淤积物组成 （%）	排沙组成 （%）	排沙比 （%）
时段及级配	汛期	全年	汛期	全年	汛期	全年			
2010 细沙	1.675	1.681	1.034	1.034	0.641	0.647	30.1	76.0	61.5
中沙	0.761	0.762	0.185	0.185	0.576	0.577	26.8	13.6	24.3
粗沙	1.068	1.069	0.143	0.143	0.925	0.925	43.1	10.5	13.4
全沙	3.504	3.511	1.361	1.361	2.143	2.150	100	100	38.8
合计 细沙	15.874	17.198	5.391	5.824	10.483	11.374	37.6	82.4	33.9
中沙	8.991	10.053	0.732	0.781	8.259	9.272	30.6	11.0	7.8
粗沙	8.980	10.070	0.438	0.465	8.542	9.605	31.7	6.6	4.6
全沙	33.844	37.332	6.560	7.068	27.284	30.264	100	100	18.9

注：细沙粒径 $d < 0.025$ mm，中沙粒径 $0.025 < d < 0.05$ mm，粗沙粒径 $d > 0.05$ mm

水库运用 11 年的库区淤积量为 30.263 亿 t，占入库沙量的 81.1%，其中细沙、中沙、粗沙分别占淤积总量的 37.6%、30.7% 和 31.7%，可以看出，中、粗颗粒泥沙占到库区淤积总量的 62.4%，也就是说，库区淤积的大部分都是中、粗颗粒泥沙。

水库运用 11 年共排沙出库 7.068 亿 t，占入库沙量的 18.9%，其中细沙、中沙、粗沙分别占排沙总量的 82.4%、11.0% 和 6.6%，说明排出库外的泥沙中绝大部分是细泥沙，从表中也可以看出历年细沙排沙比为 76.0% ~ 89.1%。

细沙、中沙、粗沙排沙比分别为 33.8%、7.8% 和 4.6%，换句话说，细沙、中沙、粗沙淤积量分别占各自入库沙量的 66.2%、92.2%、95.4%。这说明水库在淤积大部分中粗颗粒泥沙的同时，入库细沙中的 66.2% 也落淤在了水库。对下游不会造成大量淤积的细沙颗粒淤积在水库中，减少了淤积库容，缩短了水库的使用寿命。分析认为，小浪底水库应改变水库运用方式，在汛期适当降低库水位运用，加大小浪底水库淤粗排细的能力，增大细颗粒泥沙的排沙。

11.2.2 库区淤积形态

11.2.2.1 干流淤积形态

水库运用初始，干流淤积形态为锥体淤积，至 2000 年 11 月，泥沙淤积在干流形成明显的三角洲洲面段、前坡段与坝前淤积段。干流纵剖面淤积形态已经转为三角洲淤积，三角洲顶点距坝 70 km 左右，此后，三角洲形态及顶点位置随着库水位的运用状况而变化和移动，总的趋势是逐步向下游推进。图 11-16、图 11-17 给出了历年干流纵剖面淤积形态及三角洲顶点的变化过程，表 11-10 为历年干流纵剖面特征值。

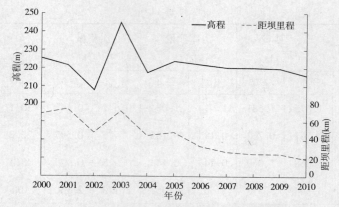

图 11-16　历年三角洲顶点高程及距坝里程变化过程

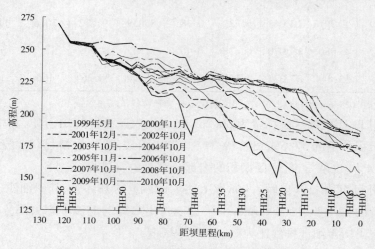

图 11-17　历年干流纵剖面(深泓点)

表 11-10　历年干流纵剖面特征值

时间 （年-月）	水位 （m）	三角洲顶点		三角洲前坡段		三角洲顶坡段	
		距坝里程 （km）	高程 （m）	距坝里程 （km）	比降 （‰）	距坝里程 （km）	比降 （‰）
2000-11	234.35	69.39	225.22	50.19~69.39	18.41	69.39~88.54	2.55
2001-12	235.33	74.38	221.53	50.19~74.38	12.83	74.38~82.95	−5.88
2002-10	210.98	48.00	207.68	39.49~48.00	16.42	48.00~74.38	1.12
2003-10	262.07	72.06	244.86	55.02~72.06	17.11	72.06~110.27	2.62
2004-10	240.59	44.53	217.39	39.49~44.53	25.29	44.53~88.54	1.07
2005-11	255.86	48.00	223.56	16.39~48.00	11.36	48.00~105.85	3.38
2006-10	244.63	33.48	221.87	13.99~33.48	16.24	33.48~96.93	2.05
2007-10	248.01	27.19	220.07	13.99~27.19	21.45	27.19~101.61	2.77
2008-10	241.30	24.43	220.25	20.39~24.43	45.69	24.43~93.96	2.50
2009-10	242.46	24.43	219.75	11.42~24.43	21.56	24.43~93.96	2.00
2010-10	248.69	18.75	215.61	8.96~18.75	19.01	18.75~101.61	2.52

水库非汛期蓄水拦沙,其淤积形态变化不大,调水调沙期间及汛期洪水,其淤积形态受水沙条件、边界条件及水库运用方式的影响而调整。距坝 60 km 以下的回水区河床持续淤积抬高;距坝 60～110 km 的回水变动区冲淤变化与库水位的升降关系密切。在调水调沙塑造人工异重流期间,三门峡水库均出现下泄大流量的过程,适时对三角洲洲面进行冲刷使得洲面段的细颗粒泥沙得以输移,并以异重流形式排沙出库,所以在历次调水调沙期间,三角洲洲面大部分发生冲刷。

2001 年汛期,三角洲洲面段发生冲刷,部分调整为前坡段;坝前淤积段大幅度淤积抬升,平均抬升约 11 m。2002 年汛期,三角洲前坡段与坝前淤积段大幅度淤积抬升,三角洲顶点迅速向下游推进至距坝 48 km。2003 年汛期,库水位上升 35.06 m,入库沙量 7.56 亿 t,其中,三角洲洲面发生大幅度淤积抬高,洲面段淤积量达到 4.237 亿 m³,当年 10 月与 5 月中旬相比,原三角洲洲面 HH41 断面处淤积抬高幅度最大,深泓点抬高 41.51 m,河底平均高程抬高 17.7 m,三角洲顶点高程升高 36.64 m,顶点位置上移 24.06 km。随着 2004 年的调水调沙试验及“04·8”洪水期间运用水位的降低,距坝 90～110 km 库段发生强烈冲刷,距坝约 88.5 km 以上库段的河底高程基本恢复到了 1999 年水平,三角洲顶点向坝前推进至距坝 44.53 km。2005 年汛期,受中游洪水及三门峡水库泄水的影响,小浪底水库出现了五次小洪水过程,入库沙量为 4.08 亿 t,出库沙量为 0.45 亿 t;高含沙量小流量的水沙过程,没有足够的能量发生冲刷,全库区淤积量达到了 3.332 亿 m³,三角洲洲面段大幅度淤积抬高尤为明显,淤积量达到了 1.527 亿 m³,三角洲顶点随着淤积向后收缩抬高,河底平均高程抬高约 10 m。经过 2006 年调水调沙及小洪水的调度排沙,三角洲尾部段发生冲刷,至 2006 年 10 月,距坝 94 km 以上的库段仍保持 1999 年的水平,三角洲顶点向前推移至距坝 34.80 km。2007 年水库运用水位较高,大部分断面表现为淤积抬升。2008 年汛期,HH37 断面以上三角洲洲面发生沿程及溯源冲刷,HH47 断面以上恢复到了 1999 年的水平。2010 年汛期,三角洲洲面大部分库段均发生大幅度冲刷,前坡段与坝前淤积段的泥沙大量淤积,至 2010 年 10 月,三角洲顶点向下游推进到距坝 18.75 km 的 HH12 断面,三角洲顶点高程为 215.61 m。

综上所述,水库对洪水的调节作用决定了水库的淤积量,水库淤积量的大小又决定于入库水沙的多少。水库在高含沙量洪水入库的情况下,容易出现不同程度的淤积而改变水库的淤积形态(如 2003 年、2005 年);水库在低含沙量大流量的情况下,容易发生三角洲洲面段的沿程冲刷,将三角洲顶点向坝前推进(如 2004 年、2006 年、2008 年)。入库含沙量的高低对水库冲淤起到决定性的作用,而入库流量则提供水库冲淤的动力。

11.2.2.2　支流淤积形态

支流相当于干流河床的横向延伸,支流河床倒灌淤积过程与天然的地形条件(支流口门的宽度)、干支流交汇处干流的淤积形态(有无滩槽或滩槽高差,河槽远离或贴近支流口门)、来水来沙过程(历时、流量、含沙量)等因素密切相关。

小浪底库区支流自身来沙量可忽略不计,所以支流的淤积主要为干流来沙倒灌所致。水库运用初期,库区较大的支流均位于干流异重流潜入点下游,干流异重流沿河底倒灌支流,干流河床基本为水平抬升,相应支流口门淤积较为平整,支流沟口淤积较厚并与干流同步抬升(见图 11-18),沟口以上淤积厚度沿程减少(见表 11-11 及图 11-19),只是由于受支流地形条件和泥沙沿程分选淤积的影响,部分支流河床纵剖面沿水流流向呈现一定的倒坡,如支流畛水河。随着干流三角洲向坝前推进,异重流潜入点下移,部分支流处于干流淤积三角洲的洲面,为明流倒灌淤积。此时,干流河床塑造出明显的滩槽,支流拦门沙坎相当于干流的滩地,支流内部淤积相对较慢,支流河床纵剖面沿水流流向呈现一定的倒坡,随着水库的运用,倒坡比降将经历一个先增加而后逐渐变缓的过程。

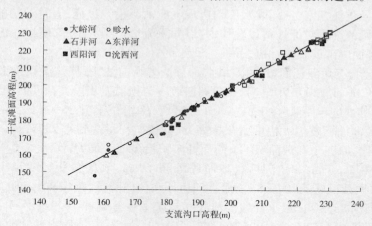

图 11-18 支流沟口与干流淤积面相关图

表 11-11 1999 年 8 月至 2010 年 10 月小浪底水库支流部分断面淤积统计

名称	对应位置	高程(m)		高差(m)	名称	对应位置	高程(m)		高差(m)
		1999-08	2010-10				1999-08	2010-10	
大峪河	DY01	156.37	190.91	34.54	东洋河	DYH01	181.34	221.20	39.86
	DY02	159.86	190.94	31.08		DYH02	191.64	221.54	29.90
	DY03	170.92	191.26	20.34		DYH03	198.75	220.34	21.59
	DY04	179.99	192.13	12.14		DYH04	204.51	220.03	15.52
	干流滩面	148.10	191.10	43.00		DYH05	213.52	219.57	6.05
畛水	ZSH01	160.59	213.63	53.04		干流滩面	159.60	219.75	60.15
	ZSH02	167.94	207.58	39.64	西阳河	XYH01	180.60	224.57	43.97
	ZSH03	175.22	207.15	31.93		XYH02	199.10	224.57	25.47
	ZSH04	177.84	206.89	29.05		XYH03	206.62	224.08	17.46
	ZSH05	182.93	206.55	23.62		XYH04	219.68	224.70	5.02
	ZSH06	194.40	206.80	12.40		干流滩面	175.25	225.22	49.97
	干流滩面	165.70	214.95	49.25	沇西河	YXH01	203.31	230.22	26.91
石井河	SJH01	162.40	217.83	55.43		YXH01 + 1	208.11	229.21	21.10
	SJH02	178.96	217.79	38.83		YXH01 + 2	210.74	228.84	18.10
	SJH03	197.22	217.78	20.56		YXH02	219.65	227.70	8.05
	干流滩面	161.40	217.91	56.51		干流滩面	199.96	230.82	30.86

随着淤积三角洲顶点的向前推移,位于坝前段较大支流的淤积量从2005年开始有明显增大的趋势。

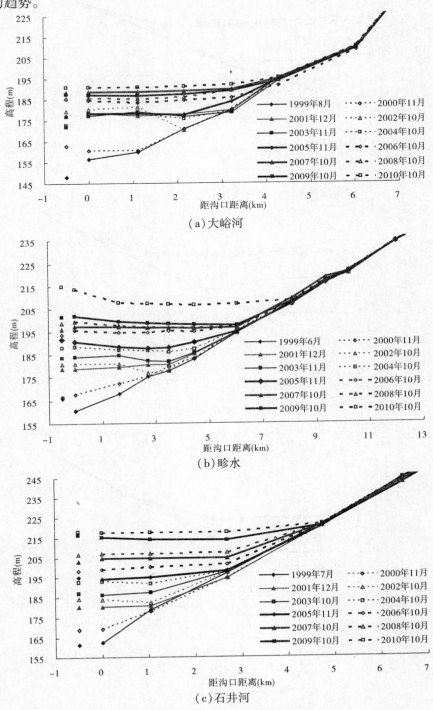

（a）大峪河

（b）畛水

（c）石井河

图11-19 历年支流纵剖面

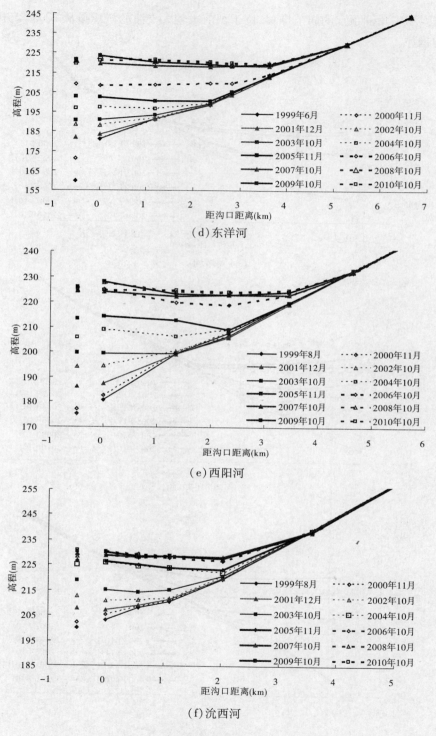

（d）东洋河

（e）西阳河

（f）沈西河

续图 11-19

11.2.3 库容变化

随着水库淤积的发展,水库的库容也随之变化。至2010年10月,水库275 m高程下的总库容为99.235亿 m³,其中干流库容为52.385亿 m³,左岸支流库容为21.822亿 m³,右岸支流库容为25.028亿 m³。表11-12及图11-20给出了各高程下的库区干支流库容分布情况。起调水位210 m高程以下的库容仅为2.985亿 m³,汛限水位225 m以下的库容仅为10.503亿 m³。

表11-12　2010年10月小浪底水库库容　　　　　　(单位:亿 m³)

高程(m)	干流	支流	总库容	高程(m)	干流	支流	总库容
190	0.010	0.003	0.013	235	11.925	8.939	20.864
195	0.203	0.113	0.316	240	15.975	11.947	27.922
200	0.623	0.314	0.937	245	20.409	15.452	35.861
205	1.185	0.573	1.758	250	25.113	19.513	44.626
210	1.897	1.088	2.985	255	29.991	24.044	54.035
215	2.805	1.925	4.730	260	35.151	29.000	64.151
220	4.148	3.009	7.157	265	40.626	34.446	75.072
225	6.009	4.494	10.503	270	46.376	40.402	86.778
230	8.567	6.42	14.987	275	52.385	46.850	99.235

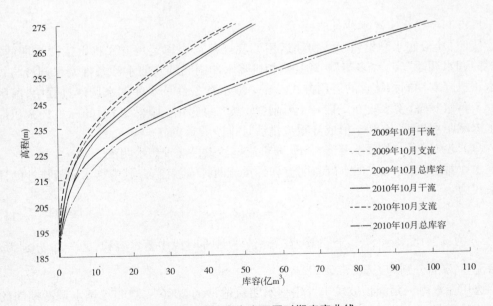

图11-20　小浪底水库不同时期库容曲线

由于干、支流泥沙淤积分布的不均匀性,干流淤积相对较多,淤积量达到22.395亿 m³,占总淤积量的79.3%,占干流原始库容(74.78亿 m³)的29.9%;而支流淤积量仅占淤积总量的 20.7%，占支流原始库容(52.68 亿 m^3)的 11.1%。干流库容的损失较多，支流损失较少，支流占总库容的比重逐渐上升；干流占总库容的百分比已由初始的58.7%降低到52.8%，而支流占总库容的百分比已由初始的41.3%上升到47.2%。

11.2.4 水库淤积形态探讨

11.2.4.1 水库淤积形态与水库调度

为研究水库淤积形态对水库调度的影响，我们初步分析了按目前库区淤积量为 28.225亿 m^3 而淤积形态为锥体时的库容分布特征值，并与目前的三角洲淤积形态相应值进行对比，见表11-13。可以看出，三角洲淤积形态与锥体淤积形态相比，若水库蓄水量相近，前者蓄水位较低；若蓄水位相同，前者回水距离较短。通过实测资料分析、实体模型试验等对水库输沙规律的研究认为，在同淤积量与同蓄水量条件下，近坝段保持较大库容的三角洲淤积形态，在发挥水库的拦粗排细减淤效果及优化出库水沙过程等方面，更优于锥体淤积形态。

表 11-13 库区不同淤积形态库容分布特征值

高程(m)	库容(亿 m^3)		回水长度(km)	
	三角洲淤积形态	锥体淤积形态	三角洲淤积形态	锥体淤积形态
215	4.730	3.367	19	27
220	7.158	6.291	34	42
225	10.503	10.206	54	57

1. 有利于优化出库水沙过程

按照《小浪底水利枢纽拦沙初期运用调度规程》，水库运用方式将由拦沙初期的"蓄水拦沙调水调沙"转为"多年调节泥沙，相机降水冲刷"，即一般水沙条件调水调沙与较大洪水相机降水冲刷相结合的运用方式。在一般水沙条件下水库调水调沙过程中，库区总是处于蓄水状态，蓄水量在 2 亿 m^3 至调控库容之间变化。显然，目前的三角洲淤积形态回水末端距坝更近，有利于形成异重流排沙且排沙效果更好。

(1)同淤积量与同蓄水量条件下，异重流排沙效果优于壅水明流。

水库蓄水状态下，在回水区有明流和异重流两种输沙流态，其中壅水明流排沙的计算关系式为

$$\eta = a \lg Z + b \qquad (11\text{-}1)$$

式中：η 为排沙比；$Z = \dfrac{V}{Q_出} \cdot \dfrac{Q_入}{Q_出}$ 为壅水指标，V 为计算时段中蓄水容积，$Q_入$、$Q_出$ 分别为入、出库流量；a、b 分别为系数、常数。

选用在水库三角洲顶坡段未发生壅水明流输沙的 2006～2008 年调水调沙期间的入库水沙过程与蓄水条件，假定排沙方式为壅水明流排沙，利用式(11-1)计算水库排沙量，并与水库实际的异重流排沙结果进行对比，见表11-14。从表11-14 中可明显看出异重流的排沙效果优于壅水明流。

表 11-14　壅水排沙计算同实测异重流排沙对比

年份	时段 （月-日）	异重流运行距离 （km）	入库沙量 （亿 t）	出库沙量（亿 t）	
				计算	实测
2006	06-25 ~ 06-28	44.13/HH27 下游 200 m	0.230	0.052	0.071
2007	06-26 ~ 07-02	30.65/HH19 下游 1 200 m	0.613	0.161	0.234
	07-29 ~ 08-08		0.834	0.153	0.426
2008	06-28 ~ 07-03	24.43/HH15	0.741	0.157	0.458

（2）三角洲淤积形态更有利于异重流潜入。

大量研究表明，小浪底水库异重流潜入点水深亦可用式（11-2）计算

$$h_0 = \left(\frac{1}{0.6\eta_g g} \frac{Q^2}{B^2} \right)^{\frac{1}{3}} \tag{11-2}$$

韩其为认为，异重流潜入后，经过一定距离后成为均匀流，其水深为

$$h_n' = \frac{Q}{V'B} = \left(\frac{\lambda'}{8\eta_g g} \frac{Q^2}{J_0 B^2} \right)^{\frac{1}{3}} \tag{11-3}$$

式中：η_g 为重力修正系数；$\eta_g g$ 为有效重力加速度；Q 为流量；V' 为异重流断面平均流速；B 为平均宽度；J_0 为水库底坡；λ' 为异重流的阻力系数，取 0.025。

若异重流均匀流水深 $h_n' < h_0$，则潜入成功；否则，异重流水深将超过表层清水水面，则异重流上浮而消失。

当 $\dfrac{h_n'}{h_0} = 1$ 时，相应临界底坡 $J_{0,c} = J_0 = 0.001\ 875$。即一般来讲，异重流除满足潜入条件式（11-2）外，还应满足水库底坡 $J_0 > J_{0,c}$。因此，小浪底库区形成锥体淤积形态后，往往难以形成异重流输沙流态。

2. 有利于多拦较粗颗粒泥沙

三角洲的前坡段纵比降约为锥体淤积形态的 10 余倍。在三角洲顶点高程以下，若坝前水位抬升值相同，两者回水长度的增加值可相差数倍。库区若为锥体淤积形态，除较粗泥沙在回水末端淤积外，大量较细颗粒泥沙也会沿程分选淤积。相对而言，异重流潜入后运行距离近，细沙排沙比较大。

3. 有利于支流库容的有效利用

支流在干流淤积三角洲以下，支流淤积为异重流倒灌，支流沟口难以形成拦门沙坎，支流库容可参与水库调水调沙运用。若形成锥体淤积，遇较长的枯水系列，在部分支流河口，往往形成拦门沙坎，拦门沙坎高程以下的库容在某些时段不能得到有效的利用。2010 年 10 月，库区最大的支流畛水，也是最不利于倒灌淤积的一条支流，在三角洲顶点即将推移到其沟口（畛水沟口位于前坡段）时，迅速出现高达 7 m 的拦门沙坎。尽可能保持三角洲淤积形态有利于发挥库区下段几条较大支流库容的作用。

4.有利于优化出库水沙组合

异重流运行至坝前后,水流悬浮的泥沙颗粒细且浓度高,形成的浑水水库沉降缓慢。利用这一特点,可根据来水来沙条件与黄河下游的输沙规律,通过开启不同高程的泄水孔洞,达到优化出库水沙组合的目的。

5.有利于汛前调水调沙塑造异重流

在汛前进行调水调沙过程中,三角洲淤积形态更有利于利用洲面的泥沙塑造异重流,增大水库排沙比。

11.2.4.2 保持库区三角洲淤积形态的水库调度方式初步探讨

挟沙水流在淤积三角洲顶点附近,较粗颗粒泥沙分选淤积,水流挟带较细颗粒泥沙形成异重流向坝前输移,在近坝段的河床质大多为细颗粒泥沙,这种黏性淤积体在尚未固结的情况下可看做宾汉体,可用流变方程 $\tau = \tau_b + \eta \dfrac{du}{dy}$ 描述。当淤积物沿某一滑动面的剪应力超过了其极限剪切力 τ_b 时,则产生滑塌,有利于库容恢复。图 11-21 为小浪底水库专题试验过程中,河槽溯源冲刷下切的同时水位下降,两岸尚未固结且处于饱和状态的淤积物失去稳定,在重力及渗透水压力的共同作用下向主槽内滑塌的现象。

图 11-21 小浪底水库降水冲刷专题模型试验河槽溯源冲刷滩地滑塌现象

在水库运用过程中,遇适当的洪水过程,通过控制运用水位,在坝前段及三角洲洲面形成溯源冲刷。通过坝前异重流淤积段的冲刷与三角洲的蚀退,恢复三角洲顶点以下库容。同时,淤积三角洲冲刷的泥沙在向坝前的输移过程中,进行二次分选,使较细颗粒泥沙排出水库。在水库拦沙后期的运用过程中,尽可能保持三角洲淤积形态同步抬升,如图 11-22(a)所示,而不是锥体淤积形态逐步抬升,如图 11-22(b)所示。由于水库冲刷出库的大多是库区下段与滩地的较细颗粒泥沙,它既可恢复库容,又有利于泥沙在下游河道输送。

需要进一步深入研究的是,不同量级水流与水库控制水位对坝前淤积物的冲刷效果及其出库水沙组合,不同量级高含沙水流在黄河下游河道的输沙规律,水库低水位冲刷时机及其综合影响等。

综上所述,当前小浪底水库的调度应考虑适时进行排沙运用,尽可能延长库区由三角洲淤积转化为锥体淤积的时间,以便更有利于减少水库淤积,调整床沙组成,优化出库水沙过程,同时可增强小浪底水库运用的灵活性和调控水沙的能力。

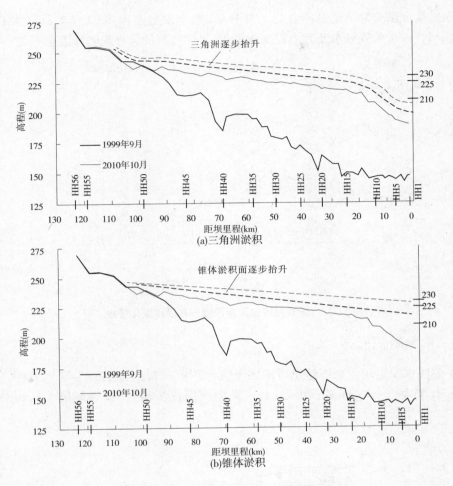

图 11-22　小浪底水库淤积面逐步抬升示意图

11.3　预测研究成果合理性分析

　　小浪底水库施工期进行的库区物理模型试验及数学模型计算,对水库运用初期 1 ~ 5 年的优化运用方式进行了试验研究,为制定水库的运用方式提供了重要的科学依据。水库投入运用以来的实际观测资料,为检验模型试验结果的可信度提供了可能。从二者的对比可以看出,尽管模型预报试验所采用的水沙条件及水库运用水位与小浪底水库运用以来的实际情况不完全相同,但二者在输沙流态、淤积形态及变化趋势等方面基本相同,表明模型试验结果是可信的。

11.3.1　水库排沙特性

　　小浪底水库拦沙初期处于蓄水状态,且保持较大的蓄水体,当高含沙水流进入库区时,唯有形成异重流方能排沙出库。水库运用以来在回水区基本为异重流输沙流态,这与小浪底水库模型试验的结论是一致的。图 11-23 为小浪底水库 2003 年 8 月洪水期间观测的流速与含沙量垂线分布及其沿程变化过程,呈现典型的异重流输沙流态。

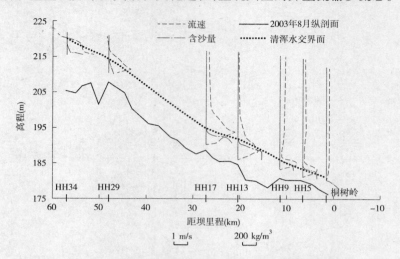

图 11-23　异重流流速及含沙量分布沿程变化过程

11.3.2　水库淤积形态

将小浪底水库运用以来历年汛后库区干流淤积形态套绘(见图 11-24)。从图 11-24 中可以看出,库区呈三角洲淤积形态,且三角洲洲面逐步抬升,顶点逐步下移而向坝前推进。

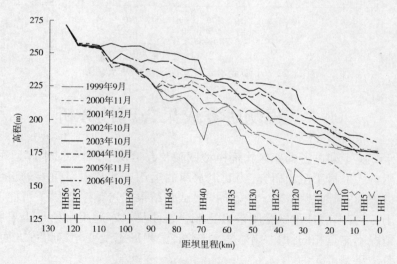

图 11-24　历年汛后干流淤积形态

图 11-25 为距坝 11.42 km 处的 HH9 断面淤积过程。从图中可以看出,HH9 断面一直处于异重流淤积段,淤积面基本为平行抬升过程。

图 11-26 为距坝 39.40 km 处的支流西阳河淤积过程,可以看出支流纵剖面基本接近

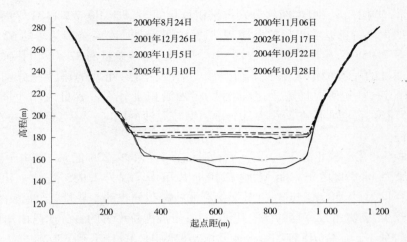

图 11-25　HH9 断面淤积过程

水平,水库运用早期更是如此。

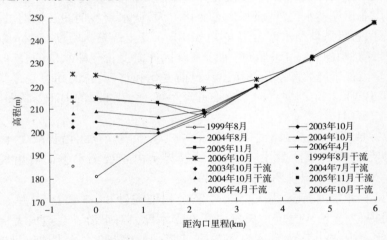

图 11-26　支流西阳河纵剖面变化过程

11.4　小　结

通过对小浪底水库运用 11 年以来的水沙过程、水库运用、库区冲淤特性及形态、异重流排沙、库容变化等进行研究,并对预测研究成果进行合理性分析,得出以下重要结论。

(1)入库水沙。2000~2010 年年均入库水量、沙量分别为 200.53 亿 m³、3.42 亿 t,较 1987~1999 年明显偏少。其中,汛期水沙量偏少的较多,沙量减少幅度大于水量。

(2)淤积量及淤积部位。1999 年 10 月~2010 年 10 月,小浪底全库区断面法淤积量为 28.225 亿 m³,其中干流淤积量为 22.395 亿 m³,支流淤积量为 5.830 亿 m³。从淤积部位来看,泥沙主要淤积在 235 m 高程以下,该高程下淤积量达到 28.391 亿 m³,其中汛限水位 225 m 高程以下淤积量达到了 26.157 亿 m³,占总量的 92.67%。库区总淤积量为

30.263亿t,其中细沙、中沙、粗沙分别占淤积总量的37.6%、30.7%和31.7%,也就是说,库区淤积的大部分都是中粗颗粒泥沙,中粗颗粒泥沙占到库区淤积总量的62.4%。水库共排沙出库7.068亿t,其中细沙、中沙、粗沙分别占排沙总量的82.4%、11.0%和6.6%,说明排出库外的泥沙中绝大部分是细泥沙。细沙、中沙、粗沙的排沙比分别为33.8%、7.8%和4.6%,换句话说就是,细沙、中沙、粗沙淤积量分别占各自入库沙量的66.2%、92.2%、95.4%,说明水库在淤积大部分中粗颗粒泥沙的同时,入库细沙中的66.2%也落淤在了水库。

(3)库容变化。截止到2010年汛后,库区总库容为99.235亿 m³,其中干流为52.385亿 m³,支流为46.850亿 m³。起调水位210 m以下库容仅为2.985亿 m³。汛限水位225 m以下库容仅为10.503亿 m³。由于干支流泥沙淤积分布的差异性,干流库容损失较多,支流损失较少,支流占总库容的比重逐渐上升;干流占总库容的百分比已由初始的58.7%降低至52.8%,支流占总库容的百分比已由初始的41.3%上升到47.2%。

(4)异重流排沙。水库投入运用以来,历年均发生异重流排沙。2000年11月至今,库区干流一直保持三角洲淤积形态,支流为异重流倒灌淤积,其表现与模型试验预报结果颇为一致。水库非汛期蓄水拦沙,淤积形态变化不大,调水调沙期间及汛期洪水期,淤积形态受水沙条件、边界条件及水库运用方式的影响而发生调整。距坝60 km以下回水区河床持续淤积抬高;距坝60~110 km的回水变动区冲淤变化与库水位的升降关系密切。三角洲形态及顶点位置随着库水位的运用状况而变化和移动,总的趋势是逐步向下游推进。至2010年10月,三角洲顶点向下游推进至距坝18.75 km的HH12断面附近,三角洲顶点高程为215.61 m。

(5)支流淤积形态。支流泥沙主要淤积在沟口附近,沟口向上沿程减少;随着淤积的发展,支流的纵剖面形态不断发生变化,总的趋势是由正坡至水平而后出现倒坡。至2010年10月,支流畛水已出现明显的拦门沙坎。

(6)细沙淤积量。水库运用11年,库区淤积细泥沙11.378亿t,占入库细沙的66.2%,也就是说,入库细沙的66.2%都淤积在了水库。对下游不会造成大量淤积的细沙颗粒淤积在水库中,减少了淤积库容,缩短了水库的使用寿命。本书建议小浪底水库改变水库运用方式,在汛期适当降低库水位运用,加大小浪底水库淤粗排细的能力,增大细颗粒泥沙的排沙。

(7)淤积形态对比分析。在相同淤积量与相同蓄水量的条件下,三角洲淤积形态比锥体淤积形态的回水长度明显缩短,异重流排沙效果优于壅水明流排沙。当前水库调度应考虑适时进行排沙运用,尽可能延长库区由三角洲淤积转化为锥体淤积的时间,以便更有利于减少水库淤积,调整床沙组成,优化出库水沙过程,同时可增强小浪底水库运用的灵活性和调控水沙的能力。

(8)模型试验成果合理性分析。模型试验主要成果不仅为选择水库最优运用方式提供了必要的科学依据,而且被小浪底水库投入运用后的实测资料证明是正确的。原型实测资料表明:小浪底水库2000年投入运用后,洪水期库区均发生异重流排沙,库区淤积形态为三角洲,支流口均为异重流倒灌淤积,其表现与模型试验预报结果颇为一致。

第12章　水库异重流的研究及应用

在小浪底水库拦沙初期，水库处于蓄水状态，且保持较大的蓄水体。当汛期黄河中游降雨产沙或者是汛前三门峡水库泄水排沙时，大量泥沙涌入小浪底水库后，唯有形成异重流或浑水水库方能排泄出库。因此，异重流是小浪底水库拦沙初期的重要的排沙方式。本章通过水库异重流实测资料分析，结合物理模型试验等相关成果，研究了异重流的发生、运行及排沙等基本规律，得到了在一定边界条件下的异重流排沙临界指标及其异重流阻力、挟沙力、传播时间与排沙的具体表达式。在黄河调水调沙之前，利用上述研究成果，设计了黄河多座水库水、沙联合调度异重流排沙方案，使黄河调水调沙得以顺利实施。事实表明，黄河调水调沙过程除对天然异重流进行了合理调度外，还实现了人工塑造异重流且排沙出库，达到了减少水库淤积、优化出库水沙组合等多项预期目标。

12.1　异重流基本规律研究

12.1.1　异重流形成条件

异重流潜入的现象是异重流开始形成的标志。从实际的观测资料可看出，挟沙水流进入水库的雍水段之后，由于沿程水深的不断增加，其流速及含沙量分布从正常状态逐渐变化，水流最大流速由接近水面向库底转移，当水流流速减小到一定值时，浑水开始下潜并且沿库底向前运行。异重流潜入点位置与流量和含沙量的大小、河床边界条件及库水位等因素有关。当流量增大时，潜入点下移；当含沙量增大时，潜入点上移；当库水位升高时，潜入点相应上移。

在黄科院的水槽试验和实体模型试验过程中，我们可以清楚地观察到异重流潜入点变化的基本规律：含沙量的变化对潜入位置的影响较小，流量的变化对其影响较大，而库水位（即水库回水位置）则为主要影响因素。实测资料表明，异重流潜入位置一般位于水深沿程变化较大的水库回水末端，且随着入库流量和含沙量的变化上下移动。

大量的原型资料及试验结果表明，异重流潜入位置主要与该处水深、入库流量、含沙量等因素有关。分析小浪底水库实测资料及黄科院近期进行的水槽试验与小浪底水库的模型试验资料，结果表明，小浪底水库异重流潜入点水流泥沙条件基本符合异重流潜入的一般规律，即 $\dfrac{v_0}{\sqrt{\eta_g g h_0}} = 0.78$（$v_0$、$h_0$ 分别为异重流潜入处的流速及水深，η_g 为重力修正系数）。

异重流是否发生，与入库流量和含沙量的大小及之间的组合、泥沙级配、潜入点的断面特征等因素有关。综合分析小浪底水库的历次异重流资料，得出小浪底水库发生异重流的临界水沙条件为：入库流量 Q_i 一般应不小于 300 $\mathrm{m^3/s}$。当流量大于 800 $\mathrm{m^3/s}$ 时，相

应入库含沙量 S_i 约为 10 kg/m³；当流量 Q_i 约为 300 m³/s 时，要求水流含沙量 S_i 约为 50 kg/m³；当流量介于 300 ~ 800 m³/s 时，水流含沙量可随流量的增加而减少，二者之间的关系可表达为 $S_i \geqslant 74 - 0.08Q_i$。

12.1.2 异重流流速垂向分布规律研究

12.1.2.1 异重流交界面位置的确定

异重流交界面的形状及其阻力是两层分层流研究的基本课题之一。在这个领域，前人已经做了大量的研究工作，但是由于异重流交界面的位置不如明渠流容易判别，各家对异重流交界面(见图 12-1)的定义也有所不同。目前，确定异重流交界面位置的方法有以下几种：

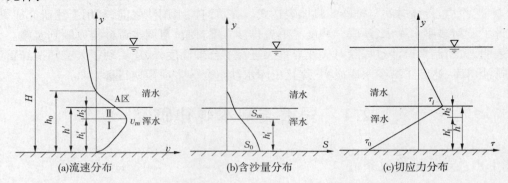

(a)流速分布 (b)含沙量分布 (c)切应力分布

图 12-1　异重流运动时垂线上流速、含沙量及切应力的分布

(1)把垂线含沙量为 0 处的层面作为异重流交界面。这种方法在异重流含沙量大，异重流与清水层的交界面清晰时可以采用。

(2)异重流沿程各垂线流速分布中，在交界面附近流速为 0 的点的连线作为异重流交界面。这种方法在研究河道温差异重流时得到了广泛的应用，如陈惠泉就定义 0 流速面为交界面。

(3)将异重流垂线流速分布从槽底向上积分，得单宽流量 $q(y)$，即

$$q(y) = \int_0^y v' \mathrm{d}y \tag{12-1}$$

在某点 $y = a$ 处，$q(a)$ 和实测量水堰测出的单宽流量 q 相等，即 $q = q(y)$。把该处的位置定为异重流的上边界，异重流水深等于 a。这个方法在异重流垂线流速分布量测较高时是最科学的方法，这样得到的位置也就是理论上的异重流交界面所在的位置。

(4)在水文测验中，对异重流清浑水交界面的确定常常采用这样的方法：含沙量沿垂线分布在清浑水交界区有一转折点，该转折点以下含沙量突然增大，该点所处的水平面即为异重流清浑水交界面，其上为清水异重流，下为浑水异重流。异重流上界面确定以垂线上有明显流速且垂线含沙量发生突变，并参考同断面其他垂线和上下游异重流的上界高程确定。

(5)在异重流运行过程中，因清浑水两种水流相互掺混而使清浑水交界面存在一定的厚度，为了便于表示，以某级含沙量作为清浑水交界面。

从上述可以看出,交界面的确定都是以研究的方便来定义的。在本书中,为了方便问题的研究和简化计算,以含沙量为 5 kg/m³ 作为清浑水交界面。

12.1.2.2 最大流速所在点以下部分的流速分布

由于河道或水库底部的剪应力 τ_0 极难测定,摩阻流速 u_* 值的精度不高,在援引对数流速分布公式时会造成一定的误差。指数形式的流速分布公式结构简单,但在 Karman-Prandtl 对数流速公式问世以后,前者逐渐为后者所代替。时至 1984 年,陈永宽对对数流速公式作了分析,认为在含沙量较高的水流中,指数流速公式如果 m 取为变量,则具有较对数公式为高的精度。并指出指数 m 随含沙量的增加而有所增加。1983 年,张红武在研究弯道环流流速分布规律时,对大量黄河和室内资料分析后认为,相对于修正前的对数流速分布公式,指数流速公式与实际较为符合;惠遇甲的研究也得出了类似的结论。由于异重流的含沙量一般较大,特别在北方河流、水库中表现尤为突出,因此本书将引用对此有较深入研究的张俊华等的研究成果,并采用典型的水库异重流流速分布资料对挟沙水流指数流速分布规律进行验证。

流速分布规律的研究是揭示水流流动特性的关键。早在 20 世纪 20 年代,Karman 和 Prandtl 根据因次分析的概念,各自独立地提出了如下简单的指数流速分布公式,即

$$v = v_m \left(\frac{z}{h} \right)^m \qquad (12-2)$$

式中:u 为距床面高度为 z 处的流速;h 为水深;u_m 为 $z = h$ 处的最大流速;m 为指数。将流速沿垂线积分,可得垂线平均流速 v_{cp} 为

$$v_{cp} = \frac{v_m}{h} \int_0^h (z/h)^m \mathrm{d}z = \frac{v_m}{1+m} \qquad (12-3)$$

将式(12-3)代入式 (12-2)后,得

$$v = (1+m) v_{cp} (z/h)^m \qquad (12-4)$$

由式(12-2)、式(12-4)不难看出,指数流速分布公式的定量描述主要取决于指数 m 值的大小。前人的研究结果表明,m 与雷诺数及相对粗糙度有关。对于指数 m 与含沙量之间关系的研究,现有成果所取的含沙量范围较小(小于 50 kg/m³),而且没有给出确定的办法,因此影响对指数流速分布规律的全面认识,为此韩其为开展了更为系统的研究。通过进一步拟线,m 值随 S_V 增加而变化的平均情况,可由以下经验关系描述,即

$$m = \frac{0.143}{1 - 4.2 \sqrt{S_V} (0.46 - S_V)} \qquad (12-5)$$

采用水库异重流最大流速所在点以下部分的流速分布实测资料,对修正后的指数流速分布公式进行了验证,图 12-2 ~ 图 12-4 列举了部分验证结果。由此可以看出,即使含沙量有较大的变化范围(包括高含沙水流资料),如果采用式(12-5)确定式(12-2)中的指数 m,则指数流速公式与实测资料颇为符合。

12.1.2.3 最大流速所在点以上部分的流速分布

从现有的文献资料看,关于最大流速所在点以上部分的流速分布,以密勋等提出的高斯误差正态分布定律为主,清华大学的姚鹏对此问题也进行了探讨,他认为异重流垂线时均流速分布可以用下式表示,即

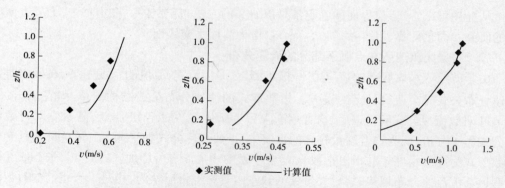

图 12-2　官厅水库异重流最大流速点以下流速分布验证

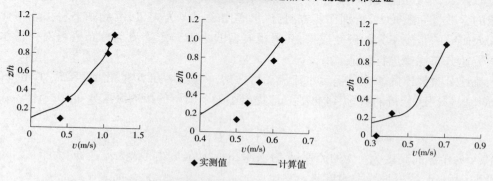

图 12-3　蒲河水库异重流最大流速点以下流速分布验证

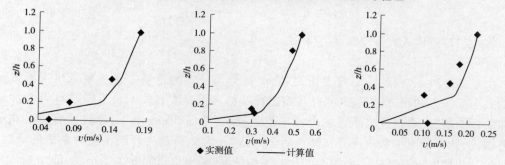

图 12-4　三门峡水库异重流最大流速点以下流速分布验证

$$\frac{v}{v_m} = 1 - 0.45\left(\frac{y}{h_m'} - 1\right)^2 \tag{12-6}$$

从式（12-6）与实测资料的对比图（见图 12-5）可以看出，虽然受到测量精度的影响，试验点据比较散乱，但公式也基本反映了时均流速变化的规律性。同时，也说明在此区域的流速分布规律比较复杂。

在对 Abulsom 等的试验结果分析时发现，这一区域的流速分布确实符合高斯误差正态分布，但是提出的流速分布公式与试验点据并不能很好的吻合，也不像有关文献描述的"这一区域内的实测流速分布的点据很好地分布在曲线的两侧"，只是流速分布的曲线和试验点据具有相同的分布趋势。

为能找出这一区域的流速分布规律,本书仍然采用 Abulsom 等的经典数据进行了研究。由于目前 Abulsom 等的试验数据比较难以获得,本书采用了比较先进的数据识别技术对文献中提供的图的试验点据进行了还原。从还原后试验数据的图与文献提供图的数据对比可以发现,还原数据可以很好地与原图数据基本吻合。这样可以确保还原数据的准确性。

根据还原数据,本书对这一区域的流速分布提出如下修正公式,即

$$u_y = v_m e^{-0.72\left(\frac{y-h_1'}{\sigma}\right)^2}$$ （12-7）

式中:h_1' 为异重流水深;σ 为方差。

图 12-5 中列出了本书的拟合公式、密勋等提出的高斯误差正态分布定律与试验点据的比较,从图 12-5 中可以看出,本书的拟合公式与试验点据符合得比较好。对式（12-7）积分,不难算出这一区域的平均流速 v_2 近似为 v_m 的 0.86 倍。

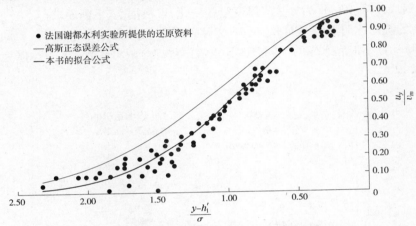

图 12-5　紊流异重流在最大流速点以上部分的流速分布

12.1.3　异重流摩阻特性

12.1.3.1　综合阻力

从水流流态来讲,属于渐变流范围内的阻力损失叫沿程损失。异重流阻力特性是研究异重流运动的焦点。浑水异重流是一种潜流,它与一般明渠流或有压管流的根本差异是具有其特殊的边界条件。异重流的上边界是可动的清水层,一方面清水层对其下面的异重流运动有阻力作用;另一方面本身可被异重流拖动,形成回旋流动,并且在一定条件下清水和异重流交界面会出现波状起伏;此外,清浑水还有掺混现象等。上边界会随异重流的运动而发生变化,反过来必然对异重流阻力产生不同的影响,使异重流的阻力问题显得非常复杂。因此,异重流的运动方程和能量方程中的阻力通常用一个包括床面阻力系数 λ_0 及交界面阻力系数 λ_i 在内的综合阻力系数 λ_m 来表示。

异重流的阻力公式与一般明流相同,只是需要考虑异重流的有效重力加速度 $\frac{\Delta\gamma}{\gamma_m}g$,异重流的流速 v 可写为

$$v = \sqrt{\frac{8}{\lambda_m} \frac{\Delta\gamma}{\gamma_m} gRJ_0} \qquad (12\text{-}8)$$

式中:R、J_0 分别为异重流的水力半径、河底比降。

异重流平均阻力系数值 λ_m 采用范家骅的阻力公式,即在恒定条件下,$\partial v/\partial t = 0$。由异重流非恒定运动方程,即

$$\frac{\Delta\gamma}{\gamma_m}\left(J_0 - \frac{\partial h}{\partial s}\right) + \frac{v^2}{gh}\frac{\partial h}{\partial s} - \frac{\lambda_m v^2}{8gR} - \frac{1}{8}\frac{\partial v}{\partial t} = 0 \qquad (12\text{-}9)$$

可以得出

$$\lambda_m = 8\frac{R}{h}\frac{\frac{\Delta\gamma}{\gamma_m}gh}{v^2}\left[J_0 - \frac{dh}{ds}\left(1 - \frac{v^2}{\frac{\Delta\gamma}{\gamma_m}gh}\right)\right] \qquad (12\text{-}10)$$

式中:J_0 为河底比降;dh/ds 为异重流厚度沿程变化,可根据上、下断面求得。

异重流的湿周比明渠流湿周多了一项交界面宽度 B,其他符号均为异重流的相应值。用式(12-10)计算小浪底水库的不同测次异重流沿程综合阻力系数 λ_m,平均值为 $0.022 \sim 0.029$,见图 12-6。

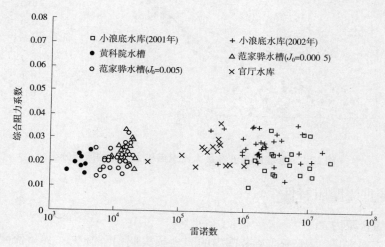

图 12-6 综合阻力系数

12.1.3.2 异重流交界面阻力

在清浑水交混区($0 < y < h' - h_1'$)平均流速为 v_2,交界面的阻力系数可表示为

$$\lambda_i = \frac{8\tau_i}{\rho v_2^2} \qquad (12\text{-}11)$$

式中:τ_i 为交界面上的阻力;ρ 为任一点的液体密度,该点密度值因位置而异。

交界面上的阻力 τ_i 在这一区域可表示为

$$\tau_i = \rho g' h_2' J \qquad (12\text{-}12)$$

式中:J 为交界面的比降,实际运用中可用水库或河道底坡比降代替。

由式(12-11)、式(12-12),可得

$$\lambda_i = \frac{8g'h_2'J}{v_2^2} \quad\quad\quad (12\text{-}13)$$

因 $v_2 = 0.86v_m$，所以式（12-13）可写成

$$\lambda_i = \frac{8g'h_2'J}{(0.86v_m)^2}$$

式中：h_2' 为异重流水深。

近底区（$0 < y < h_2'$）内 $v_m = (1 + m)v_1$，交界面阻力系数就可以与近底区的平均流速 v_1 联系起来，交界面阻力系数可表示为

$$\lambda_i = \frac{8g'h_2'J}{[0.86(1 + m)v_1]^2} \quad\quad\quad (12\text{-}14)$$

但式（12-14）在实际运用中还不太方便，因为已知的水沙因子通常是断面平均值。由于在理论上探讨交界面阻力系数和断面平均水沙因子之间的关系还存在着很大的难度，为此开展了专门的试验研究，以求通过试验的方法来找出它们之间的关系，此部分内容将另行论述。

对式（12-14）进行变形，得

$$\lambda_i = \frac{8J}{[0.86(1 + m)]^2 \dfrac{v_1^2}{g'h_2'}} \quad\quad\quad (12\text{-}15)$$

从式（12-15）可以看出，交界面阻力系数和交混区的弗劳德数有一定的关系，这也说明交界面阻力和底部阻力有所不同，交界面阻力是上、下两层流体发生相对运动的结果，这种相对运动现象的来源是动量的变化。为了验证式（12-14）的合理性，采用范家骅的水槽异重流资料和官厅水库异重流资料对异重流交界面阻力系数进行了匡算。

钱宁等设想交界面阻力与弗劳德数有一定的关系，在清浑水交混区中，清浑水交界面的阻力系数 λ_i 与清浑水交混区弗劳德数 $Fr_2\left(Fr_2 = \dfrac{v_m}{\sqrt{g\dfrac{\Delta\rho_m}{\rho}h_2'}}\right)$ 有关。在考虑淤积或冲刷的情况下，采用水槽及渠道中的试验结果以及水库中的试验成果等资料，点绘出了 λ_i/J 与 Fr_2 间的关系，$\dfrac{\lambda Fr_2}{J} = 6.04$。式（12-15）与 $\dfrac{\lambda Fr_2}{J} = 6.04$ 在结构上基本一致，只是有关的系数不同，这也说明式（12-15）是比较合理的。运用式（12-14）和 $\dfrac{\lambda Fr_2}{J} = 6.04$ 对试验、实测异重流资料进行计算交界面阻力系数，计算结果见图12-7。从图中可以看出，异重流交界面阻力系数在 0.003 ~ 0.018，但大部分点据集中在 0.003 ~ 0.01，这和坎利根、亚伯拉罕、爱辛克等的研究成果相近。

针对上文提出的交界面阻力系数与断面平均水力、泥沙要素之间的关系，通过水槽试验取得的数据，进行了深入的研究。在整理分析数据的过程中发现，h_2/h_1 与测量断面所在位置距进口的距离 l、断面平均含沙量 S、水槽比降 J 及单宽流量 q 有比较密切的关系。经分析，h_2/h_1 与 l、S、J、q 的关系可表示为

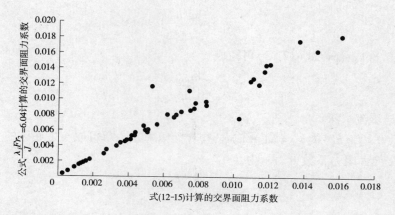

图 12-7 式 (12-15) 和 $\dfrac{\lambda_i Fr_2}{J} = 6.04$ 计算的交界面阻力系数对比

$$h_2/h_1 = qS^{0.13}J^{0.15}\mathrm{e}^{\frac{L}{L}} \tag{12-16}$$

式中:L 为水槽的有效试验长度。

利用试验资料点绘的实测值与计算 h_2/h_1 值见图 12-8。从此图可以看出,计算值与实测值有较好的相关性。由大量的试验和天然实测资料分析来看,异重流交界面以上的流速分布迅速减小,所以断面平均流速可以用交界面以下的平均流速来代替,这样做可以简化计算,也不会对计算结果引起较大的误差。因此,用式(12-14)和式(12-16)就可以计算异重流交界面的阻力系数,具体的计算方法如下。

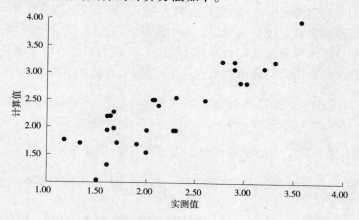

图 12-8 h_2/h_1 计算值与实测值的对比

假定 $h_0 \approx h_1/h_2$,异重流水深 h_0 为已知数,利用式(12-16)就可以求出 h_1 和 h_2。
由 $v_1 = 0.86v_m$,$v_2 = (1+m)v_m$,得

$$\frac{v_1}{v_2} = \frac{0.86}{1+m} \tag{12-17}$$

若异重流断面清浑水交界面以下断面平均流速为 v,则

$$v = \frac{v_1 h_1' + v_2 h_2'}{h_1' + h_2'} \tag{12-18}$$

由式(12-17)、式(12-18)可以求出 v_2 与 v 的关系,在计算交界面阻力系数时,断面平均流速、平均含沙量为已知量,这样利用式(12-15)就能计算出异重流交界面的阻力系数。

阻力系数是反映流体宏观整体平均特性的参数,它与流速分布和边界剪应力分布密切相关。常用来表示固体边界对水流阻力的参数有 Chezy 系数 C、Manning 系数 n 和 Darcy 系数 λ,其中 C 和 n 为有量纲的,λ 为无量纲的。在明渠水力计算中习惯上常用 n 和 C,这三个阻力参数之间的转化关系为

$$\frac{8}{\lambda} = \frac{C^2}{g} = \frac{R^{1/3}}{n^2 g} \tag{12-19}$$

12.1.4　异重流持续运行条件

水库产生异重流后,若要持续运行到坝前,必须满足一定的条件,即异重流持续运动条件。从物理意义来说,这一条件即是:当进洪水形成异重流时,洪水供给异重流的能量能克服异重流沿程和局部的能量损失;否则,异重流将在中途消失。

理论和大量实测资料均表明,影响异重流持续运行的因素包括水沙条件及边界条件:

(1)洪峰持续时间。若入库洪峰持续时间短,则异重流持续时间也短。一旦上游的洪水流量减小,不能为异重流运行提供足够的能量,则异重流就很快停止而消失。

(2)进库流量及含沙量的大小。在一般情况下,进库流量及含沙量大,产生异重流的强度较大,使异重流有较大的初速度及运行速度。

(3)地形条件。异重流通过局部地形变化较为强烈的地方,将损失部分能量。若库区地形复杂,如扩大、弯道、支流等,则异重流能量不断损失,甚至不能继续向前运动。

(4)库底比降。异重流运行速度同库底比降有较大的关系,库底比降大,则异重流运行速度大,反之亦然。

12.1.4.1　洪水历时

图 12-9 为异重流潜入断面洪峰、出库沙峰和异重流持续时间示意图,图中 Q_i、S_i 分别

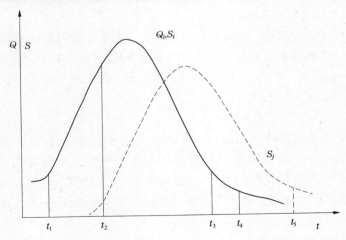

图 12-9　潜入断面洪峰、出库沙峰和异重流的持续时间示意图

代表异重流潜入断面的流量和含沙量;S_j 代表异重流出库含沙量;t_1 和 t_3 分别代表异重流潜入断面洪峰的起、止时间,即 $t_3 - t_1$ 为异重流潜入断面洪峰的持续时间(对于小浪底水库而言,该时间与进库洪峰的持续时间基本一致);t_2 为异重流前锋到达坝址的时间。

异重流从潜入点运行到坝址的时间为

$$T_2 = t_2 - t_1 \tag{12-20}$$

异重流可能出库的持续时间为

$$\Delta T = t_3 - t_2 \tag{12-21}$$

异重流平均峰速为 $v = \dfrac{L}{\Delta T_{1-2}}$,则 $T_2 = \dfrac{L}{v}$,则可得 $\Delta T = t_3 - t_1 - \dfrac{L}{v}$。异重流能否持续运行到坝前,要看洪峰持续时间 $t_3 - t_1$ 是否大于 $\dfrac{L}{v}$(异重流传播时间 T_2)。

12.1.4.2 异重流传播时间

异重流传播时间 T_2 指异重流自潜入至运行到坝前的时间,是异重流排沙很重要的一个参数,其大小主要受来水洪峰、含沙量、水库回水长度、库底比降等多种因素的影响,异重流前锋的运动是属于不稳定流运动,因此到达坝前的时间严格地说应通过不稳定流来计算。但作为近似考虑,对于异重流运行时间可利用韩其为公式来计算,即

$$T_2 = C \frac{L}{(qS_i J)^{\frac{1}{3}}} \tag{12-22}$$

式中:L 为异重流潜入点距坝里程(约等于回水长度),m;q 为单宽流量,$\mathrm{m^3/(s \cdot m)}$;S_i 为潜入断面含沙量,$\mathrm{kg/m^3}$;J 为库底比降,‰;C 为系数,采用小浪底水库实测资料率定。

12.1.4.3 临界水沙条件

异重流的流速及挟沙力与其含沙量成正比,形成异重流的流速与含沙量具有互补性。图 12-10 为基于 2001~2004 年小浪底水库发生异重流时的入库水沙资料,点绘的小浪底水库入库流量与含沙量的关系(图中点群边标注数据为悬移质泥沙中细泥沙(粒径小于 0.025 mm)的沙重百分数),从点群分布状况可大致划分为 A、B、C 3 个区域。

1. A 区

A 区为满足异重流持续运动至坝前的区域,即小浪底水库入库洪水过程在满足一定历时且悬移质泥沙中粒径小于 0.025 mm 的沙重百分数约为 50% 的前提下:

若 $500~\mathrm{m^3/s} \leqslant Q_i < 2\,000~\mathrm{m^3/s}$,且满足 $S_i \geqslant 280 - 0.12Q_i$,则 $S_o > 0$;若 $Q_i > 2\,000~\mathrm{m^3/s}$,且满足 $S_i > 40~\mathrm{kg/m^3}$,则 $S_o > 0$。

2. B 区

B 区涵盖了异重流可持续到坝前与不能到坝前两种情况。其中,异重流可运动到坝前的资料往往具备以下三种条件之一:一是处于洪水落峰期,此时异重流行进过程中需要克服的阻力要小于其前锋所克服的阻力;二是虽然入库含沙量较低,但在水库进口与水库回水末端之间的库段产生冲刷,使异重流潜入点断面含沙量增大;三是入库细泥沙的沙重百分数基本在 75% 以上。

3. C 区

C 区为 $Q_i < 500~\mathrm{m^3/s}$ 或 $S_i < 40~\mathrm{kg/m^3}$ 部分,异重流往往不能运行到坝前。

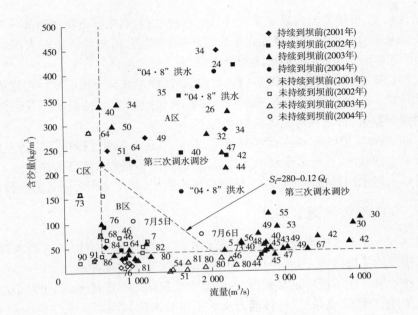

图 12-10　异重流持续运动条件分析

当入库流量及水流含沙量较大时,悬移质泥沙中粒径小于 0.025 mm 的沙重百分数 d_i 可略小,三者之间的函数关系基本可用式 $S_i = 980\mathrm{e}^{-0.025d_i} - 0.12Q_i$ 描述。

以上各式中,脚标 i、o 分别表示入库及出库相关参数。影响异重流输移条件不仅与水沙条件有关,而且与边界条件关系密切,若边界条件发生较大变化,上述临界水沙条件亦会发生相应变化。

12.1.4.4　异重流排沙

采用韩其为公式的模式,并通过实测资料的验证,小浪底水库异重流含沙量及级配沿程变化可表示为

$$S_j = S_i \sum_{i=1}^{n} P_{4,l,i} \mathrm{e}^{\left(-\frac{\alpha\omega L}{q}\right)} \tag{12-23}$$

$$P_{4,l} = P_{4,l,i}(1-\lambda)^{\left[\left(\frac{\omega_l}{\omega_m}\right)^{0.5}-1\right]} \tag{12-24}$$

式中:$P_{4,l,i}$ 为潜入断面级配百分数;α 由实测资料率定;l 为粒径组号;ω_l 为第 l 组粒径沉速;$P_{4,l}$ 为出口断面级配百分数;ω_m 为有效沉速;λ 为淤积百分数;L 为河长。

12.2　异重流的塑造与利用

对小浪底水库而言,产生异重流的泥沙可来自其上游,亦可来于自身的补给。来自上游而进入小浪底库区的泥沙大体上有两种来源:一是黄河中游发生洪水,通过水库调度,可充分利用异重流输移规律增加异重流排沙比,达到减少水库淤积,延长水库寿命等多种目标;二是非汛期淤积在三门峡水库中的泥沙,由于三门峡水库蓄清排浑运用,非汛期进入三门峡水库的泥沙被全部拦蓄,其中部分泥沙随着汛前泄水进入小浪底水库,若通过多

座水库联合调度,可塑造出满足异重流排沙的水沙过程,利用异重流排出部分泥沙以减少水库淤积。来于自身的泥沙为堆积在水库上段的淤积物,可随着入库较大流量的冲刷而悬浮,其中较细者会以异重流的形式排泄出库。

人工塑造异重流,并使之持续运行到坝前,必须使形成异重流的水沙过程满足异重流持续运动条件。从物理意义来说,必须使入库洪水供给异重流的能量能克服异重流沿程和局部的能量损失,否则异重流将在中途消失。

黄河在 2004 ~ 2011 年调水调沙过程中,基于异重流基本运行规律的研究成果,针对不同的来水来沙状况、水库蓄水状况及边界条件,提出不同的水库联合调度方案。通过合理调度达到利用水库异重流排沙而实现减少水库淤积、调整淤积形态等多种目标。

12.2.1 2004 年黄河调水调沙

三门峡与万家寨水库泄流量及时机是优化 2004 年 7 月黄河第三次调水调沙试验人工异重流塑造的关键因素,两库泄量的大小及时机决定了水库冲刷量、水库淤积形态调整过程及排沙效果。在预报的来水来沙、水库蓄水及河床边界条件下,基于对小浪底水库异重流潜入条件、持续运动条件、排沙能力及对三门峡水库与明渠流水沙运动规律的认识,分析三门峡、万家寨水库在不同泄水时机及流量过程的条件下,三门峡水库及小浪底水库冲刷过程及异重流排沙效果,并进行了多种方案的优化比选。

12.2.1.1 调度方案

1. 初始条件

万家寨蓄水量约为 2.15 亿 m³;三门峡水库蓄水位为 318 m,蓄水量约为 4.72 亿 m³;小浪底水库蓄水位为 248.3 m,蓄水量约为 56.3 亿 m³,至汛前水位下降至 225 m,可调水量 31.6 亿 m³;调水调沙期间潼关断面径流量为 783 m³/s,小浪底水库以下支流入汇流量为 80 m³/s。2004 年 2 月小浪底库区纵剖面图见图 12-11。

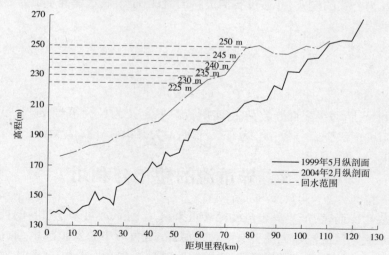

图 12-11 2004 年小浪底库区纵剖面(深泓点)

2. 调度过程及原则

调水调沙要求进入黄河下游花园口站的流量为 2 700 m³/s,其中小浪底水库下泄 2 620 m³/s。

在黄河上中游不发生洪水的条件下,依靠水库蓄水体进行调水调沙。小浪底、三门峡及万家寨水库可调水量约为 38.5 亿 m³,加之调水调沙期间的径流量,则泄水历时约为 22 d。

整个调度过程可划分为三个阶段:第一阶段,小浪底水库泄流,出库流量 $Q = 2\ 620$ m³/s,至终止水位 H_1,该水位的确定原则应为:既可使小浪底水库淤积三角洲顶坡段完全脱离水库回水末端,又可保障 H_1 至汛限水位之间有足够的蓄水量来满足第二阶段及第三阶段的补水泄流;第二阶段,三门峡及万家寨水库依次泄空,其下泄流量应使三门峡及小浪底水库达到理想的冲刷状况及排沙效果;第三阶段,小浪底水库继续泄流至汛限水位,使黄河下游沙峰之后有一定的冲刷历时。

事实上,三门峡及万家寨水库泄流量及时机是优化本次调水调沙的关键因素。两库泄量的大小及时机决定了水库冲刷量、水库淤积形态调整过程及排沙效果。就泄流时机而言,在满足第二阶段及第三阶段补水的条件下,两库泄流越晚,即调水调沙期第二阶段开始的时间越迟,小浪底水库蓄水位越低,对小浪底水库淤积三角洲的冲刷及水库排沙效果越好,但相应的三门峡水库蓄水迎洪的风险越大。

3. 三门峡及万家寨水库下泄流量

三门峡及万家寨水库泄流量的大小取决于其对水库的冲刷、排沙效果,特别是取决于对小浪底水库淤积三角洲洲面形态调整及满足水库异重流排沙的要求。从调整小浪底水库淤积三角洲形态的角度而言,三门峡及万家寨两库泄流量应满足在小浪底水库三角洲顶坡段的冲刷可横贯整个断面。据地形资料统计,小浪底水库三角洲顶坡段河床宽度平均约为 400 m。

对于一般的沙质河床,河槽宽度 B 与流量 Q 之间的关系可表述为

$$B = 38.6Q^{0.31} \tag{12-25}$$

若满足全断面冲刷,即冲刷宽度达 400 m,则流量约为 2 000 m³/s。因此,两库下泄流量应不小于 2 000 m³/s。

从小浪底水库异重流排沙的角度而言,两库下泄流量越大,则冲刷效率越高,较大的流量及含沙量有利于异重流的形成及输移。但当两库蓄水量一定时,下泄流量大,冲刷历时则短。作为方案比较,分析了两库下泄流量分别为 2 000 m³/s 及 2 500 m³/s 时的两个方案。万家寨、三门峡水库两库泄水期两方案进入小浪底水库的流量过程见表 12-1。

表 12-1　三门峡及万家寨水库不同泄水方案小浪底入库流量过程

历时(d)		1	2	3	4	5	6	7
流量(m³/s)	方案 1	2 000	2 000	2 000	2 000	2 000	2 000	1 432.4
	方案 2	2 500	2 500	2 500	2 500	1 866.4		

4. 终止水位 H_1

如前所述,H_1 是小浪底水库第一阶段泄流的终止水位。该水位的确定应保障其下至

汛限水位之间有足够的蓄水体,以满足三门峡水库及万家寨水库泄流时的补水及小浪底水库第三阶段的泄水。

在调水调沙第二阶段三门峡及万家寨两库泄流过程中,方案1及方案2泄流历时分别为7 d及5 d,相应时段小浪底水库补水分别约为4.3亿 m³及1.1亿 m³。

小浪底水库第三阶段泄水历时的确定,初步按第二阶段的沙峰在黄河下游不发生明显坦化,并传播至利津断面为原则定为4 d,则小浪底水库第三阶段泄水量约为9亿 m³。

因此,方案1及方案2在第二阶段与第三阶段小浪底水库总的补水量分别为13.3亿 m³及10.1亿 m³,相应水位 H_1 分别为236 m及234 m。

12.2.1.2 方案计算结果

采用数学模型、资料分析及理论与经验公式计算等方法,分别计算上述两种方案的三门峡库区排沙过程、小浪底水库淤积三角洲冲刷过程以及在小浪底水库回水区产生的异重流排沙过程。

1. 三门峡水库

采用黄科院三门峡水库准二维恒定流泥沙冲淤水动力学数学模型来计算水库不同调度方式下的水库排沙结果。

将来水来沙过程分为若干时段,使每一个时段的水流接近于恒定流;根据河道形态划分为若干河段,每一河段内水流接近于均匀流,并将每一个河段断面均概化为主槽和滩地两部分,主槽部分可以由不同数量的子断面组成。利用一维恒定流水流连续方程、水流动量方程、泥沙连续方程和河床变形方程,以及补充的动床阻力和挟沙能力公式、溯源冲刷计算河床断面形态模拟技术来进行方案计算,计算结果见表12-2及表12-3。

表12-2　2004年三门峡水库出库流量、含沙量过程

方案	天数 (d)	潼关站			三门峡站			潼关—三门峡冲淤量(亿 t)
		流量 (m³/s)	含沙量 (kg/m³)	输沙率 (t/s)	流量 (m³/s)	含沙量 (kg/m³)	输沙率 (t/s)	
方案1	1	783.0	15	11.75	2 000.0	0	0.00	0.01
	2	783.0	15	11.75	2 000.0	0	0.00	0.01
	3	783.0	15	11.75	2 000.0	2.41	4.82	0.01
	4	783.0	15	11.75	2 000.0	136.9	273.80	−0.23
	5	1 405.0	15	21.08	2 000.0	104.2	208.40	−0.16
	6	2 000.0	20	40.00	2 000.0	88.1	176.20	−0.12
	7	1 432.4	15	21.49	1 432.4	65.1	93.25	−0.06
	合计							−0.54
方案2	1	783.0	15	11.75	2 500.0	0.0	0.00	0.01
	2	783.0	15	11.75	2 500.0	9.6	24.00	−0.01
	3	783.0	15	11.75	2 500.0	94.2	235.50	−0.19
	4	2 188.0	20	43.76	2 500.0	146.9	367.25	−0.28
	5	1 866.4	15	28.00	1 866.4	91.2	170.22	−0.12
	合计							−0.59

表 12-3　2004 年三门峡水库出库悬移质级配

方案	天数 (d)	小于某粒径沙重百分数(%)						
		0.005 mm	0.01 mm	0.025 mm	0.05 mm	0.1 mm	0.25 mm	0.5 mm
方案 1	1							
	2							
	3	11.9	23.4	40.9	88.6	99.9	100	
	4	9.7	20.4	35.5	85.2	99.4	99.9	100
	5	8.3	17.7	32.4	83.7	98.8	99.7	100
	6	5.8	17.1	31.4	71.3	97.1	99.6	100
	7	5.8	14.3	30.5	67.9	97.1	99.8	100
方案 2	1							
	2	16	26.9	44.9	90.8	99.9	100	
	3	13.4	24.7	39.0	86.4	99.5	99.9	100
	4	10.3	17.7	32.5	83.9	98.8	99.7	100
	5	9.8	20.9	35.1	82.5	96.5	99.3	100

由表 12-2 可以看出,方案 1 第 1~4 天及方案 2 第 1~3 天,利用三门峡水库蓄水泄流,潼关断面流量为 783 m³/s,之后,万家寨水库补水,潼关断面流量相应增加。三门峡水库泄水初期,在蓄水量较大的情况下,水库基本上不排沙,在接近泄空时,大量的泥沙才会被排泄出库。方案 1 与方案 2 中,三门峡站含沙量分别在第 4 天及第 3 天才突然增大至136.9 kg/m³ 及 94.2 kg/m³。三门峡水库泄空后,万家寨水库泄水接踵而来,可在三门峡库区产生较大的冲刷而使出库含沙量较大。

2. 小浪底水库库尾段冲刷估算

小浪底水库库尾段河谷狭窄、比降大,调水调沙第一阶段连续泄水使淤积三角洲顶点脱离回水影响。三门峡水库下泄较大的流量过程,在该库段沿程冲刷与溯源冲刷会相继发生,从而使水流含沙量沿程增加。由于小浪底水库运用时间短,有关库区冲刷的实测资料缺乏,本次采用类比法与公式法两种方法加以估算。

1)类比法

分析三门峡水库 1962 年和 1964 年泄空期三角洲顶点附近含沙量恢复的实测资料发现,当坝前水位较低时,前期淤积体完全脱离回水影响,库区在一定流量下会发生自下而上的溯源冲刷。溯源冲刷发展初期,河床冲刷剧烈,含沙量明显增加,其中以 1962 年 3 月下旬至 4 月上旬潼关—太安河段含沙量增加较多,可达 20~40 kg/m³,最大值超过 50 kg/m³;1964 年汛后,三门峡水库泄空后,入库流量在 3 000 m³/s 以上,潼关以下库区以太安—北村河段的含沙量恢复较多,但与 1962 年相比减小很多,该河段含沙量增加值一般未超过 20 kg/m³。选择这两个时段资料作类比分析的原因为:一是冲刷段均与大坝有一定距离;二是坝前段仍有一定的壅水,这两点与本次研究的对象具有一定的相似性。

2)公式法

采用张启舜建立的冲刷型输沙能力公式进行估算,即

$$qS_* = k(\gamma qJ)^m \tag{12-26}$$

式中:γ 为浑水容重;q 为单宽流量;J 为比降;k、m 分别为率定的系数、指数。

计算时,采用 2003 年汛后的库区地形作为前期边界;库水位取 235 m;冲起物级配近似采用尾部段淤积较多的 HH41 断面—HH52 断面河段的平均床沙级配。

通过统计计算分析,两种方案条件下小浪底水库尾部段的冲刷状况及排沙效果见表 12-4。

表 12-4 2004 年小浪底水库回水末端(HH40 断面)流量、含沙量过程

方案	天数 (d)	流量 (m³/s)	含沙量 (kg/m³)	某粒径组沙重百分数(%)			
				$d < 0.01$ mm	$d < 0.025$ mm	$d < 0.05$ mm	$d > 0.05$ mm
方案 1	1	2 000.0	33.4	21.0	49.0	82.0	18.0
	2	2 000.0	35.2	21.0	49.0	82.0	18.0
	3	2 000.0	37.0	21.2	48.5	82.4	17.6
	4	2 000.0	168.9	20.5	38.1	84.6	15.4
	5	2 000.0	133.2	18.4	36.0	83.3	16.7
	6	2 000.0	111.1	17.9	35.0	73.5	26.5
	7	1 432.4	81.8	15.7	34.3	70.8	29.2
方案 2	1	2 500.0	41.4	21.0	49.0	82.0	18.0
	2	2 500.0	52.8	22.1	48.3	83.6	16.4
	3	2 500.0	136.8	23.5	42.1	85.0	15.0
	4	2 500.0	186.9	18.4	36.0	83.5	16.5
	5	1 866.4	117.0	20.9	38.2	82.4	17.6

计算结果表明,三门峡及万家寨水库泄放的洪水过程在小浪底水库上段淤积三角洲产生冲刷,使水流含沙量进一步增加。对比表 12-2 与表 12-4,小浪底库区回水末端以上的冲刷一般可使水流含沙量增加 30 ~ 40 kg/m³。需要说明的是,计算没有考虑调水调沙第一阶段小浪底水库泄水时,在水位下降过程中,入库较小流量对小浪底水库淤积三角洲的冲刷影响,其影响包括形态及级配的调整。

3. 小浪底水库异重流排沙计算

采用式(12-24)计算小浪底水库异重流排沙过程,结果见表 12-5。

由表 12-4 可看出,方案 1 第 1 ~ 3 天,流量为 2 000 m³/s,含沙量为 33.4 ~ 37.0 kg/m³。由前分析,这种水沙组合基本处于异重流可否运行至坝前的临界状态。因此,在表 12-5 中,方案 1 第 1 ~ 3 天出库含沙量列出了两个极限值。

表 12-5　2004 年计算小浪底出库含沙量过程

方案	天数 (d)	异重流出库含沙量(kg/m³)	小浪底站		小于某粒径组沙重百分数(%)		
			流量(m³/s)	含沙量(kg/m³)	0.01 mm	0.025 mm	0.05 mm
方案 1	1	0 ~ 9.6	2 620	0 ~ 7.3	66.8	99.3	100.0
	2	0 ~ 10.1	2 620	0 ~ 7.7	66.8	99.3	100.0
	3	0 ~ 10.6	2 620	0 ~ 8.1	67.4	99.2	100.0
	4	44.8	2 620	34.0	72.2	96.7	100.0
	5	32.1	2 620	24.5	70.9	97.1	100.0
	6	25.5	2 620	19.5	72.0	98.2	100.0
	7	14.9	2 620	8.1	76.7	99.7	100.0
方案 2	1	12.8	2 620	12.2	62.9	98.6	100.0
	2	16.6	2 620	15.9	65.2	98.4	100.0
	3	42.5	2 620	40.5	71.4	96.5	100.0
	4	50.1	2 620	47.8	64.8	93.3	100.0
	5	29.7	2 620	21.1	76.1	98.4	100.0

由表 12-2 ~ 表 12-5 可以看出:

(1)方案 1。三门峡库区冲淤 0.54 亿 t,小浪底水库上段冲刷 0.34 亿 t,小浪底水库 7 d 平均出库含沙量为 12.3 ~ 15.6 kg/m³,出库沙量为 0.2 亿 ~ 0.25 亿 t,异重流平均出库含沙量为 16.8 ~ 21.1 kg/m³,异重流排沙比为 19.5% ~ 24.8%。

(2)方案 2。三门峡库区冲淤 0.59 亿 t,小浪底水库上段冲刷 0.4 亿 t,小浪底水库 5 d 平均出库含沙量为 27.5 kg/m³,出库沙量为 0.31 亿 t,异重流平均出库含沙量为 30.4 kg/m³,异重流排沙比为 28.5%。

从计算结果看,两方案均可达到在三门峡库区及小浪底库区上段产生冲刷并在下段形成异重流排沙的目的,但从排沙过程看,两方案各有利弊。

相对而言,方案 1 泄流历时长,水库冲刷及排沙历时亦长。不利之处是,在泄水初期的 1 ~ 3 天内,三门峡水库下泄清水,即使在小浪底库区上段产生冲刷,小浪底水库回水末端水流含沙量也仅为 33 ~ 37 kg/m³,这种水沙组合仅接近异重流可否到达坝前的临界条件。特别是泄水的第 1 天,形成异重流的水流含沙量最低,也意味着异重流的能量最小,而异重流头部在前进过程中所要克服的阻力最大,因而所需的力量要比后续潜流大。显然,方案 1 的水沙组合及过程对异重流的持续运行是不利的。

方案 2 水库下泄流量较大,在小浪底水库顶坡段冲刷强度大,水流含沙量可恢复约 40 kg/m³,形成异重流排沙的可能性及排沙量较大。不利的是,水库冲刷及排沙历时较短。此外,从定性上讲,异重流流量大,清浑水交界面较高,倒灌至各支流的沙量会较大,异重流排沙比会减小。实际上,在各方案异重流排沙计算中并没有完全反映这一因素。

综合以上对两方案的分析,提出优化方案 3,即三门峡水库开始泄水的前 2 天,流量控制在 2 500 m³/s,第 3~5 天,流量控制在 2 000 m³/s,第 6 天下泄流量为 1 649.4 m³/s。这种流量过程,既有利于异重流前锋到达坝前,又满足有一定历时的落水期,使沙峰排泄出库。通过计算分析,方案 3 泄流过程中三门峡水库及小浪底水库的冲刷状况及排沙效果见表 12-6~表 12-9。

表 12-6　2004 年三门峡水库出库流量、含沙量过程(方案 3)

方案	天数 (d)	潼关站			三门峡站			潼关—三门峡 冲淤量(亿 t)
		流量 (m³/s)	含沙量 (kg/m³)	输沙率 (t/s)	流量 (m³/s)	含沙量 (kg/m³)	输沙率 (t/s)	
方案 3	1	783.0	15.0	11.75	2 500.0	0	0	0.01
	2	783.0	15.0	11.75	2 500.0	9.6	24.00	−0.01
	3	783.0	15.0	11.75	2 000.0	87.5	175.00	−0.14
	4	1 188.0	20.0	23.76	2 000.0	141.2	282.40	−0.22
	5	2 000.0	15.0	30.00	2 000.0	86.2	172.40	−0.12
	6	1 649.4	15.0	24.74	1 649.4	68.1	112.32	−0.08
	合计							−0.56

表 12-7　2004 年三门峡水库出库悬移质级配(方案 3)

方案	天数 (d)	小于某粒径沙重百分数(%)						
		0.005 mm	0.01 mm	0.025 mm	0.05 mm	0.1 mm	0.25 mm	0.5 mm
方案 3	1							
	2	16.0	26.9	44.9	90.8	99.9	100.0	
	3	14.4	25.9	39.7	87.4	99.6	99.9	100.0
	4	13.9	25.3	38.4	85.9	99.5	99.9	100.0
	5	11.7	24.3	37.4	84.2	98.8	99.7	100.0
	6	10.2	24.1	34.5	82.7	98.3	99.0	100.0

表 12-8　2004 年小浪底水库回水末端(HH40 断面)流量、含沙量过程(方案 3)

方案	天数 (d)	流量 (m³/s)	含沙量 (kg/m³)	某粒径组沙重百分数(%)			
				d<0.01 mm	d<0.025 mm	d<0.05 mm	d>0.05 mm
方案 3	1	2 500.0	41.4	21.0	49.0	82.0	18.0
	2	2 500.0	52.8	22.1	48.3	83.6	16.4
	3	2 000.0	118.5	24.6	42.1	86.0	14.0
	4	2 000.0	169.2	24.6	40.2	85.3	14.7
	5	2 000.0	110.2	23.6	39.9	83.7	16.3
	6	1 649.4	87.3	23.4	37.7	82.5	17.5

表 12-9　2004 年计算小浪底出库含沙量过程(方案 3)

方案	天数(d)	异重流出库含沙量(kg/m³)	小浪底站		小于某粒径组沙重百分数(%)		
			流量(m³/s)	含沙量(kg/m³)	0.01 mm	0.025 mm	0.05 mm
方案 3	1	12.8	2 620	12.2	62.9	98.6	100.0
	2	16.6	2 620	15.9	65.2	98.4	100.0
	3	35.1	2 620	26.8	77.2	98.2	100.0
	4	50.0	2 620	38.2	78.0	97.2	100.0
	5	31.0	2 620	23.7	77.9	98.2	100.0
	6	22.1	2 620	13.9	84.1	99.3	100.0

优化方案 3:三门峡库区冲刷 0.56 亿 t,小浪底水库上段冲刷 0.35 亿 t,小浪底水库 6 d 平均出库含沙量为 21.8 kg/m³,出库沙量为 0.3 亿 t,异重流平均出库含沙量为 27.1 kg/m³,异重流排沙比为 29.1%。

需要说明的是,以上分析结果是基于现状条件及目前所掌握的实测资料,若实施人工异重流之前边界条件有较大的变化,例如小浪底水库三角洲淤积形态,特别是泥沙组成有较大的变化,会对水库异重流的排沙效果产生较大的影响。

此外,本书建议:①在调水调沙实施过程中,可依据水文预报结果,综合分析三门峡、小浪底及黄河下游的输沙情况并进一步优化调度。从满足异重流的持续运行考虑,三门峡水库泄水的第一天流量可进一步加大;②在塑造人工异重流之前,三门峡水库控制较小流量下泄,以减少小浪底水库降水过程中对小浪底水库淤积三角洲的冲刷,从而保证人工异重流期间,在该区域维持目前相对有利于产生溯源冲刷的地形,以及有利于水流含沙量沿程恢复的前期淤积物,特别是其中的细颗粒泥沙。

12.2.1.3　方案实施效果

2004 年 7 月 5 日 15 时三门峡水库 3 个底孔和 4 台发电机组闸门同时开启,7 月 5 日 15 时 6 分三门峡站流量达到 1 960 m³/s,黄河第三次调水调沙试验人工塑造异重流第一阶段,即利用三门峡水库清水下泄冲刷小浪底库区尾部三角洲泥沙正式开始。小浪底水库库尾段河谷狭窄、比降大,在水库回水末端以上 HH40 断面—HH55 断面(距坝 69～119 km)的库区淤积三角洲洲面相继发生沿程冲刷与溯源冲刷,从而使水流含沙量沿程增加。7 月 5 日 18 时洪峰演进至 HH35 断面(距坝约 58.51 km)附近,浑水开始下潜形成异重流,并且沿库底向前运行。7 月 7 日上午 9 时左右,三门峡水库进一步加大下泄流量,14 时三门峡站含沙量为 2.19 kg/m³,流量为 4 910 m³/s,标志着人工塑造异重流第一阶段三门峡水库清水下泄阶段的结束,第二阶段三门峡水库泄空排沙阶段开始。7 月 7 日异重流潜入点在 HH30 断面—HH31 断面,7 月 8 日上午潜入点回退到 HH33 断面—HH34 断面,并于 8 日 13 时 50 分开始排出库外,见图 12-12。

整个人工塑造异重流过程,三门峡水库下泄水量为 6.56 亿 m³,在人工塑造异重流第二阶段有一次明显的泄流、排沙过程,期间,三门峡站洪峰流量为 5 130 m³/s(7 月 7 日 14

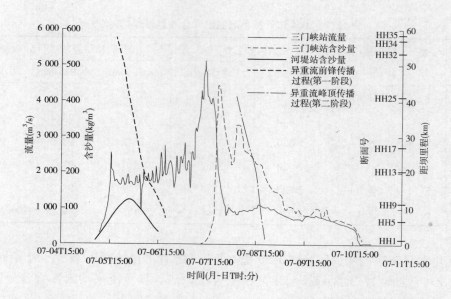

图 12-12　2004 年入库水沙条件异重流传播过程

时 6 分),最大含沙量为 446 kg/m³(7 月 7 日 20 时 18 分),沙量为 0.43 亿 t;小浪底水库坝前水位由 233.5 m 降至 227.8 m,水库下泄水量为 14.58 亿 m³,沙量为 0.044 亿 t,平均含沙量为 3.02 kg/m³。出库泥沙主要由细泥沙组成,细泥沙的含量接近 90%。人工塑造异重流期间,细沙、中沙、粗沙、全沙排沙比分别为 28%、2.4%、0.9%、10.1%。

调水调沙试验达到了以下试验目标:

(1)小浪底库尾淤积形态得到调整。通过小浪底库尾扰动及水流自然冲刷,小浪底水库尾部淤积三角洲顶点由距坝 70 km 下移至距坝 47 km,淤积三角洲冲刷泥沙 1.329亿 m³,库尾淤积形态得到合理调整。

(2)人工塑造异重流排沙出库。人工异重流塑造分两个阶段:一是三门峡水库清水下泄,小浪底水库淤积三角洲发生了强烈冲刷,异重流在库区 HH35 断面(距坝约 58.51km)潜入;二是 7 月 7 日 8 时万家寨水库泄流和三门峡水库泄流对接后加大三门峡水库泄水流量,并冲刷三门峡库区淤积的泥沙。7 月 8 日 13 时 50 分,小浪底库区异重流排沙出库。

(3)深化了异重流运动规律认识。第三次调水调沙试验,我们经历了由实践—认识—实践的过程。通过对调水调沙试验的总结,将实现再认识的过程,这对今后小浪底水库调水调沙具有重要意义。

12.2.2　2005 年黄河调水调沙

12.2.2.1　调度方案

调水调沙拟于 6 月 16 日正式开始。目前,各水库蓄水状况及预测的调水调沙前期可调水量如下:

(1)万家寨水库。6 月 7 日水位为 977.67 m,至调水调沙之前可基本维持不变,至汛限水位 966 m 之间可供水量约为 2.590 亿 m³。

（2）三门峡水库。6 月 7 日水位为 317.31 m，相应蓄水量为 3.86 亿 m³。至调水调沙之前将降为 312 m（方案 I）或 315 m（方案 II），相应蓄水量分别为 1.159 亿 m³ 和 2.020 亿 m³。

（3）小浪底水库。6 月 7 日水位为 252.39 m，相应水量为 62.9 亿 m³。为使下游河道有一个逐步调整的过程，避免河势突变，减少工程出险机遇和漫滩风险，从 6 月 7 日至调水调沙之前，首先利用小浪底水库泄水塑造了一个下泄流量由 600 m³/s 逐步加大至 2 500 m³/s 的涨水过程，至调水调沙前期库水位分别下降至 247.10 m（方案 I）或 246.65 m（方案 II），相应蓄水量分别为 52.953 亿 m³ 及 52.178 亿 m³。

（4）来水量。调水调沙期间黄河上中游来水量采用水情预报结果。

6 月 7~15 日为调水调沙预泄期。调水调沙自 6 月 16 日开始，至小浪底库水位降至汛限水位结束。根据水库调度及库区水沙输移的特点，调水调沙全过程可划分为两个阶段，分别定义为调水期与排沙期。

调水期主要是利用小浪底水库蓄水量，在入库流量补水的基础上按调控流量下泄，以达到扩大下游河槽过洪能力的目的。

排沙期主要利用万家寨、三门峡水库联合调度，塑造有利于在小浪底库区形成异重流排沙的三门峡出库水沙过程，尽可能实现在小浪底水库产生异重流并排沙出库。

调水期及排沙期两阶段以小浪底蓄水位界定（简称界定水位）。界定水位的下限与汛限水位之间的蓄水量应满足排沙期的补水要求。综合考虑，界定水位分别约为 232 m 和 230 m，与三门峡水库两种前期蓄水条件可组合 4 个方案，见表 12-10。黄河上中游来水量及水量调算过程见表 12-11~表 12-14（表中万家寨及区间流量均为传播至潼关断面流量）。

表 12-10　2005 年黄河调水调沙设计方案

方案	三门峡前期蓄水位（m）	小浪底水库界定水位（m）
I-1	312	232
I-2	312	230
II-1	315	232
II-2	315	230

（1）调水期。

调水期万家寨水库维持初始水位，三门峡水库维持 312 m（方案 I）或 315 m（方案 II）。小浪底水库水位逐渐下降，接近界定水位时调水期结束，转入排沙期。各方案调水期结束日期、小浪底水库入库水量、出库水量、补水量及剩余水量见表 12-15。

（2）排沙期。

排沙期各水库的联合调度，以尽可能实现在小浪底库区产生异重流并排沙出库为主要目标。小浪底水库异重流输移状况取决于水沙条件及边界条件。显然，二者可实现人

表 12-11 方案 Ⅰ-1 水量调算过程

日期 (年-月-日 T 时)	流量 (m³/s)						小浪底水库					说明
	头道拐	万家寨 水库	万家寨 一潼关	潼关	三门峡 水库入库	三门峡 水库出库	小浪底 水库	补泄流量 (m³/s)	累计补水量 (亿 m³)	库容 (亿 m³)	水位 (m)	
2005-06-07	126	126	283	409	409	756.3	600	-156.3	-0.135 1	62.035 1	252.12	预泄期
2005-06-08	126	126	283	409	409	756.3	800	43.7	-0.097 3	61.997 3	252.10	
2005-06-09	126	126	283	409	409	756.3	1 500	743.7	0.545 2	61.354 8	251.76	
2005-06-10	126	126	283	409	409	756.3	2 000	1 243.7	1.619 7	60.280 3	251.18	
2005-06-11	126	126	313	439	439	786.3	2 300	1 513.7	2.927 5	58.972 5	250.48	
2005-06-12	126	126	313	439	439	786.3	2 300	1 513.7	4.235 3	57.664 7	249.75	
2005-06-13	126	126	313	439	439	786.3	2 500	1 713.7	5.715 9	56.184 1	248.93	
2005-06-14	126	126	313	439	439	786.3	2 500	1 713.7	7.196 5	54.703 5	248.10	
2005-06-15	126	126	313	439	439	786.3	2 500	1 713.7	8.677 2	53.222 8	247.25	
2005-06-16	146	146	303	449	449	449	2 800	2 351	10.708 4	51.191 6	246.08	
2005-06-17	146	146	303	449	449	449	2 800	2 351	12.739 7	49.160 3	244.87	
2005-06-18	146	146	303	449	449	449	2 800	2 351	14.770 9	47.129 1	243.64	
2005-06-19	146	146	303	449	449	449	2 800	2 351	16.802 2	45.097 8	242.37	
2005-06-20	146	146	303	449	449	449	2 800	2 351	18.833 5	43.066 5	241.08	
2005-06-21	146	146	565	711	711	711	3 000	2 289	20.811 2	41.088 8	239.79	调水期
2005-06-22	146	146	565	711	711	711	3 000	2 289	22.788 9	39.111 1	238.46	
2005-06-23	146	146	565	711	711	711	3 000	2 289	24.766 6	37.133 4	237.10	
2005-06-24	146	146	565	711	711	711	3 000	2 289	26.744 3	35.155 7	235.67	
2005-06-25	146	146	565	711	711	711	3 000	2 289	28.722 0	33.178 0	234.26	
2005-06-26	576	576	135	711	711	711	3 200	2 289	30.872 4	31.027 6	232.63	
2005-06-27T0~14	576	576	135	711	711	711	3 200	2 489	30.973 2	30.926 8	232.56	
2005-06-27T15~24	576	1 500	135	1 635	1 635	1 635	3 200	200	31.536 6	30.363 4	232.12	
2005-06-28	576	1 500	135	1 635	1 635	1 635	3 200	1 565	32.888 8	29.011 2	231.04	
2005-06-29	576	1 500	135	1 635	1 635	1 635	3 200	1 565	34.241 0	27.659 0	229.93	
2005-06-30T0~19	576	1 500	135	1 635	1 635	1 635	3 200	1 565	35.311 4	26.588 6	229.02	
2005-06-30T20~24	576	576	135	711	711	711	3 200	2 489	35.759 4	26.140 6	228.63	
2005-07-01	576	576	392	968	968	968	3 200	2 232	37.687 9	24.212 1	226.93	排沙期
2005-07-02	576	576	392	968	968	968	3 200	2 232	39.616 3	22.283 7	225.12	

表 12-12 方案Ⅰ-2水量调算过程

日期 (年-月-日 T 时)	流量(m³/s) 头道拐	万家寨水库	万家寨—潼关	潼关	三门峡水库入库	三门峡水库出库	小浪底水库	小浪底水库 补泄流量(m³/s)	累计补水量(亿m³)	库容(亿m³)	水位(m)	说明
2005-06-07	126	126	283	409	409	756.3	600	-156.3	-0.135 1	62.035 1	252.12	预泄期
2005-06-08	126	126	283	409	409	756.3	800	43.7	-0.097 3	61.997 3	252.10	
2005-06-09	126	126	283	409	409	756.3	1 500	743.7	0.545 2	61.354 8	251.76	
2005-06-10	126	126	283	409	409	756.3	2 000	1 243.7	1.619 7	60.280 3	251.18	
2005-06-11	126	126	313	439	439	786.3	2 300	1 513.7	2.927 5	58.972 5	250.48	
2005-06-12	126	126	313	439	439	786.3	2 300	1 513.7	4.235 3	57.664 7	249.75	
2005-06-13	126	126	313	439	439	786.3	2 500	1 713.7	5.715 9	56.184 1	248.93	
2005-06-14	126	126	313	439	439	786.3	2 500	1 713.7	7.196 5	54.703 5	248.10	
2005-06-15	126	126	313	439	439	786.3	2 500	1·713.7	8.677 2	53.222 8	247.25	
2005-06-16	146	146	303	449	449	449	2 800	2 351	10.708 4	51.191 6	246.08	
2005-06-17	146	146	303	449	449	449	2 800	2 351	12.739 7	49.160 3	244.87	
2005-06-18	146	146	303	449	449	449	2 800	2 351	14.770 9	47.129 1	243.64	
2005-06-19	146	146	303	449	449	449	2 800	2 351	16.802 2	45.097 8	242.37	
2005-06-20	146	146	303	449	449	449	2 800	2 351	18.833 5	43.066 5	241.08	
2005-06-21	146	146	565	711	711	711	3 000	2 289	20.811 2	41.088 8	239.79	调水期
2005-06-22	146	146	565	711	711	711	3 000	2 289	22.788 9	39.111 1	238.46	
2005-06-23	146	146	565	711	711	711	3 000	2 289	24.766 6	37.133 4	237.10	
2005-06-24	146	146	565	711	711	711	3 000	2 289	26.744 3	35.155 7	235.67	
2005-06-25	146	146	565	711	711	711	3 000	2 289	28.722 0	33.178 0	234.26	
2005-06-26	576	576	135	711	711	711	3 200	2 489	30.872 4	31.027 6	232.63	
2005-06-27	576	576	135	711	711	711	3 200	2 489	33.022 9	28.877 1	230.93	
2005-06-28T0~14	576	576	135	711	3 000	3 000	3 200	200	33.123 7	28.776 3	230.85	
2005-06-28T15~24	576	1 500	135	1 635	1 635	1 635	3 200	1 565	33.687 1	28.212 9	230.39	排沙期
2005-06-29	576	1 500	135	1 635	1 635	1 635	3 200	1 565	35.039 3	26.860 7	229.25	
2005-06-30	576	1 500	135	1 635	1 635	1 635	3 200	1 565	36.391 5	25.508 5	228.09	
2005-07-01T0~19	576	1 500	392	1 892	1 892	1 892	3 200	1 308	37.286 1	24.613 9	227.29	
2005-07-01T19~24	576	576	392	968	968	968	3 200	2 232	37.687 9	24.212 1	226.93	
2005-07-02	576	576	392	968	968	968	3 200	2 232	39.616 3	22.283 7	225.12	

表 12-13 方案 Ⅱ-1 水量调算过程

流量(m³/s)

日期 (年-月-日 T 时)	头道拐	万家寨水库	万家寨一潼关	潼关	三门峡水库入库	三门峡水库出库	小浪底水库	小浪底水库 补泄流量 (m³/s)	小浪底水库 累计补水量 (亿 m³)	小浪底水库 库容 (亿 m³)	小浪底水库 水位 (m)	说明
2005-06-07	126	126	283	409	409	645.7	600	-45.667	-0.039 5	61.939 5	252.07	预泄期
2005-06-08	126	126	283	409	409	645.7	800	154.333	0.093 9	61.806 1	252.00	
2005-06-09	126	126	283	409	409	645.7	1 500	854.333	0.832 0	61.068 0	251.60	
2005-06-10	126	126	283	409	409	645.7	2 000	1 354.33	2.002 2	59.897 8	250.97	
2005-06-11	126	126	313	439	439	675.7	2 300	1 624.33	3.405 6	58.494 4	250.21	
2005-06-12	126	126	313	439	439	675.7	2 300	1 624.33	4.809 0	57.091 0	249.43	
2005-06-13	126	126	313	439	439	675.7	2 500	1 824.33	6.385 2	55.514 8	248.55	
2005-06-14	126	126	313	439	439	675.7	2 500	1 824.33	7.961 5	53.938 5	247.66	
2005-06-15	126	126	313	439	439	675.7	2 500	1 824.33	9.537 7	52.362 3	246.76	
2005-06-16	146	146	303	449	449	449	2 800	2 351	11.569 0	50.331 0	245.57	调水期
2005-06-17	146	146	303	449	449	449	2 800	2 351	13.600 2	48.299 8	244.35	
2005-06-18	146	146	303	449	449	449	2 800	2 351	15.631 5	46.268 5	243.11	
2005-06-19	146	146	303	449	449	449	2 800	2 351	17.662 8	44.237 2	241.83	
2005-06-20	146	146	303	449	449	449	2 800	2 351	19.694 0	42.206 0	240.52	
2005-06-21	146	146	565	711	711	711	3 000	2 289	21.671 7	40.228 3	239.21	
2005-06-22	146	146	565	711	711	711	3 000	2 289	23.649 4	38.250 6	237.88	
2005-06-23	146	146	565	711	711	711	3 000	2 289	25.627 1	36.272 9	236.47	
2005-06-24	146	146	565	711	711	711	3 000	2 289	27.604 8	34.295 2	235.07	
2005-06-25	146	146	565	711	711	711	3 000	2 289	29.582 5	32.317 5	233.61	
2005-06-26	576	576	135	711	711	711	3 200	2 489	31.733 0	30.167 0	231.97	
2005-06-27T0~12	576	576	135	711	3 000	3 000	3 200	200	31.819 4	30.080 6	231.90	
2005-06-27T13~24	576	576	135	711	3 000	3 000	3 200	200	31.905 8	29.994 2	231.83	
2005-06-28	576	1 500	135	1 635	1 635	1 635	3 200	1 565	33.258 0	28.642 0	230.74	排沙期
2005-06-29	576	1 500	135	1 635	1 635	1 635	3 200	1 565	34.610 1	27.289 9	229.62	
2005-06-30	576	1 500	135	1 635	1 635	1 635	3 200	1 565	35.962 3	25.937 7	228.46	
2005-07-01T0~5	576	1 500	392	1 892	1 892	1 892	3 200	1 308	36.197 7	25.702 3	228.25	
2005-07-01T6~24	576	576	392	968	968	968	3 200	2 232	37.724 4	24.175 6	226.90	
2005-07-02	576	576	392	968	968	968	3 200	2 232	39.652 8	22.247 2	225.09	

表12-14 方案Ⅱ-2水量调算过程

日期（年-月-日 T 时）	流量（m³/s）						小浪底水库					说明
	头道拐	万家寨水库	万家寨-潼关	潼关	三门峡水库入库	三门峡水库出库	小浪底水库	补泄流量（m³/s）	累计补水水量（亿m³）	库容（亿m³）	水位（m）	
2005-06-07	126	126	283	409	409	645.7	600	-45.667	-0.039 5	61.939 5	252.07	
2005-06-08	126	126	283	409	409	645.7	800	154.333	0.093 9	61.806 1	252.00	
2005-06-09	126	126	283	409	409	645.7	1 500	854.333	0.832 0	61.068 0	251.60	
2005-06-10	126	126	283	409	409	645.7	2 000	1 354.33	2.002 2	59.897 8	250.97	预泄期
2005-06-11	126	126	313	439	439	675.7	2 300	1 624.33	3.405 6	58.494 4	250.21	
2005-06-12	126	126	313	439	439	675.7	2 300	1 624.33	4.809 0	57.091 0	249.43	
2005-06-13	126	126	313	439	439	675.7	2 500	1 824.33	6.385 2	55.514 8	248.55	
2005-06-14	126	126	313	439	439	675.7	2 500	1 824.33	7.961 5	53.938 5	247.66	
2005-06-15	126	126	313	439	439	675.7	2 500	1 824.33	9.537 7	52.362 3	246.76	
2005-06-16	146	146	303	449	449	662	2 800	2 138	11.384 9	50.515 1	245.57	
2005-06-17	146	146	303	449	449	449	2 800	2 351	13.416 2	48.483 8	244.35	
2005-06-18	146	146	303	449	449	449	2 800	2 351	15.447 5	46.452 5	243.11	
2005-06-19	146	146	303	449	449	449	2 800	2 351	17.478 7	44.421 3	241.83	
2005-06-20	146	146	303	449	449	449	2 800	2 351	19.510 0	42.390 0	240.52	
2005-06-21	146	146	565	711	711	711	3 000	2 289	21.487 7	40.412 3	239.21	
2005-06-22	146	146	565	711	711	711	3 000	2 289	23.465 4	38.434 6	237.88	
2005-06-23	146	146	565	711	711	711	3 000	2 289	25.443 1	36.456 9	236.47	调水期
2005-06-24	146	146	565	711	711	711	3 000	2 289	27.420 8	34.479 2	235.07	
2005-06-25	146	146	565	711	711	711	3 000	2 289	29.398 5	32.501 5	233.61	
2005-06-26	576	576	135	711	711	711	3 200	2 489	31.549 0	30.351 0	231.97	
2005-06-27	576	576	135	711	711	711	3 200	2 489	33.699 5	28.200 5	230.22	
2005-06-28T0~12	576	576	135	711	3 000	3 000	3 200	200	33.785 9	28.114 1	230.15	
2005-06-28T13~24	576	576	135	711	3 000	3 000	3 200	200	33.872 3	28.027 7	230.08	
2005-06-29	576	1 500	135	1 635	1 635	1 635	3 200	1 565	35.224 4	26.675 6	228.94	
2005-06-30	576	1 500	135	1 635	1 635	1 635	3 200	1 565	36.576 6	25.323 4	227.76	排沙期
2005-07-01	576	1 500	392	1 892	1 892	1 892	3 200	1 308	37.706 7	24.193 3	226.74	
2005-07-02T0~5	576	1 500	392	1 892	1 892	1 892	3 200	1 308	37.942 1	23.957 9	226.53	
2005-07-02T6~24	576	576	392	968	968	968	3 200	2 232	39.468 8	22.431 2	225.09	

为控制的是万家寨与三门峡水库的联合调度方式及小浪底水库蓄水条件,前者可改善进入小浪底水库的水沙过程,而后者有利于小浪底水库异重流的运行状况。

表 12-15　2005 年小浪底水库调水期水量计算结果

方案	结束日期（月-日）	小浪底水库（亿 m³）			
		入库水量	出库水量	补水量	剩余水量
Ⅰ-1	06-26	11.636	42.509	30.873	8.874
Ⅰ-2	06-27	12.251	45.274	33.023	6.724
Ⅱ-1	06-26	10.776	42.509	31.733	8.014
Ⅱ-2	06-27	11.390	45.274	33.884	5.863

①万家寨水库调度。

万家寨水库泄水期,头道拐流量为 576 m³/s,万家寨水库可调水量 2.59 亿 m³。以尽可能较大的流量下泄但又不至于在北干流产生漫滩而造成水量损失为原则,万家寨水库平均下泄流量为 1 500 m³/s,补水历时 77 h。

②三门峡水库调度。

三门峡水库的调度可分为三门峡水库泄空期及敞泄排沙期两个时段。

a. 三门峡水库泄空期。

至 6 月 16 日,三门峡水库水位降至 312 m 或 315 m,相应蓄水量分别为 1.159 亿 m³ 和 2.02 亿 m³。在三门峡水库泄空期潼关流量为 711 m³/s。该时期三门峡水库加大下泄流量,控制水库平均下泄流量在 3 000 m³/s 内。方案Ⅰ约 14 h 泄空,方案Ⅱ约 24 h 泄空。三门峡水库在水位降至约 303 m 以下时,出库含沙量迅速增加,之后出现较大流量相应较高含沙量的水流,进入小浪底库区后,在适当的条件下产生异重流,为异重流前锋。

b. 三门峡水库敞泄排沙期。

该时期万家寨泄水进入三门峡水库,三门峡水库基本处于泄空状态,水流在三门峡水库为均匀明流流态,可在三门峡库区产生冲刷,形成较高含沙量水流,作为异重流持续运行的水沙过程。

万家寨与三门峡水库联合调度,各断面流量过程见表 12-11～表 12-14。

12.2.2.2　方案计算

采用数学模型计算、资料分析及理论与经验公式计算等方法,分别计算各方案下三门峡水库及小浪底水库的排沙过程。

1. 三门峡水库

采用黄科院建立的三门峡水库准二维恒定流泥沙冲淤水动力学数学模型来计算水库不同调度方式下水库排沙的结果,其结果见表 12-16。整个排沙期方案Ⅰ-1、方案Ⅰ-2、方案Ⅱ-1 及方案Ⅱ-2 三门峡水库累计冲刷量分别为 0.355 亿 t、0.350 亿 t、0.375 亿 t、0.373 亿 t;进入小浪底水库的沙量分别为 0.460 亿 t、0.453 亿 t、0.489 亿 t、0.472 亿 t。

表 12-16　2005 年三门峡水库泥沙冲淤计算结果

方案	日期（月-日 T 时）	潼关站		三门峡站		潼关至三门峡冲淤量（亿 t）
		流量（m³/s）	含沙量（kg/m³）	流量（m³/s）	含沙量（kg/m³）	
I－1	06-27T0～14	711	10	3 000	50	0.072
	06-27T15～24	1 635	10	1 635	170.6	0.095
	06-28	1 635	20	1 635	93.5	0.104
	06-29	1 635	20	1 635	58.3	0.054
	06-30T0～19	1 635	20	1 635	32.6	0.014
	06-30T20～24	711	10	711	29.8	0.003
	07-01	968	10	968	20.2	0.009
	07-02	968	10	968	14.8	0.004
	累计冲淤量(亿 t)					0.355
I－2	06-28T0～14	711	10	3 000	50	0.072
	06-28T15～24	1 635	10	1 635	170.6	0.095
	06-29	1 635	20	1 635	93.5	0.104
	06-30	1 635	20	1 635	58.3	0.054
	07-01T0～19	1 892	20	1 892	31.2	0.014
	07-01T20～24	968	10	968	29.1	0.003
	07-02	968	10	968	19.9	0.008
	累计冲淤量(亿 t)					0.350
II－1	06-27T0～12	711	10	3 000	0	－0.003
	06-27T13～24	711	10	3 000	55	0.068
	06-28	1 635	20	1 635	150.3	0.184
	06-29	1 635	20	1 635	68.3	0.068
	06-30	1 635	20	1 635	46.5	0.037
	07-01T0～5	1 892	20	1 892	32.6	0.004
	07-01T6～24	968	10	968	29.8	0.013
	07-02	968	10	968	14.8	0.004
	累计冲淤量(亿 t)					0.375
II－2	06-28T0～12	711	10	3 000	0	－0.003
	06-28T13～24	711	10	3 000	55	0.068
	06-29	1 635	20	1 635	150.3	0.184
	06-30	1 635	20	1 635	68.3	0.068
	07-01	1 892	20	1 892	44.8	0.041
	07-02T0～5	1 892	20	1 892	30.1	0.003
	07-02T6～24	968	10	968	27.8	0.012
	累计冲淤量(亿 t)					0.373

注:表中,负值表示冲刷,正值表示淤积。

2. 小浪底水库

小浪底水库 2005 年汛前淤积纵剖面见图 12-13。图中还显示了两方案的界定水位。由纵剖面可以看出，各方案在界定水位时，HH48 断面基本处于水库回水末端，在其以上库段水流为均匀明流输沙流态。虽然该库段比降大，水流处于次饱和状态，但由于淤积纵剖面基本接近原始地形，沿程无大量的泥沙补给，水流含沙量沿程不会有显著增加，即水库回水末端的水流含沙量可用入库含沙量代替；HH48 断面以下库段处于水库回水范围之内，该库段水流为壅水输沙流态，其中 HH47 断面—HH27 断面为淤积三角洲的顶坡段，随着库水位、入库流量及含沙量、地形的变化，该库段既可为壅水明流输沙流态，亦可为异重流输沙流态，这主要看三角洲洲面水深是否满足异重流潜入或异重流均匀流水深。

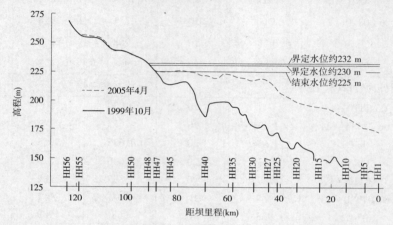

图 12-13　2005 年汛前小浪底库区纵剖面(深泓点)

1）异重流潜入及运行条件分析

异重流潜入位置与流量、水流含沙量、库区地形、水库蓄水位等因素有关。单宽流量大、含沙量小，则潜入点水深大，潜入位置下移。在排沙期，小浪底入库流量、水流含沙量及水库蓄水位等因素均不断变化，异重流潜入位置亦会随之发生较大的位移。

根据 2005 年汛前小浪底库区的纵剖面图（见图 12-13）可知，三角洲顶坡段的上段即 HH42 断面—HH47 断面的比降约为 1‰，根据表 12-16 计算出的三门峡出库流量、含沙量，由式(11-2)及式(11-3)计算在三门峡水库的泄空期及敞泄排沙期，异重流潜入点水深与均匀流水深见表 12-17。

从表 12-17 可以看出，在小浪底水库顶坡段的上段，大多数时段或者三角洲洲面水深不能满足异重流潜入水深，或者 $h'_n > h_0$，异重流潜入不成功。

由图 12-13 可以看出，在淤积三角洲的下段，沿程水深逐渐增加，亦有形成异重流的条件，因此大多时段异重流潜入点或位于淤积三角洲顶坡段的下部，或位于淤积三角洲顶点 HH27 断面以下的前坡段。

2）水库排沙计算

HH48 断面以上不再进行输沙计算，直接采用入库水沙过程作为水库回水末端处的水沙条件。淤积三角洲洲面库段采用壅水明流输沙计算，三角洲前坡段及其以下库段采用异重流输沙计算。

表 12-17　2005 年三门峡水库均匀流水深、潜入点水深计算结果

方案	三门峡站		h'_n(m)	h_0(m)	三角洲洲面水深 (m)
	流量(m³/s)	含沙量(kg/m³)			
I-1	3 000	50	9.70	4.63	7.12
	1 635	170.6	4.30	2.05	6.04
	1 635	93.5	5.26	2.51	4.93
	1 635	58.3	6.15	2.93	4.02
	1 635	32.6	7.47	3.56	3.63
I-2	3 000	50	9.70	4.63	5.39
	1 635	170.6	4.30	2.05	4.25
	1 635	93.5	5.26	2.51	3.09
	1 635	58.3	6.15	2.93	2.29
	1 892	31.2	8.35	3.98	1.93
II-1	3 000	55	9.40	4.48	6.83
	1 635	150.3	4.49	2.14	5.74
	1 635	68.3	5.84	2.78	4.62
	1 635	46.5	6.63	3.16	3.46
	1 892	32.6	8.23	3.93	3.25
II-2	3 000	55	9.40	4.48	5.08
	1 635	150.3	4.49	2.14	3.94
	1 635	68.3	5.84	2.78	2.76
	1 892	44.8	7.40	3.53	1.74
	1 892	30.1	8.45	4.03	1.53

(1)壅水明流输沙计算。

依据水库实测资料建立了水库壅水排沙计算经验关系式,即

$$\eta = a\lg Z + b \tag{12-27}$$

式中:η 为排沙比;Z 为壅水指标,$Z = \dfrac{VQ_入}{Q_出^2}$;V 为计算时段中蓄水体积;$a = -0.823\ 2$,$b = 4.508\ 7$。

此外,用三门峡水库 1963~1981 年的实测资料及盐锅峡 1964~1969 年的实测资料,建立粗沙($d > 0.05$ mm)、中沙($d = 0.025~0.05$ mm)、细沙($d < 0.025$ mm)分组泥沙出库输沙率关系式。

粗沙出库输沙率：

$$Q_{S出粗} = Q_{S入粗}\left(\frac{Q_{S出总}}{Q_{S入总}}\right)^{\frac{P^{1.78}_{入粗}}{0.399}} \qquad (12\text{-}28)$$

中沙出库输沙率：

$$Q_{S出中} = Q_{S入中}\left(\frac{Q_{S出总}}{Q_{S入总}}\right)^{\frac{P^{3.435\,8}_{入中}}{0.014\,5}} \qquad (12\text{-}29)$$

细沙出库输沙率：

$$Q_{S出细} = Q_{S出总} - Q_{S出粗} - Q_{S出中} \qquad (12\text{-}30)$$

采用式(12-27)～式(12-30)对小浪底库区顶坡段进行壅水排沙计算，结果见表12-18。

表 12-18　2005 年小浪底库区顶坡段壅水排沙计算结果

方案	时间（月-日 T 时）	三门峡站		计算含沙量（kg/m³）	计算排沙比（%）	某粒径组沙重百分数（%）		
		流量（m³/s）	含沙量（kg/m³）			细沙	中沙	粗沙
I－1	06-27T0～14	3 000	50	26.28	52.6	50.42	78.93	100
	06-27T15～24	1 635	170.6	54.66	32.0	31.45	83.52	100
	06-28	1 635	93.5	33.31	35.6	34.59	66.74	100
	06-29	1 635	58.3	24.00	41.2	31.31	64.45	100
	06-30T0～19	1 635	32.6	15.25	46.8	29.09	69.32	100
	06-30T20～24	711	29.8	7.05	23.7	35.50	71.72	100
	07-01	968	20.2	7.90	39.1	29.82	72.21	100
	07-02	968	14.8	7.92	53.5	28.39	61.13	100
I－2	06-28T0～14	3 000	50	30.41	60.8	46.98	75.59	100
	06-28T15～24	1 635	170.6	69.06	40.5	32.40	79.98	100
	06-29	1 635	93.5	38.98	41.7	32.87	64.65	100
	06-30	1 635	58.3	28.00	48.0	29.71	62.31	100
	07-01T0～19	1 892	31.2	19.93	63.9	26.84	63.58	100
	07-01T0～24	968	29.1	12.96	44.5	30.33	63.82	100
	07-02	968	19.9	10.65	53.5	28.28	66.96	100
II－1	06-27T13～24	3 000	55	30.80	56.0	48.98	77.54	100
	06-28	1 635	150.3	55.70	37.1	32.17	81.40	100
	06-29	1 635	68.3	29.22	42.8	32.57	64.29	100
	06-30	1 635	46.5	22.96	49.4	29.41	61.91	100
	07-01T0～5	1 892	32.6	19.27	59.1	27.53	65.11	100
	07-01T6～24	968	29.8	12.13	40.7	31.20	65.07	100
	07-02	968	14.8	7.96	53.8	28.24	66.87	100

方案	时间 （月-日 T 时）	三门峡站		计算 含沙量 （kg/m³）	计算 排沙比 （%）	某粒径组沙重百分数（%）		
		流量 （m³/s）	含沙量 （kg/m³）			细沙	中沙	粗沙
Ⅱ-2	06-28T13~24	3 000	55	35.69	64.9	45.28	73.94	100
	06-29	1 635	150.3	69.99	46.6	32.42	77.51	100
	06-30	1 635	68.3	36.80	53.9	29.76	60.95	100
	07-01	1 892	44.8	30.12	67.2	25.73	57.17	100
	07-02T0~5	1 892	30.1	21.80	72.4	25.55	60.96	100
	07-02T6~24	968	27.8	15.48	55.7	27.94	60.53	100

（2）异重流排沙计算。

假定异重流在小浪底淤积三角洲顶坡段下段潜入，以表 12-18 中小浪底库区顶坡段壅水排沙计算的流量、含沙量过程作为小浪底水库异重流潜入处的水沙条件，利用经小浪底水库实测资料率定后的式（12-24）计算异重流排沙过程，计算结果见表 12-19，小浪底水库异重流排沙期间，方案Ⅰ-1、方案Ⅰ-2、方案Ⅱ-1、方案Ⅱ-2 总排沙量分别为 0.032 7 亿 t、0.037 8 亿 t、0.036 5 亿 t、0.042 4 亿 t，排沙比分别为 7.12%、8.34%、7.46%、8.99%。

12.2.2.3　计算结果分析

2005 年汛前调水调沙模式与 2004 年调水调沙模式基本相似，本次计算结果与 2004 年调水调沙试验实测资料进行类比，可分析计算的可靠性。

1. 来水量

2005 年汛前预测的潼关断面流量过程较 2004 年有利。在三门峡水库泄空之时，万家寨水库泄水流达潼关断面的流量，前者历时 77 h 均为 1 635 m³/s，而后者连续 3 d 的日均流量分别为 920 m³/s、1 010 m³/s、824 m³/s。较大的流量过程有利于三门峡水库的冲刷。

表 12-19　计算小浪底出库含沙量过程

方案	日期 （月-日 T 时）	坝前异重流含沙量 （kg/m³）	小浪底沙量 （亿 t）	某粒径组沙重百分数（%）		
				细沙	中沙	粗沙
Ⅰ-1	06-27T0~14	9.83	0.013 4	96.70	100	100
	06-27T15~24	9.62	0.004 6	98.59	100	100
	06-28	6.27	0.007 2	99.43	100	100
	06-29	4.03	0.004 6	99.37	100	100
	06-30T0~19	2.36	0.002 2	99.20	100	100
	06-30T20~24	0.56	0.000 0	99.99	100	100
	07-01	0.79	0.000 5	99.97	100	100
	07-02	0.75	0.000 2	99.98	100	100
	累计沙量		0.032 7			

方案	日期 （月-日 T 时）	坝前异重流含沙量 （kg/m³）	小浪底沙量 （亿 t）	某粒径组沙重百分数（%）		
				细沙	中沙	粗沙
I-2	06-28T0~14	10.65	0.014 5	96.42	100	100
	06-28T15~24	12.74	0.006 1	98.67	100	100
	06-29	7.00	0.008 1	99.39	100	100
	06-30	4.48	0.005 2	99.34	100	100
	07-01T0~19	3.13	0.003 4	98.39	100	100
	07-01T20~24	1.33	0.000 2	99.98	100	100
	07-02	1.01	0.000 3	99.97	100	100
	累计沙量		0.037 8			
II-1	06-27T13~24	11.25	0.013 1	96.56	100	100
	06-28	10.04	0.011 6	98.72	100	100
	06-29	5.14	0.005 9	99.41	100	100
	06-30	3.61	0.004 2	99.35	100	100
	07-01T0~5	3.11	0.000 9	98.40	100	100
	07-01T6~24	1.28	0.000 6	99.98	100	100
	07-02	0.75	0.000 2	99.98	100	100
	累计沙量		0.036 5			
II-2	06-28T13~24	12.12	0.014 1	96.23	100	100
	06-29	12.92	0.014 9	98.77	100	100
	06-30	5.95	0.006 9	99.34	100	100
	07-01	4.57	0.005 3	98.53	100	100
	07-02T0~5	3.27	0.000 9	98.37	100	100
	07-02T6~24	1.47	0.000 3	99.99	100	100
	累计沙量		0.042 4			

2. 三门峡水库冲刷

2005 年汛前水沙条件与库区边界条件对三门峡水库的冲刷更为有利。在距坝约 30 km 库段，2005 年汛前淤积面明显高于 2004 年（见图 12-14），可补充的沙量较多，在同水位下冲刷效率较高。

2004 年调水调沙试验期间，三门峡水库泄空期及敞泄排沙期总冲淤量约为 0.4 亿 t，2005 年相应时期计算冲淤量为 0.350 亿~0.375 亿 t，二者相近。考虑潼关流量的不确定性，认为采用 2005 年的计算结果较为稳妥。

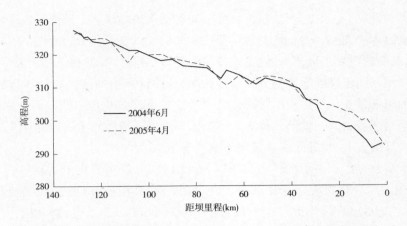

图 12-14　三门峡水库 2004 年 6 月与 2005 年 4 月干流纵剖面

3. 小浪底水库排沙

　　2005 年与 2004 年塑造异重流期间相比,2005 年小浪底入库流量大,应对输沙有利,但其地形条件及水位控制条件对输沙不利。二者前期地形及相应控制水位见图 12-15。2004 年塑造异重流期间,库区三角洲顶坡段发生了明显冲刷,冲淤量达 1.36 亿 m³。与调水调沙试验前纵剖面相比,三角洲的顶点从 HH41 断面(距坝 72.6 km)下移 24.6 km 至 HH29 断面(距坝 48 km),高程下降 23 余 m,在距坝 94 ~ 110 km 的河段内,河底高程恢复到了 1999 年的水平。

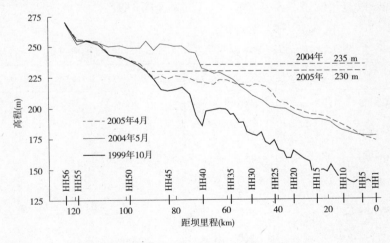

图 12-15　小浪底库区干流及相应控制水位

　　2005 年汛前,小浪底库区淤积三角洲基本在 225 m 高程以下,在塑造异重流期间,不仅不能补充入库水流含沙量,而且水流在小浪底库区淤积三角洲洲面输移过程中会产生较大的淤积,使水流含沙量沿程减少。

　　小浪底库区淤积三角洲洲面的排沙输移状况取决于壅水程度与流量的相对比值,式(12-27)中以壅水指标 Z 表示。水库蓄水位越高,则洲面水深越大,流速越小,水流输沙能力越低；相同的蓄水位，流量越大，则流速越大，水流输沙能力越强。在调水调沙期间的实际调度过程中，随入库流量、蓄水位及三角洲洲面的淤积抬升，壅水指标 Z 会发生较大的变化，甚至会改变水流流态，变壅水排沙为异重流排沙，排沙比会随之发生变化。

分析在壅水明流排沙库段的分组排沙状况，认为计算出的细颗粒泥沙排沙比相对较小。其原因可能是在计算过程中首先计算全沙输沙率，然后分别计算粗沙、中沙输沙率，细沙输沙率为三者之间的差值。显然细沙输沙率承揽了另外两组的计算误差，若粗沙、中沙输沙率计算值偏大，将导致细颗粒泥沙输沙率偏小。

当浑水运行至淤积三角洲顶点以下时，毫无疑问会产生异重流，是否可以运行到坝前，可以采用图 12-10 判断。将表 12-18 计算的小浪底淤积三角洲顶点处的流量与含沙量点绘于图 12-10 中，可以看出，个别时段位于 B 区，即临界状态。考虑到以下因素：①界定水位有降低的空间。方案中采用的界定水位分别为 232 m 与 230 m，从水量调节计算结果看，界定水位可适当降低，从而提高壅水明流输沙库段的排沙比。在实施调度过程中，可根据来水预报情况，从满足排沙期补水需求出发确定界定水位；②计算的壅水明流输沙库段的细颗粒泥沙排沙比偏小；③图 12-10 中采用的资料系列为 2001～2004 年，异重流潜入点一般位于距坝 60～70 km 处，而 2005 年时，三角洲顶点位于距坝 44.5 km 处，异重流潜入后运行距离较短，相对而言对水沙条件的要求应弱一些。综上所述，本书认为异重流运行到坝前是可能的。

12.2.2.4 补充方案计算

调水调沙开始后，头道拐及潼关的实际流量小于前期预估流量，根据最新的潼关流量预估（见表 12-20），进行了补充方案计算。

表 12-20 万家寨水库调度方式预估后 10 d 逐日径流过程

时间（年-月-日 T 时）	潼关站流量（m³/s）	时间（年-月-日 T 时）	潼关站流量（m³/s）
2005-06-22	100	2005-06-27	1 200
2005-06-23	90	2005-06-28T0～14	1 200
2005-06-24	80	2005-06-28T15～24	200
2005-06-25	80	2005-06-29	200
2005-06-26T0～12	80	2005-06-30	100
2005-06-26T13～24	1 200	2005-07-01	90

截至 6 月 22 日 8 时，三门峡史家滩水位为 315.12 m，相应库容为 2.075 亿 m³，小浪底坝上水位为 336.62 m，相应库容为 40.84 亿 m³，小浪底水库界定水位为 230 m。小浪底下泄流量有两种方案，具体方案及水量调算过程见表 12-21 及表 12-22，三门峡水库泥沙冲淤计算结果见表 12-23，小浪底库区顶坡段壅水排沙计算结果见表 12-24，小浪底出库含沙量过程见表 12-25。

表 12-21　补充方案 1 水量调算过程

日期 (年-月-日 T 时)	流量 (m³/s)					小浪底水库			说明
	潼关	三门峡水库入库	三门峡水库出库	小浪底水库	补泄流量 (m³/s)	累计补水量(亿 m³)	库容(亿 m³)	水位(m)	
2005-06-22	100	100	100	3 300	3 200	1.843 2	38.996 8	238.39	
2005-06-23	90	90	90	3 300	3 210	4.616 6	36.223 4	236.44	
2005-06-24	80	80	80	3 600	3 520	7.657 9	33.182 1	234.26	调水期
2005-06-25	80	80	80	3 600	3 520	10.699 2	30.140 8	231.95	
2005-06-26T0~4	80	80	80	3 600	3 520	11.206 1	29.633 9	231.60	
2005-06-26T5~12	80	80	2 962	3 600	638	11.389 8	29.450 2	231.56	
2005-06-26T13~24	1 200	1 200	2 962	3 600	638	11.481 7	29.358 3	231.33	
2005-06-27	1 200	1 200	1 200	3 600	2 400	13.555 3	27.284 7	229.61	
2005-06-28T0~14	1 200	1 200	1 200	2 800	1 600	14.361 7	26.478 3	228.93	
2005-06-28T15~24	200	200	1 200	2 800	1 600	14.937 7	25.902 3	228.43	排沙期
2005-06-29T0~2	200	200	1 200	2 800	1 600	15.052 9	25.787 1	228.33	
2005-06-29T3~24	200	200	200	2 800	2 600	17.112 1	23.727 9	226.49	
2005-06-30	200	100	100	2 800	2 700	19.444 9	21.395 1	224.28	
2005-07-01	90	90	90	2 800	2 710	21.786 3	19.053 7		

表 12-22 补充方案 2 水量调算过程

日期 (年-月-日 T 时)	流量 (m³/s)				补泄流量 (m³/s)	小浪底水库			说明
	潼关	三门峡水库入库	三门峡水库出库	小浪底水库		累计补水量 (亿 m³)	库容 (亿 m³)	水位 (m)	
2005-06-22	100	100	100	3 300	3 200	1. 843 2	38. 996 8	238. 39	
2005-06-23	90	90	90	3 700	3 610	4. 962 2	35. 877 8	236. 23	
2005-06-24	80	80	80	3 700	3 620	8. 089 9	32. 750 1	233. 94	调水期
2005-06-25	80	80	80	3 300	3 220	10. 872 0	29. 968 0	231. 81	
2005-06-26T0 ~ 4	80	80	80	3 300	3 220	11. 335 7	29. 504 3	231. 44	
2005-06-26T5 ~ 12	80	80	2 962	3 300	338	11. 433 0	29. 407 0	231. 36	
2005-06-26T13 ~ 24	1 200	1 200	2 962	3 300	338	11. 481 7	29. 358 3	231. 32	
2005-06-27	1 200	1 200	1 200	3 300	2 100	13. 296 1	27. 543 9	229. 83	
2005-06-28T0 ~ 14	1 200	1 200	1 200	3 300	2 100	14. 354 5	26. 485 5	228. 93	
2005-06-28T15 ~ 24	200	200	1 200	3 300	2 100	15. 110 5	25. 729 5	228. 28	排沙期
2005-06-29T0 ~ 2	200	200	1 200	3 300	2 100	15. 261 7	25. 578 3	228. 15	
2005-06-29T3 ~ 24	200	200	200	3 300	3 100	17. 716 9	23. 123 1	225. 93	
2005-06-30	100	100	100	3 300	3 200	20. 481 7	20. 358 3	223. 19	
2005-07-01	90	90	90	3 300	3 210	23. 255 1	17. 584 9		

表 12-23　三门峡水库泥沙冲淤补充方案计算结果

日期 (年-月-日 T 时)	潼关站		三门峡站		潼关—三门峡 冲淤量(亿 t)
	流量(m³/s)	含沙量(kg/m³)	流量(m³/s)	含沙量(kg/m³)	
2005-06-26T0 ~ 4	100	10	80	0	0
2005-06-26T5 ~ 12	90	10	2 962	0	0
2005-06-26T13 ~ 24	80	10	2 962	82.1	0.105
2005-06-27	80	10	1 200	192.7	0.199
2005-06-28T0 ~ 14	80	10	1 200	90.2	0.054
2005-06-28T15 ~ 24	80	10	1 200	52.1	0.022
2005-06-29T0 ~ 2	1 200	20	1 200	31.5	0.001
2005-06-29T3 ~ 24	1 200	20	200	19.6	− 0.016
2005-06-30	1 200	20	100	16.5	− 0.019
2005-07-01	200	10	90	14.8	− 0.001
累计冲淤量(亿 t)					0.345

表 12-24　补充方案小浪底库区顶坡段壅水排沙计算结果

方案	时间 (年-月-日 T 时)	三门峡站		计算 排沙比 (%)	计算 含沙量 (kg/m³)	某粒径组沙重百分数(%)		
		流量 (m³/s)	含沙量 (kg/m³)			细沙	中沙	粗沙
1	2005-06-26T0 ~ 4	80	0	0	0	0	0	0
	2005-06-26T5 ~ 12	2 962	0	0	0	0	0	0
	2005-06-26T13 ~ 24	2 962	82.1	57.6	47.25	48.20	78.64	100
	2005-06-27	1 200	192.7	30.1	57.99	29.35	85.56	100
	2005-06-28T0 ~ 14	1 200	90.2	37.0	33.33	31.64	71.83	100
	2005-06-28T15 ~ 24	1 200	52.1	40.7	21.18	30.58	67.78	100
	2005-06-29T0 ~ 2	1 200	31.5	42.6	13.43	30.05	73.60	100
	2005-06-29T3 ~ 24	200	19.6	20.4	3.99	33.75	76.43	100
	2005-06-30	100	16.5	19.6	3.24	33.31	77.04	100
2	2005-06-26T0 ~ 4	80	0	0	0	0	0	0
	2005-06-26T5 ~ 12	2 962	0	0	0	0	0	0
	2005-06-26T13 ~ 24	2 962	82.1	58.1	47.68	48.00	78.43	100
	2005-06-27	1 200	192.7	29.6	56.99	29.17	85.78	100
	2005-06-28T0 ~ 14	1 200	90.2	36.3	32.73	31.72	72.09	100
	2005-06-28T15 ~ 24	1 200	52.1	41.1	21.43	30.50	67.60	100
	2005-06-29T0 ~ 2	1 200	31.5	43.8	13.80	29.98	73.15	100
	2005-06-29T3 ~ 24	200	19.6	20.6	4.04	33.72	76.29	100
	2005-06-30	100	16.5	20.4	3.37	33.25	76.65	100

表 12-25　补充方案小浪底出库含沙量过程

方案	日期 （年-月-日 T 时）	坝前异重流含沙量 （kg/m³）	小浪底沙量 （亿 t）	某粒径组沙重百分数（%）		
				细沙	中沙	粗沙
1	2005-06-26T0 ~ 4	0	0			
	2005-06-26T5 ~ 12	0	0			
	2005-06-26T13 ~ 24	17.12	0.019 7	96.2	100	100
	2005-06-27	7.34	0.005 7	99.7	100	100
	2005-06-28T0 ~ 14	4.40	0.002 0	99.9	100	100
	2005-06-28T15 ~ 24	2.74	0.000 9	99.9	100	100
	2005-06-29T0 ~ 2	1.69	0.000 1	99.9	100	100
	2005-06-29T3 ~ 24	0.01	0			
	2005-06-30	0	0			
	2005-07-01	0	0			
	累计沙量		0.028 4			
2	2005-06-26T0 ~ 4	0	0			
	2005-06-26T5 ~ 12	0	0			
	2005-06-26T13 ~ 24	0.019 9	0.019 9	96.29	100	100
	2005-06-27	0.005 8	0.005 8	99.77	100	100
	2005-06-28T0 ~ 14	0.002 0	0.002 0	99.9	100	100
	2005-06-28T15 ~ 24	0.000 9	0.000 9	99.9	100	100
	2005-06-29T0 ~ 2	0.000 1	0.000 1	99.9	100	100
	2005-06-29T3 ~ 24	0	0			
	2005-06-30	0	0			
	2005-07-01	0	0			
	累计沙量		0.028 7			

从以上表中的计算结果可以看出,三门峡水库累计冲刷量为 0.345 亿 t,进入小浪底水库的沙量为 0.389 亿 t,方案 1、方案 2 的总排沙量分别为 0.028 4 亿 t、0.028 7 亿 t,排沙比分别为 7.30%、7.38%。

12.2.2.5　方案实施效果

2005 年 6 月 28 日,潜入点位于麻峪下游 1 km 处峪里沟口附近,即位于 HH27 断面以下 1.43 km 处;同时 6 月 29 日在 HH31 断面,6 月 30 日在 HH28 断面也观测到异重流。正如前面所分析的,潜入位置随着均匀流水深及异重流潜入点水深的相对变化而发生变化。

淤积三角洲洲面库段属于壅水明流输沙,与设计是相吻合的。

计算小浪底水库出库沙量为 0.028 4 亿 t,实测出库沙量为 0.021 4 亿 t,二者十分接近,表明预案分析计算结果是准确的。

12.2.3 2006年黄河调水调沙

根据防汛要求,黄河中游水库在7月1日之前的蓄水位应降至汛限水位。则万家寨、三门峡、小浪底水库蓄水位应分别降至966 m、305 m、225 m。因此,利用各水库汛限水位以上的蓄水在2006年汛前进行调水调沙。在调水调沙之前及其期间中游不发生洪水的条件下,利用万家寨、三门峡水库蓄水及三门峡库区非汛期拦截的泥沙,通过水库联合调度,塑造有利于在小浪底库区形成异重流排沙的水沙过程。

本次异重流排沙方案是基于汛初各水库的蓄水条件及边界条件,并遵循调水调沙调度指标,以有利于在小浪底库区形成异重流排沙为目标进行了水库联合调度方案初步设计,并通过三门峡水库排沙及小浪底水库异重流输沙计算,定量给出了各水库出库水沙过程,其结果可供2006年调水调沙水库调度所参考。

12.2.3.1 设计条件

根据调水调沙时机和河道边界条件,调水调沙于6月10日开始,6月10~11日小浪底水库按控制花园口断面流量2 600 m³/s下泄,6月12~14日按控制花园口断面流量3 000 m³/s下泄,6月15日起按照控制花园口断面流量3 500 m³/s下泄。实时调度过程中,视下游河道洪水演进及工程情况适当增大或减小下泄流量,直至小浪底库水位降至汛限水位,调水调沙结束。

1. 水量

根据各水库目前的蓄水状况,预测至调水调沙前期可调水量如下:

(1)万家寨水库。6月10日0时,水位为975.7 m,蓄水量为5.278亿 m³,至汛限水位966 m之间可供水量约2.017亿 m³。

(2)三门峡水库。6月10日0时,水位为317.9 m,蓄水量为4.238亿 m³,至汛限水位305 m之间可供水量约3.706亿 m³。

(3)小浪底水库。6月10日0时,水位为254.1 m,相应蓄水量为62.38亿 m³,至汛限水位225 m之间可供水量约42.3亿 m³。

6月10~11日,小浪底水库按流量2 555 m³/s预泄2 d,6月12~14日按流量2 955 m³/s预泄3 d。6月15日调水调沙正式开始,按控制花园口断面流量3 500 m³/s下泄,小浪底水库下泄流量为3 455 m³/s,至6月29日,调水调沙结束。

(4)来水量。调水调沙期间黄河上中游来水量采用水情预报结果。

2. 沙源分析

小浪底水库自运用以来,库区回水范围内主要以异重流形式输移泥沙。其泥沙来源主要有以下几种途径:①流域来沙,主要是中游发生洪水挟带的泥沙;②冲刷三门峡水库淤积的泥沙;③冲刷小浪底水库三角洲的泥沙。

据分析,黄河中游5~6月发生洪水的概率不大,若调水调沙之前及其期间不发生洪水,则仅能利用水库已有的水沙,通过水库联合调度塑造出满足异重流排沙的水沙过程。因此,针对调水调沙之前及其期间黄河中游不发生洪水的情况下,对水库边界条件及可能的来水来沙条件来进行分析,并预估水库的排沙状况是必要的。

（1）三门峡水库补沙量分析。三门峡水库可补沙量主要为非汛期淤积在库区的泥沙。图 12-16 为 2005 年三门峡库区干流冲淤量分布图，从图中可以看出，2005 年汛期，三门峡库区干流部分上游略有淤积，下部明显发生冲刷，冲刷范围从 HY39 断面至大坝，冲淤量约为 1.6 亿 m³，HY39 断面以上淤积约为 0.2 亿 m³。

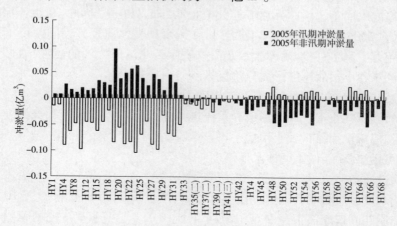

图 12-16　2005 年三门峡库区干流冲淤量分布

非汛期，潼关以上河段发生了明显的冲刷，潼关河段略有冲刷，潼关以下河段发生明显的淤积，淤积量主要分布在 HY18 断面—HY29 断面，HY31 断面以下共淤积泥沙 0.75 亿 m³。

根据 2005 年 5 月至 2006 年 4 月的 5 次实测资料，点绘了三门峡库区干流纵剖面，见图 12-17。

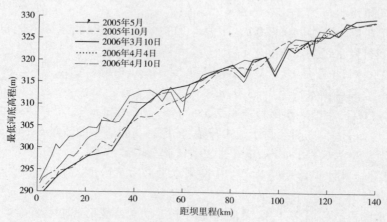

图 12-17　三门峡库区干流河床纵剖面（深泓点）

从图 12-17 中可以看出，2006 年 4 月与 2005 年 10 月相比，库底均有所抬升，特别是距坝 50 km 以下库段，抬升幅度更为明显。因此，在三门峡水库泄水及泄空后冲刷过程中，这部分泥沙可随之排出库区。

2006 年非汛期淤积在三门峡水库近坝段的泥沙，多数是细颗粒泥沙。图 12-18 给出了 2006 年 4 月实测的库区淤积泥沙中值粒径沿程分布情况。

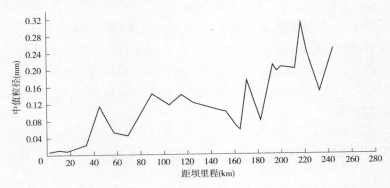

图 12-18 2006 年 4 月三门峡库区淤积泥沙中值粒径沿程分布

从图 12-18 中可以看出,在距坝 40 km(HY21 断面)以下的范围内,淤积泥沙的中值粒径基本都在 0.02 mm 左右,在淤积三角洲范围内(距坝 70 km),淤积泥沙中值粒径大多在 0.05 mm 以下,对淤积泥沙的冲刷及输送是有利的。

(2)小浪底水库补沙量分析。2006 年 4 月小浪底库区干流纵剖面见图 12-19,三角洲顶坡段比降约为 4.3‰,三角洲顶点位于距坝 48 km 的 HH29 断面,顶点高程约为 224.68 m。

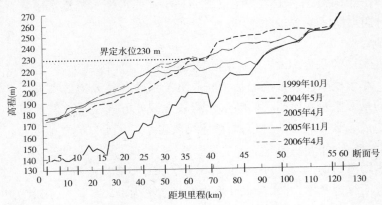

图 12-19 小浪底库区干流纵剖面(深泓点)

在三门峡水库泄流期间,小浪底水库淤积三角洲洲面为明流输沙,可产生沿程冲刷,使水流含沙量沿程增大。鉴于目前仅有小浪底库区三角洲的表面级配资料,暂不考虑水库回水末端以上泥沙的沿程补给,以入库含沙量代替水库回水末端水流含沙量。

12.2.3.2 方案设计

调水调沙过程中,考虑了两种情况:①不联合万家寨、三门峡水库,单靠小浪底水库蓄水进行下游河道调水调沙;②通过万家寨、三门峡、小浪底水库的水沙联合调度,人工塑造小浪底库区异重流。

1.小浪底单库调水调沙方案

本方案不联合万家寨、三门峡水库,单靠小浪底水库蓄水进行下游河道调水调沙,三水库蓄水均匀下泄,其中三门峡水库不发生冲刷,不具备在小浪底水库发生异重流的条件,2006年小浪底单库调水调沙水量调算过程见表12-26。

2. 万家寨、三门峡、小浪底三库联合调度调水调沙方案

本方案沿用2004年第三次调水调沙试验及2005年调水调沙生产运行模式,根据水库调度及库区水沙输移特点,整个调水调沙过程可划分为两个阶段,分别定义为调水期与排沙期。调水期及排沙期两阶段以小浪底蓄水位界定(简称界定水位),2006年调水调沙界定水位约为230 m。界定水位230 m与汛限水位225 m之间的蓄水量为5.05亿m^3,满足排沙期的补水要求。

调水期主要是利用小浪底水库蓄水,在入库流量的基础上补水至调控流量下泄,以达到扩大下游河槽过洪能力的目的。调水期间小浪底水库水位逐渐下降,接近界定水位时转入排沙期。

排沙期主要是利用万家寨、三门峡水库联合调度,塑造有利于在小浪底库区形成异重流排沙的水沙过程,尽可能实现在小浪底水库产生异重流并排沙出库的目标。

联合万家寨、三门峡水库的调水调沙方案,万家寨、三门峡和小浪底水库联合调度过程见表12-27。

1)调水期

预泄期万家寨、三门峡水库增蓄,至6月15日0时,调水期开始时,万家寨水库水位维持在977 m,三门峡水库水位维持在318 m。小浪底水库水位逐渐下降,接近界定水位230 m左右时调水期结束,转入排沙期。

2)排沙期

排沙期各水库的联合调度,以尽可能实现在小浪底库区产生异重流并排沙出库为主要目标之一。小浪底水库异重流输移状况取决于水沙条件及边界条件。显然,二者可实现人为控制的是万家寨水库与三门峡水库的联合调度方式及小浪底水库蓄水条件,前者可改善进入小浪底水库的水沙过程,而后者可改善小浪底水库异重流的运行状况。

(1)万家寨水库调度。

万家寨水库泄水期,水库可调水量2.017亿m^3,头道拐流量为351 m^3/s。从下泄流量与历时两方面综合考虑,万家寨水库平均下泄流量为1 254 m^3/s,历时72 h。

(2)三门峡水库调度。

三门峡水库的调度可分为泄空期和敞泄排沙期两个时段。

①泄空期。

至6月15日,三门峡水库水位约318 m,相应蓄水量为4.342亿m^3。在三门峡水库泄空期,潼关流量为490 m^3/s。该时期三门峡水库加大下泄流量,在水位降至约303 m以下时出库含沙量迅速增加。之后,出现较大流量相应较高的含沙量水流,进入小浪底库区后,在适当的边界条件下产生异重流,为异重流前锋。

②敞泄排沙期。

当三门峡库水位降至300 m(即三门峡水库对接水位)左右时,万家寨水库泄水到达三门峡水库坝前,此时三门峡水库基本处于泄空状态,水流在三门峡水库为明流流态,可在三门峡库区产生冲刷,形成较高含沙量水流,作为异重流持续运行的水沙过程。

表12-26 2006 年小浪底单库调沙水量调算过程

日期(月-日)	万家寨水库				万家寨—潼关关区间加水(m³/s)	潼关流量(m³/s)	三门峡水库				小浪底水库			
	Q入库(m³/s)	Q出库(m³/s)	日末蓄水量(亿m³)	日末水位(m)			Q入库(m³/s)	Q出库(m³/s)	日末蓄水量(亿m³)	日末水位(m)	Q入库(m³/s)	Q出库(m³/s)	日末蓄水量(亿m³)	日末水位(m)
06-10	317	242	5.278	975.7	113	355	355	331	4.238	317.9	331	2 555	62.380	254.1
06-11	335	260	5.343	976.0	125	385	385	361	4.259	317.9	361	2 555	60.458	253.1
06-12	335	260	5.408	976.2	125	385	385	361	4.279	317.9	361	2 955	58.563	252.1
06-13	335	260	5.472	976.5	125	385	385	361	4.300	317.9	361	2 955	56.322	250.9
06-14	335	260	5.537	976.7	125	385	385	361	4.321	318.0	361	2 955	54.080	249.6
06-15	335	260	5.602	977.0	125	640	640	935	4.342	318.0	935	3 455	51.839	248.4
06-16	335	515	5.446	976.4	125	640	640	935	4.087	317.7	935	3 455	49.662	247.1
06-17	335	515	5.291	975.8	125	640	640	935	3.832	317.3	935	3 455	47.485	245.8
06-18	335	515	5.135	975.1	125	640	640	935	3.577	317.0	935	3 455	45.307	244.5
06-19	335	515	4.980	974.5	125	640	640	935	3.322	316.6	935	3 455	43.130	243.2
06-20	335	515	4.824	973.8	125	640	640	935	3.067	316.1	935	3 455	40.953	241.8
06-21	335	515	4.669	973.1	125	671	671	964	2.812	315.7	964	3 455	38.776	240.3
06-22	351	532	4.512	972.5	139	671	671	964	2.559	315.1	964	3 455	36.623	238.9
06-23	351	532	4.356	971.8	139	671	671	964	2.306	314.5	964	3 455	34.471	237.3
06-24	351	532	4.200	971.0	139	671	671	964	2.053	313.8	964	3 455	32.319	235.8
06-25	351	532	4.043	970.3	139	671	671	964	1.800	313.1	964	3 455	30.167	234.1
06-26	351	532	3.887	969.5	139	671	671	964	1.547	312.2	964	3 455	28.014	232.4
06-27	351	532	3.731	968.7	139	671	671	964	1.293	311.0	964	3 455	25.862	230.6
06-28	351	532	3.574	967.8	139	671	671	964	1.040	309.5	964	3 455	23.710	228.7
06-29	351	532	3.418	966.9	139	671	671	964	0.787	307.6	964	3 455	21.558	226.6
06-30	351	532	3.261	966.0	139	671	671	964	0.534	305.0	964	3 455	19.406	224.2

表 12-27　三库联合调度水量调算过程

日期 (月-日)	万家寨水库				万家寨—潼关区间加水 (m³/s)	潼关流量 (m³/s)	三门峡水库				小浪底水库				说明
	Q入库 (m³/s)	Q出库 (m³/s)	日末蓄水量 (亿m³)	日末水位 (m)			Q入库 (m³/s)	Q出库 (m³/s)	日末蓄水量 (亿m³)	日末水位 (m)	Q入库 (m³/s)	Q出库 (m³/s)	日末蓄水量 (亿m³)	日末水位 (m)	
06-10	317	242	5.278	975.7					4.238	317.9			62.380	254.1	预泄期
06-11	335	260	5.343	976.0	113	355	355	331	4.259	317.9	331	2 555	60.458	253.1	
06-12	335	260	5.408	976.2	125	385	385	361	4.279	317.9	361	2 555	58.563	252.1	
06-13	335	260	5.472	976.5	125	385	385	361	4.300	317.9	361	2 955	56.322	250.9	
06-14	335	260	5.537	976.7	125	385	385	361	4.321	318.0	361	2 955	54.080	249.6	
06-15	335	335	5.602	977.0	125	385	385	361	4.342	318.0	361	2 955	51.839	248.4	
06-16	335	335	5.602	977.0	125	460	460	460	4.342	318.0	460	3 455	49.252	246.9	调水期
06-17	335	335	5.602	977.0	125	460	460	460	4.342	318.0	460	3 455	46.664	245.3	
06-18	335	335	5.602	977.0	125	460	460	460	4.342	318.0	460	3 455	44.076	243.8	
06-19	335	335	5.602	977.0	125	460	460	460	4.342	318.0	460	3 455	41.488	242.1	
06-20	335	335	5.602	977.0	125	460	460	460	4.342	318.0	460	3 455	38.901	240.4	
06-21	351	351	5.602	977.0	139	460	460	460	4.342	318.0	460	3 455	36.313	238.6	
06-22	351	1 254	4.822	973.8	139	490	490	490	4.342	318.0	490	3 455	33.751	236.8	
06-23	351	1 254	4.042	970.3	139	490	490	490	4.342	318.0	490	3 455	31.190	234.9	
06-24	351	1 254	3.261	966.0	139	490	490	490	4.342	318.0	490	3 455	28.628	232.9	
06-25	351	351	3.261	966.0	139	490	490	3 061.3	2.188	314.2	3 061.3	3 455	26.066	230.8	排沙期
06-26	351	351	3.261	966.0	139	490	490	3 518.5	0.172	299.6	3 518.5	3 455	25.673	230.5	
06-27	351	351	3.261	966.0	139	1 393	1 393	1 688.9	0.001	292.5	1 688.9	3 455	25.280	230.1	
06-28	351	351	3.261	966.0	139	1 393	1 393	1 403.7	0.000	291.1	1 403.7	3 455	23.503	228.5	
06-29	351	351	3.261	966.0	139	1 393	1 393	1 393.5	0.000	291.1	1 393.5	3 455	21.721	226.8	

12.2.3.3　方案计算结果与分析

采用数学模型计算、资料分析及理论与经验公式计算等方法,分别计算三门峡库区排沙过程及小浪底库区异重流排沙过程。

1. 三门峡水库

表 12-28 为采用黄科院三门峡水库准二维恒定流泥沙冲淤水动力学数学模型计算三门峡水库排沙结果,排沙期的第 1~2 天(6 月 25~26 日)为三门峡水库泄空期,该时段的后期三门峡水库开始排沙,且水流含沙量迅速增加,平均含沙量分别约为 1.21 kg/m³ 和 75.6 kg/m³。第 3 天(6 月 27 日),万家寨泄水进入三门峡水库,产生沿程及溯源冲刷,为三门峡水库敞泄排沙期,三门峡库区出库最大日均含沙量达 198.51 kg/m³,之后逐渐减小。

表 12-28　三门峡水库泥沙冲淤计算结果

日期 (月-日)	潼关站		三门峡站		三门峡水库 坝前水位(m)
	流量(m³/s)	含沙量(kg/m³)	流量(m³/s)	含沙量(kg/m³)	
06-24	490.00	10	490.00	0.00	318.00
06-25	490.00	10	4 558.30	1.21	314.20
06-26	490.00	10	3 046.30	75.60	299.62
06-27	1 393.00	15	1 595.40	198.51	292.50
06-28	1 393.00	15	1 409.50	61.10	291.13
06-29	1 393.00	15	1 404.30	23.10	291.08
累计沙量(亿 t)	0.067		0.580		

整个排沙期入库沙量为 0.067 亿 t,水库累计冲刷量为 0.513 亿 t,进入小浪底水库沙量为 0.580 亿 t。

2. 小浪底水库

利用经小浪底水库实测资料率定后的韩其为异重流排沙公式计算异重流排沙过程,结果见表 12-29。

表 12-29　小浪底水库异重流排沙过程

天数 (d)	坝前异重流 含沙量(kg/m³)	小浪底站			小于某粒径组的沙重百分数(%)		
		流量 (m³/s)	含沙量 (kg/m³)	沙量 (亿 t)	0.01 mm	0.025 mm	0.05 mm
0~1	0.08	3 455	0.06	0	88.04	99.95	100
1~2	11.01	3 455	10.25	0.031	79.42	99.77	100
2~3	25.73	3 455	10.35	0.031	94.18	99.99	100
3~4	7.05	3 455	2.25	0.007	97.24	99.98	100
4~5	2.76	3 455	0.87	0.003	97.32	99.99	100
累计沙量(亿 t)				0.072			

从表 12-29 中可以看出,小浪底水库异重流排沙期间,排沙量为 0.072 亿 t,排沙比为 7.1%。

基于万家寨、三门峡、小浪底水库三库联调及小浪底水库塑造异重流的模式,自 2004 年第三次调水调沙试验,到 2005 年调水调沙生产运行已经进行两年,2006 年为第 3 年。从图 7-19 中可以看出,2004 年汛前小浪底库区三角洲洲面远高于界定水位及 2006 年三角洲洲面,225 ~ 250 m 回水范围内库底比降介于 8.66‰ ~ 10.05‰,三角洲洲面发生冲刷,出库沙量为 0.043 3 亿 t;2005 年汛前三角洲顶坡段的上段,即 HH42 断面—HH47 断面比降约为 1‰,三角洲洲面处于 225 m 回水范围之内,淤积三角洲洲面发生壅水明流输沙,出库沙量仅为 0.021 4 亿 t;2006 年三角洲洲面介于二者之间,比降约为 4.3‰,计算排沙量为 0.071 亿 t,分析认为是基本可行的,可作为 2006 年调水调沙预案小浪底水库异重流排沙参考。

12.2.3.4 方案实施效果

2006 年,小浪底水库人工塑造异重流可分为两个阶段。第一阶段从 6 月 25 日 1 时 30 分三门峡水库开始加大流量下泄清水开始,至万家寨水流到达三门峡坝前(26 日 12 时左右),此阶段最大流量为 4 830 m³/s(26 日 7 时 12 分),下泄水流对小浪底水库上段产生冲刷,含沙量沿程增加,满足形成异重流并持续运行的水沙条件。第二阶段为万家寨水流进入三门峡水库拉沙下泄高含沙水流,使第一阶段形成的异重流得到加强。在整个异重流塑造过程中,冲刷三门峡水库产生的最大含沙量为 318 kg/m³(26 日 12 时)。

三门峡水库加大下泄流量之后,6 月 25 日 9 时 42 分在 HH27 断面下游 200 m 监测到异重流潜入现象,自三门峡增大下泄流量至异重流潜入时间间隔约 8 h。此后潜入点位于 HH27 断面—HH24 断面,最下至 HH24 断面上游 500 m。

随着三门峡水库的下泄流量、含沙量相继开始减少,至 28 日 14 时,三门峡水文站观测到流量为 9.11 m³/s,16 时含沙量为 1.67 kg/m³,异重流开始衰退直至消亡。6 月 28 日 17 时,桐树岭断面异重流厚度仅为 1.39 m,从 29 日开始小浪底排沙洞关闭,异重流结束。

6 月 26 日 5 时 20 分桐树岭断面监测到异重流,标志着塑造的异重流运行至坝前。异重流自潜入到运行至坝前的时间约为 19 h,平均运行速度约为 2.26 km/h。

与 2004 年和 2005 年相比,由于三角洲洲面比降较大,河床泥沙组成偏细,加之异重流潜入位置靠下等有利于异重流排沙,此次人工异重流的排沙量达到了 0.071 亿 t,全库区的排沙比达到了 30.7%。

12.2.4 2008 年黄河调水调沙

12.2.4.1 设计条件

2008 年汛前调水调沙计划于 6 月 16 日正式开始,期间控制花园口流量按 2 600 ~ 3 800 m³/s 下泄。根据各水库目前的蓄水状况,预测至调水调沙前期可调水量如下:

(1)万家寨水库。

6 月 15 日末,水位为 977 m,蓄水量为 4.8 亿 m³,至汛限水位 966 m 之间可供水量约为 1.83 亿 m³。

(2)三门峡水库。

6月15日末,水位为318 m,蓄水量为4.22亿 m³,至汛限水位305 m之间可供水量约为3.85亿 m³。

（3）小浪底水库。

6月15日末,水位为245.4 m,相应蓄水量为41.43亿 m³,至汛限水位225 m之间可供水量约为26.10亿 m³。

（4）来水量。

调水调沙期间黄河上中游来水量采用水情预报结果。

12.2.4.2 方案设计

调水调沙过程中,考虑了3种情况:①三门峡、小浪底水库联合调度调水调沙,期间在小浪底库区塑造异重流;②通过万家寨、三门峡、小浪底水库联合调度调水调沙,期间在小浪底库区塑造异重流;③中游发生天然洪水(潼关站1984年6月洪水过程),三门峡、小浪底水库联合调度。

1. 三门峡、小浪底联合调度调水调沙方案

本方案万家寨正常运用,只考虑三门峡、小浪底水库联合调度进行调水调沙。经调算(见表12-30),衔接水位约228.33 m,衔接水位与汛限水位225 m之间的蓄水量为2.87亿 m³。进入排沙期后,三门峡水库以2 432 m³/s的流量下泄1 d;以3 383 m³/s的流量下泄12 h以及626 m³/s的流量下泄12 h直至水库泄空,在临近泄空时出库含沙量迅速增加,之后出现较大流量相应较高含沙量的水流,进入小浪底库区后,在适当的边界条件下产生异重流。

表12-30　方案3 三门峡、小浪底联合调度水量调算过程

日期	三门峡				小浪底		
（月-日）	入库流量 （m³/s）	出库流量 （m³/s）	日末蓄水 （亿 m³）	日末水位 （m）	出库流量 （m³/s）	日末蓄水 （亿 m³）	日末水位 （m）
06-15			4.220	318.00		41.430	245.40
06-16	568	568	4.220	318.00	2 554	39.714	244.36
06-17	568	568	4.220	318.00	3 254	37.393	242.93
06-18	568	568	4.220	318.00	3 654	34.727	241.22
06-19	568	568	4.220	318.00	3 654	32.061	239.45
06-20	568	568	4.220	318.00	3 754	29.308	237.55
06-21	518	518	4.220	318.00	3 755	26.511	235.51
06-22	518	518	4.220	318.00	3 755	23.715	233.35
06-23	518	518	4.220	318.00	3 755	20.918	230.98
06-24	518	518	4.220	318.00	3 655	18.207	228.33
06-25	518	2 432.8	2.566	315.42	3 655	17.151	227.19
06-26	518	3 383.5	0.090	299.08	3 655	16.917	226.93

続表 12-30

日期 （月-日）	三门峡				小浪底		
	入库流量 （m³/s）	出库流量 （m³/s）	日末蓄水 （亿 m³）	日末水位 （m）	出库流量 （m³/s）	日末蓄水 （亿 m³）	日末水位 （m）
06-27	518	625.86	0	—	2 955	14.904	224.42
06-28	518	518	0	—	518	14.904	224.42
06-29	518	518	0	—	518	14.904	224.42
06-30	518	518	0	—	518	14.904	224.42
07-01	518	518	0	—	518	14.904	224.42
07-02	518	518	0	—	518	14.904	224.42

注：在实际调度过程中，从三门峡水库加大泄量开始直至泄空。

2. 万家寨、三门峡、小浪底三库联合调度调水调沙方案

本方案沿用中游水库联合调度调水调沙模式，根据水库调度及库区水沙输移的特点，整个调水调沙过程可划分为 2 个阶段，分别定义为调水期与排沙期。调水期主要是利用小浪底水库蓄水，在入库流量的基础上补水至调控流量下泄，以达到扩大下游河槽过洪能力的目的。这期间小浪底水库水位逐渐下降，接近衔接水位时转入排沙期；排沙期主要利用万家寨、三门峡水库联合调度，塑造有利于在小浪底库区形成异重流排沙的水沙过程，实现三门峡水库排沙及在小浪底水库产生异重流并排沙出库的目标。调水期及排沙期两阶段以三门峡水库加大泄量时，小浪底水库相应蓄水位界定（简称衔接水位）。依据小浪底水库边界条件、中游水库蓄水状况等综合分析，确定衔接水位为 229.8 m。

万家寨、三门峡和小浪底水库调度过程见表 12-31。

表 12-31　方案 2 万家寨、三门峡、小浪底三库联合调度水量调算过程

日期 （月-日 T 时）	三门峡				小浪底		
	入库流量 （m³/s）	出库流量 （m³/s）	日末蓄水 （亿 m³）	日末水位 （m）	出库流量 （m³/s）	日末蓄水 （亿 m³）	日末水位 （m）
			4.222	318		41.430	245.39
06-16	390	758	3.904	317.57	2 554	39.878	244.46
06-17	390	758	3.586	317.14	3 254	37.722	243.13
06-18	390	758	3.268	316.66	3 654	35.220	241.53
06-19	390	758	2.950	316.14	3 654	32.717	239.89
06-20	390	758	2.632	315.55	3 754	30.129	238.13
06-21	340	708	2.314	314.90	3 755	27.496	236.24
06-22	340	708	1.996	314.09	3 755	24.864	234.25
06-23	340	708	1.678	313.15	3 755	22.231	232.13
06-24	340	708	1.360	312.00	3 655	19.685	229.80

日期 (月-日 T 时)	三门峡				小浪底		
	入库流量 (m³/s)	出库流量 (m³/s)	日末蓄水 (亿 m³)	日末水位 (m)	出库流量 (m³/s)	日末蓄水 (亿 m³)	日末水位 (m)
06-25T0 ~ 12	340	872	1.131	310.99	3 655	19.381	229.52
06-25T13 ~ 24	340	2 951.2	0.003	—	3 655	18.179	228.30
06-26	1 270	1 272.5	0	—	3 655	16.120	225.99
06-27	1 270	1 270	0	—	2 955	14.664	224.10
06-28	1 150	1 270	0	—	1 150	14.768	224.24
06-29	340	341.72	0	—	340	14.769	224.24
06-30	340	340.01	0	—	340	14.769	224.24
07-01	340	340.01	0	—	340	14.769	224.24

注:在实际调度过程中,从三门峡水库加大泄量开始直至泄空。

1)调水期

6 月 16 日 0 时调水期开始时,万家寨水库蓄水位从 977 m 开始,塑造 3 d 洪峰,降至汛限水位 966 m;三门峡水库蓄水位从水位 318 m 降至 312 m。小浪底水库水位逐渐下降,接近衔接水位 229.8 m 左右时调水期结束,转入排沙期。

2)排沙期

排沙期各水库的联合调度,以实现在小浪底库区产生异重流并排沙出库为主要目标之一。小浪底水库异重流输移状况取决于水沙条件及边界条件。显然,两者可实现人为控制的是万家寨与三门峡水库的联合调度方式及小浪底水库蓄水条件,前者可改善进入小浪底水库的水沙过程,而后者可改善小浪底水库异重流运行状况。

(1)万家寨水库调度。

万家寨水库泄水期,水库可调水量 2.306 亿 m³,头道拐 6 月 16 ~ 20 日流量为 300 m³/s,6 月 21 日以后流量为 270 m³/s。从下泄流量与历时两方面综合考虑,万家寨水库平均下泄 2 d 流量为 1 200 m³/s,下泄 1 d 流量为 1 080 m³/s。

(2)三门峡水库调度。

三门峡水库的调度可分为三门峡水库泄空期及敞泄排沙期两个时段。

①三门峡水库泄空期。

至 6 月 16 日 0 时,三门峡水库水位约为 318 m,相应蓄水量为 4.22 亿 m³。由于三门峡水库在 16 日开始逐渐泄水,至 6 月 25 日 0 时,水位降至 312 m。在三门峡水库泄空期,潼关流量为 340 m³/s,该时期三门峡水库加大下泄流量,以 872 m³/s 的流量下泄 12 h,以 2 951 m³/s 的流量下泄 12 h,在临近泄空时出库含沙量迅速增加,之后出现较大流量相应较高含沙量的水流,进入小浪底库区后,在适当的边界条件下产生异重流,为异重流前锋。

②三门峡水库敞泄排沙期。

当三门峡水库泄空时,万家寨泄水加区间来水以 1 150 ~ 1 270 m³/s 的流量持续 3 d

的水流过程到达三门峡水库坝前,此时三门峡水库基本处于泄空状态,水流在三门峡水库为明流输沙流态,可在三门峡库区产生冲刷,形成较高含沙量的水流,作为异重流持续运行的水沙过程。

3. 天然洪水三门峡、小浪底水库联合调度调水调沙方案

本方案是考虑在调水调沙期间出现天然洪水时,三门峡、小浪底水库联合进行调水调沙。选用潼关站 1984 年 6 月份洪水过程作为典型洪水(见表 12-32)。

表 12-32　潼关站 1984 年 6 月份洪水过程

日期 (月-日)	流量 (m³/s)	输沙率 (t/s)	含沙量 (kg/m³)	小于某粒径(mm)百分数(%)		
				0.01	0.025	0.05
06-23	1 100	13.9	12.64	71.8	17.6	10.6
06-24	1 830	54.2	29.62	62.6	23.9	13.5
06-25	1 800	57.6	32	69.6	21.8	8.6
06-26	1 610	55.2	34.29	66.5	20.3	13.2
06-27	1 670	45.1	27.01	64.7	22.4	12.9
06-28	1 650	39.1	23.7	63.4	22.5	14.1
06-29	1 490	27.4	18.39	62	22.7	15.4
06-03	1 310	26.7	20.38	67.2	19.4	13.4
07-01	1 260	21.8	17.3	70.1	19.3	10.7

在发生天然洪水的条件下,经过水量调算,确定衔接水位为 237 m,衔接水位与汛限水位 225 m 之间的蓄水量为 13.202 亿 m³。根据潼关的流量确定三门峡水库以 2 790 m³/s 流量下泄 1 d 直至水库泄空,临近泄空时冲刷出现的含沙水流进入小浪底库区,在适当的边界条件下产生异重流作为异重流的前锋。接下来自然洪水到达三门峡水库坝前,产生的高含沙量水流作为小浪底水库异重流持续运行的水沙过程,直至排沙出库。详细水量调算过程见表 12-33。

表 12-33　方案 4 天然洪水时三门峡、小浪底水库联合调度水量调算过程

日期 (月-日)	三门峡水库				小浪底水库		
	入库流量 (m³/s)	出库流量 (m³/s)	日末蓄水 (亿 m³)	日末水位 (m)	出库流量 (m³/s)	日末蓄水 (亿 m³)	日末水位 (m)
			4.222	318		41.430	245.39
06-16	390	390	4.222	318	2 554	39.560	244.27
06-17	390	390	4.222	318	3 254	37.086	242.73
06-18	390	390	4.222	318	3 654	34.266	240.92
06-19	390	390	4.222	318	3 654	31.446	239.04
06-20	390	390	4.222	318	3 754	28.539	237.00
06-21	340	2 774.7	2.118	314.40	3 755	27.692	236.38

日期 （月-日）	三门峡水库				小浪底水库		
	入库流量 （m³/s）	出库流量 （m³/s）	日末蓄水 （亿 m³）	日末水位 （m）	出库流量 （m³/s）	日末蓄水 （亿 m³）	日末水位 （m）
06-22	340	2 923.7	0	—	3 755	26.974	235.85
06-23	1 100	1 340.6	0	—	3 755	24.888	234.27
06-24	1 830	1 821.7	0	—	3 655	23.304	233.02
06-25	1 800	1 753	0	—	3 655	21.661	231.63
06-26	1 610	1 625.2	0	—	3 655	19.907	230.03
06-27	1 670	1 665	0	—	3 655	18.187	228.31
06-28	1 650	1 610.1	0	—	3 655	16.421	226.34
06-29	1 490	1 445.2	0	—	2 955	15.116	224.71
06-30	1 310	1 297.7	0	—	1 310	15.106	224.69
07-01	1 260	1 030.4	0	—	1 260	14.907	224.43
07-02	340	171.76	0		340	14.762	224.23

12.2.4.3　方案计算结果与分析

采用数学模型计算、资料分析及理论与经验公式计算等方法，分别计算三门峡库区排沙过程及小浪底库区异重流排沙过程。

1. 三门峡水库

在三门峡水库泄空期，该时段后期三门峡水库开始排沙，且水流含沙量迅速增加。之后为三门峡水库敞泄排沙期，进入三门峡水库的水流过程，在库区产生沿程及溯源冲刷。

采用黄科院三门峡水库准二维恒定流泥沙冲淤水动力学模型计算，调水调沙期间，三门峡水库出库沙量分别为 0.261 亿 t、0.619 亿 t、0.965 亿 t，见表 12-34。

表 12-34　三门峡水库泥沙冲淤计算结果

方案	日期 （月-日 T 时）	三门峡水库		
		流量（m³/s）	含沙量（kg/m³）	沙量（亿 t）
1	06-24	518.0	0	0
	06-25	2 432.8	1.08	0.002
	06-26	3 383.5	25.00	0.073
	06-27	625.9	195.30	0.106
	06-28	518.2	94.34	0.042
	06-29	518.0	47.79	0.021
	06-30	518.0	21.45	0.010
	07-01	518.0	14.27	0.006
	合计			0.260

方案	日期 （月-日 T 时）	三门峡水库		
		流量（m³/s）	含沙量（kg/m³）	沙量（亿 t）
2	06-24	844.05	0	0
	06-25T1 ~ 12	872.00	0	0
	06-25T13 ~ 24	2 951.20	97.00	0.124
	06-26	1 272.50	195.00	0.214
	06-27	1 270.00	125.06	0.137
	06-28	1 270.00	96.48	0.106
	06-29	341.72	56.76	0.017
	06-30	340.01	48.16	0.014
	07-01	340.01	23.83	0.007
	合计			0.619
3	06-20	390.00	0	0
	06-21	2 774.70	2.50	0.006
	06-22	2 923.70	42.00	0.106
	06-23	1 340.60	166.86	0.193
	06-24	1 821.70	103.37	0.163
	06-25	1 753.00	88.63	0.134
	06-26	1 625.20	67.59	0.095
	06-27	1 665.00	53.67	0.077
	06-28	1 610.10	47.39	0.066
	06-29	1 445.20	36.72	0.046
	06-30	1 297.70	41.22	0.046
	07-01	1 030.40	25.55	0.023
	07-02	171.76	66.33	0.010
	合计			0.965

2. 小浪底水库

2008 年 4 月小浪底库区干流纵剖面见图 12-20，淤积三角洲顶点位于距坝 27.18 km 的 HH17 断面，顶点高程约为 219 m。三角洲洲面比降约为 2.8‰，基本上接近输沙平衡比降，即使在明流均匀流条件下，也不会有大量的泥沙补给，因此暂且以入库含沙量代替水库回水末端水流含沙量。

（1）异重流潜入位置分析。

在水库蓄水位及淤积形态一定的情况下，异重流潜入位置与流量、水流含沙量等因素

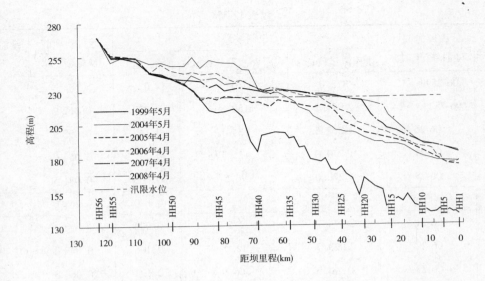

图 12-20　小浪底库区干流纵剖面（深泓点）

有关。单宽流量大，含沙量小，则潜入点水深大，潜入位置下移。

大量研究表明，小浪底水库异重流潜入点水深亦可用下式计算

$$h_0 = 1.185\left(\frac{1}{\eta_g g}\frac{Q^2}{B^2}\right)^{\frac{1}{3}}$$

据分析，小浪底库区产生异重流时所对应的水沙条件应为三门峡水库泄空期，将各方案的小浪底水库入库流量及含沙量代入上式可计算出异重流潜入点的水深。并由此判断出方案 1、方案 2 的潜入位置在距坝 30 km 附近，方案 3 的潜入位置为距坝 58 km 附近。调水调沙期间因入库流量与含沙量、蓄水位、地形等因素不断变化，异重流潜入点位置会随之产生较大的位移。

（2）异重流排沙计算。

根据图表 12-34 三门峡水库排沙量，利用经小浪底水库实测资料率定后的韩其为异重流排沙公式计算异重流排沙过程，结果见表 12-35。

表 12-35　小浪底水库异重流排沙过程

方案	入库时间（月-日 T 时）	三门峡站			运行到坝前沙量（亿 t）	排沙比（%）
		入库流量（m³/s）	入库含沙量（kg/m³）	沙量（亿 t）		
1	06-25	2 432.8	1.1	0.002	0	30.72
	06-26	3 383.5	25.0	0.073	0.032 9	
	06-27	625.9	195.3	0.106	0.026 0	
	06-28	518.2	94.3	0.042	0.009 7	
	合计			0.223	0.068 6	

方案	入库时间（月-日 T 时）	三门峡站			运行到坝前沙量（亿 t）	排沙比（%）
		入库流量（m³/s）	入库含沙量（kg/m³）	沙量（亿 t）		
2	06-25T1 ~ 12	872.0	0	0	0	38.90
	06-25T13 ~ 24	2 951.2	180.8	0.230	0.062 2	
	06-26	1 272.5	134.1	0.147	0.093 9	
	06-27	1 270.0	125.1	0.137	0.054 0	
	06-28	1 270.0	96.5	0.106	0.031 5	
	合计			0.620	0.241 6	
3	06-21	2 774.7	2.5	0.006	0	27.04
	06-22	2 923.7	42.0	0.106	0.043 2	
	06-23	1 340.6	166.9	0.193	0.063 3	
	06-24	1 821.7	103.4	0.163	0.055 7	
	06-25	1 753.0	88.6	0.134	0.034 2	
	06-26	1 625.2	67.6	0.095	0.022 4	
	06-27	1 665.0	53.7	0.077	0.014 4	
	06-28	1 610.1	47.4	0.066	0.010 1	
	06-29	1 445.2	36.7	0.046	0.006 5	
	06-30	1 297.7	41.2	0.046	0.006 0	
	07-01	1 030.4	25.6	0.023	0.002 5	
	合计			0.955	0.258 3	

从表 12-35 中可以看出,小浪底水库异重流排沙期间,方案 1 ~ 方案 3 排沙量分别为 0.068 6 亿 t、0.241 6 亿 t、0.258 3 亿 t,对应时段的入库沙量分别为 0.223 亿 t、0.620 亿 t、0.955 亿 t,对应排沙比分别为 30.72%、38.90%、27.04%。

3. 计算结果分析

(1)由于历年三门峡水库在泄水冲刷期,出库含沙量级配有一定的差别,这对异重流输沙会产生较大的影响。因目前暂无三门峡水库级配资料,本次计算出库悬沙级配根据历年汛前调水调沙继配资料分析采用。

(2)由于方案 3 在三门峡水库排沙期,与小浪底水库衔接水位较高,达 237 m,异重流运行距离长且在三角洲部分库段会呈壅水明流输沙流态,对排沙效果产生影响;同时在调水调沙期间,洪水过程提前或滞后,异重流运行距离随库水位的变化而不同,也会对排沙效果产生较大影响。

(3)建议采用方案 2:万家寨、三门峡、小浪底水库联合调度,以增加三门峡水库冲刷量,增大小浪底水库排沙比。

12.2.4.4　不同方案对比计算

调水调沙后几天的小浪底水库入库、出库流量见表12-36,按衔接水位分别为226 m、227 m、228 m、229 m进行排沙计算,计算结果见表12-37。

表 12-36　小浪底水库排沙期间入库、出库流量

时间	入库流量（m³/s）	出库流量（m³/s）
排沙第1天	340	3 655
排沙第2天	1 270	2 555
排沙第3天	670	2 555
排沙第4天	340	1 455
排沙第5天	340	340

表 12-37　不同衔接水位时计算排沙结果

衔接水位（m）	回水长度（km）	结束水位（m）	入库沙量（亿 t）	出库沙量（亿 t）	排沙比（%）
226	48.00	220.06	0.404 3	0.144 1	35.64
227	50.91	221.33	0.404 3	0.137 3	33.96
228	53.73	222.70	0.404 3	0.126 2	31.21
229	54.98	224.08	0.404 3	0.111 3	27.53

12.3　小　结

小浪底水库拦沙初期,进入水库的泥沙唯有形成异重流方能排泄出库。显而易见,通过水库的合理调度,可充分利用异重流的规律,达到延长水库寿命的目的。

基础理论与基本规律的研究不仅是对自然现象和自然演变规律的认知过程,而且是掌握进而利用这些自然规律的基础。通过对小浪底水库异重流实测资料的整理、二次加工及分析,水槽试验及实体模型相关试验成果,结合对前人提出的计算公式的验证等,提出了可定量描述小浪底水库天然来水来沙条件及现状边界条件下,异重流持续运行条件、不同水沙组合条件下异重流运行速度及排沙效果的表达式,在调水调沙试验中发挥了应有的作用。

基于异重流输移等规律制订预案并科学调度。在黄河中游未发生洪水的情况下,通过万家寨、三门峡与小浪底水库精确联合调度,充分利用万家寨、三门峡水库汛限水位以上水量泄放的能量,并借助自然的力量,冲刷三门峡水库非汛期淤积的泥沙与堆积在小浪底库区上段的泥沙,塑造异重流并排沙出库,实现了水库排沙及调整其库尾段淤积形态的目的,对今后小浪底水库的调水调沙具有重要意义。

第13章 水库干支流倒灌问题研究

小浪底库区支流众多,275 m 高程以下原始库容大于 1 亿 m³ 的支流有 11 条。库区支流平时流量很小甚至断流,只是在汛期发生历时短暂的洪水时,有砂卵石推移质顺流而下。据计算分析,库区支流年平均推移质输沙总量约为 27 万 t,悬移质输沙量约为 297 万 t,与干流来沙量相比忽略不计。因此,支流库容的拦沙量取决于干流进入支流的沙量。

小浪底水库支流原始库容为 52.634 亿 m³,约占总库容的 41.3%。支流库容的有效利用与否将对整个水库的防洪、减淤等综合利用效益产生影响。从系列年模型试验结果看:①大多支流淤积形态与设计相近,但库区原始库容最大的支流畛水的淤积形态与设计值有较大的差别;②支流淤积形态与小浪底目前的淤积形态有较大差别。针对这两方面的问题,本章通过官厅水库与丹江口水库干支流倒灌与淤积形态方面的实测资料,对模型试验结果的合理性进行类比分析。

13.1 小浪底水库畛水河干支流倒灌问题

小浪底库区支流的淤积主要为干流来沙倒灌所致。支流河床倒灌淤积量与天然的地形条件、干支流交汇处干流的淤积形态、来水来沙过程等因素密切相关。支流淤积纵剖面形态除与倒灌淤积量有关外,还取决于支流平面形态。

13.1.1 畛水河概况

畛水是小浪底水库最大的支流,位于干流 HH11 断面—HH12 断面的右岸,距小浪底大坝约 18 km,原始库容达 17.67 亿 m³,占支流总库容的 33.5%,275 m 高程回水长度达 20 km 以上,图 13-1 为支流畛水平面布置图。图 13-2 为支流畛水设计淤积形态,图中显示支流原始河床比降为 56‰。水库拦沙期淤积形态:沟口 257.1 m 高程处为支流拦门沙坎,也相当于干支流交汇处干流滩面高程,拦门沙坎倒坡比降为 26‰,与支流滩地 252.4 m 高程的水平淤积面衔接,倒锥体高差为 4.7m。水库正常运用期河口冲刷形态:干流形成高滩深槽后,支流河床与河口段拦门沙倒锥体经支流多年洪水逐渐冲刷下切,形成与干流滩槽相应的淤积形态。图 13-2 中16.8‰与 6‰衔接的槽底纵剖面即为支流洪水冲刷塑造的河槽纵剖面。在水库调水调沙运用过程中,该纵剖面河口段河槽或被干流倒灌淤堵,或被支流洪水冲开,处于不稳定状态。

13.1.2 水库运用以来畛水河淤积形态

小浪底水库于 2000 年 5 月正式投入运用,至 2000 年 10 月,泥沙淤积在干流形成明显的三角洲洲面段、前坡段与坝前淤积段,干流纵剖面淤积形态已经转为三角洲淤积。随着库区泥沙的不断淤积,总的趋势是:三角洲洲面不断抬高,三角洲顶点不断向坝前推进,异重流潜入点也不断向下游移动,至2010年10月,潜入点已由2000年11月的HH40断面(距坝69.39 km)下移至HH11断面、HH12断面和畛水河口之间。

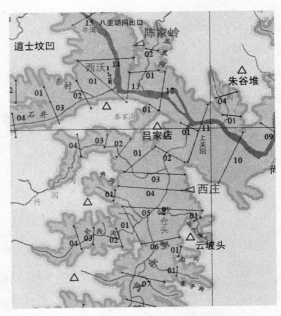

图13-1 支流畛水平面布置

至2010年汛前,支流畛水一直处于干流三角洲下游,淤积形式基本为异重流倒灌,支流口门淤积较为平整,基本与干流同步抬升,只是由于受地形条件和泥沙沿程分选淤积的影响,在异重流倒灌的近几年,畛水河床纵剖面沿水流流向呈现一定的倒坡,小浪底水库运用以

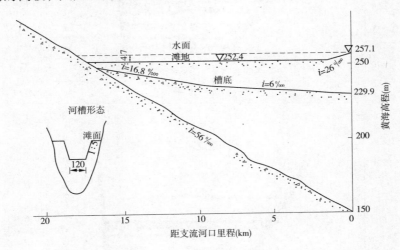

图13-2 支流畛水设计淤积形态

来历年畛水纵剖面见图13-3。随着干流河床淤积面的不断抬高,支流内部淤积面抬升缓慢,使得干支流淤积面的高差呈逐年增加的趋势,河床纵剖面倒坡也将愈加明显。沟口横断面淤积形势基本为平行抬升淤积(见图13-4)。由于2010年汛期三角洲顶点推移到畛水沟口,畛水沟口对应干流滩面迅速抬升,此时干流滩面高程达到215 m,畛水沟口(ZS01断面)也大幅度抬升,河底平均高程为213.6 m,而在畛水内部(ZS04断面)还不到206.9 m,畛水ZS05断面河底平均高程最低,为206.7 m,因此在沟口形成明显的拦门沙坎,高约7 m。

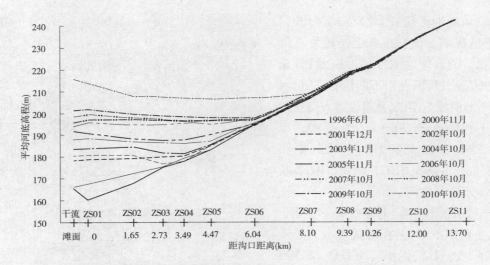

图 13-3　畛水历年汛后纵剖面(平均河底高程)

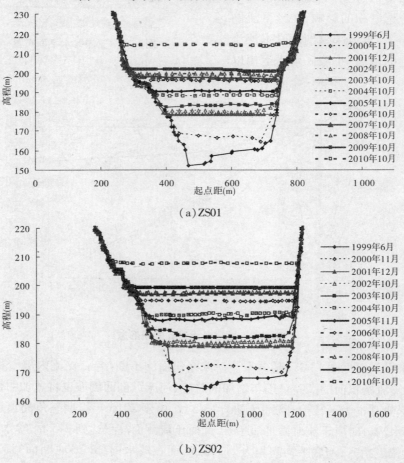

（a）ZS01

（b）ZS02

图 13-4　畛水沟口横断面淤积形势

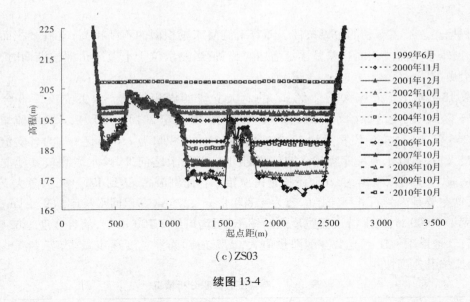

（c）ZS03

续图 13-4

13.1.3　畛水河淤积形态成因分析

支流河床倒灌淤积过程与天然的地形条件（支流口门的宽度）、干支流交汇处干流的淤积形态（有无滩槽或滩槽高差，河槽远离或贴近支流口门）、来水来沙过程（历时、流量、含沙量）等因素密切相关。历年观测资料表明，畛水入汇水沙量较少，基本上无水沙入库，因此畛水淤积几乎全部为干流倒灌淤积。畛水的拦门沙坎主要是由天然的地形条件造成的，畛水沟口断面狭窄约 600 m，见图 13-5，干流水沙侧向倒灌进入畛水时过流宽度小，意味着进入畛水的沙量少。畛水上游地形开阔，如距口门约 3 km 处，河谷宽度达 2 500 m 以上，倒灌进入支流的水沙沿流程过流宽度骤然增加，流速迅速下降，挟沙能力大幅度减小，泥沙沿程大量淤积，倒灌进入畛水的浑水越远离口门，挟带的沙量越少，而过流（铺沙）宽度大，这是畛水内部淤积面抬升幅度小的根本原因，这也为狭窄的支流口门快

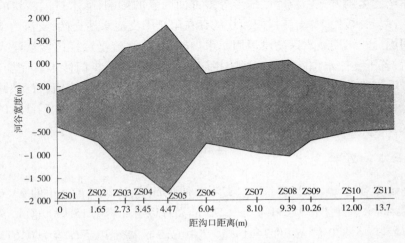

图 13-5　畛水 275 m 高程平面展布

速淤积抬高创造了有利的边界条件。随着干流河床淤积面的不断抬高,支流淤积面抬升缓慢,使得干支流淤积面高差呈逐年增加的趋势;当畛水位于干流三角洲的洲面时,这种趋势会更加明显。

表 13-1 给出了库区大于 2 亿 m^3 的六大支流的淤积情况。六大支流库容合计为 37.806 亿 m^3,占支流原始库容的 71.8%;1999 年 10 月至 2010 年 10 月,六大支流累计淤积 4.266 亿 m^3,占支流淤积量的 73.2%。支流畛水淤积量为 1.691 亿 m^3,为各支流淤积量的最大值,占畛水原始库容的 9.6%,除距坝较近的大峪河外,畛水淤积较其他支流滞后。从表 13-1 可以看出,石井河淤积量占原始库容比例最高,达到 17.7%,为各大支流最大值,这主要是因为石井河原始库容为 4.804 亿 m^3,275 m 高程回水长度约 9.4 km,沟口宽度大于 2 000 m,向上游过流宽度逐渐缩窄,距沟口约 2 700 m 处,河谷宽度缩窄至 500 m 左右。地形条件使干流水沙倒灌量值大,支流内部铺沙宽度逐步减少,与支流畛水相比,河床抬升速度快。

表 13-1　典型支流淤积分析情况

支流名称	1999 年 10 月库容(亿 m^3)	2010 年 10 月库容(亿 m^3)	淤积量(亿 m^3)	淤积占原始库容(%)	长度(km)
大峪河	5.797	5.285	0.512	8.8	12.5
东洋河	3.111	2.759	0.352	11.3	10.4
西阳河	2.353	2.032	0.320	13.6	8.7
沇西河	4.070	3.531	0.539	13.2	6.4
畛水河	17.671	15.981	1.691	9.6	19.4
石井河	4.804	3.952	0.852	17.7	9.4
合计	37.806	33.540	4.266	11.3	

受水库调度运用方式以及库区地形等多方面因素的影响,畛水拦门沙坎的形成存在一定的必然性。分析发现,支流拦门沙坎的存在阻止干支流水沙交换,支流内部库容不能得到有效利用。非汛期或水库防洪运用库水位较高时,水流漫过拦门沙坎注入支流。库水位下降后,若干支流水位差不足以影响拦门沙的稳定,或是拦门沙不被完全冲开时,支流形成与干流隔绝的水域,造成支流内部库容无法充分利用,使得支流拦沙坎减淤效益受到影响,甚至会影响水库防洪效益。针对这种现象,有必要开展畛水拦门沙坎的预防治理研究,以提出支流的综合利用措施。

13.1.4　畛水河库容变化

畛水原始库容达 17.672 亿 m^3,占支流总原始库容 52.634 亿 m^3 的 33.6%。截至 2010 年汛后,畛水累计淤积 1.691 亿 m^3,275 m 高程以下库容为 15.981 亿 m^3,见图 13-6,占同期支流库容 46.850 亿 m^3 的 34.1%。其中,215 m 高程以下库容为 0.673 亿 m^3,汛限水位 225 m 以下库容为 1.916 亿 m^3,占相同高程下支流总库容 10.503 亿 m^3 的 18.2%。

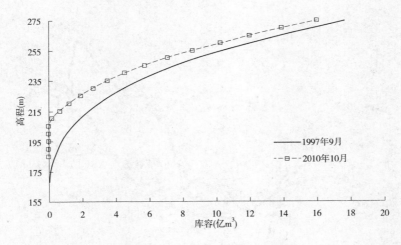

图 13-6　支流畛水不同时期库容曲线

13.2　官厅水库妫水河干支流倒灌问题

13.2.1　妫水河概况

由于小浪底库区支流地形条件有显著的差别,系列年试验反映出的各支流淤积形态也有明显的不同,尤其是支流畛水淤积形态与设计形态相差较为明显。官厅水库干流与支流妫水河之间的自然条件与小浪底水库干流及支流畛水的自然条件相近,分析官厅水库相关实测资料,可把握模型试验结果的可信度。

位于永定河的官厅水库是我国 20 世纪 50 年代修建于多沙河流上的第一座大型骨干工程,1955 年 10 月正式蓄水运用。库区支流妫水河的自然条件与小浪底库区支流畛水的自然条件相似,利用官厅水库的实测资料可对支流畛水模型试验结果的合理性进行类比分析。

官厅水库库区平面形态如图 13-7 所示。官厅水库原设计总库容 22.7 亿 m³,其中干流永定河库区 9.8 亿 m³,占 43%;支流妫水河库区 12.9 亿 m³,占 57%。干流来水量约占水库总来水量的 95%,库区沙量基本全部来自干流。支流妫水河的淤积主要是干流倒灌所致。至 1998 年,官厅水库淤积 6.5 亿 m³,永定河与妫水河库区淤积比例分别为 88.5% 及 11.5%。妫水河库容比例逐渐增高,目前库区总库容 16.2 亿 m³,妫水河约占 75%。

13.2.2　水库运用以来妫水河淤积形态

图 13-8 为官厅水库永定河库区淤积纵剖面图。干流淤积形态为三角洲,并逐步向坝前推进。1980 年之后,入库沙量大幅度减少。1980 ~ 1997 年,纵剖面变化不大。在纵剖面的永会 05 处为支流妫水河口,可以看出随着淤积三角洲向下游推进,淤积面逐年大幅度抬升。

图 13-9 为妫水河库区淤积纵剖面图,可以看出拦门沙坎逐年抬升,与妫水河淤积面的高差逐年增加,倒坡比降呈不断增大的趋势。拦门沙坎上下床面的坡度不同,1997 年

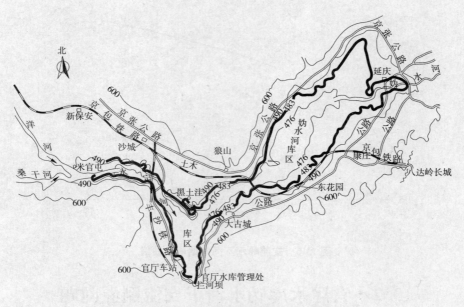

图 13-7　官厅水库库区平面形态

实测资料表明,永定河库区一侧较缓,坡度为 2.7‰,妫水河库区一侧坡度为 8.0‰。

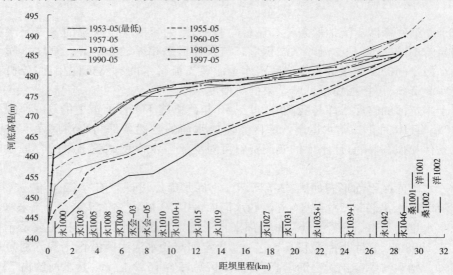

图 13-8　官厅水库永定河库区淤积纵剖面

拦门沙坎的形成和发展与水库边界条件、水沙条件和干流三角洲淤积发展等因素密不可分。妫水河口门狭窄,仅 1.5~2.0 km,抬升速度快,而内部约为口门宽度的 4 倍;妫水河来水量占 5%,难以冲开前期淤积物,造成妫水河口累积性淤积。妫水河口拦门沙坎淤堵,使水库调节能力削弱。相关单位针对该问题提出了拦门沙坎挖泥疏浚方案、导沙堤方案、坝前综合治理方案、岸边挖槽方案、导沙入妫方案等水库泥沙治理措施,表明人们已经认识到仅依靠水流自然条件难以在短期内消除拦门沙坎问题。

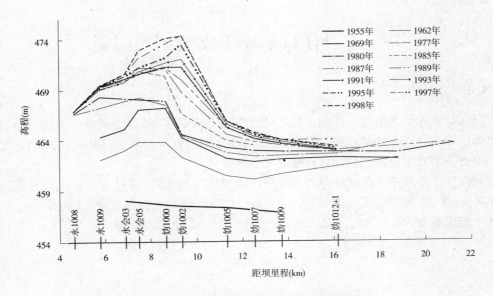

图 13-9　官厅水库妫水河库区淤积纵剖面

13.2.3　畛水河、妫水河对比分析

小浪底库区干流与支流畛水之间的来水来沙条件与边界条件及其变化过程和官厅水库永定河及妫水河之间相似。畛水基本上无水沙入库（模型试验过程中不考虑），畛水淤积全部为干流倒灌淤积；畛水口门更为狭窄，仅约 600 m，向内骤然增至 2 500～3 000 m。此外，畛水口干流淤积厚度达 60 m 以上，远大于妫水河口门处干流的淤积厚度（20 m）；畛水大多时段为明流倒灌淤积，而妫水河在 1980 年之前为异重流倒灌淤积，之后为明流倒灌淤积。实测资料表明，明流倒灌使拦门沙坎更加突出。例如，官厅水库 1955～1980年期间，干支流为异重流倒灌，妫水河口处妫 1000 断面抬升约 10 m，妫水河内部妫 1009断面抬升约 6 m；1980～1998 年期间，干支流为明流倒灌，妫 1000 断面抬升约 6 m，妫1009 断面仅抬升约 1 m。两个时段两个部位抬升幅度的比值分别为 10∶6 与 6∶1。小浪底水库推荐方案系列年模型试验，第 1 年支流畛水基本为异重流倒灌，之后大多为明流倒灌。若以系列年试验第一年汛后地形为异重流倒灌为主或明流倒灌为主的分界点，则小浪底库区支流畛水与官厅水库支流妫水河相关特征值对比见表 13-2。

表 13-2　畛水与妫水河相关特征值对比

河名	宽度（m）		水沙占总入库		淤积厚度（m）			
	口门	内部	水量	沙量	倒灌流态	口门	内部	口门/内部
妫水河	1 500～2 000	6 000～8 000	5%	≈0	异重流	10	6	1.67
					明流	6	1	6.0
畛水	600	2 500～3 000	≈0	≈0	异重流	37.5	21.5	1.74
					明流	56.1	14.2	3.95

注：畛水统计数据包括 2007 年之前的实测淤积量。

13.3 丹江口水库干支流倒灌问题

13.3.1 水库概况

丹江口水库与小浪底水库的相似之处是库区支流众多,沿程支流口门河段受干流淤积过程的影响呈现不同的淤积形态。目前,两座水库干流均尚未达到淤积平衡,因此支流淤积形态将随着干流淤积的发展而继续发生调整。

丹江口水库是由干流汉江与其支流丹江组成的并联水库,坝址在丹江入汉江汇口以下 0.8 km 处,库区平面图见图 13-10。在汉江库区中,大小支流河汊众多,约有 400 余条。汉江干流库容 54.63 亿 m^3,占 60.2%;支流库容 36.12 亿 m^3,占 39.8%。

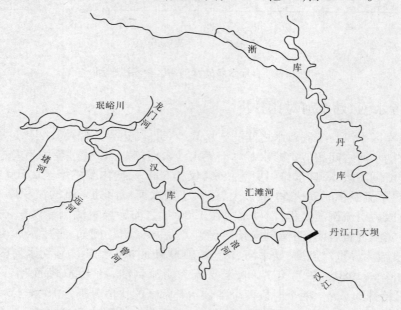

图 13-10 丹江口水库库区平面图

1960~2003 年,汉江库区干流淤积 11.89 亿 m^3,占汉江库区淤积量的 85.6%,干流库容淤损 21.7%;支流库区同期共淤 2.00 亿 m^3,占汉江库区淤积量的 14.4%,支流库容仅淤损 5.5%。

13.3.2 水库运用以来淤积形态

丹江口水库的淤积是自上而下逐段发展的,目前汉江库区距坝 92~177.4 km 库段已进入悬移质输沙动平衡阶段;距坝 92~56.7 km 的常年回水区上段,属目前的重点淤积区,淤积发展速度较快;距坝 56.7~37.3 km 的回水区中段属一般淤积区;距坝 37.3 km 至坝前段属常年回水区下段,目前尚处水库淤积的初级阶段,为悬移质中冲泻质及异重流淤积区,淤积量尚较少。汉江库区沿程支流的口门淤积厚度与干流沿程淤积发展一样,呈两头少中间多的纵向分布趋势。如表 13-3 中堵河、曾河、浪河等上下游两头支流的口门淤积厚度都较薄,至2003年仅4.6~8.3 m,而中间库段的神定河、龙门河、远河等支流口门淤积较厚,至2003年为15.7~28.7 m。

表13-3 丹江口水库汉江库区支流淤积分布与特征统计

支流名称	距坝里程（km）	回水长度（km）	库容（万 m³）	淤积量（万 m³）	库容损失（%）	口门淤厚（m）	口门段纵比降(‰)	
							1960年	2003年
堵河	128.7	23.0	2 600	192	7.4	6.3		
神定河	91.7	8.8	1 822	567	31.1	15.7		
龙门河	81.3	9.6	8 905	1 642	18.4	21.1	6.8	-2.4
远河	67.6	22.0	9 837	1 269	12.9	28.7	9.0	-4.0
曾河	39.8	32.6	195 226	13 626	7.0	8.3		
浪河	19.4	34.4	51 318	1 658	3.2	4.6		

图13-11、图13-12为汉江库容典型的支流纵剖面图,可以看出,距坝67.6 km处的远河位于汉江干流河床重点淤积区,河床抬升幅度大,远河口门相应淤积较厚,达28.7 m,口门段支流纵比降由1960年的9.0‰的正坡变为4.0‰的倒坡。口门与支流河床的高差约12.3 m,距坝39.8 km处的曾河位于汉江干流回水区中段的一般淤积区,河床淤积抬升幅度不大,曾河口门淤积厚度为8.3 m,支流河口段倒坡尚不明显。丹江口水库实测地形资料表明:

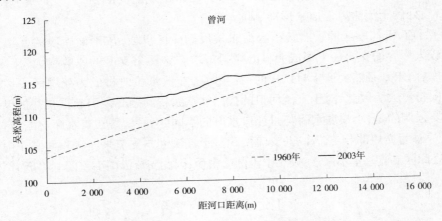

图13-11 汉江库区支流曾河深泓点纵剖面

(1)支流淤积发展,取决于支流口门段干流库段的淤积发展。当支流口门段干流淤积发展速度快于支流时,支流口门段就会产生拦门沙坎淤积,因此支流口门拦门沙坎淤积不是支流本身淤积所致。

(2)支流河口位于干流边滩淤积部位,则支流越长、来沙量越少、库容越大者,支流口门的拦门沙坎也越突出。

(3)支流口门拦门沙坎有封闭式与开口式两种。当支流来水来沙量远小于支流库容

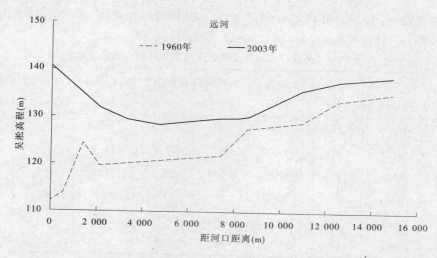

图 13-12　汉江库区支流远河深泓点纵剖面

时,则支流口门会形成封闭式的拦门沙坎,如龙门河及远河口门拦沙坎最低深泓点高程分别为 141.9m、140.7m,若丹江口水库水位低于支流口门拦门沙坎高程,支流就成为消落套,相应水位的支流库容就全失了。龙门河、远河所处的干流库段目前处于重点淤积区库段,且尚属淤积发展阶段,随着今后干流边滩的淤积拦沙坎还会有所淤高。

当支流的来水量大于或远大于支流库容时,则支流口门形成开口式的拦门沙坎,如支流堵河年水量为 60.3 亿 m^3,而库容仅为 0.26 亿 m^3,支流来水在河口处形成开口式拦门沙坎,口门处的干流边滩形成扇形冲刷坑。

(4)目前,汉江库区的重点淤积区尚未发展到库区下段,位于该库段的曾河、浪河两条具有较大库容的支流尚未形成明显的拦门沙坎。这两条支流的库容较大,年来水量都远小于库容,未来必然会产生封口式的拦门沙坎,在低水位时将成为死湖区或称消落湖,库容损失将更大。因此,对于支流河口的拦门沙坎淤积问题必须引起重视并加以研究。

需要强调的是,小浪底水库与丹江口水库的不同之处是,丹江口水库支流尚有水沙入汇,支流来沙可淤填部分支流库容,支流淤积是干流倒灌与支流来沙淤积共同作用的结果;而小浪底库区支流基本不来沙,仅靠干流倒灌淤积,因此支流纵向高差问题将更为突出。

13.4　小　结

通过对小浪底、官厅、丹江口等水库干支流倒灌问题进行深入分析,得出以下重要结论:

(1)支流淤积形态与倒灌条件。支流相当于干流河床的横向延伸,当干流处于淤积三角洲顶点以下,为异重流淤积状态时,干流河床基本为水平抬升,相应支流口门淤积较为平整,支流河床纵剖面沿水流流向由于泥沙沿程淤积而呈现一定的坡降。在干流淤积三角洲洲面,河床塑造出明显的滩槽,支流拦门沙坎相当于干流的滩地。

支流河床倒灌淤积过程与天然的地形条件(支流口门的宽度与支流平面形态)、干支流交汇处干流的淤积形态(有无滩槽或滩槽高差,河槽远离或贴近支流口门)、干流水沙过程(历时、流量、含沙量)等因素密切相关。

(2)异重流倒灌水沙量与影响因素。支流位于干流三角洲顶点以下,干流未塑造出明显的滩槽。当支流无拦门沙坎时,若洪水历时长,可足以充满支流库容,而且倒灌入支流浑水中悬浮的泥沙不断沉淀淤积,析出清水后回归干流,在干流浑水与支流清水不断交换的条件下,则支流库容大,浑水倒灌量大,淤积量也大;若洪水历时短,则支流口门宽阔,当干流侧向入流量大时,支流倒灌量大,淤积量多。

即使干流已经塑造出明显的滩槽,当支流存在拦门沙坎,水库处于调水调沙的蓄水状态时,干流异重流仍可漫过拦门沙进入支流,支流倒灌量仍遵循上述规律。

(3)明流倒灌水沙量与影响因素。若干流已经塑造出明显的滩槽,干流洪水可漫滩后侧向进入支流的条件下:①洪水量级小,水流漫滩后进入支流量值小,且为表层较清的水流,倒灌泥沙量不大,而且倒灌水流能量小,伴随着沿水流方向的不断淤积,滩沿(口门)处淤积厚,并逐步减弱,而且往往发生将前期形成的贯通于干支流的小河槽喷死的情况。因此,洪水量级小,无论洪水历时长或短,支流倒灌量均不大;②洪水量级大,但历时短,支流口门宽阔,倒灌侧向入流量大,支流淤积量较大;③洪水量级大,历时长,若支流水位低,干支流水位差使得倒灌流速大,甚至会冲刷降低支流拦门沙坎高程加速支流倒灌,这时支流库容起主导作用,库容大则倒灌淤积量大。

(4)支流地形对淤积形态的影响。支流淤积纵剖面除与倒灌淤积量有关外,还取决于支流库容与其平面形态,库容大,平面形态宽阔,则支流纵向最大高差大。

(5)支流倒灌沿程变化。在水库拦沙阶段,干流淤积面逐步抬升,由于支流抬升的幅度小于干流而使得干支流淤积面高差逐渐加大。当水库拦沙期基本结束,干流河床不再持续抬升,处于动平衡状态时,支流内部淤积面高程仍然会随着干流水流漫滩,或通过贯通于干支流的河槽倒灌而逐渐淤积抬升,干支流淤积面高差趋于减少,逐步接近设计的支流纵剖面也是可能的。

(6)干流河势的影响。干流河势的变化随水库调度过程与来水来沙条件而发生调整,具有随机性。若干流主流远离支流口门,水流漫滩后又经历较长距离滩地的淤积调整,造成倒灌支流沙量减少。此外,在水库降水冲刷过程中,干流河槽冲刷下切,远离干流河槽的支流口门处塌落高度较小,影响后续水沙的倒灌。

(7)支流来水影响库区支流入汇的较大流量过程,在一定的边界条件下,对冲刷口门淤积物有一定的作用,即使仅冲出一条贯通于干支流的河槽,对后续干流倒灌也是有利的。

(8)支流畎水淤积形态。试验过程中,支流畎水倒比降突出的问题应该是反映了一种最为不利的状态。其一,枯水系列不利于支流倒灌淤积。当干支流为明流倒灌时,水流只有漫过拦门沙坎才能进入支流。枯水枯沙系列较大流量出现的机遇相对较少,相应水流倒灌的机会以及倒灌量均较少。其二,在时间序列里是最不利的状态。在水库拦沙阶段,干流逐步淤积抬升,由于支流抬升幅度小于干流而使得干支流淤积面高差逐渐加大,即倒比降愈加突出。当水库拦沙期基本结束之后,干流河床不再持续抬升,处于动平衡状态时,水流仍然会有机会倒灌支流,干支流淤积面高差趋于减少。模型系列年试验结束时,水库拦沙期结束进入正常运用期不久,干支流的高差基本处于最大的状态。其三,干流河势不利于支流倒灌淤积。干流河势的变化具有随机性,在试验过程中有相当多的时段,干流主流远离畛水口门位于左岸,无论是异重流倒灌还是明流倒灌,均导致倒灌沙量减少。其四,试验过程中削弱了支流来水的作用。小浪底库区支流一般情况下无水沙入汇,仅在上游有较大降雨时有短历时的产流,并挟带少量的砂卵石入汇,在一定的边界条件下,可对降低支流口门高程有较大的作用。但模型试验以 24 h 为控制时段,支流洪水日平均过程量级小,削弱了支流洪水对口门的冲刷作用。

第6篇 认识及建议

第14章 认识和建议

14.1 水库运用方式

小浪底水库拦沙后期运用方式重点研究了"逐步抬高水位拦粗排细"与"多年调节泥沙,相机降水冲刷"两个基本运用方式,从试验研究的过程看,"逐步抬高水位拦粗排细"方式在当时的背景及设计的水沙系列条件下是合理的,其一,该方式可减缓水库淤积速度,拦截较多的粗颗粒泥沙,有利于充分发挥水库的拦沙减淤效益;其二,设计阶段采用的水沙条件相对有利(大于 2 000 m³/s 的机遇较多),水库泄水期造峰过程与自然洪水过程叠加(或延长洪水历时,或增加流量量级)的机遇较大,水库蓄水造峰可有效用于下游输沙;其三,当时防断流与保滩问题还不十分突出。

但是,遇目前长期的枯水系列,大流量出现的机遇少,该调度方式仅靠水库少量的蓄水所塑造的大流量过程历时短,在下游河道的传播过程中逐渐坦化,不能有效发挥大流量对河道的造床作用,而且目前下游水资源与水环境及滩区安全等问题也对水库调度提出了更高的目标和要求。因此,基于现状条件,对"逐步抬高水位拦粗排细"方式进行优化是十分必要的。

"多年调节泥沙,相机降水冲刷"运用方式,主要体现在大水相机降低库水位冲刷运用和一般水沙条件的逐步抬高拦粗排细调水调沙运用。总体来看,该方式的调节能力更强,出库流量更接近调度目标,满足度更高,调水调沙方式更为合理。

14.2 黄河水沙调控体系

目前所研究的小浪底水库拦沙后期运用方式,汛期基本上仅限于小浪底水库单库运行,靠自然的来水来沙过程以及小浪底水库的拦沙库容塑造较为协调的出库水沙过程。本次研究拦沙后期的方式推荐采用"多年调节泥沙,相机降水冲刷"方式,主要体现在一般水沙条件的逐步抬高拦粗排细调水调沙运用并结合大水相机降低库水位冲刷运用,通过水库调节,使进入下游的大流量历时不少于6 d,对高含沙洪水适当拦截,对小流量过程蓄水拦沙运用,相对而言是较优的调度方式。

一般来讲,水库调控库容大,则调节能力强,出库流量过程更加合理,并增强黄河下游用水的安全度。但水库蓄水历时长,蓄水量大,蓄水及其造峰过程中水库排沙比减少。小浪底水库单库调水调沙有很大的局限性。

因此,尽快完善黄河中游的水沙调控体系是十分必要的。若中游古贤水库与小浪底水库联合运用,可使小浪底出库水沙关系更为协调,同时可显著延长小浪底水库拦沙期使用寿命。

在中游古贤水库修建之前,应考虑小浪底等中游水库与上游龙羊峡、刘家峡水库的联合应用,合理安排黄河上游水库汛期下泄水量和过程,解决小浪底水库在调水调沙时的泄空时机以及黄河下游的用水安全问题。

14.3 支流库容综合利用

相对而言,支流拦截的大多为较细颗粒泥沙,较细颗粒泥沙在黄河下游主槽内几乎不产生淤积,甚至在高含沙水流中可转化为中性悬浮质成为两相流的液相。因此,支流拦沙减淤效益应小于水库的总体水平。下一步有必要开展支流拦沙量及淤积物组成,细沙对水流挟沙能力的影响等基础研究,进而研究支流拦沙减淤效益。

支流拦门沙坎的存在阻止干支流水沙交换,而拦门沙坎的不稳定性使得支流蓄水状况具有不确定性。非汛期或水库防洪运用时库水位较高,水流漫过拦门沙坎注入支流。库水位下降后,若干支流水位差,不足以影响拦门沙坎的稳定,或是拦门沙坎不被完全冲开时,支流形成与干流隔绝的水域。针对这种现象,有必要开展水库降水冲刷时支流蓄水对干支流的冲刷作用(支流蓄水可能会冲开拦门沙坎补充到干流,增大冲刷效果)、水资源利用(可否形成较稳定的水域,以解决当地缺水问题)、周边的环境影响、社会经济效益等问题的研究,提出支流的综合利用措施。

14.4 降水冲刷运用

(1)在小浪底水库拦沙后期调水调沙运用过程中,水库骤降水位相机排沙,对库容恢复有较大的作用。水库溯源冲刷排出的往往是库区下段与滩地的较细颗粒泥沙,这样既可达到恢复库容的目的,又对下游河道影响相对较小。此外,相机排沙可有效地降低支流拦门沙坎高程,更有利于干流浑水倒灌支流淤积。因此,在水库拦沙后期调水调沙过程中尽可能进行相机骤降水位排沙。

(2)速降水位排沙过程是以自下而上的溯源冲刷过程为主,速降水位至低于坝前淤积面高程,即可获得高浓度的水流出库,且两者的高差越大,冲刷效果越显著。在库区河床边界相同的条件下,其冲刷效果取决于洪水流量与历时。流量大冲刷上溯的速度快,历时长冲刷上溯的距离长。面对当前黄河多发生峰低量小的洪水过程,应在准确把握黄河下游河道高含沙水流过程的输沙规律的基础上,控制水库降水过程,兼顾水库排沙与下游河道输沙。

(3)随着泥沙淤积物沉积历时的增加,干容重相应增大,其极限剪切力迅速增加,特别是对水库中下段细颗粒泥沙含量多的淤积物,固结度不同对其冲刷效果有较大的影响。

为对速降水位排沙调度提供更加坚实的技术支撑,应进一步研究小浪底水库不同调度方式对库区淤积物组成、固结环境与过程的影响,同时进一步研究其模拟技术。

14.5　存在问题

（1）小浪底水库模型平面比尺 300,垂向比尺 60,变率为 5。利用多家模型变率的限制条件对模型变率的合理性进行的检验结果表明,模型变率在各家公式所限制的变率范围内,几何形态的影响有限,可以满足试验要求。但在水库发生降水位冲刷,特别是滩地滑塌时,其形态与量值的误差还需要进行专题研究。

（2）模型淤积物初期,干容重与原型基本相似,长系列试验过程也能反映淤积物干容重随沉积历时的延长有逐步增大的趋势,但由于长系列试验模型与原型淤积物沉积历时的巨大差别,两者的不相似问题凸显。所造成的影响反映在降水冲刷效果可能较原型偏大,其定量误差有待进行专题研究。

参考文献

[1] 钱宁,范家骅. 异重流[M]. 北京:水利出版社,1958.

[2] 陕西省水利科学研究所河渠研究室,清华大学水利工程系泥沙研究室. 水库泥沙[M]. 北京:水利电力出版社,1979.

[3] 焦恩泽. 水库异重流问题研究与运用[C]//黄河水库泥沙. 郑州:黄河水利出版社,2004.

[4] 张俊华,张红武. 黄河河工模型研究回顾与展望[J]. 人民黄河,2000(9):4-6.

[5] 李昌华,金德春. 河工模型试验[M]. 北京:人民交通出版社,1981.

[6] 谢鉴衡. 河流泥沙工程学[M]. 下册. 北京:水利出版社,1981.

[7] L. Prandtl. 流体力学概论[M]. 郭永怀,等,译. 北京:科学出版社,1984.

[8] 李保如. 我国河流泥沙物理模型的设计方法[J]. 水动力学研究与进展:A 辑,1991,6,(S):58-88.

[9] 张红武. 论动床变态河工模型的相似律[C]//黄科所科学研究论文集. 第 2 集. 郑州:河南科学技术出版社,1990.

[10] 《黄河志》编撰室. 黄河科研志[M]. 郑州:河南人民出版社,1999.

[11] 钱宁. 动床变态河工模型律[M]. 北京:科学出版社,1957.

[12] 谢鉴衡. 河流模拟[M]. 1 版. 北京:水利电力出版社,1990.

[13] 屈孟浩. 黄河动床模型试验相似原理及设计方法[C]//黄科所科学研究论文集. 第 2 集. 郑州:河南科学技术出版社,1990.

[14] 沙玉清. 泥沙运动学引论[M]. 北京:水利电力出版社,1965.

[15] 王桂仙,惠遇甲,姚美瑞,等. 关于长江葛洲坝水利枢纽回水变动区模型试验的几个问题[C]//第一次河流泥沙国际学术讨论会论文集. 北京:光华出版社,1980.

[16] 府仁寿,陈稚聪,王桂仙,等. 三峡水库变动回水区重庆河段泥沙冲淤问题试验研究总报告——长江三峡工程泥沙与航运关键技术专题研究报告[R]. 北京:清华大学,1990.

[17] 长江科学院. 丹江口水库变动回水区油房沟河段泥沙模型试验研究报告[R]//长江三峡工程泥沙与航道关键技术研究专题报告集. 下册. 武汉:武汉工业大学出版社,1993.

[18] 屈孟浩,王国栋,陈书奎,等. 黄河水浪底枢纽泥沙模型试验报告[R]. 郑州:黄河水利科学研究院,1993.

[19] 窦国仁,王国兵,等. 黄河小浪底枢纽泥沙研究报告汇编[R]. 南京:南京水利科学研究院,1993.

[20] 惠遇甲,王桂仙. 河工模型试验[M]. 北京:中国水利水电出版社,1999.

[21] 中国科学院水利水电科学研究院. 异重流的研究和应用[M]. 北京:水利电力出版社,1959.

[22] Bata G L. K Bogich. Some Observations on Density Currents in the Laboratory and in the Field[C]//Minnesota Intern Ationdl Hydraulic Convention,USA:University of Minnesota,1953.

[23] 惠遇甲. 长江黄河垂线流速和含沙量分布规律[J]. 水利学报,1996(2):13-16.

[24] 钱宁,万兆惠. 泥沙运动力学[M]. 北京:科学技术出版社,1983.

[25] 钱宁,张仁,周志德. 河床演变学[M]. 北京:科学出版社,1987.

[26] 姚鹏. 异重流运动的试验研究[D]. 北京:清华大学,1994.

[27] 张瑞瑾,等. 河流泥沙动力学[M]. 北京:中国水利水电出版社,1989.

[28] 张俊华,张红武,江春波,等. 黄河水库泥沙模型相似律的初步研究[J]. 水利发电学报,2001(3):52-58.

[29] 张红武,江恩惠,等. 黄河高含沙洪水模型的相似律[M]. 郑州:河南科技出版社,1994.

[30] 府仁寿,卢永清,陈稚聪. 轻质沙的起动流速[J]. 泥沙研究,1993(1):84-91.

[31] 张俊华,张红武,王艳平,等. 黄河三门峡库区泥沙模型的设计[J]. 泥沙研究,1999(4):32-38.

[32] 张俊华,陈书奎,李书霞,等. 小浪底水库2001年异重流验证试验报告[R]. 郑州:黄河水利科学研究院,2001.

[33] 窦国仁,柴挺生,等. 丁坝回流及其相似律的研究[J]. 水利水运科技情报,1978(3):1-24.

[34] 张瑞瑾,等. 论河道水流比尺模型变态问题[C]//第二次河流泥沙国际学术讨论会论文集. 北京:水利电力出版社,1983.

[35] 罗国芳,等. 黄河下游不冲流速的初步分析[R]. 郑州:黄河水利科学研究所,1958.

[36] 徐正凡,梁在潮,李炜,等. 水力计算手册[M]. 北京:水利出版社,1980.

[37] 窦国仁. 泥沙运动理论[R]. 南京:南京水利科学研究所,1963.

[38] Zhang Hongwu, Li Baoru. Experiment Study Connerning the Effect of Distortion Ratio on Flow Field in Revier Models[C]. Beijing: Forth International Symposium on River Sedimentation. 1989:1487-1494.

[39] 费祥俊. 浆体与粒状物料输送水力学[M]. 北京:清华大学出版社,1994.

[40] 陈永宽. 悬移质含沙量沿垂线分布[J]. 泥沙研究,1984(1):31-40.

[41] 林秀山. 黄河小浪底水利枢纽文集[C]. 郑州:黄河水利出版社. 2001.

[42] H. A. 爱因斯坦. 明渠水流的挟沙能力[M]. 钱宁,译. 北京:水利出版社,1956.

[43] 沙玉清. 泥沙运动的基本规律[J]. 泥沙研究,1956,1(2):14-25.

[44] 麦乔威,赵苏理. 黄河水流挟沙能力问题的初步研究[J]. 泥沙研究,1958(2):32-45.

[45] 曹如轩. 高含沙水流挟沙力的初步研究[J]. 水利水电技术,1979(5):55-61.

[46] 曹如轩,程文,等. 高含沙洪水揭河底初探[J]. 人民黄河,1997(2):1-5.

[47] 黄河水利科学研究所. 黄河下游土城子挟沙能力测验段实测资料分析[J]. 泥沙研究,1959(1):43-46.

[48] 舒安平. 高含沙水流挟沙能力及输沙机理的研究[D]. 北京:清华大学,1994.

[49] 龙毓骞,梁国亭,吴保生. 对输沙能力公式的验证[R]. 郑州:黄河水利科学研究院,1994.

[50] 周宜林. 漫滩高含沙水流的水流结构及滩槽冲淤演变规律[D]. 武汉:武汉水利电力大学,1995.

[51] 刘兴年,等. 粗细泥沙挟沙能力研究[J]. 泥沙研究. 2000(4):35-39.

[52] 刘峰. 水流挟沙力机理试验研究[D]. 武汉:武汉水利电力大学,1995.

[53] 李昌华. 明渠水流挟沙能力初步研究[J]. 水利水运科学研究,1980(3):76-83.

[54] 舒安平. 水流挟沙力公式的验证与评述[J]. 人民黄河,1993(1):4-9.

[55] 江恩惠. 黄河水流挟沙力计算方法的研究现状[C]//黄科院第四届青年学术讨论会论文集. 郑州:黄河水利科学研究院,1992:11-17.

[56] 张红武,张清. 冲积河流的水流挟沙力[C]//水利水电工程青年学术论文集. 北京:中国科学技术出版社,1992:227-281.

[57] 倪晋仁,王光谦,张红武. 固液两相流基本理论及其最新应用[M]. 北京:科学出版社,1991.

[58] 赵业安,周文浩,费祥俊,等. 黄河下游河道演变基本规律[M]. 郑州:黄河水利出版社,1998.

[59] 朱太顺,王艳平. 黄河水流挟沙力公式的述评[C]//第十一届全国水动力学研讨会暨第四届全国水动水学学术会论文集. 北京:海洋出版社,1997:100-105.

[60] 吴保生,龙毓骞. 黄河水流输沙能力公式的若干修正[J]. 人民黄河,1993(7):1-4.

[61] 张红武,江恩惠,等. 黄河下游泥沙数学模型的研究[R]. 郑州:黄河水利科学研究院,1995.

[62] 张红武,梁在潮,刘士和,等. 多相流与紊流相干结构[M]. 武汉:华中理工大学出版社,1994.

[63] Wang Guangqian, Fei Xiangjun. The Kinetic Model for Granular Flow[C]. Beijng:the Forth International Symposiumon River Sedimentations,1989:1459-1467.

[64] 张红武,吕昕. 弯道水力学[M]. 北京:水利电力出版社,1993.

[65] 张清. 黄河水流挟沙力的计算公式[J]. 人民黄河,1992(11):7-9.

[66] 韩其为,何明民. 泥沙数学模型中冲淤计算的几个问题[J]. 水利学报,1988(5):16-25.

[67] 张俊华,张红武,李远发,等. 水库泥沙模型异重流运动相似条件的研究[J]. 应用基础与工程科学学报,1997(3):309-316.

[68] 安新代,李世滢,刘继祥,等. 小浪底水库初期运用方式研究报告[R]. 郑州:黄河水利委员会勘测规划设计研究院,1999

[69] 钱意颖,张启卫,等. 黄河泥沙冲淤数学模型[M]. 郑州:黄河水利出版社,1998.

[70] 杜殿勋,刘海凌. 三门峡水库异重流运动和排沙规律分析[S]. 黄科技SJ – 2003 – 60(N31). 郑州:黄河水利科学研究院,2000.

[71] 黄河水利委员会三门峡水库管理局,中国水科院河渠所,黄河水利科学研究所,等. 三门峡水库1961年异重流资料初步分析报告[R]. 郑州:黄河水利科学研究所,1962.

[72] 张俊华,王国栋,陈书奎,等. 小浪底水库模型试验研究[R]. 郑州:黄河水利科学研究院,1999.

[73] 张俊华,王艳平,尚爱亲,等. 挟沙水流指数流速分布规律[J]. 泥沙研究,1998(4):93-98.

[74] 韩其为. 水库淤积[M]. 北京:科学出版社,2003.

[75] 曹如轩,陈诗基,卢文新,等. 高含沙异重流阻力规律的研究[C] // 第二次河流泥沙国际学术讨论会论文集. 北京:水利电力出版社. 1983:56-64.

[76] 吴德一. 水库异重流的近似计算方法[J]. 泥沙研究,1983(2):54-63.

[77] 赵乃熊,周孝德. 高含沙异重流阻力特性探讨[J]. 泥沙研究,1987(1):27-34.

[78] 周孝德. 高含沙非均质异重流流速分布和阻力特性的探讨[J]. 陕西机械学院学报,1986(1):47-53.

[79] 陈惠泉. 二元温差异重流交界面的计算[R]. 北京:中国水利水电科学研究院,1962.

[80] 陈惠泉,许秀芸,陈燕茹. 二层温差异重流交界面的阻力系数与掺混系数研究[R]. 北京:中国水利水电科学研究院,1993.

[81] 林秀山,李景宗. 黄河小浪底水利枢纽规划设计丛书之工程规划[M]. 郑州:黄河水利出版社,2006.

[82] 王婷,马怀宝. 小浪底水库拦沙运用初期水沙特性及冲淤演变[R]. 郑州:黄河水利科学研究院,2011.

[83] 张俊华,陈书奎,马怀宝,等. 小浪底水库拦沙后期减淤运用方式一水库模型试验研究报告[R]. 郑州:黄河水利科学研究院. 2010.

[84] 张俊华,陈书奎,马怀宝,等. 小浪底水库拦沙后期减淤运用方式二水库模型试验研究报告[R]. 郑州:黄河水利科学研究院. 2010.

[85] 张俊华,陈书奎,马怀宝,等. 小浪底水库拦沙后期防洪减淤运用方式水库模型试验研究报告[R]. 郑州:黄河水利科学研究院,2010.

[86] 张俊华,陈书奎,李书霞,等. 小浪底水库拦沙初期水库泥沙研究[M]. 郑州:黄河水利出版社,2007.

[87] 陈孝田,陈书奎,张俊华,等. 小浪底库区实体模型验证试验[R]. 郑州:黄河水利科学研究院,2008.

[88] 胡春宏,王延贵,张世奇,等. 官厅水库泥沙淤积与水沙调控[M]. 北京:中国水利水电出版社,2003.

[89] 柳发忠,王洪正,杨凯,等. 丹江口水库支流库容的淤积特点与问题[J]. 人民长江,2006(8).

[90] 章厚玉,胡家庆,郎理民,等. 丹江口水库泥沙淤积特点与问题[J]. 人民长江,2005(1).